Début d'une série de documents
en couleur

Fin d'une série de documents
en couleur

A Monsieur Julien,
         Membre de l'Institut,
Professeur au Collège de France,

              Hommage de l'auteur.

S

Doublé

TRADITIONS
TÉRATOLOGIQUES

TRADITIONS
TÉRATOLOGIQUES

ou

RÉCITS

DE L'ANTIQUITÉ ET DU MOYEN ÂGE
EN OCCIDENT

SUR QUELQUES POINTS DE LA FABLE
DU MERVEILLEUX ET DE L'HISTOIRE NATURELLE

publiés

D'APRÈS PLUSIEURS MANUSCRITS INÉDITS
GRECS, LATINS, ET EN VIEUX FRANÇAIS

PAR JULES BERGER DE XIVREY

PARIS

IMPRIMÉ PAR AUTORISATION DU ROI

A L'IMPRIMERIE ROYALE

M DCCC XXXVI

SOMMAIRE.

I. DE MONSTRIS ET BELLUIS LIBER.

PARS PRIOR : DE MONSTRIS.

a

SOMMAIRE.

PARS ALTERA : DE BELLUIS.

SOMMAIRE.

II. LETTRE D'ALEXANDRE LE GRAND

A OLYMPIAS ET A ARISTOTE SUR LES PRODIGES DE L'INDE.
AVEC LA TRADUCTION FRANÇAISE.

III. MERVEILLES D'INDE, PAR JEHAN WAUQUELIN.

SECONDE PARTIE.

IV. PROPRIETEZ DES BESTES

QUI ONT MAGNITUDE, FORCE ET POUOIR EN LEURS BRUTALITEZ.

À MONSIEUR LE BARON

ALEXANDRE

DE HUMBOLDT,

MEMBRE DE L'INSTITUT.

MONSIEUR LE BARON,

Le titre de membre de l'Institut est le seul que vous admettez à accompagner ici votre nom. Je dois donc supprimer tous les autres, et ne pas vous rappeler autrement une gloire dont le retentissement continu vous rendrait peu sensible au surcroît d'un aussi faible hommage. Mais vous accueillerez encore avec bienveillance, Monsieur le Baron, l'expression d'une reconnaissance profonde pour votre bonté; pour avoir permis que l'illustre nom de Humboldt, devant lequel se taisent les rivalités scientifiques, recommandât au monde savant un travail honoré de votre suffrage, un auteur fier de votre pro-tection.

Je suis avec le plus respectueux dévouement,

Monsieur le Baron,

Votre très-humble et très-obéissant serviteur,

J. BERGER DE XIVREY.

Paris, décembre 1835.

PROLÉGOMÈNES.

§ I.

SOUS QUELS ASPECTS SE PRÉSENTE LA TÉRATOLOGIE DANS L'ANTIQUITÉ.

Employé seul, le mot *tératologie,* qui n'est pas un terme composé moderne, mais qui vient du grec τερατολογία, offre un sens beaucoup plus général que l'expression , *traité de la monstruosité.* Cette dernière idée ne pourrait être rendue avec précision par le mot tératologie qu'en le modifiant ainsi : *tératologie animale de l'histoire naturelle.* Aussi M. Isidore Geoffroy Saint-Hilaire, en construisant l'édifice entier de la science fondée, en quelque sorte, par monsieur son père, abandonne le mot tératologie et même celui de monstruosité, pour l'expression parfaitement juste, *anomalies de l'organisation.*

Les tératologues anciens, dans l'acception la plus générale de ce mot, sont bien loin d'avoir eu un but aussi élevé que celui de porter un jour nouveau dans la philosophie des sciences. Ce qui nous est parvenu de notions sur ces écrivains et ce qui reste de leurs ouvrages prouve que leur but était surtout d'exciter l'étonnement par la réunion d'un grand nombre de faits extraordinaires; et ils accueillaient ces faits avec trop d'empressement pour être sévères sur leurs sources. Le merveilleux tient donc la plus grande place dans les notions tératologiques que nous a laissées l'antiquité.

Par merveilleux j'entendrai ici ce qui est dû aux fictions de l'imagination. Or les fictions les plus bizarres et même les plus absurdes sont des composés menteurs d'éléments vrais et pris dans la nature; sans cela il n'y aurait pas moyen de les faire comprendre ni même de les énoncer.

Distinguer ensuite le merveilleux complet, de la vérité plus ou moins altérée par les fictions de l'imagination, n'est pas chose facile. Deux écueils y sont à éviter : celui de ne vouloir rien croire, et celui de vouloir tout justifier : « Il y a, dit La Bruyère (1), des faits embarrassants affirmés par des hommes graves qui les ont vus, ou qui les ont appris de personnes qui leur ressemblent : les admettre tous ou les nier tous paraît un égal inconvénient; et j'ose dire qu'en cela comme en toutes les choses extraordinaires, et qui sortent des communes règles, il y a un parti à trouver entre les âmes crédules et les esprits forts. »

Cette direction, suivie souvent avec succès par la critique dans ces derniers temps, a eu pour résultat de raccourcir la liste des menteurs. Beaucoup de prétendus mensonges ont été reconnus pour des vérités altérées par des circonstances étrangères à celui qui les transmettait.

(1) *Caractères*, chap. xiv.

Hérodote, dont Bochart n'avait pas craint de dire : « Herodotum splendide mentientem(1), » est aujourd'hui presque
entièrement réhabilité ; on a même tenté l'entreprise plus
difficile de réhabiliter la véracité de Ctésias. Mais ce genre
d'entreprise est glissant. Si, pour reconnaître un fait réel
dans un récit qui a toutes les apparences d'une fable, on
se contente de légères similitudes, de rapprochements
éloignés, l'on n'établit rien de solide et l'on s'expose à
substituer une erreur à une autre. Nous ne faisons pas ici
une supposition. Des tentatives de ce genre ont eu lieu ;
le goût des explications à toute force est quelquefois même
devenu une manie : ces interprètes que rien n'arrête, plutôt que de rejeter certains prodiges, ou tout au moins de
suspendre entièrement leur jugement, ont hardiment et
gratuitement attribué à des personnages d'une haute antiquité les découvertes les plus subtiles de la science moderne, jointes à l'adresse des plus adroits prestidigitateurs.
Ils ont supposé de plus que certaines expériences qui ne
réussissent dans les laboratoires de nos savants qu'avec des
précautions infinies, et toujours en de très-petites proportions, étaient exécutées en place publique, sur une
vaste échelle et avec la plus grande facilité. Tout peut
s'expliquer avec de telles suppositions.

L'autre écueil indiqué par La Bruyère, celui de tout
nier, avait précédé celui des explications forcées. C'était
en général, il nous semble, la tendance du siècle dernier.
Les progrès immenses faits de nos jours dans plusieurs
sciences d'observation ont appris à ne pas nier si vite.

(1) *Hierozoic.*, part. II, 1. VI, c. II, p. 811.

Plus la science grandit, moins elle est dédaigneuse. On y regarde à deux fois avant de répondre à l'évidence : « Cela ne peut pas être, donc cela n'est pas. » Car souvent un fait palpable ainsi nié, parce qu'on n'avait pas aperçu son rapport avec le principe, y a été rattaché plus tard, quand de nouveaux progrès ont fait connaître des rapports nouveaux.

Ces décisions trop promptes sont le défaut de beaucoup de personnes qui adorent en quelque sorte les mystères scientifiques sans y être initiées, et par le seul retentissement de leurs étonnants résultats. C'est une chose à remarquer que cette confiance absolue dans l'autorité de la science, de la part d'hommes qui y sont étrangers. Telle vérité positive, mais qui contrarie les rapports de nos sens, est universellement admise, quoique un petit nombre de savants en connaissent la démonstration et les preuves. Pour le public qui l'admet ainsi sur leur autorité, ce n'est réellement que de la foi dans une croyance qui a le caractère attrayant du merveilleux.

Au nom de ces articles de foi, un public demi-savant, qui connaît le gros des résultats, rejette comme des rêveries tout ce qu'il n'y trouve pas conforme. De là, bien des jugements téméraires et présomptueux : comment faire avec justesse l'application de vérités dont on ne connaît que le simple énoncé ?

« Les anciens, dont le génie était moins limité, dit Buffon (1), et la philosophie plus étendue, s'étonnaient moins que nous des faits qu'ils ne pouvaient expliquer ; ils voyaient mieux la nature telle quelle est. » Buffon ajoute

(1) *Histoire naturelle.* De l'homme.

que « ce qui n'était pour eux qu'un phénomène, est pour
nous un paradoxe, dès que nous ne pouvons le rapporter
à nos prétendues lois. » Je suis bien loin cependant de prétendre opposer jamais leur témoignage aux véritables lois
naturelles, conquête légitime de la science. Mais pour
eux, privés de plusieurs lumières que nous devons à l'avantage d'être venus plus tard, ils avaient adopté un scepti-
cisme général, très-convenable alors. Le mot de Socrate :
Je ne sais qu'une chose, c'est que je ne sais rien, paraît avoir
été le principe du savoir chez les anciens, quelque paradoxale que semble une telle assertion. L'esprit, au lieu de
se reposer majestueusement dans la vérité, était sans cesse
agité par une curiosité vague, qui recueillait de tous
côtés une foule d'observations et de récits de tout genre,
quelques-uns vrais, le plus grand nombre sujets à révision,
plusieurs évidemment absurdes. Il faut employer avec
sobriété le mot de croyance, en parlant des écrivains anciens, la plupart sceptiques et donnant avec indifférence
alternativement des preuves du pour et du contre; tandis
qu'une opinion arrêtée se fait trop souvent reconnaître par
sa partialité dans le triage des faits. C'est peut-être trans-
porter les idées des modernes aux anciens, que de dire
comme Larcher : « Hérodote était trop sensé pour ajouter
foi à ce que lui racontèrent les Libyens (1). » Au lieu d'admettre ou de rejeter absolument telle ou telle chose, Hérodote était probablement plus disposé à penser comme
Socrate : *je ne sais pas*, et voyait, au lieu d'évidence ou

----

(1) Note 38 sur l'*Hist. de l'Inde* de Ctésias. T. VI, p. 368 de la
traduction d'Hérodote.

d'absurdité, un degré plus ou moins grand de vraisemblance.

« Combien de choses, dit Pline, paraissaient impossibles avant qu'elles eussent eu lieu! La force et la majesté de la nature est, à chaque pas, incompréhensible pour qui l'examine par parties, au lieu d'en embrasser l'ensemble (1). » On aurait pu lui répondre : mais qui est-ce qui peut embrasser l'ensemble? Saint Augustin a abordé cette grande question d'une manière sublime : « Dieu, dit-il, créateur de tout, qui sait en quel temps et en quel lieu chaque chose doit être créée, et qui comprend la beauté de l'univers, sait y faire concourir la ressemblance ou la diversité de toutes ses parties ; mais celui qui ne peut voir l'ensemble est choqué de l'espèce de difformité de telle partie dont il n'aperçoit pas le rapport et le concours (2). » Montaigne a reproduit cette pensée de saint Augustin, sans le nommer, et l'a développée avec son grand sens habituel, dans un passage de ses *Essais*, cité avec admiration par M. Geoffroy Saint-Hilaire (3), et qui se termine par ces mots : « Nous appelons contre nature ce qui est contre la coutume. Rien n'est que selon elle, quel qu'il soit (4). »

Le système de vérification attentive, également distant

---

(1) « Quam multa fieri non posse, priusquam sint facta, judicantur? Naturæ vero rerum vis atque majestas, in omnibus momentis fide caret, si quis modo partes ejus ac non totam complectatur animo. » *Hist. nat.*, l. VII, c. I.

(2) *De Civit. Dei*, l. XVI, c. VIII. — Voyez ci-après, p. 206, le texte de ce passage.

(3) *Principes de philosophie zoolog.*, p. 126.

(4) *Essais*, l. II, c. XXX.

des deux écueils que nous avons signalés, a déjà découvert plusieurs faits intéressants d'histoire naturelle sous d'anciennes traditions tératologiques, auparavant reléguées parmi les fables. Cette étude peut ainsi offrir quelquefois une utilité immédiate. Mais les traditions tératologiques se rapportent à d'autres sciences qu'à l'histoire naturelle.

Parmi ces autres sciences, la principale est la mythologie. L'extraordinaire avait sa place marquée dans ce polythéisme, dont le Panthéon s'ouvrait à tout ce qu'une passion quelconque désirait diviniser. Les centaures, les satyres, les cyclopes, les géants, les tritons, les sirènes et tant d'autres êtres monstrueux sont mythologiques. Ici, cette investigation des faits réels, que nous avons conseillée, se trouvera quelquefois en opposition avec la symbolique; mais nous dirons que, relativement aux traditions les plus antiques, cette dernière science nous paraît souvent peu admissible. A un âge d'érudition et de subtilité appartiennent surtout ces interprétations de symboles et d'allégorie, qu'il faut craindre de trop multiplier dans la théogonie primitive. La méthode explicative de Paléphate, de Servius, qui rapportent plutôt à des faits naturels et isolés l'origine de beaucoup d'anciens mythes, me paraît préférable à celle des néo-platoniciens, qui ne font pas grâce à une seule fable de sa signification prétendue mystérieuse et allégorique, du *sens d'en haut*(1), suivant leur ambitieuse expression.

(1) Ἡ ἄνω θεωρία. — Nous ne parlons ici que des abus qui ont été faits de ce genre d'interprétation. M. Emeric David a bien voulu nous communiquer l'opinion qu'il s'est formée, par une étude profonde

Il faut ajouter cependant que les Grecs exagérèrent l'interprétation par les faits naturels, système qui donnait une teinte d'esprit fort à ceux qui l'adoptaient. M. Lobeck, dans le second livre de son *Aglaophamus*, a réuni un assez grand nombre d'exemples de ces interprétations, pour prouver qu'on en avait beaucoup abusé. « Si trois ou quatre fables, dit-il, peuvent s'expliquer ainsi, il en reste une quantité innombrable qui se jouent de toute la pénétration des interprètes (1). » M. Lobeck nomme parmi les plus anciens auteurs qui avaient adopté ce système, Hécatée de Milet, Hérodore d'Héraclée, Hérodote, Éphore, Philochore, Denys de Milet, surnommé Scytobrachion, Denys de Samos.

Mais un exemple assez curieux de l'histoire moderne doit faire hésiter, avant de rejeter plusieurs explications naturelles de la mythologie, comme mesquines et rétrécies, en comparaison des brillantes théories de la symbolique. « Les Espagnols, dit Ameilhon, durent les progrès rapides qu'ils firent dans l'île de Mindanao, l'une des Philippines, à une crainte puérile de la part des habitants de cette île. Ces insulaires voyant que les Espagnols avoient au côté une longue épée, se nourrissoient de biscuit de mer et fu-

de la mythologie, au sujet de ces êtres mixtes : c'est que les hommes les plus éclairés de l'antiquité, sans croire à l'existence matérielle de tels êtres, y voyaient certaines idées de symboles traditionnels, établies, sinon dès l'origine, au moins fort anciennement, et qui donnaient à ces composés menteurs une véritable existence de convention, dont la signification était généralement comprise, sans la moindre équivoque.

(1) « Si tres aut quatuor fabulæ hoc modo explicatæ fuerint, innu-

moient du tabac, les prirent pour des monstres redoutables qui avoient une queue, qui mangeoient des pierres et qui vomissoient de la fumée (1). »

L'observation de quelqu'une des anomalies de l'organisation, dont MM. Geoffroy Saint-Hilaire forment aujourd'hui une vaste science, aura-t-elle contribué à l'origine de certains êtres des tfaditions tératologiques? C'est un point de vue nouveau. Toujours est-il que plusieurs titres de leur classification se rapportent à des êtres mixtes de la mythologie. Avec plus de probabilité encore pourra-t-on appliquer un tel rapprochement à certains peuples imaginaires dont les tératologues anciens ont fait mention, tels que les Acéphales, les Astomes, les Arrhines, les Monommates ou Monophthalmes, les Tétrapodes, les Tétrachiropodes, les Monocoles, les Sciapodes, les Cynocéphales, les Hémicynes, les Macrocranes, les Sternophthalmes, les Himantopodes, les Himantoscèles, les Otolicnes, les Monotocètes, les Opisthodactyles et autres.

Si du spectacle attristant des monstruosités, nous passons aux riantes productions de l'art, nous trouverons que la tératologie ancienne en est, en grande partie, inséparable. Il y a même quelquefois entre eux une question de priorité: le monument figuré est-il l'origine ou l'expression de telle combinaison tératologique? Cette question a été plus d'une fois abordée. M. Boettiger (2) a prétendu que les

---

merabilœ aliœ restant, interpretum acumen elusurœ. » Pag. 988, od. 1829, in-8°.

(1) *Hist. du commerce et de la navigation des Égyptiens sous le règne des Ptolémées.* Paris, 1766. Pag. 92.

(2) Cité par Malte-Brun, *Nouvelles Annal. des Voyag.*, t II, p. 379.

fourmis chercheuses d'or et les griffons de Ctésias n'étaient
autre chose que la description des broderies de certaines
tapisseries indiennes que le médecin d'Artaxerxe avait
vues à la cour de Perse. M. Cuvier a dit de la martichore,
du griffon et du cartazonon : « Ctésias, qui a donné (1) ces
animaux pour existants, a passé chez beaucoup d'auteurs
pour un inventeur de fables, tandis qu'il n'avoit fait qu'attribuer de la réalité à des figures emblématiques. On a
retrouvé ces compositions fantastiques sculptées dans les
ruines de Persépolis (2). » MM. Creuzer, Niebuhr, Heeren,
de Hammer (3) et d'autres savants modernes, se sont livrés
à de doctes investigations sur les figures symboliques de
ces ruines célèbres. Quant aux composés tératologiques,
qui des mythes poétiques sont passés dans les représentations de l'art, il est inutile d'appuyer sur un fait aussi
connu.

On a quelquefois attribué à des races d'animaux éteintes
certains monstres de l'antiquité. Cette interprétation est
difficilement admissible, d'après la réfutation qu'en a faite
M. Cuvier (4) : « Quelques-uns penseront peut-être, dit-il,

---

(1) Il y a là une erreur au sujet du cartazonon. Ce n'est point Ctésias qui parle de cet animal, mais Élien, *De Animal.*, l. XVI, c. xx.

(2) *Disc. sur les révol. du globe*, p. 40, au devant de la 3ᵉ édit., t. I,
des *Ossem. foss.* M. Cuvier a poussé peut-être un peu loin son adhé-
sion à ce système, quand il dit : « Le roi ou le vainqueur gigantesque,
les vaincus ou les sujets, trois ou quatre fois plus petits, auront
donné naissance à la fable des Pygmées. » Voyez ci-après sur les Pygmées, p. 101 et suivantes.

(3) Cités par M. Bæhr, p. 281 et suiv. de son édition de Ctésias.

(4) Lieu cité, p. 39.

que ces monstres divers, ornements essentiels de l'histoire de presque tous les peuples, sont précisément ces espèces qu'il a fallu détruire pour permettre à la civilisation de s'établir. Ainsi les Thésée et les Bellérophon auroient été plus heureux que tous les peuples d'aujourd'hui, qui ont bien repoussé les animaux nuisibles, mais qui ne sont parvenus à en exterminer aucun. »

Toutefois certains animaux ont été assez efficacement combattus pour disparaître, sinon entièrement, du moins de certains pays qu'ils habitaient autrefois. C'est une chose incontestable qu'il y avait jadis des lions dans plusieurs parties de l'Europe. Serait-il absolument impossible que des races d'animaux, dont on n'a plus aucune nouvelle, subsistassent sur quelques points inaccessibles ou non encore explorés? Si l'essor donné aux voyages dans l'intérieur des terres (et ils sont bien autrement féconds que l'exploration des côtes) faisait pénétrer dans quelque lieu semblable, ne pourrait-on y retrouver certains animaux des anciens, dont la description ne s'applique aujourd'hui à aucune espèce connue?

En continuant à examiner les ramifications de la tératologie, nous y remarquons tout un côté astronomique, puisque plusieurs signes célestes lui avaient emprunté leurs noms et leur figure de convention, tels que le centaure, l'hydre, Orion, etc. Par une marche inverse, Albert le Grand donne du dragon du moyen âge une explication tirée du vocabulaire météorologique de son temps(1). De plus, de nombreux préjugés compliquent chez les anciens

(1) *De Animalib.*, l. XXV, tract. unic. – *Operum* t. VI, p. 668.

la science qu'on pourrait appeler *térato-météorologique*, et dont les Latins paraissent avoir désigné l'objet plus particulièrement sous le nom de *ostenta*. Plusieurs auteurs, tels que Aratus, Hygin, Lydus, ont fait connaître avec détails cette partie des opinions antiques.

On peut encore envisager la tératologie sous le point de vue purement superstitieux : c'est ce que les Latins, fort riches en termes tératologiques, appelaient *prodigia*; et, ainsi que nous l'apprend Fronton (1), ils distinguaient le *prodigium*, ou signe d'un événement toujours funeste, du *portentum*, signe d'un événement éloigné. Ce sont les *prodigia* qui tiennent tant de place dans les anciennes annales, dont tous les historiens anciens citent des exemples plus ou moins multipliés, et qui, pour l'histoire romaine, ont été réunis en un seul corps d'annales (2) par Julius Obsequens.

Phlégon de Tralles, dans son petit traité *des choses surprenantes* (3), n'a emprunté à ces anciennes annales que les monstruosités humaines. Quant au traité attribué par les uns et refusé par les autres à Aristote, et intitulé : *Des Récits surprenants* (4), c'est un recueil qu'on intitulerait aujourd'hui : *Curiosités naturelles*. Il y est question des trois règnes de la nature, mais principalement du règne animal et du règne minéral. Antigone de Caryste, ainsi que l'a

(1) « In *portento* differtur eventus, in *prodigio* detrimentum significatur. » Auctorum ling. latin. 1602, in-4°, pag. 1328.

(2) *Prodigiorum libellus.*

(3) Περὶ θαυμασίων.

(4) Περὶ θαυμασίων ἀκουσμάτων.

prouvé Schneider (1), avait en vue cet ouvrage et il en a
suivi la marche dans ses *Histoires paradoxales* (2).

§ II.

DES AUTEURS ANCIENS QUI ONT TRAITÉ DE LA TÉRATOLOGIE ANIMALE.

Le principal des auteurs que nous publions, et dont
nous parlerons bientôt avec plus de détails, s'est donné un
cadre moins étendu qu'Aristote et Antigone, mais plus
étendu que Phlégon ; car il a cherché à réunir des notions
tératologiques prises dans tout le règne animal. Il y a fait
entrer, en court résumé, une grande partie de ce que la
mythologie ou des traditions merveilleuses, étrangères à
la religion, présentent de monstres soit isolés, soit réunis
en nations. En effet, la tératologie a encore dans l'antiquité, comme nous l'avons dit, sa partie ethnographique.
Une philosophie naturelle trop vague appelait même à
l'appui de cette erreur, des faits réels qui, au premier
abord, ne lui paraissaient pas moins prodigieux que les
plus grandes merveilles. « Quel est celui, dit Pline, qui a
cru à l'existence des Éthiopiens, avant d'en avoir vu ? ou
qui, lorsqu'il en a vu la première fois, ne les a pas regar-
dés comme un prodige (3) ? »

A ces monstres, notre auteur a joint des animaux ter-

---

(1) *Periculo critico*, p. 132, sqq.
(2) Ἱστοριῶν παραδόξων συναγωγή.
(3) «Quis enim Æthiopas, antequam cerneret, credidit? aut cui

ribles qui, aux yeux de la nature, n'ont rien de monstrueux. Fronton définit les monstres « des êtres dans lesquels l'ordre régulier de la nature est interverti (1). » Quant
au sens général du mot *monstrum*, auquel répond exactement le mot français *monstre*, on connaît la variété de ses
acceptions, qui toutes impliquent l'idée d'un objet extraordinaire en mauvaise part : d'où s'y joint l'idée de terreur.
Ainsi l'on applique ce mot à un animal terrible, comme
un tigre. Plusieurs détails de notre auteur, dans cette
partie de son travail, rentrent dans la zoologie pure. Quant
aux êtres monstrueux qui n'ont rien de réel ou du moins
dans lesquels la réalité est défigurée, ils tiennent, comme
nous l'avons dit, ou à la religion ou à des récits diversement accrédités par le goût du merveilleux, et transmis
comme traditions.

Les prophètes Isaïe, Jérémie et Ézéchiel, dans les
terribles anathèmes de leurs éloquentes prédictions,
nomment plusieurs êtres monstrueux, dont les Septante
et saint Jérôme ont traduit les noms par des mots empruntés aux superstitions helléniques et latines. Bochart,
en examinant ces passages avec toute la richesse de son
érudition, a prouvé que les prophètes voulant frapper
l'imagination des peuples, indiquaient là des fantômes
effrayants et non des êtres réels. Ce savant critique a
touché, à cette occasion, un des points de rapprochement
les plus féconds entre l'Orient et l'Occident, en signalant

non miraculo est, quum primum in notitiam venit? » *Hist. nat.*, l. VII,
c. I.

(1) « In *monstro* rectus ordo naturæ vertitur. » Lieu cité.

les modifications que subissent les merveilles traditionnelles dans le passage d'une civilisation à l'autre. Je n'ai
pas les connaissances nécessaires pour aborder ce côté de
la question qui, à lui seul, fournirait matière à de vastes
et importantes recherches. Mais celles de Bochart m'au-
torisent à voir dans ces expressions de saint Jérôme, *satyrus, lamia, onocentaurus, fa. ¬llus ficarius....,* des équiva-
lents dont les termes, empruntés à la mythologie, peuvent
y être rapportés en toute sûreté.

Bérose, dans le premier livre de son *Histoire de Chal-
dée,* a donné (1) sur les anciennes traditions tératologiques
des Chaldéens, des notions dont M. Raoul Rochette (2) a
fait ressortir l'importance sous le rapport de l'art; nous
hasardons ici une traduction de ce morceau curieux :

« On dit qu'il fut un temps où il n'y avait que de l'eau
et des ténèbres. Il s'y engendrait des êtres monstrueux,
ayant leurs natures particulières : des hommes avec deux
ailes, quelques-uns avec quatre; d'autres à deux visages;
d'autres ayant un corps et deux têtes, d'homme et femme,
et un double organe générateur, également des deux sexes.
Il y en avait à jambes et cornes de chèvre; ceux-ci étaient
à pieds de chevaux, ceux-là chevaux par derrière, et
hommes par devant, comme on représente les hippocentaures. Il s'engendrait encore des taureaux à tête d'homme,
des chiens à quatre corps se terminant en queue de poisson, des chevaux à tête de chien, d'autres animaux

---

(1) Page 49, sq., de l'édition de M. Richter. — Voyez ci-après,
p. 201, sq., le texte entier de ce passage important.

(2) Dans son Cours d'archéologie en 1835.

ayant des têtes et des corps de chevaux avec des queues
de poisson, et mille formes diverses de bêtes. En outre,
des poissons, des reptiles, des serpents, et quantité d'animaux merveilleux qui se transformaient réciproquement
en la figure les uns des autres, et dont les représentations sont sculptées dans le temple de Bel. »

Beaucoup d'auteurs grecs, dont plusieurs sont très-
antérieurs à Bérose, avaient écrit sur les traditions de la
tératologie hellénique. Ils sont cités dans beaucoup d'endroits, mais nulle part d'une manière plus précise et plus
détaillée que dans ce passage d'Aulu-Gelle :

« A mon retour de Grèce en Italie, je débarquai à Brindes. Aussitôt hors du navire, je me mis à parcourir ce port
célèbre que Q. Ennius, par une expression un peu détour-
née, mais très-ingénieuse, appelle *rapide (præpetem)* (1).
Ayant aperçu des tas de livres exposés en vente, je m'en
approchai bien vite avec avidité : c'étaient tous livres
grecs, pleins de fables et de prodiges ; les récits étaient
inouis, incroyables ; les auteurs, des écrivains anciens
dont le nom n'est pas de peu d'autorité : Aristée de Proconnèse, Isigone de Nicée, Ctésias, Onésicrite, Polysté-
phanus, Hégésias. Les volumes étaient souillés d'une
poussière d'ancienne date, et avaient un air de délabre-
ment et de saleté. Je m'en approchai pourtant et en de-
mandai le prix. Je fus tout surpris d'un bon marché que
je n'espérais pas, et j'eus pour peu d'argent un assez grand
nombre de livres. Je les parcourus tous pendant les deux

---

(1) Par allusion, sans doute, à la forme du port, dont Strabon dit
(l. VI) : Ἐοικέναι κέρασιν ἐλάφου τὸ σχῆμα.....

nuits suivantes, et je pris note, en lisant, de plusieurs prodiges dont nos auteurs n'avaient pas parlé. Je leur donne
place dans ces commentaires pour que mon lecteur ne
reste pas au sujet de ces choses-là dans une complète ignorance (*rudis omnino, et ἀνήκοος*) (1). »

Les faits qu'il cite après cela sont tous dans les auteurs
que nous publions, et nous les avons rapprochés, chacun
en son lieu.

Aux tératologues anciens cités par Aulu-Gelle, il faut
ajouter ceux que nomme Strabon (2); ce sont Onésicrite,
déjà nommé par Aulu-Gelle, plus Déimachus, Mégasthène
et Néarque. Jean Tzetzès, dans sa viiᵉ chiliade (3), où il a
rassemblé un grand nombre de notions sur les tératologues
anciens et sur les sujets de leurs récits, nous donne, entre
autres noms qui ne sont pas dans les deux énumérations précédentes, Alexandre, Sotion, Agathosthène, Antigone, Iambule, Eudoxe, Hippostrate, Acestoridès, Phérénicus, Phi-
lostéphanus (4), Simmias, Hieroclès. Élien (5) cite quatre
vers du livre d'Empédocle sur la nature des animaux; on y

(1) *Noct. Attic.,* l. IX, c. iv. —Voyez ci-après, p. 203, le texte de
ce passage.

(2) *Geogr.,* l. I, p. 43 et 70, ed. Cas., 1620. V. ci-après, p. 202, sq.

(3) Hist. cxliv. Voyez ci-après tout le passage, p. 214 et suiv.

(4) A moins qu'il ne faille lire, comme dans Aulu-Gelle, Polysté-
phanus.

(5) Πολλὰ μὲν ἀμφιπρόσωπα, καὶ ἀμφίστερνα φύεσθαι
    Βουγενῆ, ἀνδρόπρωρα, τὰ δ᾽ ἔμπαλιν ἐξανατέλλειν
    Ἀνδροφυῆ βούκρανα· μεμιγμένα τῇ μὲν ἀπ᾽ ἀνδρῶν,
    Τῇ δὲ γυναικοφυῆ σκιεροῖς ἠσκημένα γυίοις.

Apud Ælian., *De Animal.,* l. XVI, c. xxix. Voyez sur cet endroit la

voit que ce savant fameux n'avait pas négligé la tératologie dans ses investigations de la nature. Parmi les
ouvrages d'Aristote qui sont perdus, il y avait une histoire
des animaux merveilleux; il n'est pas de perte plus re-
grettable dans le sujet qui nous occupe. Juba, ce roi savant,
courtisan couronné d'Auguste, avait composé un ouvrage
qui, d'après les fréquentes citations de Pline, devait rouler
principalement sur ces matières.

Ctésias dans ses *Indica* peut nous donner quelque idée
du genre de ces auteurs, dont nous croyons apercevoir des
traces assez claires chez plusieurs poëtes.

Eschyle fait dire à Io par Prométhée(1) : « Lorsque, fran-

note de M. Iacobs, t. II, p. 553, pour le parti que M. Boettiger a tiré
de ces vers.

(1) Ὅταν περάσῃς ῥεῖθρον ἠπείρων ὅρον,
Πρὸς ἀντολὰς φλογωπὰς ἡλιοστιβεῖς
Πόντου περῶσα φλοῖσβον, ἔσι' ἂν ἐξίκῃ
Πρὸς Γοργόνεια πεδία Κισθήνης, ἵνα
Αἱ Φορκίδες ναίουσι δηναιαὶ κόραι
Τρεῖς κυκνόμορφοι, κοινὸν ὄμμ' ἐκτημέναι,
Μονόδοντες, ἃς οὔθ' ἥλιος προσδέρκεται
Ἀκτῖσιν, οὔθ' ἡ νύκτερος μήνη ποτέ.
Πέλας δ' ἀδελφαὶ τῶνδε τρεῖς κατάπτεροι,
Δρακοντόμαλλοι Γοργόνες βροτοστυγεῖς,
Ἃς θνητὸς οὐδεὶς εἰσιδὼν ἕξει πνοάς·
Τοιοῦτο μέν σοι τοῦτο φρούριον λέγω.
Ἄλλην δ' ἄκουσον δυσχερῆ θεωρίαν·
Ὀξυστόμους γὰρ Ζηνὸς ἀκραγεῖς κύνας
Γρύπας φύλαξαι, τόντε μουνῶπα στρατὸν
Ἀριμασπὸν ἱπποβάμον', οἳ χρυσόρρυτον

chissant la mer mugissante , tu auras passé le détroit qui
borne les deux continents , tu t'avanceras vers les portes
flamboyantes du soleil , jusqu'aux champs gorgoniens de
Cisthine, où demeurent les vieilles filles de Phorcys, trois
sœurs au visage de cygne, qui n'ont qu'une dent et un œil en
commun, et que jamais n'ont aperçues les rayons du soleil
ni l'astre de la nuit. Près d'elles sont leurs trois autres
sœurs, les Gorgones ailées, monstres abhorrés des humains;
leur tête est hérissée de serpents; qui les envisage expire
à l'instant : je t'avertis du péril. Plus loin , autre spectacle
effrayant, sont les gryphes à la gueule pointue, chiens
muets de Jupiter : il faut t'en garder. Évite aussi ces guerriers qui n'ont qu'un œil , les Arimaspes toujours à cheval,
habitants des rives du Pluton , qui roule de l'or dans ses
flots. De là tu passeras dans une terre éloignée, chez un
peuple noir, fixé proche des sources du jour, aux lieux
d'où sort le fleuve d'Éthiopie. » (Trad. de la Porte du Theil.)

Lucrèce, après avoir démontré l'impossibilité des composés monstrueux, nous indique par la conclusion de sa
réfutation, comment on prétendait expliquer leur existence (1) : « Supposer que de tels êtres puissent avoir reçu

Οἰκοῦσιν ἀμφὶ νᾶμα Πλούτωνος πόρου·
Τούτοις σὺ μὴ πέλαζε. Τηλουρὸν δὲ γῆν
Ἥξεις κελαινὸν φῦλον, οἱ πρὸς ἡλίου
Ναίουσι πηγαῖς, ἔνθα ποταμὸς Αἰθίοψ.

Promoth., v. 789, sqq.

(1)   Quaro etiam tolluro nova cœloquo rocenti
     Talia qui fingit potuisse animalia gigni,
     Nixus in hoc uno novitatis nomine insni,
     Multa licet simili ratione offutiat ore.....
          De rer. Nat., l. V, v. 906, sqq.

l'existence de la terre et du ciel encore nouveaux, en s'appuyant seulement sur ce terme insigniliant de nouveauté (*novitatis*), c'est autoriser mille rêveries semblables. »

On voit que ces fictions avaient entièrement perdu leur caractère religieux, lorsque Ovide en emploie l'énumération comme comparaison pour désigner une chose impossible (1). « Je croirais plutôt à la tête de la gorgone Méduse, entourée d'une chevelure de serpents, à cette fille qui porte une ceinture de chiens, à la Chimère qui nous offre une lionne, séparée par des flammes d'un affreux serpent; à ces quadrupèdes dont la poitrine se confond avec une poitrine humaine, à ce chien, à cet homme composés d'un triple corps, aux Sphinx, aux Harpyes, aux Géants dont les pieds sont des serpents, aux cent mains de Gygès, à ce monstre moitié homme et moitié taureau; je croirai plutôt à tout cela qu'à l'oubli de ton amitié. »

Nommer tous les poëtes qui avaient parlé de ces traditions tératologiques, inséparables de la mythologie et des croyances des peuples auxquels s'adressaient leurs vers, ce serait passer en revue toute la poésie des deux langues classiques, à commencer par Homère qui fait mention de

---

(1)   .... Credam prius ora Medusæ
         Gorgonis anguineis cincta fuisse comis;
     Esse canes utero sub virginis; esse Chimæram,
         A truce quæ flammis separet angue leam;
     Quadrupedesque hominum cum pectore pectora junctos;
         Tergeminumque virum, tergeminumque canem;
     Sphingaque, et Harpyias, serpentipedesque Gigantes;
         Centimanumque Gygen, semibovemque virum.
     Hæc ego cuncta prius, quam te, charissimo, credam
         Mutatum curam deposuisse mei.
              Trist., l. IV, eleg. III, v. 11, sqq.

la Chimère, de Scylla, des Sirènes, des Cyclopes, des Géants,
etc. Hésiode ensuite donne une grande extension au même
sujet dans sa Théogonie, source féconde d'où sont sortis
tous les mythographes, savants interprètes, quelquefois
trop ingénieux, de cet innombrable enchaînement de
divinités corporelles. Tels sont ce qui nous reste de la
Bibliothèque d'Apollodore, les *Fables* d'Hygin, traité de
mythologie fort complet, Paléphate dans son traité *des
Choses incroyables*, dont Virgile a dit :

> Docta Palæphati testatur voce papyrus (1),

et qui s'est attaché principalement, comme nous l'avons
remarqué, à donner des explications naturelles de ces
merveilles. Il a été imité presque servilement par Héraclite de Sicyone et par un anonyme beaucoup plus récent,
comme l'observe Léon Allatius leur éditeur (2). Leurs
traités sont intitulés de même περὶ ἀπίστων.

Le plus savant des mythographes, Servius, est contemporain de ces illustres pères de l'Église qui alliaient
des connaissances encore plus étendues que les siennes à
l'éclaircissement et à la démonstration des plus austères
vérités. Quel vaste champ pour l'immense érudition d'un
saint Jérôme, que le livre par excellence, si varié par le
ton, les sujets, les époques où il fut successivement composé! L'Écriture sainte, entre les mains d'aussi doctes commentateurs, joignait au trésor de ses enseignements divins
le trésor encyclopédique le plus varié. Il y a dans les écrits

---

(1) *Ciris*, v. 89.
(2) *Excerpt. var. Græc. sophist. ac rhetor.* Romæ, 1641, p. 27.

de ces anciens Pères une abondance d'idées, une richesse
de faits qui rend leur étude nécessaire à presque toutes
les sciences. La tératologie n'est pas celle qui leur est le
moins redevable. Saint Augustin nous a laissé, dans le
chapitre VIII du livre XVI de la *Cité de Dieu* (1), des notions
plus substantielles sur ces matières que pas un des auteurs
profanes qui nous sont parvenus.

§ III.

DU TRAITÉ INÉDIT *De Monstris et Belluis.*

Ce chapitre de saint Augustin est évidemment la principale source du petit traité *de Monstris et Belluis*, que
nous avons découvert à la suite des fables de Phèdre, dans
un manuscrit du x° siècle qui, de Pierre Pithou, premier
éditeur de ces fables, est passé par succession dans la famille Le Péletier, et appartient aujourd'hui à M. le marquis de Rosanbo, chef de cette maison. En publiant
textuellement, en 1830, la première partie de ce manuscrit qui contient le fabuliste latin, nous avons dû, dans
la préface de cette édition, donner l'histoire et la description très-détaillée de ce manuscrit; et nous avons fait
suivre le texte de Phèdre d'un *fac simile*. Sans entrer ici
dans les mêmes détails, nous dirons que le manuscrit de
Rosanbo est un in-4° sur parchemin, d'une belle conser-

(1) Voyez ci-après, p. 206.

servation, et dont l'écriture ne peut être plus récente que le x° siècle ; il contient 54 feuillets dont les fables de Phèdre n'occupent que les 38 premiers. Suit, sans interruption et de la même main, sur les 16 derniers feuillets, le traité inédit et anonyme que j'ai intitulé : *De Monstris et Belluis.*

Il n'y a pas de titre dans le manuscrit. Les derniers mots de la dernière fable de Phèdre finissent le feuillet 38 verso, et les premiers mots de ce traité commencent le feuillet 39 recto. Nous avons été autorisé à donner le titre : *De Monstris et Belluis,* d'abord par la nature et la disposition du sujet ; ensuite l'auteur lui-même emploie fréquemment le premier mot dans la première partie et le second dans l'autre. Il commence cette dernière par la définition précise du mot *bellua,* et conclut la première par ces mots : « Hæc sunt immania monstra... » Il rapproche même les deux mots, au commencement du chapitre XXXI, partie II : « Cum variis monstrorum et belluarum gentibus. »

Le style de cet auteur sent beaucoup la décadence : il est prétentieux, ampoulé, mêlé sans cesse de locutions poétiques ; il présente même deux ou trois mots de la basse latinité, tels que *barcam,* une barque (1), *vannosas aures* (2), des oreilles larges comme un van. Il semble au reste s'attacher, plus que les auteurs des bons temps, à varier ses formes d'élocution.

---

(1) *De Monstris,* c. XXXV, p. 124.

(2) *Ibid.,* c. XLVI, p. 143. L'auteur aura sans doute voulu rendre par là l'idée renfermée dans le nom du peuple que Tzetzès appelle Ωτολίκνους. *Chil.* VII, hist. CXLIV, v. 631.

c

On pourrait lui assigner pour époque le vi⁰ siècle. On
voit d'abord qu'il était chrétien par cette expression : « Ut
gentiles aiunt (1). » De plus, un autre passage prouve qu'il
était postérieur à l'empereur Anastase : « Indorum rex
quodam tempore, quia ibi maxime nascuntur, ad regem
Romœ Anastasium duos pardulos misit in camelo et elephante (2). » Et il n'emploie pas à cet endroit quelque expression, comme : *scribitur, Grœci dicunt, legimus, scribunt
Romani, asserunt, ut perhibent,* ou autres dont il se sert
habituellement : d'où l'on pourrait inférer qu'il tenait ce
fait de quelque tradition moins ancienne, et qu'il était
presque contemporain de l'empereur Anastase, qui mourut l'an 518. D'ailleurs le caractère de son style, la manière dont il parle de plusieurs faits, de plusieurs croyances
de l'antiquité, l'intérêt qu'il y prend encore, et cependant
le vague qui les entoure déjà pour lui, semblent assez bien
marquer vers cette époque le temps où il vivait.

Saumaise dit dans ses *Prolégomènes* sur Solin : « Une
méthode très-fréquemment usitée fut celle de composer,
de pièces et de morceaux, des recueils de faits sur un
même sujet, espèce de centons empruntés à un grand
nombre d'auteurs (3). » Nous avons vu Aulu-Gelle, dans le
passage que nous avons cité en le traduisant, dire des sujets
tératologiques : « Et scriptoribus fere nostris intentata. »

(1) *De Monstris,* c. xv, p. 55.
(2) *De Belluis,* c. vi. Voyez la note sur ce passage, p. 234.
(3) « Tralaticia et illa fuit ratio qua plerique soliti sunt ex pluribus auctoribus qui eamdem materiam pertractarunt, corpus unum
veluti contonem conficere, adsutis aliquot pannis ac particulis ex unoquoque. » *Plinian. Exercitt.,* t. I.

C'est peut-être ce qui a fait choisir à l'auteur de ce traité
ce genre de compilation. Il a extrait des livres latins, et
peut-être grecs, qui étaient à sa disposition, tout ce qui
avait rapport aux monstres et aux bêtes terribles ou extraordinaires, et il en a composé un traité complet, divisé
en deux parties bien distinctes, précédées chacune d'un
avant-propos, et qui très-probablement étaient également
toutes les deux terminées par un épilogue ou conclusion.
Cet épilogue dans le manuscrit ne se trouve qu'à la suite
de la première partie; mais la seconde paraît tronquée:
elle finit brusquement; de plus, elle n'a que trente-quatre
chapitres, tandis que la première en a cinquante-neuf ou
soixante; et l'esprit de régularité dont l'auteur a fait
preuve dans ce petit livre peut nous faire supposer qu'il
avait donné à ses deux parties à peu près la même étendue.

L'auteur nous apprend lui-même que sa première partie
traite, « De his quæ leviore discretu ab humano genere
distant, » et que le sujet de la seconde est : « Quidquid in
terris aut in gurgite marino corporis ignota et metuenda
reperitur forma. » Or, dans l'une et l'autre partie, les matériaux qu'il a réunis sont de deux sortes : les uns sont
des faits naturels et extraordinaires, ou merveilleux, allégués comme véritables par ceux à qui il les emprunte; les
autres sont des traditions mythologiques.

Quant aux traditions mythologiques, nous avons trouvé
assez d'exactitude dans la plupart de ces petites analyses,
en les comparant avec leurs sources évidentes : d'où l'on
peut conclure que celles de ces fables dont on ne retrou-
verait pas la source seraient aussi les extraits analytiques
de quelques autres poëmes de l'antiquité qui ne nous se-

raient pas parvenus. Or, si Homère, Hésiode, Eschyle, Virgile, Ovide, Lucain, Claudien n'étaient pas venus jusqu'à nous, nous jugerions bien mal leurs fictions d'après ces misérables résumés, quoiqu'ils soient assez exacts pour le fond : parce que la forme est tout dans la poésie. D'après cela, s'il y a quelque tradition fabuleuse de ce traité dont on ne retrouve pas l'origine, on pourrait la considérer comme le squelette de quelque autre invention poétique des anciens. Pour comprendre le parti qu'aurait pu en tirer un poëte, il faudrait avoir son imagination et son génie particulier.

Pour le premier ordre de matériaux, à savoir les faits autres que mythologiques, nous avons indiqué leur principale source dans un chapitre de la *Cité de Dieu*. L'auteur ne nomme pourtant pas saint Augustin; mais les emprunts qu'il lui fait sont évidents. Il reproduit souvent ses expressions, qu'il arrange seulement à sa manière, en les gâtant toujours. Les notions réunies par saint Augustin ont été probablement le premier fonds et comme le noyau de cet ouvrage.

Mais l'auteur auquel notre anonyme a fait le plus d'emprunts dans ses deux parties est Virgile. Il introduit dans sa prose les expressions du poëte, et cherche à en rendre encore plus saillante la forme poétique par les plus bizarres exagérations de style. Il paraît aussi, dans quelques endroits, avoir eu recours à des auteurs grecs; mais les seuls auteurs qu'il cite nominativement sont Virgile, Lucain, et la lettre d'Alexandre à Aristote sur les prodiges de l'Inde.

§ IV.

DES PRODIGES DE L'INDE DANS LE ROMAN D'ALEXANDRE.

Cette prétendue lettre d'Alexandre le Grand à Aristote et à Olympias se trouve dans la version latine du faux Callisthène, et paraît avoir été la partie la plus goûtée de cette histoire romanesque, en si grande faveur dans le moyen âge. Vincent de Beauvais, dans le quatrième livre de son *Speculum historiale* (1), a extrait la majeure partie des récits qui y sont contenus; et le texte dont il s'est servi a dû différer, en plusieurs points, de ceux que nous avons eus sous les yeux. Cette lettre se trouve aujourd'hui, non-seulement dans tous les manuscrits latins du roman d'Alexandre, dont elle fait partie, mais aussi séparément dans un grand nombre de manuscrits; et elle a été publiée ainsi dès les premiers temps de l'imprimerie. Fabricius en cite une édition du xve siècle et quatre du commencement du xvie, et il ajoute que le texte grec n'en a jamais été imprimé, en réfutant l'erreur commise à ce sujet par l'auteur des Pandectes de Brandebourg (2).

(1) Du chapitre LIII au chapitre LX.

(2) Après avoir parlé de plusieurs lettres attribuées faussement à Alexandre, il continue : «Idem dixeris de epistola Alexandri quæ de situ et mirabilibus Indiæ ad Aristotelem, interprete, ut falso jactitant, Cornelio Nepote, fertur, editaque est latine (non græco, ut adfirmat auctor pandectarum Brandenburgensium) a Jacobo Cantalaunensi, cum ejus ænigmatibus, in officina Jo. Gormentii, sine nota loci vel

J'ai trouvé à la Bibliothèque du Roi l'édition de Paris, en date de 1537, mentionnée dans Fabricius. C'est un petit volume in-8° de 19 feuillets numérotés seulement sur le recto, ce qui fait 38 pages, dont les quatre premières sont occupées par le titre et la dédicace de l'éditeur. En voici le titre : «*Alexandri Macedonis quondam illius magni regis ad Aristotelem præceptorem de rebus Indiæ mirabilibus Epistola, maxime vero de serpentum aliarumque ferarum immanitate, quibus, majori labore ac periculo quam Indis hominibus alioqui barbaris, extraque omnem humanitatem, obsistendum fuit : quæ omnia ne vana crederentur, accesserunt ex authoribus fide dignis loci aliquot*(1) *omnem scrupulam excutientes* (2).

La lecture de ce livre ne laisse pas que d'être attachante; la bizarrerie de ces imaginations fantastiques amuse, et l'intérêt est assez bien soutenu dans le récit des périls extrêmes auxquels sont exposés Alexandre et son armée, périls auxquels ils n'échappent que par quelques moyens imprévus. Fabricius affirme avec raison que cette lettre

anni, tum Venetiis, 1499, in-8°. — Bononiæ, 1501. — Paris., 1520 vel 1537, in-8°, et ad calcem quarumdam editionum Curtii, ut Basil. 1517. — Recusa est curante Andrea Paulino, qui nec de auctore neque de interprete dubitat, atque ideo in schola sua Darmstadinis prælegendum discipulis suis instituit, Giessæ, 1706, in-8°.» — *Biblioth gr.*, ed. Harles, t. III, p. 28.

(1) Ces rapprochements, annoncés avec une certaine importance dans ce titre, se réduisent à deux ou trois citations indiquées à la marge.

(2) Prostat Lutetiæ in via media Jacobea, ad cervinum cornu, sub æde sacra D. Ivonis, apud Vivantium Galterotium. Cum privilegio, 1537.

n'a point été publiée en grec. Comme je l'ai dit, elle est extraite de la version latine du Pseudo-Callisthène.

Ainsi que j'ai essayé de le démontrer dans une notice lue en 1834 à l'académie des inscriptions et belles-lettres, et qui est insérée dans le XIII° volume des *Notices et extraits des manuscrits*, les versions latines du Pseudo-Callisthène sont des imitations fort libres, qui ensuite, par les altérations de leurs transcriptions successives, sont devenues aussi différentes les unes des autres que des textes grecs. La lettre sur les prodiges de l'Inde est un des endroits les plus altérés. En effet, parmi les nombreuses lettres d'Alexandre citées dans les textes grecs, celle qui a le plus de rapport avec l'*Epistola de mirabilibus Indiæ* est infiniment plus courte, et elle ne pourrait pas former de même une espèce de traité séparé.

S'il est certain que cette lettre, telle que la donnent nos manuscrits grecs, n'a pas été écrite par Alexandre, il ne l'est guère moins que ce prince écrivit une lettre sur ce sujet à Aristote ou à Olympias, et qu'elle était assez longue pour que Minucius Felix l'ait appelée *insigne volumen* (1). Plutarque, Athénagore, Pollux, Tertullien, saint Augustin ont aussi parlé de cette lettre, qui a dû être un des monuments du zèle d'Alexandre pour l'histoire naturelle (2). Il est probable que dans certains endroits de Pline et de Strabon, où le témoignage de ce roi est invoqué au sujet de contrées orientales, il s'agissait aussi de cette lettre. Elle aura eu le sort de toute la composi-

_____

(1) Cap. XXI.

(2) « Alexandro Magno rege inflammato cupidine animalium naturas noscendi, » dit Pline, *Hist. nat.*, l. VIII, c. XVII (ou XVI).

tion romanesque dont elle fait partie, c'est-à-dire que sa
rédaction, altérée dès l'époque Alexandrine pour s'adapter
aux idées populaires, arriva par une suite d'altérations
successives au point où nous la voyons aujourd'hui ; c'est
ce dont nous donnons les preuves dans la notice consacrée à cette composition. Quant à l'opinion qui attribuait
la version latine de cette lettre à Cornelius Nepos, il suf-
fira du moindre extrait (1) pour montrer toute la distance
de ce style à celui de l'élégant historien romain.

Plus d'un motif nous a déterminé à publier ici le
texte grec inédit de cette lettre d'Alexandre. Après les
échantillons que nous en donnons à la suite de la notice
du Pseudo-Callisthène (2), ce sera un extrait de plus de cet
ouvrage bizarre, et l'un des extraits qui le caractérisent le
mieux. Ensuite voulant fournir à nos recherches sur les
questions tératologiques, telles que nous les avons définies,
un cadre plus étendu que le traité *De Monstris et Belluis*,
le complément qui se présentait le premier et le plus naturellement était la lettre sur les prodiges de l'Inde, une
des sources de ce traité. Nous donnons donc cette lettre,
telle qu'elle est dans le manuscrit grec du Pseudo-Callisthène n° 113 du supplément ; et comme ce manuscrit
diffère assez, surtout en cet endroit, du manuscrit n°1685,
nous y joignons, pour la comparaison, la lettre que donne
ce second manuscrit. La Bibliothèque du Roi en possède
un troisième, plus ancien que les deux précédents ; mais

(1) Nous avons plusieurs fois occasion de citer cette version latine
ci-après, dans le cours de notre commentaire.
(2) *Notices et extraits des manuscrits*, t. XIII.

il est incomplet, et la partie où serait cette lettre manque
à la fin. Quant au manuscrit de l'université de Leyde
n° 93, que nous avons eu également entre les mains (1), la
lettre d'Alexandre à Olympias et à Aristote n'y roule pas
sur le même sujet, mais sur un genre de merveilles qui a
quelque chose de plus oriental, comme des palais en-
chantés, etc. (2). Les détails tératologiques, objet ordinaire
de cette lettre dans la plupart des manuscrits grecs et
latins, sont répartis là dans le corps du récit; car ces prodiges sont un point sur lequel aucune rédaction n'a voulu
rester en arrière des autres.

Il en est de même dans plusieurs manuscrits inédits du
roman d'Alexandre en ancien français, tels que celui qui
porte le n° 7518. La lettre d'Alexandre à Aristote y est
fort courte (3) ou même y est simplement analysée. On se

(1) Voyez la description détaillée de ces quatre volumes dans les
Notices et extraits des manuscrits, t. XIII, p. 198 et suivantes.

(2) Nous donnons le texte de cette lettre du manuscrit de Leyde
dans la susdite notice.

(3) Elle est également plus courte dans le manuscrit grec 113 du
supplément que dans le manuscrit 1685. Tous les détails qu'il y a de
plus dans la lettre de ce second manuscrit sont donnés par le premier
dans le corps du récit. Le manuscrit français, n° 7518, les reproduit
assez fidèlement. Nous croyons avoir démontré, dans la notice déjà
citée, l'erreur de Legrand d'Aussy qui rapporte uniquement à l'A-
lexandréide de Lambert li Cors tous les romans français en vers ou en
prose de l'histoire d'Alexandre. Si la plupart de ces ouvrages ont beaucoup emprunté à ce vaste poëme, ils ont pris tout le fond et d'autres
détails aux textes latins antérieurs à l'Alexandréide. Legrand d'Aussy
place la composition de cette épopée au milieu du XIIIᵉ siècle; or,
parmi les textes latins de l'histoire fabuleuse d'Alexandre que possède
la Bibliothèque du Roi, il y en a un dont l'écriture est du XIᵉ siècle.

borne à indiquer sommairement les prodiges dont l'énumération a été faite avec complaisance dans le corps du
récit(1) : «Il fist prestement escripre ses lettres et les envoya à sa mere et à son maitre Aristote. Par lesquelles il
leur fist savoir les batailles et les travaulx que il avoit eubz
en conquerrant les reugnes du monde, et ossi des manieres
de gens et des bestes que il avoit trouvees par divers lieux,
tant en Inde comme ens es marches d'icelles. Pour la
probation duquel mandement il envoya à sa mere, par
maniere de presens, des plus estranges choses que il avoit
une cantite, comme gens sans teste, gens à ung piet,
gens à ung œil, et aultres choses moult merveilleuses.»
LXXXVIII⁰ capitle.

Ce manuscrit français 7518, dont l'extrait sur les merveilles de l'Inde forme la troisième de nos publications
tératologiques, est un in-folio sur papier qui portait le
nº 36 dans la bibliothèque de Mazarin, d'où il est passé
dans celle du Roi(2). Dans son prologue, l'auteur dit avec

---

(1) Legrand d'Aussy indique, il est vrai, un manuscrit français
qui contient cette lettre de la même manière que les textes latins : « Il y a encore, dit-il, une histoire d'Alexandre en prose dans
un autre manuscrit de la Belgique. Celui-ci, d'une belle conserva-
tion, fol. pᵒ, vign. nº 299, appartint à Charles de Croy, comte de
Chimay, lequel y a mis son nom. L'ouvrage est de même divisé en
deux parties, dont la seconde et supposée d'Alexandre lui-même, et
forme une prétendue relation qu'il envoie à son maître Aristote sur
ses conquêtes dans l'Inde.» *Notices des manuscrits*, t. V, p. 131. —
Tous ces manuscrits de la Belgique ayant été rendus en 1814, je
n'ai pu consulter celui-là.

(2) Il y a d'abord 15 feuillets de table des chapitres, puis une miniature qui se trouve entre la table et le commencement du roman.

humilité : « Je, de ce [d'écrire cette histoire] non digne, povre et non sachant, à la requeste et principallement au commandement de tres hault, noble et puissant seigneur monseigneur Jehan de Bourgoingne conte d'Estampes et seigneur de Dourdaing etc. ay mis et fermet mon propos de mettre par escript les nobles faiz d'armes, conquestes et emprises du noble roy Alixandre, roy de Macedone, selon ce que je l'ay trouvet en ung livre rimet, dont je ne sáis pas le nom de l'acteur, fors qu'il est intitule histoire Alixandre. »

Ce Jean de Bourgogne doit être un petit-fils de Philippe le Hardi, duc de Bourgogne, et par conséquent un arrière-petit-fils du roi Jean. Il était né en 1415 (1). Ainsi ce manuscrit serait environ du milieu du xv⁰ siècle. Il se termine ainsi :

« Je, qui ay ceste presente oevre composee, prye à tous

Cette miniature, d'une assez médiocre exécution, représente Darius recevant une lettre d'Alexandre. Au-dessus des personnages est l'écu de Bourgogne, surmonté de la devise : *Montjoye. — Aultre n'auray.* Le commencement du texte est précédé d'une pieuse épigraphe, renfermée dans ce vers léonin :

Assit ad inceptum sancta Maria meum.

Vient ensuite le titre du prologue : « Chy apries s'enssieult la prologue faitte sus la geste et ystoire du noble roy Alixandre, roy de Macedonne. »

(1) Voici ses titres, d'après le P. Anselme : Jean de Bourgogne, comte de Nevers, de Rethel, d'Estampes et d'Eu, baron de Donzy, pair de France, chevalier de la Toison d'Or, gouverneur de Picardie, né à Clamecy en 1415, fils de Philippe de Bourgogne, comte de Nevers, baron de Donzy, chambrier de France.

oans(1) que se, en la deduction d'icelle, a aultre chose mains
dingne que de recommandation, il leur plaise excuser ma
simplesse, et benignement corigier. Et se mon nom leur
plaist savoir, si prengnent la première lettre de la seconde
partie du livre, laquelle est un J, en deschendant par les
lettres capitales jusques à la xviii⁰ qui est un N., et ainsi
le pol ont savoir. Par quoy il percheveront que en moy
n'a mie grant parfection de tout sens : ce que il y fault,
Dieu le parfache! lequel je prye que en la fin nous donist
tous sa benoite glore (2). »

Ces dix-huit premières initiales de la seconde partie,
indiquant le nom de l'auteur, donnent *Jehan Wauquelin*.

Outre le livre rimé dont il a fait mention dans son prologue, il cite quelquefois, dans le corps de l'ouvrage, deux
autres historiens, ou plutôt romanciers, français : Vincent
le Jacobin, dont il est question aussi dans le texte imprimé (3), et Guille. Et ce ne sont pas les seules infidélités
qu'il fait au poëme.

(1) Ces livres-là se lisaient ordinairement tout haut devant la famille assemblée dans le manoir féodal. De là les auteurs s'adressent-
ils plus souvent aux écoutants qu'au lecteur.

(2) Et au-dessous :

«Explicit le histore du bon roy Alixandre.»

(3) *L'hystoire du noble et vaillant roy Alixandre le Grand, jadis roy
et seigneur de tout le Monde, et des grandes proüesses qu'il a faictes en son
temps.* — A Paris, pour Jehan Bonfonds, libraire, demourant en la
rue Neufve Notre-Dame, à l'enseigne sainct Nicolas.

Très-petit in-4⁰ du temps, sans pagination ni indication d'années,
avec des figures gravées sur bois. De Bure n'en fait pas mention dans
sa *Bibliographie instructive*.

§ V.

DES INTERCALATIONS DE TÉRATOLOGIE NATURELLE FAITES DANS LE
ROMAN D'ALEXANDRE, D'APRÈS LES ENCYCLOPÉDIES DU MOYEN
AGE.

Comme toute la seconde partie de notre petit traité
latin a pour objet les *belluæ*, nous avons, pour quatrième
publication, transcrit d'un ancien manuscrit de Saint-Germain-des-Prés, contenant aussi l'histoire d'Alexandre, différents extraits sur les *proprietez des bestes qui ont magnitude, force et pouoir en leurs brutalitez*, périphrase qui rend
parfaitement ce que l'auteur du traité *de Monstris et Belluis* entend par le mot *belluæ*.

Pendant une grande partie du moyen âge, on se plut à
réunir en un seul faisceau une foule de notions variées.
Les immenses ouvrages de Vincent de Beauvais en sont
l'exemple le plus remarquable. D'autres travaux du même
genre, dont plusieurs sont restés inédits, étaient composés
sur ce vaste plan et servaient de répertoire aux hommes
curieux de s'instruire. Ce goût en quelque sorte encyclopédique se faisait sentir jusque dans des ouvrages restreints
par leur sujet. Mais quelques écrivains paraîtraient avoir
eu déjà l'idée ingénieuse de présenter sous une forme dramatique l'ensemble de leurs connaissances, en groupant
autour d'une action, d'un même héros, toutes ces notions
diverses. Le roman d'Alexandre, le livre de prédilection du
moyen âge, surtout en France, se prêtait merveilleusement

à servir de cadre à une telle composition. Les grandes conquêtes de l'élève d'Aristote, son ambition pour tous les
genres de gloire, tous les pays qu'il avait parcourus, et
toutes les aventures incroyables que l'imagination avait
ajoutées à son histoire déjà si étonnante, admettaient,
sans faire trop de violence au sujet, les digressions les plus
variées. Aussi dans la plupart des versions de ce roman,
les auteurs paraissent-ils avoir dépensé tout leur savoir à
embellir leur narration. Outre la description d'une quantité de pays, c'est, chez les uns, le voyage en paradis, chez
les autres, la correspondance d'Alexandre avec la reine des
Amazones, avec Dindimus ou Lyndimus, roi des Brachmanes; digressions provenant des plus anciens textes
grecs et orientaux; ou bien les *douze vœux du paon* et les
accomplissements de retour, d'après l'Alexandréide de Lambert li Cors.

Ainsi avons-nous trouvé les détails d'histoire naturelle
de notre quatrième publication dans un manuscrit de
Saint-Germain-des-Prés, n° 138, écrit en 1512 et qui ne
contient pas moins de 288 feuillets, gr. in-fol. à 2 col., sur lequel nous n'avions d'abord qu'une indication assez vague
de Legrand d'Aussy. Après avoir parlé des manuscrits
en vers du roman d'Alexandre, il en cite trois en proto:
« L'un, dit-il, F° St-G., et intitulé *Histoire du tres puissant,
tres preux et tres victorieux roy Alixandre le Grant, qui fut
empereur monarche de tout le monde*, n'est qu'une compilation des fables et absurdités des divers auteurs dont je
viens de parler (1). » M. Paris a eu la complaisance de me

(1) *Notices des manuscrits*, t. V, p. 130.

chercher dans les magasins des manuscrits ce volume bien peu connu, même de Legrand d'Aussy, qui paraît s'être contenté de jeter les yeux sur le premier feuillet.

C'est un grand in-folio sur papier, qui de la bibliothèque de Séguier est passé dans celle de Coislin, léguée, comme on sait, en 1732, à l'abbaye de Saint-Germain-des-Prés. Il y portait le n° 138 ; et il a été enregistré à la Bibliothèque du Roi sous le n° 83. On lit, en outre, sur le dos de la reliure, garnie de fer, les n°s 1907 et 5800. Ce dernier numéro est au-dessous d'une étiquette où est écrit comme nom de l'ouvrage, *Histoire de Quinte-Curse* (sic). En marge du 2e feuillet de la table, recto, on a écrit autrefois : *Quinte-Curse plus ample que les communs* (1).

L'écriture, bien qu'indiquant la main exercée d'un copiste de profession, est peu agréable à l'œil, par le prolongement de la partie inférieure des longues lettres, d'une ligne sur l'autre, ce qui lui donne quelque chose de confus. Les titres et toutes les grandes lettres sont en rouge, et les initiales qui commencent les chapitres sont en rouge et en bleu, d'un dessin festonné assez uniforme, mais sans ornements. Ce manuscrit contient 388 feuillets à deux colonnes, numérotés sur le recto par le copiste, sans compter 20 feuillets d'une table complète, qui précèdent la pagina-

(1) Il paraît qu'en haut du 1er feuillet, partie aujourd'hui déchirée, il y avait, lorsque ce manuscrit est arrivé à la Bibliothèque, cette indication plus exacte : « Romant intitulé Alexandre le Grand. » C'est ce qu'apprend une petite carte de classement, placée dans le volume.

tion, ce qui, en comptant chaque colonne pour une forte page in-8°, donnerait 1632 pages.

Sur un feuillet placé entre la table et le commencement de l'histoire, se trouvent des vers où le copiste donne son jugement sur l'ouvrage qu'il venait de transcrire, et indique l'époque précise où il a terminé ce long travail. D'après l'explication de l'espèce d'énigme qui renferme cette indication, et que nous n'aurions pas devinée sans le secours obligeant de M. Guérard, on voit que ce manuscrit a été terminé le 24 juillet 1512 (1).

(1) Ces strophes, dont l'écriture est très-soignée, sont écrites alternativement en rouge et en bleu Les voici:

Seigneurs qui vivez à present,
Qui desirez ouyr cronicques;
Lisez Alixandre le Grant,
Qui dit chouses moult magnificques.

En luy chouses diverses orrez
Pour vous oster merencolye[a];
Car ses dits sont beaulx, bien narrez
Par grans docteurs, je vous affye.
Ou[b] romant les pourrez vous veoir:
Chacun d'eulx y fait son devoir.

Alixandre est cestuy[c] nommo
Sur tous les roys plus renommo,
Que composa Quintecurse,
Et autres docteurs qui sur ce
Ont fait ses gestes en Athenes,
Dont principal fut Demosthenes.

[a] Mélancolie.
[b] Au.
[c] Ce mot se rapporte au roman. Ainsi le vers signifie: Ce roman est intitulé Alexandre.

Voici l'entrée en matière :

« Le préambule.

« Le préambule de ce livre pour entrer en l'istoire du tres puissant, tres preux, tres eureux et tres victorieux roy Alixandre le Grant, qui fut empereur monarche de tout le monde : duquel ce beau rommant est intitule, pour recreer l'entendement humain, en exaulsant la fame et renommee des haulx princes qui glorieusement ont regne en ce monde soubz Dame Renommee. » (Fol. 1 recto.)

En luy sont tous gestes du monde,
En beau langaige, long faconde.
En luy n'y ha ne qua ne cy [a]
Qu'il n'oste les gens de souley.
Joyeulx les rend, de corps, d'esprit,
En oyant ses dits par escript.

Ce livre-cy fut tout parfait
En jueillet, comme trouverez [b].
Pour le savoir dimynueres
Ces diverses lignes par trait [c].

Vous prandrez la teste d'un moyne,
De deux cordeliers, d'un chanoyne,
Et puis un (I) [d] party en dux.
Vous lairrez la teste Jhesus,
Sainct Johan, sainct Jacques et Jacob,
Et prendrez un X à cop [e].

[a] C'est-à-dire : On a beau faire, on ne peut pas empêcher. Familièrement on dit encore dans le même sens : Il n'y a ni quoi, ni qu'est-ce.

[b] C'est-à-dire : au mois de juillet de l'année que vous trouverez.

[c] Cette phrase est confuse et mal agencée. Il veut dire qu'on retranchera certaines lettres des lignes suivantes.

[d] L'O se trouve ainsi coupé dans le manuscrit, pour indiquer que la séparation doit se faire dans le sens vertical et non dans le sens horizontal.

[e] Pour à coup. Nicot explique cette locution par repente. On dit aujourd'hui tout à coup. Mais ici, pour faire son vers, notre copiste donne à ce mot le sens de tout de suite après.

PROLÉGOMÈNES.

Et au feuillet 288 verso (dernière page), la conclusion :
« Ainsi, seigneurs, n'est-il que bonne paix. Laquelle

> Puis adjoustez en ceste ryme
> Ung *V* [a] prinse en argolisme.
> Si congnoistres qu'il fut parfait
> Le xxiij° juillet.

Cette dernière strophe a sans doute besoin de quelque explication, bien qu'on aperçoive que l'auteur indique par les initiales de plusieurs mots des lettres ayant une valeur numérique en chiffres romains, pour former par leur réunion l'année de l'achèvement de sa transcription. Mais il s'est plu à présenter cette indication d'une manière énigmatique, par un jeu assez goûté de ce temps [b].

La tête d'un *Moyne*, M (mille).

Y ajouter celles de deux *Cordeliers* et d'un *Chanoine*, CCC (trois cents).

Puis un O partagé en deux, CC (deux cents).

Laisser de côté les têtes de *Jhésus*, de saint *Jehan*, de saint *Jacques* et de *Jacob* (4 à soustraire).

Prendre ensuite un X (dix).

La grande difficulté était de savoir ce que signifiait *ung V prinse en argolisme*. Car dans ce dernier mot, évidemment altéré pour la rime, il était fort difficile de retrouver le véritable mot dont s'était

---

[a] On va voir pourquoi nous conservons ici à la lettre N la forme qu'elle a dans l'écriture du manuscrit.

[b] Nous nous bornerons à reproduire une date semblable composée par le chanoine Charles de Bovelle et citée ainsi par M. du Sommerard, *Notice sur l'hôtel de Cluny et le palais des Thermes*, p. 182 :

D'un mouton et de cinq chevaux	
Toutes les têtes prendrez	M CCCCC
Et à icelles, sans nuls travaux,	
La queue d'un veau joindrez,	V
Et au bout adjouterez	
Tous les quatre pieds d'une chatte ;	IIII
Rassemblez, et vous apprendrez	————
L'an de ma façon et ma date.	M CCCCC VIIII 1509.

Dieu nous veuille donner en ce monde, ouquel nous puissons faire si bonnes œuvres que à la fin de noz jours nous puissons avoir part et porcion ou benoist royaulme de Paradis. Amen. »

Pour donner quelque idée de la longue composition renfermée entre ces deux extrémités, voici d'abord ce que l'auteur dit de ses sources : « La principale et vraie histoire à laquelle mon entencion a este me arrester, c'est de translater de latin en françoys Quintecurse Ruffe, des gestes du grant Alixandre; de Demosthenes, grant philozophe d'Athenes, lequel, ou temps que Alixandre regnoit, fit ses gestes en la cite d'Athenes; aussi de Plutarcus, de

autorisé notre copiste sphinx. Que signifiait aussi cette N, qui n'est point une lettre numérique en latin? Nous avons eu recours pour cette double solution à l'obligeante érudition de M. Guérard, qui nous a donné, à ce sujet, une explication aussi ingénieuse que savante. Il a d'abord reconnu dans *argolisme* le mot *algorisme* ou *algorithme*, encore usité dans le vocabulaire des mathématiques avec le sens de *système de numération*, *d'arithmétique*, en bas latin *algorismus*, que donne Du Cange*. On voit qu'entre ce mot et celui de notre manuscrit il n'y a de différence que la transposition des lettres labiales *l* et *r*, et l'on sait que rien n'est plus ordinaire que leur confusion. Ainsi l'expression *en argolisme* (pour *en algorisme*) signifie ici en chiffres, ou *considéré arithmétiquement*. Mais quelle valeur numérique représentera cette N? D'après la forme de cette lettre, telle que nous l'avons exprès conservée (ᘐ), on voit qu'elle peut se décomposer en un V et un I, ce qui donne *en chiffres* VI (*six*). Maintenant en additionnant ces différents nombres, 1000, 300, 200, 10 et 6, puis en retranchant 4, on trouve 1512. Or cette

---

* « ALGORISMUS, arithmetica, numerandi ars, Hispanis *alguarismo*. Vox arabica. » *Glossar. med. et infimæ latinitatis*, In voce.—Il en donne un exemple tiré de la Vie de saint Hermann, écrite par Mathieu Paris en 1262; et il renvoie à l'algèbre de Clavius, l. I, c. 1. Au sujet de cette indication, les continuateurs de Du Cange ont ajouté : « Legebat Martinius apud Clavium *algorithmus* : quod recte ab *al* articulo arabico et ἀριθμὸς numerus, deduci potest. »

Josephus, et d'autres acteurs auctentiques; et principalement de Justin, qui tient assez la voye dudit
Quintecurse, et ne differe de luy sinon en stiile. Car
Justin racompte en brief les chouses faites, et Quinte-
curse racompte les chouses, les lieux et les affections (fol.
1 verso, 1re col.). »

Pour citer quelques exemples de digressions puisées à
d'autres sources que chez les auteurs qu'il vient de nom-

année est précisément fournie par une note, de la même main que
le manuscrit, écrite à la fin sur la face intérieure de la reliure, et
que voici :

« Le vingt cinq.me jour aougst, jour sainct Loys, en l'an mil cinq
cens et douze, trambla la terre en Sainct Maixent, tellement que les
solleaux et autres boys des maisons crioient en leurs mortoises*. »

Le livre, ayant été entièrement écrit le 25 juillet 1512, se trouvait probablement relié le 24 août suivant, jour que le copiste aura
voulu marquer par cette petite éphéméride.

Ce même copiste, qui paraît avoir été un peu tourmenté du démon
de la versification, a écrit ce quatrain à la fin du texte sur le *verso*
du dernier feuillet :

> Je vous prie, pardonnez moy
> Si le tout n'est bien escript :
> De mon ganif taillee avoy
> Ma plume tout par despit.

* Au-dessous de cette note une main moins exercée a écrit ce petit couplet :

> Cent mille escus, et
> Ung bon cheval
> Pour les porter ;
> Et avoyr bonne fame*,
> Avoyr sante,
> Sans james sentyr mal ;
> Et paradis au partement de l'ame.

* *Réputation.*

mer, j'indiquerai au hasard un ou deux passages de ce genre.

Dans l'excellente éducation qu'Aristote donne à Alexandre, il « l'admoneste de croire en Dieu, et de laisser la folle creance que ses ancestres avoient es ydoles; » et il lui donne à ce sujet une demonstration et une instruction en forme (1). On voit qu'en effet Quinte-Curce et Justin sont là bien amplifiés.

Lorsque « moult joyeux s'en alla Alixandre au port de mer, L'ACTEUR TOUCHE SUR CE PASSAGE QUE C'EST QUE DE LA MER, ET DE LA DIVERSITE D'ICELLE, SELON LES PAYS OU ELLE SE ESTAND ET PRANT SON COURS (2). »

Au neuvième livre, quand Alexandre arrive au jardin de la montagne, d'où il aperçoit le paradis terrestre, l'auteur place là l'histoire d'Adam et Ève et de leurs enfants, d'après la Genèse, etc.

C'est surtout ce neuvième livre qui contient une foule de développements auxquels on peut donner, sans trop de sévérité, le nom de digressions. L'auteur y exprime toujours le motif très-louable d'instruire ses lecteurs de choses qu'ils peuvent ignorer. Ainsi après avoir parlé de certains grands sangliers et de buffles (*busgles*) qu'Alexandre trouva dans l'Inde, il ajoute : « Savez assez que c'est que de pourceaux que nous disons sangliers en ces pays cy, mais non pas si grans que ceulx dont nous venons de parler, qui sont es desers d'Orient. Touteffoiz c'est une

---

(1) Fol. 23, recto et verso.

(2) Fol. 63 recto. Les titres des principales digressions sont quelquefois indiqués ainsi en lettres capitales.

mesme nature quant à propriete de sangliers grans et petiz. Mais parce que le busgle est incogneu quant à nous,
es parties de par deça, nous dirons ung peu de leur pro-
priète, pour contenter les lizeurs et audicteurs de ce
livre(1). »

Ces détails d'histoire naturelle ne se trouvent pas tous à
la fois : l'auteur les entremêle dans le corps du récit, l'inter-
rompant et le reprenant pour varier. Ainsi, après avoir
donné de suite les propriétés du chameau, du dromadaire
et du caméléon, il dit : « Sy se taist l'istoire du tracte des
bestes, pour le present, et suivrons nostre matiere et cro-
nicque (2). » Quand il commence la propriété du crocodile
et du scorpion, il dit en propres termes : « Cy ferons ung
incident (3). » Il indique, en parlant de l'éléphant, à quelle
source il a puisé ces notions sur les animaux : « Mais parce
que chacun n'entend pas quelles bestes ce sont, yci toucherons de leurs proprietez, selon le dire du grant proprietaire, qui touche de la propriete des bestes qui ont
magnitude, force et pouoir en leurs brutalitez (4). »

Ce grand propriétaire est évidemment le recueil encyclopédique du franciscain anglais Barthélemy de Glanvil,
intitulé : *De Proprietatibus rerum*, ouvrage qui eut le plus
grand succès pendant le XIVᵉ et le XVᵉ siècle. En 1372,
Charles V, roi de France, le fit traduire en français par le
P. Corbichon, augustin déchaussé, son chapelain (5). On re-

(1) Fol. 279 verso, 2ᵉ col.
(2) Fol. 308 verso, 1ʳᵉ col.
(3) Fol. 311 recto, 2ᵉ col.
(4) Fol. 306 recto, 1ʳᵉ col.
(5) Voici le titre de cette traduction, d'après le beau manuscrit

garde ordinairement Barthélemy de Glanvil comme contemporain de son traducteur. Mais M. Jourdain, dans ses *Recherches sur l'âge et l'origine des traductions latines d'Aristote*(1), l'a fait remonter un siècle plus haut. Il allègue entre autres motifs le silence que Barthélemy garde sur Vincent de Beauvais, et il en conclut que le traité des propriétés dut être composé avant la publication du *Speculum majus*, au plus tard en 1260. D'après cette opinion, Barthélemy de Glanvil aurait été contemporain de Vincent de Beauvais et d'Albert le Grand; et pendant que ces personnages illustres élevaient leurs vastes monuments de l'érudition du moyen âge, Barthélemy aurait songé dès lors à rendre cette même érudition accessible au grand nombre, en présentant la réunion de toutes les connaissances dans l'ordre le plus commode, qui est l'ordre alphabétique. Il s'est beaucoup servi d'Albert le Grand, surtout de ses livres sur les animaux, et il le cite plusieurs fois; mais M. Jourdain prouve qu'il a aussi consulté directement les mêmes

français de la Bibliothèque du Roi n° 6869 : « Ci commence le livre des proprietez des choses, translate du latin en françois, l'an soixante et douze [1372], par le commandement du roy Charles le quint en ce nom, regnant en France : et le translata maistre Jehan de Corbichon, de l'ordre Saint Augustin. » Au-dessus de ce titre est une miniature, représentant le roi qui remet l'ouvrage de Barthélemy à Corbichon à genoux devant lui. Ces deux vers sont écrits comme sortant de la bouche du Roi :

« Du livre les proprietez
En cler françois vous traduisez. »

(1) Page 398.

sources qu'Albert. « Barthélemy, dit-il, cite d'après une traduction arabe, les ouvrages suivants d'Aristote : *Histoire des animaux*, *les livres des Météores*, *les livres de Cælo et Mundo.* » « Le traité *de Proprietatibus rerum*, ajoute-t-il, se divise en dix-neuf livres, dans lesquels l'auteur embrasse véritablement la description du ciel et de la terre, et de tout ce qu'ils contiennent.... Il prévient qu'il mettra peu du sien, se contentant de puiser dans les livres des saints et des philosophes : il n'a voulu publier qu'un simple abrégé. »

Ce livre fut un des plus estimés et des plus lus pendant le xive et le xve siècle. On en peut juger par le grand nombre de manuscrits qui nous l'ont conservé, ainsi que la traduction française de Corbichon (1). La vogue dont il jouissait le faisait désigner sous la dénomination abrégée du *Grand propriétaire*, ou simplement du *Propriétaire.* C'est ainsi qu'il est distingué plusieurs fois dans les extraits que nous publions.

L'auteur de cette rédaction paraît avoir consulté le texte même de Barthélemy, car les endroits où il le copie diffèrent pour les notes de la traduction de Corbichon. Il ne se borne pas cependant à copier ; il modifie ses emprunts à sa manière. Quant aux auteurs anciens qu'il cite, il les allègue évidemment d'après Barthélemy, et il a mis dans cette partie beaucoup de confusion. Il paraît avoir cru qu'Aristote avait aussi composé un ouvrage intitulé *le*

_____

(1) Ce fut un des premiers ouvrages que l'imprimerie s'empressa de reproduire. Il existe de la traduction du P. Corbichon quatre éditions du xve siècle et cinq du xvie, dont une à Paris, trois à Rouen, et cinq à Lyon.

Propriétaire, d'après lequel aurait été rédigé celui de Barthélemy, car il écrit dans un endroit : « Le souvrain Aristote dit en son Proprietaire (1). » Ailleurs il cite encore Aristote dans son livre *des bestes contreffaittes* (2). Cette prétention d'avoir consulté lui-même les sources antiques rappelle ce qu'il dit de Démosthène comme historien d'Alexandre.

Toutefois voulant trouver un pendant, en ancien français, à la seconde partie de notre traité latin inédit *de Belluis*, afin de suivre jusqu'à un certain point, dans le moyen âge, ce côté des traditions tératologiques de l'antiquité, nous avons donné la préférence à ces extraits du roman d'Alexandre, non-seulement comme inédits, mais comme modifiés par le romancier d'après les idées de son temps, c'est-à-dire du xv⁰ siècle (3).

§ VI.

DU COMMENTAIRE QUI ACCOMPAGNE CES PUBLICATIONS.

Le traité *De Monstris et Belluis*, la lettre grecque d'Alexandre sur les prodiges de l'Inde, le récit de Jean Wauquelin sur le même sujet, et les extraits sur les bêtes terribles, forment une espèce de faisceau des idées de

(1) Fol. 322 verso, 1ʳᵉ col.

(2) Fol. 280 verso, 1ʳᵉ col.

(3) Montfaucon regarde la composition de cette paraphrase de Quinte-Curce comme du xiv⁰ ou du xv⁰ siècle; mais la dernière époque est plus vraisemblable.

l'antiquité et du moyen âge sur la tératologie animale.

Tel est le texte que nous avons développé dans le commentaire qui accompagne cette quadruple publication. Notre commentaire présente, à ce que nous croyons, ce qu'il y a de principal sur les traditions tératologiques de l'antiquité, et sur celles que le moyen âge conserva de l'antiquité dans une partie de l'Occident.

Ce commentaire s'est trouvé naturellement subordonné au texte qu'il devait éclaircir et développer ; mais par le plan qui a présidé à sa rédaction, nous pensons que cet ouvrage pourrait devenir comme le noyau d'une histoire complète des traditions tératologiques, si jamais plusieurs savants se réunissaient pour composer un pareil travail. Les traditions de l'Orient, qui seraient probablement plus considérables que celles de l'Occident, demanderaient seules la réunion de plusieurs orientalistes. On conçoit par cette seule vue qu'un livre sur de telles proportions serait un ouvrage immense, et qui demanderait nécessairement, pour être convenablement exécuté, la mise en commun d'études fort différentes. Il est donc bien entendu que nous ne pouvions prétendre à rien de semblable. Les êtres monstrueux qui, sans être dans nos textes, figurent dans notre commentaire, ne s'y trouvent qu'en vertu de rapprochements qui nous ont paru suffisamment motivés. Mais nous sommes bien loin d'avoir pensé à compléter entièrement par ces notes ce qui manque aux textes qu'elles accompagnent.

Nous avons cherché, autant que possible, à indiquer l'histoire littéraire (si l'on peut s'exprimer ainsi) des êtres merveilleux, en remontant successivement jusqu'aux au-

teurs où s'en trouvait la première mention. Comme tels,
nous avons souvent cité Ctésias, Hérodote, Homère, et
surtout la Théogonie d'Hésiode. Parmi les auteurs tératologiques que nous avons précédemment nommés, tous
ceux qui nous sont parvenus nous ont fourni leur con-
tingent. Les écrivains que nous avons le plus fréquemment
mis à contribution sont Aristote, Paléphate, Apollodore,
Lucrèce, Virgile, Ovide, Hygin, Pline, pour ainsi dire à
chaque chapitre, Solin, Aulu-Gelle, Phlégon de Tralles,
Servius, les trois mythographes du Vatican, publiés par
monsignor Mai, Julius Obsequens, saint Augustin, saint
Jérôme, Isidore de Séville dont les chapitres intitulés *de
Portentis, de Diis gentium, de Bestiis, de Serpentibus*, ont
été notre source la plus féconde, Vincent de Beauvais, Barthélemy de Glanvil, Albert le Grand dans son *Histoire des
animaux*; dont M. Jourdain dit : « Soit qu'on la regarde
comme une simple compilation d'Aristote et d'écrivains
subséquents, ou comme le dépôt des connaissances du
siècle où il vivait, soit que l'on veuille y voir l'ouvrage d'un
homme voué à l'étude de la nature, et qui savait en pénétrer les mystères, on conviendra que, sous l'un ou l'autre
de ces rapports, elle est un monument précieux qui, présentant l'état des opinions et des connaissances du moyen
âge, remplit une longue lacune, et lie l'histoire ancienne
de la science à celle des temps modernes (1). »

Un livre qui, par son sujet et par l'érudition de ses détails, nous offrait beaucoup de rapprochements intéres-

(1) *Recherches critiques sur l'âge et l'origine des traductions latines
d'Aristote*, p. 358.

sants, est le grand ouvrage du fécond Aldrovande, *Monstrorum historia,* où se trouve fondu en partie le *Chronicon prodigiorum* de Lycosthène ou Wolfhart, que nous avons aussi consulté séparément.

Parmi les commentateurs nous devons citer les *Plinianæ exercitationes* de Saumaise, les Commentaires de Jules Scaliger et de Camus sur l'Histoire des animaux d'Aristote, mais principalement l'*Hierozoïcon* de Bochart.

Parmi les modernes, les notes de M. Iacobs sur Élien, de M. Bode sur les mythographes du Vatican, et plus encore celles de M. Bæhr sur Ctésias, et les *Mémoires géographiques et historiques sur l'Égypte,* de M. Étienne Quatremère, nous ont été d'un grand secours. M. le comte Leopardi a composé un traité encore inédit, intitulé : *Saggio sopra gli errori popolari degli antichi*(1); nous avons profité avec empressement de la communication que nous en a donnée M. de Sinner, et nous en avons fait un extrait de plusieurs pages sur les pygmées. Nous l'avons encore consulté ailleurs, ainsi que le Traité des sciences occultes de M. Eusèbe Salverte.

Les faits véritables que nous avons cru démêler dans

(1) Voici les titres des chapitres de cet ouvrage remarquable : I. Idea dell' opera.— II. Degli Dei.—III. Degli Oracoli.—IV. Della Magia. — V. Dei Sogni. — VI. Dello Sternuto. — VII. Del Meriggio. — VIII. Dei Terrori notturni. — IX. Del Sole. — X. Degli Astri.— XI. Dell' Astrologia, delle Ecclissi, delle Comete. — XII. Della Terra. — XIII. Del Tuono. — XIV. Del Vento, e del Tremuoto. — XV. Dei Pigmei, e dei Giganti. — XVI. Dei Centauri, dei Ciclopi, degli Arimaspi, dei Cinocefali. — XVII. Della Fenice. — XVIII. Della Lince. — XIX. Ricapitolazione.

plusieurs de ces récits, en apparence tout fabuleux, appartiennent surtout à l'histoire naturelle, règne animal. Pour les retrouver nous avons eu fréquemment recours à Buffon, à MM. Geoffroy Saint-Hilaire père et fils, et à trois ouvrages de M. Cuvier, ses Recherches sur les ossements fossiles, ses notes sur Pline, et son Tableau du règne animal. Autant les deux premiers ouvrages nous ont éclairé par la profondeur de leur science, autant le troisième nous a été d'un secours fréquent et commode par la clarté de sa division, la précision des caractères distinctifs des espèces, et la grande autorité du nom de son auteur.

M. Isidore Geoffroy Saint-Hilaire, dans son *Histoire des anomalies de l'organisation*(1), établit trois périodes dans la

---

(1) Tom. I, Paris, 1832. — Le second volume vient de paraître cette année (1835). Dans cet ouvrage important, M. Isidore Geoffroy Saint-Hilaire met en avant la théorie établie par M. son père. Elle consiste à classer les monstres d'après les caractères mêmes de la monstruosité et à joindre à ces genres, comme noms d'espèces, les noms des différents animaux chez qui l'expérience fait rencontrer successivement les caractères monstrueux de tel ou tel genre. Ainsi le genre *rhinocéphale*, caractérisé, présente déjà les espèces suivantes : rhinocéphale homme, rhinocéphale cochon, rhinocéphale veau, rhinocéphale chien..... Par cette méthode, fondée sur la similitude des principales conditions d'existence chez tous les animaux, on conçoit que l'établissement d'un nouveau genre de monstres, d'après un individu quelconque, devient au moins une présomption pour l'existence de telle autre espèce au même état de monstruosité. Quand ce système sera entièrement développé, de manière à former un corps complet de doctrine, on pourra tirer de telles inductions, et surtout avoir sur chaque genre une notion qui est du plus haut intérêt, je veux dire, qu'on reconnaîtra si l'existence du monstre se borne à l'état fœtal, ou si elle peut avancer plus ou moins dans la vie de relations.

science de la monstruosité : la période fabuleuse, la période positive et la période scientifique. Il fait arriver la première jusqu'au commencement du xviii° siècle. Si une critique de détail nous était permise au sujet de cet ouvrage de science, nous dirions que peut-être l'auteur se montre un peu trop sévère en traçant les caractères de cette première période : « Des observations vagues et incomplètes, recueillies au hasard; des ouvrages où l'on voit à peine briller une vérité utile au milieu de cent erreurs grossières; les plus absurdes préjugés admis sans hésitation, et de nouvelles preuves apportées sans cesse à leur appui; des explications enfantées par la superstition et toujours dignes d'une semblable origine : tels sont, dit-il, les tristes caractères de la première et de la plus longue de ces trois périodes dont j'ai à présenter le tableau (1). »

On a découvert déjà, comme nous l'avons dit en commençant, bien des réalités au fond des fables, des erreurs et des prétendus mensonges des anciens. La science peut-elle encore glaner quelques faits, quelques aperçus nouveaux dans toutes ces traditions incohérentes de l'antiquité? Il y a d'imposants témoignages pour l'opinion qu'on pourrait même y récolter d'abondantes moissons (2). Si notre commentaire sur ces nouvelles publications présente un faible échantillon d'un pareil travail, nous n'aurons pas perdu notre peine.

(1) Page 4 de l'introduction.
(2) Voyez à ce sujet l'opinion de M. Cuvier dans l'*Analyse des travaux de la classe des sciences de l'Institut de France en* 1815. — *Magasin encyclopédique de Millin,* année 1816. Tome I, p. 44.

§ VII.

DÉTAILS D'EXÉCUTION.

Après cet exposé de l'ensemble de notre travail, et ces considérations générales sur la science tératologique qui en est l'objet, il nous reste à donner sur cette publication assez compliquée plusieurs explications de détail, en passant en revue ses différentes parties.

Nous avons dit que le traité latin anonyme formant la seconde partie du manuscrit de M. de Rosanbo n'a pas de titre, et nous avons expliqué les motifs qui nous ont autorisé à l'intituler *De Monstris et Belluis*.

Outre le titre général, nous avons fait précéder chaque partie de son titre particulier : *pars prior*, DE MONSTRIS; *pars altera*, DE BELLUIS. Ces indications ne sont pas fournies non plus par le manuscrit.

Quant à la division des chapitres, elle est indiquée dans le manuscrit par la séparation des alinéas, commençant chacun par une lettre majuscule en encre rouge et à la ligne. Nous avons numeroté ces chapitres, et avons donné à chacun un titre, formé, autant que possible, de mots employés par l'auteur dans le chapitre même. Nous n'avons pas besoin de dire que, sans cette attention, nous aurions pu essayer de donner à ces titres plus d'élégance et de pureté.

Nous avons dû ne pas perdre de vue cette même considération dans la constitution du texte. En général, nous avons

été le plus sobre de corrections qu'il nous a été possible,
et nous avons toujours indiqué, par des renvois, les leçons
du manuscrit, quelque fautives qu'elles fussent. Ces renvois, marqués par des lettrines, forment au bas de la plupart des chapitres un premier ordre de courtes notes, im-
primées en caractères plus petits. Lorsque la correction
est de toute évidence, nous nous bornons à indiquer ainsi
en bas la leçon corrompue. Pour peu qu'elle soit moins
évidente et qu'elle participe, jusqu'à un certain point, de
la nature d'une conjecture, nous la mettons en lettres
italiques, pour appeler dessus l'attention du lecteur.

La variété des notions contenues dans le petit traité de
l'anonyme latin a donné une extension très-variée à notre
commentaire. Toutefois nous avons toujours eu présente
l'idée d'ensemble et d'unité, exprimée par l'épigraphe que
nous avons empruntée à M. Abel Remusat : *Exagérant
sans doute, mais laissant après eux, au milieu de fables ridicules, des souvenirs et des traditions.* C'est dire que les endroits où l'auteur s'écarte des traditions tératologiques
sont ceux où nous avons été le plus sobre de notes.

Il nous paraît superflu d'ajouter que, dans aucune de ces
notes, nous n'avons eu la prétention de traiter à fond le
sujet effleuré dans le petit chapitre auquel elles répondent.
Tel sujet qui tient là quatre lignes a été souvent l'unique
matière d'ouvrages considérables, de volumes entiers. Nous
en avons indiqué quelques-uns.

Nous ne prétendons pas non plus avoir consulté tout ce
qu'il y a d'imprimé sur les différents objets rassemblés
dans cette publication complexe; seulement pour la mythologie et l'histoire naturelle, la réunion de ces ouvrages

formerait certainement une grande bibliothèque. Mais nous avons l'espoir qu'on ne nous reprochera point, au sujet des ouvrages les plus marquants, une ignorance qui ne serait pas excusable, et en même temps que l'on reconnaîtra quelques citations exemptes de banalité.

Quant à l'étendue de nos notes, qu'on nous permette une remarque pour en faciliter la juste appréciation. La part de notre commentaire est certainement fort inférieure à celle du commentaire de Saumaise sur Solin, et nous n'avons pas la maladresse de rapprocher notre humble essai de cet immense magasin d'érudition. Nous nous appuierons seulement sur un aussi illustre exemple pour répondre au reproche de disproportion qu'on pourrait adresser à nos notes. Nous avons cherché, d'ailleurs, à y concentrer sur un même ordre d'idées des matériaux divers, au lieu de donner, comme Saumaise, à l'opuscule d'un abréviateur un rayonnement d'érudition presque indéfini, et beaucoup au delà de notre portée.

Voulant éclaircir, autant qu'il dépendait de nous, les points dont nous entreprenions l'examen, nous n'avons pas reculé devant les citations textuelles. La simple indication d'un passage est trop souvent pour le lecteur un mets à la Tantale. — *Voyez tel endroit...* Fort bien; mais si l'on n'a pas sous la main le livre indiqué, et même si l'on n'a pas un intérêt particulier à aller rechercher ce passage, un pareil renvoi devient illusoire. Je crois trouver dans un livre le développement suivi d'une matière, et je n'y rencontre, en grande partie, qu'un catalogue d'indications. Or, le degré de volonté qui m'avait déterminé à la lecture de cet ouvrage ne va pas jusqu'à remuer moi-même tous les matériaux que l'auteur y a numérotés, même sans les mettre en œuvre. Une autre considération qui nous a fait adopter les transcriptions textuelles, c'est qu'il nous était arrivé plus d'une fois de trouver un renseignement bien insuffissant, pour ne pas dire tout à fait insignifiant, en vérifiant de ces citations indiquées d'une manière presque cabalistique par le plus petit nombre possible de chiffres et de lettres. Souvent l'endroit allégué de la sorte n'a d'autre rapport avec la proposition de l'auteur que la présence du terme principal de cette proposition, mais en offrant le même sujet sous un tout autre aspect. Ainsi, pour ces auteurs à citations abrégées, la transcription entière des passages qu'ils indiquent serait souvent l'épreuve de leur utilité.

A la fin de la première partie du traité latin (*de Monstris*), nous avons inséré en entier six passages différents, qui nous ont paru offrir comme l'ensemble des principales traditions tératologiques proprement dites, et de leurs sources. Ces extraits, dont chacun a rapport à un assez grand nombre des chapitres de la partie *de Monstris*, sont empruntés 1° à Bérose, 2° à Strabon, 3° à Aulu-Gelle, 4° à saint Augustin, 5° à saint Isidore de Séville, 6° à Tzetzès. — Pour l'extrait le plus considérable, qui est celui d'Isidore de Séville, nous avons mieux aimé le donner d'après un manuscrit que d'après une édition, et nous avons choisi le plus ancien manuscrit complet, des trente-six que possède la Bibliothèque du Roi. Car un ouvrage comme les *Origines* est trop sujet aux interpolations pour ne pas rechercher l'autorité des plus anciens textes.

Dans la partie *De Belluis*, nous n'avons pas prétendu nous entourer de tous les travaux d'histoire naturelle de la science moderne auxquels pouvait se rapporter notre sujet. Un tel travail, en nous faisant sortir de nos études, aurait d'ailleurs introduit dans notre ouvrage des développements zoologiques qui en auraient changé le caractère et détruit les proportions. Quelques règles de zoologie empruntées, de temps en temps, à un ou deux maîtres de la science nous ont paru suffisantes; et nous n'avons jamais perdu de vue que le côté merveilleux, que l'erreur traditionnelle, accessoire pour eux, était pour nous le principal. Aussi, dans quelques investigations tératologiques, avons-nous accueilli, sans les juger, des témoignages qui peut-être bien ne paraîtraient pas assez concluants aux yeux de la science, mais qui, par leur caractère de traditions sur des points d'une observation difficile, devaient certainement être enregistrés par nous. De ce genre sont nos citations sur le kraken et sur le grand serpent de mer, au sujet de l'*odontotyrannus*. Ce n'est point ici un ouvrage de science naturelle, mais un livre qui, à l'histoire de plusieurs erreurs, joint l'exposé de quelques faits *embarrassants*, suivant l'expression de La Bruyère. Si la science daigne les y ramasser, elle en pourra traiter pertinemment, à l'aide du temps, des découvertes et des observations précises. Ils seront toujours consignés ici.

J'arrive à la lettre d'Alexandre sur les prodiges de l'Inde. La publication d'un texte grec a nécessairement sa partie philologique, surtout quand il s'agit d'un style de transition comme dans les ouvrages sur lesquels M. Boissonade et M. Hase ont souvent appelé l'attention des hellénistes. D'ailleurs, étant assez familier avec le Pseudo-Callisthène, que nous avons longtemps cru publier en entier, nous avons pu accompagner cet extrait de remarques de différents genres. Nous avions aussi à justifier les conjectures par lesquelles nous avons remplacé les leçons fautives des deux manuscrits. De plus, nous en avons accompagné le texte d'une traduction française placée en regard. Les notes sont à la suite de chaque texte.

Le premier des deux morceaux en ancien français, intitulé *Merveilles d'Inde*, extrait du roman d'Alexandre de Jean Wauquelin, nous a paru devoir être accompagné surtout de courtes notes grammaticales; car, pour le fond, les prodiges qui y sont racontés se rapportant à la première partie du traité latin anonyme et au double texte grec, auraient ramené les mêmes observations. Mais la comparaison des modifications qu'avaient subies ces merveilles traditionnelles, traitées par la plume de nos pères, ressort naturellement du rapprochement. Nous avons fait courir au bas des pages nos remarques sur cet ancien langage français, si intéressant à étudier, où se retrouvent tant de secrets de style de nos meilleurs écrivains, où l'on observe encore l'influence latine dans toute sa force, avec ces tâtonnements d'un idiome qui achève de se former, et où rien n'est encore bien fixement établi. On sait que la même incertitude régnait alors (au xv⁰ siècle) dans l'orthographe. Si l'on est obligé, pour les ouvrages publiés d'après plusieurs manuscrits, d'introduire dans l'écriture de ce temps une régularité qui lui était étrangère, il semble plus convenable pour les morceaux de peu d'étendue, publiés d'après un seul manuscrit, d'en conserver intactes toutes les leçons, en ne corrigeant que les fautes les plus évidentes ; mais on ne saurait trop restreindre le nombre de ces corrections.

Nous avouons que cette fidélité scrupuleuse dans une édition a l'inconvénient de faire regarder au lecteur comme des fautes d'impression la reproduction (si l'on veut minutieuse) des bizarres variétés du manuscrit. Mais l'exactitude, si bien connue, de MM. les correcteurs de l'Imprimerie royale, exactitude que nous avons été à même d'apprécier mieux que personne, sera pour le lecteur une garantie suffisante ; et quand on verra le même mot écrit de plusieurs manières différentes, comme *fammes* et *femmes, hommes, homes* et *ommes, ysles* et *illes, merveilleusement* et *mervilleusement, dollans, dollant* et *dollens*, etc., on pourra dès lors avoir l'assurance que telles sont à ces différents endroits les leçons du manuscrit, dont ces extraits présenteront ainsi un *specimen* exact. On verra même dans cette irrégularité le mérite d'avoir vaincu une difficulté typographique, puisque l'attention du correcteur, n'étant plus soutenue par les règles, a besoin de plus de vigilance (1).

Les seules modifications apportées dans l'écriture du manuscrit sont l'introduction de l'apostrophe, de la cédille, du trait d'union, et de l'accent grave sur *à* préposition, sur *là, où*... adverbes.

Dans les cas très-rares où nous avons introduit une correction dans le texte, nous avons donné en note la

(1) Nous n'avons pas besoin d'ajouter que nous avons profité plus d'une fois, avec reconnaissance, des remarques grammaticales de MM. les correcteurs.

leçon fautive du manuscrit. Nous avons expliqué aussi
tous les mots tombés aujourd'hui en désuétude, sans ré-
péter cependant plusieurs fois la même explication : on
trouvera dans la table, qui est très-complète, l'indication
de la page où chaque mot de ce genre est expliqué. Le
Glossaire de la langue romane, de M. Roquefort, ne nous
a pas été moins utile pour cette partie que les célèbres
travaux étymologiques de Nicot, de Borel et de Ménage.
Nous avons eu aussi recours à l'œil exercé de M. Lacabanne,
qui, avec son obligeance accoutumée, a bien voulu revoir
cette partie de notre ouvrage.

Le même système d'orthographe, ou plutôt la même
imitation de l'écriture vague du manuscrit, a été suivie
pour la dernière partie, intitulée : *Proprietez des bestes qui
ont magnitude, force et pouoir en leurs brutalitez*, et qui
répond à la seconde section du traité anonyme latin (*De
Belluis*). Mais les notes grammaticales des *Merveilles d'Inde*
éclaircissant d'avance presque toutes les difficultés du
même genre dans cette dernière partie, le commentaire
devait être différent, et offrir sur les *Belluæ* un complément à peu près égal à celui que venaient de recevoir les
monstres par la *Lettre d'Alexandre* et les *Merveilles d'Inde*.
C'est là que devaient surtout paraître les nuances apportées, au moyen âge, dans ces traditions térato-zoologiques.
C'est là aussi que nous avons fait le plus grand usage
d'Albert le Grand. Là également nous avons pu suivre
quelques traditions depuis les temps les plus antiques
presque jusqu'à nos jours. Ces notes, plus étendues que
dans les ·*Merveilles d'Inde*, ont été rejetées à la suite de
chaque *propriété*.

CONCLUSION.

Tel est le travail de longue haleine que nous présentons au public. Aucun ouvrage ne sera plus facile à critiquer, si, au lieu de tenir compte de ce que nous avons fait, on veut examiner ce que nous aurions pu faire. Sans doute il n'offrira encore que trop de prise à une équitable critique, et nous sommes loin de ne pas redouter ses arrêts. Ce qui atténue un peu notre crainte, c'est l'indulgence de plusieurs savants du premier ordre pour cette œuvre, et le fruit qu'elle a retiré de leurs utiles avis. M. Boissonade, dont nous avons suivi bien des années le docte enseignement à la faculté des lettres et au collège de France, M. Hase, qui à la même époque nous initiait à l'étude de la paléographie grecque, et que nous devons nommer, toutes les fois que nous avons des hommages à rendre, des sentiments de reconnaissance à exprimer, ont bien voulu lire en entier notre première rédaction pour la partie grecque et la partie latine, et nous devons leur renvoyer le mérite des corrections heureuses que l'on pourra remarquer dans ces deux parties.

Plusieurs savants camarades se sont toujours empressés de nous fournir les indications bibliographiques qui pouvaient nous être utiles, en allant même au-devant de nos désirs à cet égard. Tels sont M. Fix, savant collaborateur de MM. Hase et Didot dans la grande édition alphabétique du *Thesaurus*, de Henri Estienne ; M. de Sinner, dont l'excellente bibliothèque, l'érudition bibliographique peu commune, et les nombreuses relations avec l'Allemagne sont depuis longtemps à notre disposition (1). Il est inutile d'ajouter que la communication de toute espèce de livres nous a toujours été facilitée avec une grâce parfaite par MM. les conservateurs de la Bibliothèque du Roi, tant au département des manuscrits qu'à celui des livres imprimés. Nous n'avons pas fait un usage moins agréable de la bibliothèque de l'Institut.

Nous devons encore des remercîments bien affectueux à nos jeunes condisciples et bons amis, MM. Wladimir Brunet et Ernest de Sahune, que nous avons toujours trouvés prêts, dans nos recherches, nos vérifications et nos doutes, à nous aider de leurs conseils, de leur solide érudition et de leurs bibliothèques choisies, qui même ont revu à plusieurs reprises avec nous différentes parties de notre travail.

La correction des épreuves, tâche pénible et fort importante dans un ouvrage de la nature de celui-ci, a été suivie d'un bout à l'autre par M. Dehèque (2), autre élève si dis-

(1) M. de Sinner, éditeur si correct et si ingénieux de Bondelmonti, de Longus, du Banquet de Platon, attache en ce moment son nom à la vaste entreprise d'une édition complète de saint Jean Chrysostome, publiée sous les auspices de monseigneur l'archevêque de Paris.

Au moment où nous mettons cette feuille sous presse, un incendie désastreux vient de détruire entièrement toute cette belle édition déjà fort avancée, et dont il avait paru six volumes.

(2) Les travaux de M. Dehèque sur la langue grecque moderne sont assez estimés et assez connus pour nous dispenser de tout éloge. A son *Dictionnaire grec-moderne-français*, à son édition des *Poésies de Christopoulos*, il vient de joindre une traduction, en la même langue, des

tingué de M. Hase, et qui, en partageant avec nous cette minutieuse révision, l'a fait servir à l'amélioration intrinsèque de l'ouvrage, par les observations fines et judicieuses d'un savant et d'un littérateur consommé, jointes au zèle infatigable d'un véritable ami.

La commission chargée de proposer à M. le garde des sceaux les ouvrages qui doivent être favorisés d'une impression à l'Imprimerie royale a également droit à notre reconnaissance, quoique le secret des opérations de cette commission nous interdise des remercîments adressés directement aux rapporteurs, organes de sa détermination favorable.

Enfin le nom, qu'on peut dire hors de ligne, du savant illustre en qui l'on admire également la rare générosité, le génie vaste et entreprenant, la variété encyclopédique des connaissances; nom dont il nous est accordé de décorer le frontispice de cette œuvre, la fera pénétrer, nous l'espérons, comme par un glorieux sauf-conduit, plus loin que n'aurait osé tendre notre modeste essor.

Devoirs de Silvio Pellico. Ces deux derniers travaux sont communs entre lui et M. Wlad. Brunet, qui, après avoir donné aux Grecs, dans leur langue, les *Maximes* de La Rochefoucault, va enrichir la Byzantine d'un historien du xı° siècle, encore inédit, Michel Attaliate.

I.

DE MONSTRIS ET BELLUIS;

D'après le manuscrit latin du x° siècle, appartenant à M. le marquis de Rosanbo.

II.

LETTRE D'ALEXANDRE LE GRAND

A OLYMPIAS ET A ARISTOTE

SUR LES PRODIGES DE L'INDE;

EXTRAITE DU PSEUDO-CALLISTHÈNE;

D'après les manuscrits grecs de la Bibliothèque du Roi, n° ˒685 de l'ancien fonds et 113 du supplément,

TRADUITE EN FRANÇAIS.

III.

MERVEILLES D'INDE;

EXTRAITES DU ROMAN D'ALEXANDRE PAR JEHAN WAUQUELIN;

D'après le manuscrit en vieux français, n° 7518.

IV.

PROPRIETEZ DES BESTES

QUI ONT MAGNITUDE, FORCE ET POUOIR EN LEURS BRUTALITEZ;

EXTRAITES D'UN ROMAN D'ALEXANDRE, ANONYME;

D'après l'ancien manuscrit de Saint-Germain-des-Prés, n° 138.

I.

DE

MONSTRIS ET BELLUIS LIBER.

IMPENSIS ROSANBONIANI PARTE ALTERA.

DE

MONSTRIS ET BELLUIS LIBER.

PARS PRIOR.

DE MONSTRIS.

PRÆFATIO.

(1) Primo namque (2) de his ad ortum sermo prorumpit, quæ leviore discretu ab humano genere distant :
daturus operam de singulis quæ terra fovet, mortalium
nutrix, aut quondam fovisse fertur ; quia nunc, humano genere multiplicato, et terrarum orbe repleto
sub astris[a], minus producuntur monstra, quæ ab ipsis per plurimos terræ angulos eradicata funditus (3) et
subversa legimus. Et nunc revulsa littoribus, prora
torqueatur ad undas (4), quæ[b] turbidæ[c] poli vertice sub

Ms. [a] Alstris [sic.] — [b] Quæque. — [c] Turbide.

arduo, ac totius gyri[d] ambitu et omni loco terrarum, ad hanc vastam gurgitis se voraginem vergunt.

Ms. [d] Giri.

NOTES.

(1) Quelque faible que soit le style de ces extraits, celui de ce préambule en donnerait une idée encore plus pitoyable. Il est ampoulé, prétentieux et fort peu clair.

(2) L'emploi de cette conjonction au commencement d'une matière n'est pas sans exemple. Robert Estienne dit : « Namque, primo loco positum, pro siquidem, certe, » et il en donne des exemples tirés de Plaute, de Virgile et de Cicéron. Il dit d'une manière plus formelle au sujet de *nam* : « Nam non tam causam aliquando reddit quam ingressum rei significat. » Dans l'exemple de Térence qu'il en donne, on pourrait le traduire par *vous saurez que...* Peut-être notre auteur prend-il ici *namque* dans ce dernier sens, à peu près comme plusieurs de nos vieilles complaintes commencent par le mot *or*.

(3) Cette assertion de l'entière disparition de plusieurs monstres reposerait-elle sur la notion vague de l'extinction de certaines races d'animaux, comme l'étude des ossements fossiles en a fait reconnaître un assez grand nombre?

(4) Cette phrase ambitieuse est si entortillée qu'on a de la peine à s'y reconnaître. Le sens me paraît être à peu près que, puisqu'il n'y a plus de monstres sur presque toute la terre, il faut, pour en trouver, tourner la proue du navire vers les mers du pôle où viennent se précipiter de toutes parts les ondes turbulentes dans un vaste gouffre. Il paraît supposer que là est le dernier refuge des monstres. Si tel est le sens, il est au moins fort bizarre, mais je n'en vois point d'autre.

I.

DE QUODAM HOMINE UTRIUSQUE SEXUS.

Me enim quemdam hominem, in *principio*[a] operis, utriusque sexus cognosse testor : qui tamen ipsa facie plus et pectore virilis quam muliebris apparuit; et vir a nescientibus putabatur; sed muliebria opera dilexit, et ignaros virorum, more meretricis, decipiebat (1); sed hoc frequenter apud humanum genus contigisse[b] fertur (2).

Ms. [a] Pridio. — [b] Contingisse.

NOTES.

(1) Pierre Pithou, qui, après avoir copié en entier les fables de Phèdre, n'a transcrit de la seconde partie de son manuscrit que ce seul passage, semble avoir cherché à le rendre plus clair par d'assez nombreux changements. Pourtant ce qu'il peut y avoir d'obscur me semble tenir ici à la volonté d'exprimer en termes décents certains détails obscènes. Si l'on se rend bien compte du sens réel de ces expressions voilées, et que d'ailleurs, pour l'ensemble du style, on ait toujours égard au temps de décadence vers lequel a dû écrire l'auteur de ce traité, on pourra, je crois, entendre ce passage sans y rien changer.

Il s'agit de « quelqu'un qui avait les deux sexes, mais qui cependant, par le visage et la poitrine, paraissait plutôt homme que femme ; en sorte que ceux qui ne le connaissaient pas le prenaient pour un homme. » Jusque-là le sens est très-net. *Sed muliebria opera dilexit.* Il est évident que *muliebria opera* exprime ici l'idée obscène que plusieurs bons auteurs rendent simplement par le mot *muliebria.* Salluste dans Catilina ; « Viros muliebria pati. » Il y en a beaucoup d'exemples. *Muliebria opera dilexit* signifie ici que cet individu mixte était par goût ce que Pétrone dit d'un des héros de sa satire : « Muliebris patientiæ scortum. » Cap. ix. Toutefois, par la singularité de sa double conformation, il n'était pas dans le cas de ces efféminés qui, dit Columelle, præf. libri, c. xiv : « A natura sexum viris denegatum muliebri motu mentiuntur. » Mais comme il paraissait plutôt du sexe masculin, il avait besoin d'employer les manières d'une courtisane pour attirer à lui les hommes étrangers à de semblables commerces. *Ignaros virorum more meretricis decipiebat.*

Saint Augustin définit clairement ces androgynes : « In his sic uterque sexus apparet, ut ex quo potius debeant accipere nomen incertum sit. » *De Civit. Dei,* l. XVI, c. viii. Et le même Père, en discutant le passage de la Genèse relatif à la création de l'homme : « masculum et fœminam fecit eos, » explique par là l'emploi du mot *eos :* « Quidam enim timuerunt dicere fecit *eum* masculum et feminam, ne quasi monstruosum aliquid intelligeretur sicuti sunt quos hermaphroditos vocant. » *De Trinitate,* l. XII, c. vi. Philostrate, *De Vitis sophistarum,* l. I, c. viii, § 1, rapporte que le philosophe Favorin était né ainsi conformé : Διφυὴς δὲ ἐτέχθη καὶ ἀνδρόθηλυς· καὶ τοῦτο ἐδηλοῦτο μὲν καὶ παρὰ τοῦ εἴδους· ἀγενείως γὰρ τοῦ προσώπου καὶ γηράσκων εἶχεν. Ἐδηλοῦτο δὲ καὶ τῷ φθέγματι· ὀξύηχες γὰρ ἠκούετο καὶ λεπτὸν καὶ ἐπίτονον, ὥσπερ ἡ φύσις τοὺς εὐνούχους ἥρμοκε. Θερμὸς δὲ οὕτω τι ἦν τὰ ἐρωτικά, ὡς καὶ μοιχοῦ λαβεῖν αἰτίαν ἐξ ἀνδρὸς ὑπάτου. Ce passage est fort clair : le mot διφυής, placé à côté du mot déjà si précis ἀνδρόθηλυς, en rend la signification in-

contestable. Cependant des commentateurs ont cru que ἀνδρόθηλυς devait avoir ici le sens d'*eunuque*, pour pouvoir concilier
ce passage avec un mot de Favorin rapporté quelques lignes
plus bas: Ὡς παράδοξον ἐπεχρησμῳδεῖ τῷ ἑαυτοῦ βίῳ τρία ταῦτα.
Γαλάτης ὢν [il était d'Arles], ἑλληνίζειν εὐνοῦχος ὢν, μοι-
χείας κρίνεσθαι βασιλεῖ διαφέρεσθαι, καὶ ζῆν. Il me semble cependant que ce mot peut s'expliquer, sans forcer le sens du
premier passage au point de méconnaître dans διφυὴς καὶ ἀνδρόθηλυς un véritable androgyne. D'ailleurs n'est-ce pas Philostrate lui-même qui dit : Θερμὸς δὲ οὕτω τι ἦν τὰ ἐρωτικά? On
peut concilier ces deux endroits en donnant quelque chose
d'ironique à ce mot de Favorin se disant lui-même εὐνοῦχος. Car, comme il en avait la voix, il passait pour tel; et
Lucien, dans son *Eunuque*, parle des plaisanteries que lui faisaient les Cyniques, ἐπὶ τῷ ἀτελεῖ τοῦ σώματος. On pouvait jouer
sur les mots εὐνοῦχος et ἀνδρόγυνος, puisque tous deux sont
synonymes de κίναιδος, comme on le voit dans Pollux, l. VI,
segm. 126. C'est ainsi qu'Apulée, *Metam.*, lib. VIII, donne,
par injure, le nom de *semiviri* (signifiant ordinairement eunuques) à ces prêtres vagabonds de la déesse de Syrie, qui
cependant n'étaient pas eunuques, comme le prouvent les excès
auxquels il les vit se livrer. Ausone applique deux fois ce même
mot à Hermaphrodite, *Idyll.* VI, v. 88, et *Epigr.* LXVIII,
v. 12, où il dit:

Vidit semivirum fons Salmacis Hermaphroditum.

Et Ovide applique au même personnage (que la fable représente comme *moitié homme*, moitié femme) le mot *semimas*,
Metam., l. IV, v. 380. Certains traits d'incroyables raffine-
ments de débauche expliquent jusqu'à un certain point toute
cette confusion de termes. Suétone dit de Néron, c. XXVIII :
« Puerum Sporum, exsectis testibus, etiam in muliebrem naturam transfigurare conatus est. » Aulu-Gelle, l. IX, c. IV, cite

très-exactement un passage du VIIe livre de l'Histoire naturelle de Pline, que voici : « Gignuntur homines utriusque sexus; quos hermaphroditos vocamus, olim androgynos vocatos et in prodigiis habitos, nunc vero in deliciis. » Cap. III. La même idée se trouve déjà dans le *banquet* de Platon : Ἀνδρόγυνον γὰρ ἐν τότε μὲν ἦν καὶ εἶδος καὶ ὄνομα, ἐξ ἀμφοτέρων κοινὸν τοῦ τε ἄρρενος καὶ θήλεος· νῦν δ' οὐκ ἔστιν, ἀλλ' ἢ ἐν ὀνείδει ὄνομα κείμενον. C. XIV, p. 139; ed. Fisch.

(2) Il paraîtrait effectivement que le phénomène de ces androgynes ou hermaphrodites s'est présenté souvent dans l'antiquité. Les historiens latins en font mention comme d'un prodige qui effrayait les Romains. Tite-Live, l. XXXI, c. XII : « Semimares jussi in mare deportari. » Julius Obsequens, *Prodig. libel.*, cap. LXVI, page 65 de l'édition de M. Hase, insérée dans le t. XL de la collection Lemaire : « In Umbria semimas duodecim ferme annorum natus, aruspicumque jussu necatus. » Id., c. XCII, p. 114 : « In foro Vessano androgynus natus, in mare delatus est. » Id., cap. XCIX, p. 116 : « Androgynus in agro romano, annorum octo, inventus, et in mare deportatus. » Id., cap. XCVI, p. 118 : « Saturniæ androgynus annorum decem inventus, et mari deversus. » Phlégon de Tralles a consacré à des détails sur ces ἀνδρόγυνοι les chapitres V, VI, VII, VIII, IX et X de son Traité περὶ θαυμασίων. Voyez l'édition de M. Franz, Halle, 1822, p. 59-75; et Ammien Marcellin, après avoir rapporté un prodige de ce genre, ajoute : « Nascuntur hujuscemodi sæpe portenta, indicantia rerum variarum eventus : quæ quoniam non expiantur ut apud veteres publice, inaudita prætereunt et incognita. » L. XIX, c. XII. En effet, cette superstition avait dû appeler davantage l'attention sur cet objet, qui est désigné dans les deux langues anciennes par un assez grand nombre de mots; en latin : *semimas, semivir*, et les mots latinisés, *androgynus, hermaphroditus*; en grec : ἀνδρόγυνος, γύνανδρος, ἑρμαφρόδιτος, διφυής, ἀρσενόθηλυς, ἀνδρόθηλυς.

M. Étienne Quatremère, dans ses *Mémoires géographiques et historiques sur l'Égypte*, t. I, p. 321, traduit un article de l'historien arabe Macrisy sur la ville de Tunis, dans lequel nous trouvons ce passage : « L'an 332 [de l'hégire], un homme et une femme comparurent devant Abou Mohammed Abdallah, kady de Tunis. La femme requéroit son mari de satisfaire au devoir conjugal. Le mari répondit : J'ai épousé cette femme il y a cinq jours, mais j'ai reconnu qu'elle est hermaphrodite. Le kady envoya une femme pour vérifier le fait. Elle rapporta qu'en effet celle dont on a parlé avoit, au-dessus des parties de son sexe, une verge avec le prépuce et des testicules. Du reste, elle étoit d'une grande beauté. Son mari la répudia. »

Suivant Aldrovande, il y avait beaucoup d'hermaphrodites parmi les naturels de la Virginie, contrée découverte de son temps [1585] ; et ce peuple, par l'aversion qu'ils lui inspiraient, s'en servait comme de bêtes de somme. A quoi, ajoute-t-il, leur vigueur les rend très-propres. « In primis annonam regum ad prælia proficiscentium deferunt, defunctos ad tumulum bajulant, et pestilenti seu contagioso correptos affectu, ad destinata loca ferunt, et eis medentur. » *Monstrorum Histor.*, pag. 41. Ceci a tout l'air d'un de ces contes que débitaient alors, à leur retour, les premiers voyageurs arrivant d'un pays nouveau. On ne verra peut-être aussi qu'une espèce de jeu d'esprit dans cette grande régularité avec laquelle le même auteur divise les hermaphrodites en quatre classes : la première, des hermaphrodites mâles, n'ayant que l'apparence du sexe féminin ; la seconde, où le sexe masculin n'est qu'apparent, hermaphrodites femmes ; la troisième, de ceux qui ont en effet les deux sexes, mais avec impuissance ; et la quatrième, « Eorum qui non solum utroque sexu potiuntur, sed etiam possident genitalia, quæ omnibus conditionibus ad perfectam generationem necessariis gaudent. » Ibid.

Aldrovande s'inquiète beaucoup de certaines questions légales au sujet de ces derniers êtres, doués d'une double faculté générative. Car enfin, se dit-il, lorsqu'un individu réunit complétement les appareils générateurs des deux sexes, nous devons nécessairement reconnaître un véritable androgyne, malgré le jugement d'Aristote qui veut que, dans ces êtres mixtes, la puissance génératrice ne s'exerce que de l'une des deux façons. « At quando utriusque genitalis in figura, mole et efficacia æqualis erit conformatio, tunc androgynum in utroque sexu potentem debemus constituere. Quamvis ex sententia Aristotelis, qui utroque sexu sunt referti, semper alteram potentiam ratam, alteram irritam habeant. » Mais il ne s'aperçoit pas que son raisonnement reste suspendu ; car il faudrait des exemples à l'appui de cette première hypothèse. Or l'expérience a jusqu'ici confirmé seulement l'opinion d'Aristote ; ce qui n'empêche pas Aldrovande de peser l'avis des prétendus jurisconsultes qui, selon lui, ont traité à fond la question. Leur décision est que, lorsqu'un hermaphrodite complet veut se marier, il doit déclarer devant le magistrat pour quel sexe il opte ; et, selon qu'il a pris femme ou mari, il est condamné à mort s'il change ensuite de rôle.

Si, laissant ces divagations d'un esprit subtil, nous en revenons aux faits que nous avons cités, et si nous les faisons comparaître, pour ainsi dire, devant le tribunal de la science moderne, nous ne les trouverons pas inadmissibles. M. Cuvier met cette note au passage de Pline que nous avons cité : « Quos androgynos sic habuere romana fastidia in deliciis, eas statuæ arguunt feminas fuisse quibus μύρτος, clitoris, plus justo longus eminuit. Quod viraginum genus constat identidem exstitisse ; neque ita pridem talis spectata Lutetiæ, in nostra urbe, mulier est ; sed nulli fuisset in deliciis. » Ad l. VII, c. III, Plin., *Hist. nat.*, coll. Lemaire, t. III, p. 43, not. II. « Des individus mâles, dit M. Isid. Geoffroy Saint-Hilaire, peuvent, par la conformation d'une ou plusieurs parties de leurs corps, ressembler aux femelles de leur espèce; celles-ci, à leur tour, peuvent emprunter quelques traits de la conformation des mâles, et même, chez quelques sujets, les conditions organiques peuvent se trouver réunies d'une manière plus ou moins complète,» *Hist. des anomalies de l'organisation*, t. I, chap. 1, page 32. Le *Dictionnaire des Sciences médicales*, au mot *hermaphrodisme*, s'explique plus nettement encore sur ce sujet important : «On s'est trop empressé, dit-il, de conclure qu'un hermaphrodisme parfait ne saurait jamais se rencontrer chez les mammifères, et particulièrement chez l'homme..... L'histoire de l'androgynie est encore très-obscure..... Presque tous les auteurs sont partis de l'idée que les individus désignés sous le nom d'hermaphrodites appartiennent à l'un ou à l'autre sexe, offrant seulement une irrégularité, un vice de conformation dans son appareil générateur. » Après être entré dans des détails anatomiques sur les complications d'un appareil générateur plus ou moins complétement double, l'auteur ajoute : «Elles peuvent altérer la physionomie de l'individu, au point de faire que, dans l'impossibilité de recourir à la dissection des parties, on soit obligé, pour prononcer sur son sexe, d'attendre qu'il ait engendré ou conçu, et qu'en l'absence de ce seul signe caractéristique, on doive s'abstenir de prononcer aucun jugement. » Il termine l'examen des différentes nuances de l'hermaphrodisme par l'indication de parties sexuelles intérieures et extérieures entièrement doubles dans le même individu, au point de rendre possible la supposition d'Aldrovande. « C'est à tort, dit-il, qu'on a prétendu que de pareils individus ne pouvaient vivre, puisqu'on en a vu pousser leur carrière jusqu'au delà de vingt ans. »

Les rapprochements ci-dessus ont donc un autre intérêt que la curiosité de l'érudition, lorsque, comme ici, *adhuc sub judice lis est.*

II.

DE GETARUM REGE HUIGLAUCO, MIRÆ MAGNITUDINIS.

Et sunt miræ magnitudinis : ut rex Huiglaucus (1) [*sic*], qui imperavit Getis (2) et a Francis occisus est (3). Quem equus a duodecimo anno portare non potuit. Cujus ossa in Rheni ª fluminis (4) insula, ubi in Oceanum prorumpit, reservata sunt, et de longinquo venientibus pro miraculo ostenduntur.

Ms. ª Reno.

NOTES.

(1) Il est bien difficile, avec un nom évidemment aussi altéré, de retrouver le fondement d'une tradition qui ne l'est sans doute pas moins. Aussi n'est-ce pas une explication que je prétends donner, mais l'indication des tentatives que j'ai faites pour en trouver une.

(2) D'abord les Gètes indiquent ici les Goths. C'est sur ces deux noms donnés au même peuple que repose un jeu de mots qui coûta la vie à Helvius Pertinax, fils de l'empereur de ce nom. Bassianus, frère de l'empereur Géta, ayant assassiné son frère, jouit un moment du pouvoir impérial, avant d'être tué lui-même par Opilius Macrinus, son successeur. Pendant ce court règne, le préteur Faustinus, le nommant dans un discours public, joignait à son nom, selon l'usage, plusieurs surnoms victorieux, le proclamant *Sarmaticus Maximus, et Parthi-*

cus Maximus. Alors Helvius Pertinax, faisant allusion au meurtre de Géta, lui dit tout haut: « Adde et GETICUS MAXIMUS. » Ælius Spartianus, qui rapporte ce mot, ajoute : « Quasi Gotticus. » Sur quoi Casaubon met cette note : « Nam Getæ dicebantur tunc, qui postea Gothi, vel Gotti. » *Hist. Augustæ scriptores*, p. 427. L'expression *Getis* est ainsi une sorte d'archaïsme de la part de notre auteur. J'ai donc cherché, dans la suite chronologique des rois goths jusqu'au temps de Charles-Martel, le nom d'après lequel on aurait pu faire par corruption *Huiglaucus.* Le seul qui pourrait offrir quelque ressemblance, est celui de *Gesalaicus,* onzième roi goth, qui, après la mort de son père Alaric II, tué de la propre main de Clovis à Vouillé, en 507, succéda à une partie de ses états, dont Narbonne et Barcelonne paraissent avoir été les principales villes; l'autre partie fut possédée par Théodoric, roi des Ostrogoths. Gesalaicus, après quatre ans de règne, fut tué par ce prince, et eut pour successeur Amalaric ou Almaric, son frère de père, dont la mère était fille de Théodoric. *Chronolog. et series regum Gothorum,* insérée dans le tome I des historiens de la France, page 704; et une note de dom Ruinart sur le chap. XXXVII du livre II de Grégoire de Tours, col. 94 de son édition. Voilà tout ce que l'histoire rapporte de ce prince; par conséquent elle ne dit rien sur sa taille. Les deux autres circonstances sur la mort et la sépulture de ce *Huiglaucus* pourraient s'expliquer par une confusion dans les noms, les lieux et la filiation. On vient de voir qu'Alaric II, père de Gesalaicus, fut tué par Clovis : on aurait pu confondre le fils avec le père.

(3) De là les mots *a Francis occisus est.*

(4) Ensuite la mention de cette sépulture dans une île du Rhin ne serait-elle pas due à une autre confusion entre Alaric II et le grand Alaric? On sait en effet que, ce conquérant étant mort dans la Calabre en 410, ses soldats, craignant que les Romains ne profanassent sa sépulture, détournèrent, par

un de ces grands moyens des barbares, le cours du fleuve Busento, et placèrent le tombeau d'Alaric dans le lit du fleuve,
auquel ils laissèrent ensuite reprendre son cours. Il y a loin
sans doute du Busento au Rhin ; et l'ignorance seule de l'auteur
de ces extraits pourrait autoriser de pareilles conjectures. Pour
la taille gigantesque de ce roi, c'était peut-être quelque récit,
dont la tradition se sera perdue, sur un de ces chefs barbares qui
laissaient après eux en Italie un si terrible renom. Quant à
la grandeur des ossements, nous toucherons cette question au
chapitre LVII de cette première partie.

III.

ITEM COLOTIUS, MOLIS VASTISSIMÆ.

Et ut (1) *Colotius*[a] (2) qui, mole vastissima, monstrorum ad instar maritimorum, cunctos homines excrevit :
quem unda Tibridis vulneratum cooperire non[b] va-
luit, in quem se, dolore marcescens, moriturum jac-
tavit[c]; et ab ipso usque ad *Tyrrheni*[d] maris terminum
tredecim[e] millia[f] passuum aquam tanto sanguine
cómmixtam reddidisse fertur, ut totus fluvius de
vulneribus ejus manare *videretur*[g].

Ms. [a] Colosius. — [b] Novaluit [*sic*]. — [c] Jæctavit. — [d] Terreni.
— [e] XIII. — [f] Milia. — [g] Videbatur.

NOTES.

(1) Les mots *et ut* semblent d'un abréviateur : c'est le ὅτι.....
καὶ ὅτι des Grecs, qui se trouve si souvent dans la Chrestoma-
thie de Strabon, dans les *Excerpta de legationibus* et autres livres
de ce genre.

(2) *Colotius* paraît être ici pour *Colotes*, un lézard monstrueux.
Ce qui en est dit se trouve expliqué par un passage de saint
Grégoire de Tours. Cet historien rapporte, au commencement
de son dixième livre, que, la quatorzième année du règne de
Childebert II (589), il y eut à Rome une si grande inondation
du Tibre, que toute la ville en fut couverte, les édifices ren-
versés, etc. « Multitudo etiam serpentum cum magno dracone

in modum trabis validæ per hujus fluvii alveum in mare
descendit; sed suffocatæ bestiæ inter salsos maris turbidi fluctus ejectæ sunt. » *Histor. eccles. Francorum*, l. X, c. 1, p. 479
ed. Dom Ruinart; ou dans le *Recueil des histor. de la France*,
t. II, p. 362. Cet énorme serpent, que Grégoire de Tours compare à une grosse poutre, était probablement quelque grand
poisson de mer, qui s'était avancé dans le fleuve et qui y périt.
Notre auteur, vaguement informé de ce fait, le dénature encore plus. Ce mot *Colotius* semble lui avoir rappelé par sa prononciation l'adjectif latin *colosseus*, en grec κολόσσιος; car si
d'un côté il le compare aux monstres marins, de l'autre, il
semble en faire une espèce d'homme colossal, *qui cunctos homines excrevit*. Le Tibre, où s'était avancé ce *colotes*, aura peut-
être encore augmenté la confusion, en rappelant vaguement à
l'auteur le roi Tybris ou Tiberinus, qui se noya dans l'Albula
et lui laissa son nom, suivant Pline, l. III, c. v. Ovide le dit
aussi :

> Albula, quem Tibrim mersus Tiberinus in unda
> Reddidit.....　　　　　　　　*Fast.* II, 389.

> Cumque patris regnum post hunc Tiberinus haberet,
> 　Dicitur in Thuscæ gurgite mersus aquæ.
> 　　　　　　　　　　　　*Id.* IV, 17.

Or Virgile représente ce roi comme un géant :

> . . . . . Asperque immani corpore Tibris
> A quo post Itali fluvium cognomine Tibrim
> Diximus.....　　　　　　*Æneid.* VIII, 330.

Si, au milieu de ce mélange confus de la fable et de l'histoire, on reconnaît la trace de l'événement rapporté par Grégoire
de Tours, ce sera sur le temps où vivait notre auteur un indice
à peu près conforme à celui que fournit le chapitre vi de la seconde partie (*De Belluis*), dont nous avons parlé dans notre
préface, en le faisant vivre dans la première partie du vi° siècle.

D'après ce chapitre-ci, ce serait dans la seconde, ce qui au reste n'est pas inconciliable.

Cette inondation du Tibre était, en quelque sorte, fameuse. Saint Grégoire le Grand en parle dans le XIXᵉ dialogue de son livre III, tom. II, col. 174 ; mais il ne fait pas mention des serpents, dont il est question dans Paul le Diacre, *De Gest. Longobard.*, l. III, c. XXIII.; et Muratori remarque en note de cet endroit que le cardinal Baronius voyait dans ce serpent, « Unam ex repentibus bestiis miræ magnitudinis, quos Plinius *boas* appellat, aliquando in regionibus prope Tybcrim visas. » *Rerum Italic. scriptores*, t. I, p. 447.

Un fait du même genre avait déjà eu lieu dans le Tibre, sous l'empereur Claude, au rapport de Pline, *Hist. nat.*, l. IX, c. VI; laissons-en le récit à Crévier : « Pendant que l'on travaillait à ce port (de l'embouchure du Tibre), un monstre marin y entra, attiré, dit Pline, par des cuirs amenés de Gaule dans un vaisseau qui fit naufrage en cet endroit. Le monstre suivit sa proie avec tant d'avidité qu'il s'avança trop du côté des terres et vint échouer sur le rivage. Il demeura comme prisonnier, et l'on voyait son dos qui s'élevait beaucoup au-dessus de la surface des eaux, en forme d'une carène renversée. Claude en voulut faire un spectacle pour le peuple. On tendit, par son ordre, à l'entrée du port, des toiles très-fortes, et lui-même, à la tête des cohortes prétoriennes, attaqua le monstre, envoyant sur lui des soldats dans des barques, qui, de leurs lances jetées de loin, le frappaient et le perçaient à coups redoublés. Pline, témoin de ce combat, rapporte qu'il vit une des barques couler à fond par la quantité immense d'eau dont le monstre en soufflant la remplit. Il appelle ce monstre *orca*, et dit qu'on ne peut s'en former une plus juste idée, qu'en se représentant une masse énorme de chair armée de dents cruelles. » *Hist. des Empereurs*, l. VIII, t. II, p. 132, in-4°.

IV.

DE STATUA PROCERISSIMA.

Postquam (1) Romani, pæne[a] per totum orbem terrarum (inauditum opus!), erexerunt statuam procerissimæ[b] magnitudinis, quæ[c] centum et septem pedes altitudinis habet, et prope omnia Romæ urbis opera miro rumore præcellit[d] (2).

Ms. [a] Pene. — [b] Procerissime. — [c] Que. — [d] Precellit.

NOTES.

(1) On croirait, d'après *postquam*, que l'auteur traduit quelque grec. Ce texte aura commencé par ὅτι; une faute de copiste aura donné ὅτε, et de là *postquam*.

(2) La hauteur énoncée ici est précisément celle du colosse de Rhodes, qui avait, au rapport de Pline, l. XXXIII, c. VII, soixante-dix coudées, et dont les doigts étaient plus gros que la plupart des statues ordinaires. Cet ouvrage étonnant de Charès de Linde, élevé l'an 290 avant J.-C. et renversé l'an 210 de notre ère, resta, comme tout le monde sait, ainsi renversé et à peu près intact jusqu'au VIIe siècle; et comme il était de bronze, un Juif d'Édesse l'acheta alors aux Sarrasins, le fit briser et chargea neuf cents chameaux de ses débris. Il subsistait donc à l'époque où nous supposons qu'ont pu être composés ces extraits, et l'ignorance qui régnait alors dans l'Occident, où toutes les traditions se perdaient, a pu faire rapprocher le grandiose d'une telle œuvre, de la grandeur romaine.

V.

DE QUIBUSDAM HOMINIBUS VIGINTI QUATUOR DIGITOS HABENTIBUS.

Et quosdam immensa corporum magnitudine et bellicosos [a] fuisse legimus, qui in ambis [sic] manibus sex digitos et singulis [b] habuerunt pedibus; mente tamen rationabiles erant. Et quatuor [c] tantum augmento digitorum a cæteris discrepuerunt hominibus (1).

Ms. [a] Bellicosas. — [b] Singulos. — [c] IIII[or].

NOTES.

(1) Pline, *Hist. nat.*, l. VII, c. 11, et Solin, *Polyhist.*, c. LII, parlent d'hommes qui ont huit doigts à chaque pied, mais non aux mains; et ils joignent ce caractère à un autre. (Voyez ci-après les notes du chapitre XXXII, partie I.) Mais Ctésias, avec ce nombre de huit, émet très-nettement la même assertion que noire auteur : Ἔχουσι δὲ οὗτοι οἱ ἄνθρωποι ἀνὰ ὀκτὼ δακτύλους ἐφ᾽ ἑκατέρᾳ χειρὶ, ὡσαύτως ἀνὰ ὀκτὼ καὶ ἐπὶ τοῖς ποσὶ, καὶ ἄνδρες καὶ γυναῖκες ὡσαύτως. *Indic.*, c. XXXI, p. 257 de l'éd. de M. Baehr. Ctésias donne à ce même peuple une quantité d'autres caractères merveilleux, notamment celui qui fait le sujet du chapitre XLVI de la 1re partie du présent traité.

VI.

FAUNI.

Fauni [a] de veteribus pastoribus fuerunt, in principio mundi, qui habitaverunt in locis super quæ constructa est Roma (1); et poetæ cantica de ipsis cecinerunt.

Fauni nascuntur de vermibus (2) *natis* [b] inter lignum et corticem [c]; et postremo procedunt ad terram, et suscipiunt alas, et eas amittunt postmodum: et efficiuntur homines silvestres. Et plurima cantica de eis poetæ cecinerunt.

Fauni silvicolæ (3) homines, qui sicut a fando (4) nuncupati sunt, a capite usque ad umbilicum, hominis speciem habent: capita autem curvata naribus, cornua dissimulant; et inferior pars duorum pedum et femorum in caprarum forma depingitur. Quos poeta Lucanus, secundum opinionem Græcorum [d], ad Orphei lyram [e], cum innumerosis ferarum generibus, cantu deductos cecinit (5).

Ms [a] D'abord Faoni. Tout ce paragraphe est écrit en majuscules. — [b] Nutis. — [c] Corticum. — [d] Grecorum. Ce mot, et le mot *Grecia*, étant toujours écrits de cette manière dans le manuscrit, nous ne répéterons pas l'indication de cette faute.— [e] Liram. On peut également appliquer à ce mot l'observation précédente.

NOTES.

(1) Les Romains se plaisaient à considérer les Faunes comme des divinités toutes latines. Virgile dit des forêts primitives du Latium :

> Hæc nemora indigenæ Fauni nymphæque tenebant.
> *Æneid.*, l. VIII, v. 314.

(2) Qui a pu donner lieu à cette singulière opinion sur l'origine des Faunes ? L'auteur a-t-il supposé quelque rapport entre *Faunus* et φάλαινα le papillon de nuit ? Le nom de *Faunus* a été conservé dans l'entomologie à une variété de papillons.

(3) Stace donne également aux Faunes l'épithète de *silvicolæ* :

> Silvicolæ, fracta, gemuistis, arundine, Fauni.
> *Theb.*, l. V, v. 582.

(4) Cette étymologie bizarre se retrouve dans plusieurs auteurs. Varron la donne à l'occasion de ce vers d'Ennius :

> Versus quos olim FAUNI vatesque canebant.

Fauni dei Latinorum, ita ut Faunus et Fauna sint in versibus, quos vocant Saturnios. In silvestribus locis traditum est solitos fari; a quo fando Faunos dictos. » *De lingua lat.*, lib. VI, c. III. —Isidore de Séville, *Orig.*, lib. VIII; *Theologica*, cap. XI, de diis gentium : « Fauni a *fando*, velut ἀπὸ τῆς φωνῆς, dicti, quod voce, non signis ostendere viderentur futura. In lucis nam consulebantur a paganis, et responsa illis, non signis, sed vocibus dabant. » On trouve une autre observation sur l'étymologie de ce mot dans le petit Traité de Fronton, qui est placé le premier dans la collection intitulée : *Veterum grammaticorum de proprietate et differentiis latini sermonis libelli* (collection insérée

dans les *Scriptores ling. lat.*, p. 1327) : « *Fanum*, Fauno conse-
cratum : unde *Fauni* appellabantur prius et illi qui vagabantur
fanatici. » — Saumaise donne une étymologie qui mérite plus
de créance que tout cela. Ce savant commentateur voit dans
l'antiquité deux espèces de ces dieux champêtres qu'Ovide appelle *semidei, rustica numina.*

> Sunt mihi semidei, sunt rustica numina Nymphæ,
> Faunique, satyrique, et monticolæ Silvani.
> > *Metam,*, l. I, v. 192, sq.

Ces deux espèces, quelquefois confondues, mais le plus souvent distinguées, sont les *Satyres,* dont le nom est le même chez
les Grecs et les Romains, et les *Pans* des Grecs qui sont les
Faunes des Latins. « *Faunus* Latinis is est qui Græcis Πάν.....
Æoles : ὁ Πάνος, τοῦ Πάνου dicebant, ut ὁ φύλακος, ὁ μάρτυρος.
Iidem mutabant *a* in *o*, ut ὀνόγυρος pro ἀνάγυρος, βότις pro βα-
τίς, et sexcenta talia; sic et Πόνος pro Πάνος. Inde latinum *Fo-
nus* et more scribendi veteri *Faunus.* Nam et *aurichalcum* scri-
bebant pro *orichalco*, Græcis ὀρίχαλκον; et *audes* pro *odes;* ὦτα :
inde *aures.* » Saumaise laisse seulement sans démonstration le
changement du π en *f,* deux lettres qui nous semblent assez
différentes, et qui cependant paraissent avoir eu certains rapports
de ressemblance d'après la prononciation des anciens. En effet
les Romains avaient rendu dans leur écriture le φ des Grecs par
le *p* accompagné d'une aspiration ; et ils avaient en outre l'*f* qui
manquait aux Grecs, donc le φ tenait en quelque sorte le milieu
entre l'*f* et le *p.* Quintilien, *Instit. orat.*, l. I, c. IV, § XIV, rapporte
que Cicéron, dans un discours pour Fundanius, qui ne nous
est point parvenu, se moquait d'un Grec qui, ayant à déposer
contre son client, ne pouvait parvenir à prononcer la première
lettre de son nom. Il prononçait φundanius au lieu de *Fundanius.*

　　(5) On ne trouve point de semblable énumération dans la

Pharsale. Il est évident que l'auteur parle ici du poëme que
Lucain avait composé sur Orphée, et dont il existe plusieurs
témoignages au commencement de l'édition d'Oudendorp,
Lugd. Batav., 1728, in-4°. Dans la Vie de Lucain *ex commen-
tario antiquissimo*, on lit : « ..... Et, ex tempore, Orphea scriptum
in experimentum ingenii ediderat, et tres libros quales vide-
mus. » Dans celle de Crinitus, *De Poetis latinis*, lib. III : « Scrip-
sit enim Saturnalia, silvarum lib. X, tragœdiam Medeam quam
non absolvit, de Incendio urbis, de Incendio Trojæ cum Priami
calamitate, Orpheum, fabulas complures et Epistolas. » Suivant
Pomponius Infortunatus, ce poëme aurait même été la source
de la haine de Néron, qui depuis causa sa mort. : « Nero cum
per Clinium Ruffum Niobem se pronuntiaturum polliceretur,
pronuntiavit in theatro Pompeii, Lucanus ex tempore Orpheum
recitavit. Judices, quorum censuram verebatur princeps, co-
ronam Lucano dedere. Non tulit id Cæsar, cujus natura fuit
odio prosequi præcellentes, et contumeliis ac maledictis lacessere. Interdixit igitur poetæ foro, theatro, et carmina os-
tentare prohibuit, de quo Papinius :

> Ingratus Nero dulcibus theatris,
> Et noster tibi proferetur Orpheus. »

On pourrait supposer qu'il y a quelque réminiscence de ce
poëme de Lucain dans l'épître de Claudien *ad Serenam*, où
les animaux sauvages apportent des présents de noce à Orphée que Claudien appelle leur poëte, *suo vati*; mais il n'y est
point question des Faunes. Voyez les notes du chapitre XLIX.

VII.

DE ORPHEO.

(1) Orpheus citharista erat Æneæ (2), et *quantus* citharista! in Græcia. Postmodum *Eurydice* [b], uxor ipsius, a serpente percussa mortua erat, et pæne insanus factus est; et in silvis lyram percutiebat; et bestiæ ad audiendum lyram [c] ipsius veniebant.

Ms. [a] Quintus. — [b] Erudita. — [c] Lira.

NOTES.

(1) Ce chapitre ne doit être considéré que comme une glose assez étendue, de la nature de celles dont les scoliastes accompagnent ordinairement un nom célèbre, la première fois que leur auteur le cite.

(2) Peut-être faudrait-il lire *Ænius*, d'Ænus, ville de Thrace, comme Orphée était de ce pays. Néanmoins j'ai laissé *Æneæ* parce qu'Étienne de Byzance fait mention d'une autre ville de Thrace nommée *Ænea*. Il est vrai qu'il dérive son nom d'Énée. Mais notre auteur ne se montre pas assez savant sur l'antiquité pour qu'on ne puisse, sans lui faire grande injure, lui prêter cet anachronisme. Voici le passage d'Étienne de Byzance : Αἴνεια τόπος Θράκης, ὡς Αἴνεια Ζέλεια, ἀπὸ Αἰνείου. Steph. Byz., in voce.

VIII.

SIRENÆ.

Sirenæ [a] (1) sunt marinæ puellæ, quæ [b] navigantes pulcherrima forma, et *cantus mulcedine* [c] decipiunt (2). Et a capite et usque ad umbilicum, corpore virginali et humano generi simillimæ, squamosas (3) tamen piscium caudas habent, quibus semper in gurgite latent.

Ms. [a] Serene. — [b] Qui. — [c] Cantu mulcidinis.

NOTES.

(1) Le manuscrit porte *Serene*. Dans la faute du copiste sur la première syllabe, on pourrait apercevoir déjà la trace d'une prononciation de l'*i* qui paraît avoir existé au moyen âge, comme l'indique la formation de certains mots français. « Le *serin*, dit Belon dans son ornithologie, a pris son appellation françoise de l'excellence de son chant. Car tout ainsi comme l'on dit que les Sirènes endorment les mariniers de la douceur de leurs chansons; semblablement pour ce que ce petit oiseau chante si doulcement, il a pris le nom de serin. » Ménage, qui cite ce passage de Belon, ajoute: « Nicot dit la même chose: *Nomen habere putatur a Sirenibus,* à cause de son chant. Et les Sirènes ont été ainsi appelées de leur chant.

Sir, en hébreu, signifie *chant, cantio.* » *Origines de la langue françoise.*

Un autre mot français commençant par les deux syllabes *serin*, et venant du grec σύριγξ, présente la même substitution de l'*e* pour l'*y*.

(2) Cette première phrase semblerait la paraphrase de ces deux vers d'Ovide :

> Monstra maris Sirenes erant quæ voce canora
> Quamlibet admissas detinuere rates.
> *Artis amator.* l. III, v. 310, sq.

(3) « Tous les écrits et les monuments des anciens, dit M. de Salverte, présentent les Sirènes comme des femmes-oiseaux. » *Des sciences occultes*, t. I, p. 344. Ce passage de notre auteur offre une exception d'autant plus admissible, que ces petits récits sont presque toujours l'analyse ou l'extrait d'auteurs plus anciens. L'autre tradition, généralement suivie en effet, est adoptée par Ovide, *Metam.*, l. V, v. 552, et représente les Sirènes avec des têtes de femme sur des corps d'oiseau. C'est d'après cette tradition qu'Isidore de Séville explique le sens de cette fable. *Orig.*, l. XI, c. III. « Secundum veritatem autem meretrices fuerunt, quæ transeuntes quoniam ad egestatem deducebant, iis fictæ sunt inferre naufragia. Alas autem habuisse et ungulas, quia amor et volat et vulnerat. Quæ inde in fluctibus commorasse dicuntur, quia fluctus Venerem creaverunt. » Saint Isidore a pris cette explication de Servius, à qui appartient toute la première phrase. Les deux suivantes sont le développement du savant évêque de Séville.

Winckelmann, *Hist. de l'art*, parle d'une urne funéraire de la villa Albani, « dont la face antérieure est divisée en trois champs : sur celui qui est à droite, on voit Ulysse attaché au mât de son vaisseau, pour ne pas succomber à la séduction des Sirènes, dont l'une joue de la lyre, l'autre de la flûte, et la troisième chante en tenant un rouleau dans la main. Elles ont, *comme à l'ordinaire*, des pieds d'oiseau; la seule particularité qu'on y remarque, c'est qu'elles sont toutes revêtues de manteaux. » Cette représentation est tout à fait conforme à la description de Servius : « Sirenes, secundum fabulam, parte virgines fuerunt, parte volucres, Acheloi fluminis et Calliopes musæ filiæ. Harum una voce, altera tibiis, alia lyra canebat. » Ad *Æneid.*, l. V, v. 864.

Bochart regarde la tradition qui donne aux Sirènes des extrémités de poisson, comme celle du vulgaire. « Superiora sunt virginum, inferiora τῶν στρουθῶν, *passerum* vel *struthionum*, non piscium ut vulgus putat. » *Hierozoïc.*, part. II, l. VI, c. VIII, pag. 830. Il retrouve en Orient le mythe des Sirènes dans la croyance arabe rapportée par Alkazuin d'un animal qui habite certaines îles de la mer, qui a la forme d'un homme, est toujours à cheval sur une autruche, et se nourrit des corps humains que la mer pousse sur le rivage; part. II, l. VI, c. xv, p. 868.

IX.

HIPPOCENTAURI.

Hippocentauri[a] (1) equorum et hominum commixtam naturam habent; et, more ferarum, sunt capite setoso, sed, ex parte aliqua, humanæ[b] normæ simillimo, quo *possent*[c] incipere loqui. Sed insueta labia humanæ locutioni, nullam vocem (2) in verba distinguunt.

Ms. [a] Epocentauri. — [b] Humane; de même plus bas. — [c] Possem.

NOTES.

(1) C'est seulement le mot *hippocentaurus* qui offre étymologiquement l'idée de l'être mixte connu sous le nom de centaure; car l'étymologie de κένταυρος vient, ainsi que le remarque Henri Estienne, παρὰ τὸ κένσαι ταύρους, de ce qu'ils piquaient les taureaux. Servius, sur le III° livre des *Géorgiques*, v. 115, a réuni dans une même histoire l'origine du nom de centaures donné pour cette raison à un peuple de la Thessalie, voisin du mont Pélion, et la tradition qui en faisait des êtres moitié hommes moitié chevaux. Il raconte en effet que ce peuple eut le premier l'idée de monter à cheval pour poursuivre les taureaux ou bœufs de leur roi, rendus furieux et dispersés par la piqûre du taon, et que ces premiers cavaliers, ramenant le troupeau à coups d'aiguillon, furent de là appelés *centaures*. De

plus, comme ils traversaient le Pénée en revenant, leurs chevaux plongèrent la tête dans le fleuve pour se rafraîchir, et ils parurent alors, aux gens accourus sur la rive, comme des êtres mixtes, composés d'un corps de cheval, sur le poitrail duquel s'élevait, au lieu du cou et de la tête, le corps d'un homme depuis le nombril, ainsi que l'art les a si souvent figurés :

Quadrupedesque hominum cum pectore pectora junctos.
Ovid., Tristium, eleg. V, v. 15.

Mais cette double histoire, ainsi présentée, a tout l'air de l'invention beaucoup trop symétrique d'un grammairien, plutôt que des restes réels de quelque tradition.

Si l'on veut essayer de porter le flambeau de la critique sur des traditions si obscures par leur antiquité, on trouvera, ce me semble, que ce qui aurait dû paraître le plus étonnant dans cette double action des Thessaliens, c'était d'avoir monté à cheval plutôt que d'avoir piqué les taureaux. Or leur nom venant de cette dernière circonstance, comme l'indique l'étymologie, on doit supposer qu'il leur fut donné en un autre moment où cette circonstance attira toute l'attention. Puis, à une époque différente, leur habileté à monter à cheval les fit paraître des êtres mixtes aux premiers étrangers qui les virent ainsi : d'où vient la fable à leur sujet. Οὐδὲν γὰρ ταύρου κενταύροις· ἀλλ' ἵππου καὶ ἀνδρὸς ἰδέα ἐστὶν ἀπὸ τοῦ ἔργου. Palœphat., *De Incredibilib.* « Les centaures n'ont rien de commun avec l'idée de taureau, mais avec celles d'homme et de cheval, par le fait de cette réunion. » Cette explication, connue de tout le monde, est donnée par Diodore, l. IV., Pline, l. VI, c. LVI, Virgile, *Georg.,* l. III, Lucain, *Pharsal.,* l. VI, Orose, l. I, c. XIII, par le savant rabbin Abarbanel ou Abrabanel, dans son commentaire sur le second chapitre du prophète Joël, cité, ainsi

que les auteurs précédents, par Bochart, *Hierozoïc.*, part. II,
c. x, pag. 838.

Il semble donc que le nom de centaures a dû être celui de
cette peuplade de la Thessalie, avant même l'origine de la
tradition fabuleuse qui la concerne relativement aux chevaux.
Alors, pour exprimer l'idée qui résulte de cette tradition, on
se servit probablement du mot composé *hippocentaure*, c'est-
à-dire *centaures moitié chevaux*. Enfin, par une ellipse du langage usuel, on désigna par le mot *centaure* cet être imaginaire,
auquel l'art antique sut donner, par le prestige de ses créations, une existence réelle. « Tabulæ fictæ sunt..... de centau-
ris, quod æquorum hominumque fuerit natura conjuncta. »
S. August., *De Civitate Dei*, l. XVIII, c. XIII. — « Nonnunquam
(cogitatio) usurpatur de eo quod non existit; ut quum id quod
non existit, fingitur, sola delineatione mentis, et imaginatione
expressum : cujusmodi multa fabularum auctores, et pictores ad
excitandam spectatorum admirationem præstigiose effingunt.
Talis est hippocentaurorum et sirenum fabulosa effictio. » Eliæ
Cretensis *Schol. ad S. Greg. Naz.*, orat. III, contr. Eunomian.
Telle est en effet la réalité de cette existence due aux monuments figurés, que, dès les temps historiques les plus anciens,
les véritables centaures perdent leur nom et disparaissent tout
entiers derrière l'être fabuleux qui s'est, en quelque sorte,
enté sur eux.

Cette observation sur les deux mots κένταυρος et ἱπποκένταυ-
ρος doit avoir déjà été faite; elle semble résulter de plusieurs
passages allégués par Bochart, notamment de cet endroit de
Diodore : Τινὲς δὲ λέγουσι καὶ κενταύρους, πρώτους ἱππεύειν ἐπιχει-
ρήσαντας, ἱπποκενταύρους ὠνόμασθαι. « Quelques-uns prétendent
que les centaures, ayant les premiers essayé de monter à cheval, furent appelés hippocentaures. » Au reste, quelque plau-
sible que paraisse cette explication, ne perdons pas de vue
qu'il y a toujours beaucoup de vague dans les questions étymo-

logiques; ajoutons même que Bochart, auquel est empruntée l'indication des passages dont on s'est servi dans cette note, rejette l'étymologie des anciens κεντεῖν ταύρους, et ne voit dans le mot κένταυρος d'autre racine que κέντωρ; et remarquons que ce dernier mot peut d'autant mieux se traduire en français par *piqueur*, que nous entendons par là un homme de cheval. Mais il se pourrait que le savoir immense de Bochart et les comparaisons qu'il fait du phénicien et de l'égyptien l'aient ici, comme en d'autres endroits, plutôt écarté que rapproché de la véritable explication.

L'impossibilité de l'existence des hippocentaures a frappé tous les anciens, qui se sont exprimés à ce sujet d'une manière plus décisive qu'ils ne le font ordinairement. Ils ont même argué de cette impossibité dans des matières où l'on est assez surpris de voir figurer les hippocentaures. Le jurisconsulte Celsus, cité par Bochart, qui a rassemblé là-dessus des passages de tout genre, déclare nulle une obligation par laquelle on s'engagerait à fournir à quelqu'un un hippocentaure, attendu que la promesse d'une chose qui n'existe pas est nulle : « Quia quod non est, frustra promittitur. »

Les anciens ont aussi donné le nom d'hippocentaures à des enfantements monstrueux, présentant la réunion de parties homme et de parties cheval. Galien a discuté longuement sur cette question, *De Usu partium*, l. III, c. 1, pour prouver qu'un monstre aussi paradoxal, τὸ ζῶον τοῦτο ἄτοπόν τε καὶ ἀλλόκοτον, est impossible; assertion qu'il modifie ensuite, en disant que, si un tel être venait au jour, du moins il ne pourrait vivre. C'est aussi l'opinion d'Héraclite, *De Incredibilibus*, qui même la généralise : Δύο γὰρ διηλλαγμένας φύσεις εἰς ἓν συνελθούσας ἀδύνατον ζωογονηθῆναι καὶ τραφῆναι. « Il est impossible que deux natures différentes, réunies en un seul être, puissent vivre et subsiste. Cette opinion, ainsi modifiée, paraît avoir été fondée sur des observations comme celle que rapporte Artémidore, *Onirocrit.*, l. IV, c. XLIX, de deux jumeaux hippocentaures qui moururent en naissant; d'où il tire la même conclusion qu'Héraclite et Galien.

Trois auteurs ont rapporté sur des monstres de ce genre plus que de simples on-dit. Phlégon de Tralles, affranchi de l'empereur Adrien, dit qu'il y avait de son temps à Rome, dans le palais, la momie d'un hippocentaure, qu'on y conservait comme une curiosité. « Si quelqu'un en doute, dit-il, il peut l'examiner parmi les curiosités du trésor impérial. » Εἰ τις ἀπιστεῖ, δύναται ἱστορῆσαι· ἀπόκειται γὰρ ἐν θησαυροῖς τοῦ αὐτοκράτορος τεταριχευμένος, ὡς προεῖπον. Je dois remarquer que ἐν θησαυροῖς est une heureuse correction de Bochart au lieu de ἐν τοῖς ὁρίοις, que donnent les manuscrits. Ce savant a cité le passage entier de Phlégon et l'a traduit en latin. Nous ne le répéterons donc pas ici. Nous dirons seulement que ce monstre avait été trouvé à Sauna ou Saunis, ville d'Arabie; et le roi l'avait envoyé vivant en Égypte avec d'autres présents pour l'empereur. Phlégon dit seulement πρὸς Καίσαρα; mais Bochart pense que c'était vers la fin du règne de Claude, dont Tacite rapporte que la mort fut présagée par des enfantements de monstres doubles, « biformes hominum partus. » *Annal.*, l. XII. Ce monstre ne se nourrissait que de chair. Arrivé en Égypte, il y mourut, et le gouverneur de cette province l'y fit embaumer et l'envoya à Rome. La description qu'en donne Phlégon est conforme au centaure de l'art antique; et ce qu'il y a de plus remarquable dans ce récit d'un témoin oculaire, qui était, comme l'on sait, un des hommes les plus instruits de son temps, c'est que cet hippocentaure, sans être, dit-il, aussi grand qu'on les représente, n'était pas cependant d'une petitesse excessive : Μέγεθος δὲ ἦν οὐχ οἷόνπερ οἱ γραφόμενοι, οὐδ᾽ αὖ πάλιν μικρόν. Ce qui, avec la circonstance de sa nourriture, indiquerait qu'il était au moins sorti de la première enfance. Cette dernière circonstance ne se concilie pas bien avec le motif qui engage Bochart à placer ce prodige « paulo ante mortem Claudii, » en rapprochant le récit de Phlégon de la remarque de Tacite. Car c'était dans la naissance de ces êtres monstrueux que résidait le mauvais présage, comme l'indique le mot *partus*. Aussi Lydus, *de Ostentis*, a-t-il bien soin d'indiquer toujours sous quel consulat sont nés ces monstres.

Je rapprocherais plutôt le passage de Tacite de celui de Pline, qui dit que l'empereur Claude avait lui-même consigné par écrit la naissance d'un hippocentaure, né en Thessalie et mort le même jour; et Pline ajoute qu'il en avait vu le corps, envoyé d'Égypte (où probablement il avait été transporté, à cause de la perfection des embaumements dans ce pays), et conservé dans du miel : « Et nos, principatu ejus, allatum illi ex Ægypto in melle vidimus. » *Histor. natur.*, l. VII, c. III. On sait que les anciens se servaient ainsi du miel, comme nous employons aujourd'hui l'esprit-de-vin. « Mellis quidem ipsius natura talis est ut putrescere corpora non sinat. » *Id.*, l. XXII, c. XXIV. Ameilhon en avait déjà fait la remarque, *Histoire du commerce des Égyptiens*. Ce qui autorise encore la distinction que nous établissons entre le phénomène de Phlégon et celui de Pline, c'est que M. Cuvier, qui admet le second, rejette le premier. « ..... Vitale scilicet monstrum, cum carne vesci solitum manibusque instructum, nil horum Plinius qui ipse vidit. » Ad lib. VII, c. III, Plin., *natur. Hist.*, t. III, pag. 45, not. 7, coll. Lemaire. — M. le comte Léopardi, dans son ouvrage manuscrit intitulé *Saggio sopra gli errori popolari degli antichi*, dont nous devons la communication à M. de Sinner, traite avec une ample érudition la question des hippocentaures. En refusant de croire à la réalité de celui de Phlégon, il cite l'explication qu'en donne M. Fréret; c'est que la personne qui avait envoyé à l'empereur cette momie vue par Phlégon, aurait profité du grand talent des Égyptiens dans l'art d'embaumer les corps, pour faire réunir le corps d'un poulain, sans la tête, à la

moitié du corps d'un enfant, assez habilement pour rendre la
suture imperceptible. Cette supposition ingénieuse concilierait
la véracité de l'écrivain avec l'impossibilité à peu près reconnue
du phénomène.

Le dernier témoignage que Bochart n'a fait qu'indiquer, et
que je donnerai en entier, est celui de Plutarque dans le Banquet des sept Sages. C'est Dioclès qui parle : Ἐκ τούτου περιελ-
θὼν ὑπηρέτης, « Κελεύει σε Περίανδρος, ἔφη, καὶ Θάλην, παραλα-
βόντα τοῦτον, ἐπισκέψασθαι τὸ κεκομισμένον ἀρτίως αὐτῷ, πότερον
ἄλλως γέγονεν, ἤ τι σημεῖόν ἐστι καὶ τέρας. Αὐτὸς μὲν γὰρ ἔοικε
τεταράχθαι σφόδρα, μίασμα καὶ κηλῖδα τῆς θυσίας ἡγούμενος. »
Ἅμα δὲ ἀπῆγεν ἡμᾶς εἴς τι οἴκημα τῶν περὶ τὸν κῆπον· ἐνταῦθα
νεανίσκος, ὡς ἐφαίνετο, νομευτικός, οὔπω γενειῶν, ἄλλως τε καὶ τὸ
εἶδος οὐκ ἀγεννής, ἀναπτύξας τινὰ διφθέραν, ἔδειξεν ἡμῖν βρέφος, ὡς
ἔφη, γεγονὸς ἐξ ἵππου, τὰ μὲν ἄνω μέχρι τοῦ τραχήλου καὶ τῶν
χειρῶν ἀνθρωπόμορφον, τὰ λοιπὰ δὲ ἔχον ἵππου, τῇ δὲ φωνῇ καθάπερ
τὰ νεογνὰ παιδάρια κλαυθμυριζόμενον. Ὁ μὲν οὖν Νειλόξενος, « Ἀλε-
ξίκακε » εἰπών, ἀπεστράφη τὴν ὄψιν. Ὁ δὲ Θάλης προσέβαλε τῷ
νεανίσκῳ πολὺν χρόνον, εἶτα μειδιάσας (εἰώθει δὲ ἀεὶ παίζειν πρὸς
ἐμὲ περὶ τῆς τέχνης)· « Ἦπου τὸν καθαρμόν, ὦ Διόκλεις, ἔφη, κινεῖν
διανοῇ, καὶ παρέχειν πράγματα τοῖς τροπαίοις, ὥς τινος δεινοῦ καὶ
μεγάλου συμβάντος; »—« Τί δέ, εἶπον, οὐ μέλλω; στάσεως γάρ, ὦ
Θάλη, καὶ διαφορᾶς τὸ σημεῖόν ἐστι· καὶ δέδια μὴ μέχρι γάμου καὶ
γενεᾶς ἐξίκηται, πρινὴ τὸ πρῶτον ἐξιλάσασθαι μήνιμα τῆς θεοῦ,
δεύτερον, ὡς ὁρᾶς, προφαινούσης. » Πρὸς τοῦτο μηδὲν ἀποκρινόμενος
ὁ Θάλης, ἀλλὰ γελῶν, ἀπηλλάττετο. Καὶ τοῦ Περιάνδρου πρὸς τὰς
θύρας ἀπαντήσαντος ἡμῖν καὶ διαπυθομένου περὶ ὧν εἴδομεν, ἀφεὶς
ὁ Θάλης με, καὶ λαβόμενος τῆς ἐκείνου χειρός· « Ἐφ' ἃ μὲν Διοκλῆς
κελεύει, δράσεις καθ' ἡσυχίαν· ἐγὼ δέ σοι παραινῶ, ἐθέσω τὸ μὴ
χρᾶσθαι νομεῦσιν ἵππων, ἢ διδόναι γυναῖκας αὐτοῖς. Moral., t. 1,
p. 259, ed. Henr. Stephan., in-12.

J'aurais voulu donner ici la traduction d'Amyot, dont le
style excellent est toujours d'une lecture si agréable; mais elle

contient, à cet endroit, quelques légères inexactitudes, et j'ai
préféré traduire le plus fidèlement possible un passage important dans le plan de ce commentaire. « Un serviteur s'approche
alors de moi, en faisant le tour de la table. « Périandre te prie,
me dit-il, de venir avec Thalès et cet étranger [Niloxène], pour
examiner si ce qu'on vient de lui apporter est une chose in-
différente ou un prodige d'où l'on doive tirer quelque présage.
Pour lui, il paraît tout troublé, et craint qu'il n'y ait eu pro-
fanation ou souillure dans son sacrifice. » Aussitôt nous le sui-
vons dans un bâtiment attenant au jardin. Nous y trouvons
un jeune garçon qui nous parut être un pâtre; il n'avait pas
encore de barbe, et son air n'offrait rien d'ignoble. Il nous
montre enveloppé dans une peau, qu'il déploie, un nouveau
né, mis au monde, nous dit-il, par une jument. Le haut de son
corps, jusqu'au-dessous du cou, avec les bras, avait la forme
humaine; tout le reste était d'un cheval. Pour sa voix, c'é-
taient des vagissements comme ceux d'un petit enfant qui vient
de naître. « A moi, mon bon génie! » s'écria aussitôt Niloxène en
détournant le visage. Mais Thalès, après avoir tenu longtemps
les yeux fixés sur le jeune garçon, me dit en riant (car il avait
l'habitude de me railler toujours au sujet de mon art) :
« Penses-tu, Dioclès, à préparer une expiation et à donner de
la besogne aux dieux réparateurs, comme pour un événement
grand et terrible ? »—« Pourquoi non ? lui dis-je. Il y a là, Thalès, la marque de dissensions, de discorde civile; et je crains
bien que cela ne passe jusque dans le mariage et la génération
des enfants, avant que nous ayons pu apaiser le courroux de
la déesse [Vénus], qui, pour la seconde fois, tu le vois bien,
se montre clairement. » Thalès sort en riant, sans me répondre; et trouvant à la porte Périandre qui voulait avoir notre
avis sur ce que nous avions vu, il me laisse et le prend par la
main : « Rien ne t'empêche, lui dit-il, de faire ce que va te
conseiller Dioclès. Pour moi, je t'engage à ne pas confier la

garde de tes juments à des pâtres, ou bien à leur donner des femmes. »

L'explication indiquée spirituellement par Thalès m'a rappelé d'étranges récits que j'avais entendu faire à un ancien soldat de cavalerie, et qui contribueraient à prouver que, malgré l'intervalle de tant de siècles, les actions des hommes se ressemblent toujours, dans des circonstances à peu près semblables. Phèdre a appliqué le mot à Ésope, mais à l'occasion d'agneaux à tête humaine. *Fabul.*, l. III, fab. III, p. 169 de notre édition. Nous devons ajouter ici sur ce passage de Pline, « Indorum quosdam cum feris coire, mixtosque et semiferos esse partus, » *Hist. nat.*, l. VII, c. 11, la note de M. Cuvier: « Id libidinis crebro et apud cunctos miserrime usurpatum; unde tamen noli credere quidquam uspiam natum. » T. III, p. 38.

(2) Cette singulière remarque paraît venir d'un passage de saint Jérôme dans la Vie de saint Paul ermite. En allant le visiter au désert, saint Antoine vit un hippocentaure, que Bochart pense avoir été une apparition diabolique et non un être réel. Antoine, après s'être muni du signe de la croix, lui demanda son chemin pour arriver chez son saint ami. Le monstre, cherchant à lui répondre avec affabilité, fit entendre *un son barbare et inarticulé*, et lui indiqua de la main la route qu'il demandait : « Conspicit hominem equo mixtum cui opinio poetarum hippocentauro vocabulum indidit. Quo viso, salutaris impressione signi armat frontem : et « Heus tu, inquit, quanam in parte hic servus Dei habitat? » At ille barbarum nescio quid infrendens, et frangens potius verba quam proloquens, inter horrentia ora senis blandum quæsivit alloquium, et dextræ protensione manus, cupitum indicat iter : et sic patentes campos volucri transmittens fuga, ex oculis mirantis evanuit. » *Divi Hieronymi Stridon. Opera*, 1578, in-fol., t. I, pag. 315 sq.

C'est à ce passage que doit se rapporter une observation in-

génieuse de M. Langlois, appliquée aux satyres par une erreur ;
car saint Jérôme ne regarde pas les satyres comme des visions
surnaturelles ; il en prouve au contraire l'existence par des faits
tératologiques, dont l'exposé rentre tout à fait dans notre plan,
et que l'on peut voir ci-après au chapitre LXIX de cette première partie. Voici la remarque de M. Langlois très-applicable
ici : «En insinuant que ces satyres [lisons hippocentaures]
pouvaient fort bien être des lutins infernaux*, saint Jérôme a
fourni le premier fond sur lequel les légendaires et les peintres
ont brodé les circonstances si variées des tentations du fondateur de la vie monastique. » *Notice sur l'incendie de la cathédrale
de Rouen et sur l'hist. monumentale de cette église.* Rouen, 1823,
in-8°, page 64.

Dans l'énumération de Bérose, parmi les êtres monstrueux
de l'époque de ténèbres, les hippocentaures sont décrits comme
ayant eu la partie antérieure d'hommes et la partie postérieure
de chevaux : ..... Τοὺς δὲ τὰ ὀπίσω μὲν ἵππων, τὰ δὲ ἔμπροσθεν
ἀνθρώπων, οὓς ἱπποκενταύρους τὴν ἰδέαν εἶναι. *Berosi Chaldæorum
Hist.* quæ supersunt, ed. Richter, p. 49.

* En vieux français *luytons*, *gobelins*.

X.

DE QUODAM HOMINE DUPLICI, QUI COMMIXTIONE MONSTROSA DUO CORPORA SUPERNE HABUIT.

Et quemdam hominem in Asia natum ab humanis parentibus, commixtione monstrosa didicimus : qui pedibus et ventre fuit genitori compar, sed tamen duo pectora et quatuor manus et bina capita habuit (1). Et ad ipsius mirationem multos rumorosa contrahebat opinio.

NOTES.

(1) Ce chapitre est pris en entier de saint Augustin, dont voici les paroles : «Ante annos aliquot, nostra certa memoria in Oriente duplex homo natus est superioribus membris, inferioribus simplex. Nam duo erant capita, quatuor manus, venter autem unus et pedes duo sicut uni homini ; et tamdiu vixit, ut multos ad eum videndum fama contraheret. » *De Civit. Dei*, l. XVI, c. VII. — Lycosthène rapporte plusieurs exemples de cette monstruosité : d'abord un double individu de cette sorte, né en Angleterre en 1112, qui fut baptisé et ne vécut que trois jours. La jonction était par les reins, en sorte que les deux corps se tournaient le dos. *Prodigiorum ac ostentorum Chronic.*, p. 397. Il donne plus de détails sur un autre phénomène semblable, qui fut en effet de son temps, en 1543. «In pago

Rinach, non procul a Basilea Rauracorum, mulier geminos edidit, concretis corporibus duobus supra umbilicum, quatuor brachiis; tamen a lumbis in duos pedes tantum desinebant. Fuit masculus, ac egregie a Sebastiano nostro Munstero in cosmographia sua descriptus. Unde Stumpfius in suum etiam chronicorum opus transtulit. » Page 581. Il cite encore, sans dire s'ils vécurent, deux autres monstres semblables, l'un du sexe masculin, né en 1494 à Rétuil, près de la Forêt-Noire; le second du sexe féminin, né en 1498 dans la seigneurie de Vanderberg. Il rapporte à l'année 1310 la naissance d'un pareil monstre double près de Florence. Page 450. François Pétrarque en fait aussi mention dans son ouvrage *De Rebus memorandis,* suivant Aldrovande qui rapporte que le portrait de ce monstre se voyait à Florence. On lisait au-dessous une pièce de vers, où l'on trouve, entre autres détails, les suivants :

> Non vero nobis unus somnusque cibusque,
>   Nec risus nobis fletus et unus erat.
> Somno membra dabat unus, ridebat et alter;
>   Sugebatque unus, flens quoque et alter erat.....
> ....
>   Viximus ambo decem bis totidemque dies.

Monstrorum Histor., p. 629.

Celui-ci vécut vingt jours; et l'on croirait en effet que de tels êtres ne pourraient guère prolonger leur vie au delà d'une première enfance. Il semble que d'une seule paire d'extrémités inférieures pour deux corps complets en haut, à partir du milieu du tronc, doive résulter un manque d'équilibre incompatible avec une certaine prolongation d'existence. Mais la nature a des ressources admirables et souvent incompréhensibles pour les cas de monstruosités. Or il résulte des faits recueillis et exposés avec des détails précis par Aldrovande que quelques-uns de ces êtres doubles ont vécu plusieurs années.

Nous hésiterions à accorder une entière confiance au récit qu'il fait, d'après Vincent de Beauvais, d'un enfant du sexe féminin, né en Normandie en 1044, suivant Lycosthène, ou en 1061, suivant Mathæus Palmerius, et présentant cette réunion monstrueuse. Il ne dit pas combien cet être vécut, mais seulement que l'une des deux parties survécut près de trois ans à l'autre. « Una parte monstri præmortua, altera per spatium fere triennii supervixit, defunctam bajulans, donec molis pondere et cadaveris nidore deficeret. » Cela est en contradiction avec les autres observations sur la mort de ces monstres doubles, dont une partie ne tarde guère à suivre l'autre.

Mais un fait qu'on ne peut contester, et qui présente une longévité relative bien remarquable, est celui dont parle Buchanan dans son histoire d'Écosse, et sur lequel il donne les détails les plus circonstanciés qu'il termine ainsi : « Hac de re scribimus eo confidentius, quod adhuc supersunt homines honesti complures qui hæc viderint. » *Rerum Scotic. Histor.*, lib. XIII, pag. 242, ed. Thom. Rudiman. Nous traduisons avec plaisir ce passage très-important dans la question qui nous occupe. « Vers l'année 1590, il naquit en Écosse un monstre d'un nouveau genre. La partie inférieure de son corps était d'un enfant mâle, ne différant en rien de la forme ordinaire; mais au-dessus du nombril, le buste et tout le reste du corps étaient doubles et séparés de figure et de fonctions. Le roi [Jacques IV] mit beaucoup de soin à le faire élever et instruire, surtout dans la musique, où il fit des progrès étonnants. Il apprit en outre différentes langues. Les deux corps n'avaient pas les mêmes volontés; et dans ce désaccord, lorsque ce qui plaisait à l'un déplaisait à l'autre, tantôt ils se querellaient, tantôt ils s'entendaient pour agir en commun. Ce qui était aussi fort remarquable, c'est que les impressions produites sur le bas des reins ou sur les membres inférieurs, étaient ressenties de chacun, tandis qu'un des deux corps,

piqué dans les parties supérieures, éprouvait seul une sensa-
tion douloureuse. La mort rendit bien évident cet état distinct;
l'un des deux corps mourut un grand nombre de jours avant
l'autre, et le survivant ne fut atteint que peu à peu par la
contagion de cette moitié de lui-même en dissolution. Ce
monstre vécut vingt-huit ans, et mourut sous la régence de
Jean [duc d'Albany]. » Que de réflexions un pareil récit fait
naître sur l'âme et sur le mystère sublime de ses rapports avec
l'organisation!

Théophane, dans sa *Chronographie*, pag. 60, A, rapporte à
l'année 376 l'existence d'un monstre tout à fait semblable,
né à Emmaüs en Palestine; et les détails qu'il en donne présentent la plus parfaite analogie avec ceux de Buchanan, autant que le permettait la différence de prolongation d'existence.
Car celui que cite l'historien byzantin vécut seulement un peu
plus de deux ans. Il dit que les deux parties se querellaient et
même se battaient. Le dernier mort survécut à l'autre quatre
jours.

Cardanus, dans son commentaire sur Hippocrate, cite un
double être masculin, réuni de la même manière, né en
Égypte, et qui parvint jusqu'à l'âge de quatre ans. Aldrovande
donne, à la page 640, la figure d'un autre, d'après le portrait
que l'on en conservait au musée public à Osimo dans la
marche d'Ancône. Chaque tête fut baptisée séparément, mais
une des deux seulement put téter. Paul le Diacre en cite
encore un autre, né après la mort de l'empereur Théodose, et
dont les deux corps, ainsi que les jumelles de Florence, dor-
maient et remplissaient leurs diverses fonctions vitales d'une
manière alternative. Il en naquit un à Constantinople en 1093,
sous le règne d'Andronic Paléologue II, et il ne vécut qu'un
jour. Aldrovande parle encore d'un fait semblable, arrivé près
de Bologne, sa patrie, en 1243. L'une des deux parties mourut le premier jour, et l'autre le lendemain. Il cite enfin

d'autres exemples rapportés par saint Augustin, saint Jérôme, Petrus Crinitus et Albert le Grand dans ses commentaires sur Aristote. Ces exemples qu'il a réunis aux précédents, sous le titre de *Monstra humana in partibus inferioribus simplicia et in superioribus gemina,* se trouvent dans son *Histoire des monstres,* de la page 627 à la page 631.

Ce genre de phénomènes parmi les monstres doubles est différent de celui que rapporte Léon le Diacre comme témoin oculaire. C'étaient deux hommes complets réunis seulement par côté, depuis le flanc jusqu'à l'aisselle. Quant ils marchaient, ils se passaient autour du cou l'un de l'autre les bras qui étaient du côté de la jointure, et des deux autres ils s'appuyaient sur des cannes. Pour faire de longs voyages, ils montaient sur une mule, où ils étaient assis à la manière des femmes. Ils étaient venus de Cappadoce, et parcoururent une grande partie de l'empire d'Orient. Léon le Diacre, qui les vit souvent en Asie, les représente comme bien faits, vigoureux et du plus doux naturel.

En comparant attentivement ce passage de Léon le Diacre avec ceux de Léon le Grammairien, de Zonare et de Michel Glycas, que M. Hase indique dans sa note sur cet endroit, *Corpus Scriptt. hist. Byzant.,* pars XI, pag. 491, ed. Niebuhr, je crois reconnaître qu'il est question dans ces quatre historiens du même individu. En effet, M. Hase fixe à l'année 974 l'époque où Léon le Diacre dit que ces jumeaux, âgés de trente ans, commencèrent à voyager dans l'empire, sous le règne de Jean Zimiscès, associé à l'empire après Nicéphore Phocas, pendant la jeunesse des deux frères Basile II et Constantin VIII. Or les trois autres historiens (qui font venir ce monstre d'Arménie) disent que, chassé de Constantinople comme présage funeste, il y rentra sous le règne de Constantin. S'ils entendent par là l'époque où ce prince régna seul, après la mort de son frère Basile, cela nous porterait jusque vers l'année 1025, cin-

quante ans après l'époque où ils avaient commencé à voyager
dans l'empire. L'âge de quatre-vingts ans qu'ils auraient eu
alors ne serait pas une raison péremptoire, ce me semble, à opposer à leur identité. Car, si l'individu vraiment monstrueux,
que décrit Buchanan, a pu vivre vingt-huit ans, ces deux
hommes complets, seulement attachés l'un à l'autre, et que
Léon le Diacre représente comme très-bien constitués, ont bien
pu arriver à quatre-vingts. Quant au mot *παῖδες*, employé par
Léon le Grammairien et par Glycas, et au mot *μειρακίσκων*,
employé par Zonare, il faut remarquer que ces trois auteurs
ne donnent pas, comme Léon le Diacre, leur propre témoignage. Ces auteurs rapportent la mort de ces jumeaux. Après
celle du premier, d'habiles médecins séparèrent par une am-
putation son cadavre du corps de l'autre, qui ne survécut que
très-peu à cette opération : trois jours, suivant Léon le Grammairien. Voici, pour la comparaison, les passages de ces quatre
historiens :

LEONIS DIACONI *Historiæ* lib. X, cap. IV : Καλὰ τοῦτον δὴ τὸν
καιρὸν καὶ δίδυμοι ἄνδρες, ἐκ τῆς τῶν Καππαδοκῶν χώρας ὁρμώμε-
νοι, πολλαχοῦ τῆς Ῥωμαϊκῆς ἐπικρατείας ἐφοίτων, οὓς καὶ αὐτὸς
ὁ ταῦτα συγγράφων πολλάκις καλὰ τὴν Ἀσίαν τεθέαμαι, τεράστιόν
τι θαῦμα πέλοντας καὶ καινόν. Ἄρτια γὰρ αὐτοῖς καὶ ὁλόκληρα περι-
σώζοντα τὰ τοῦ σώματος καθίσταντο μόρια· ἀπὸ δὲ μάλης καὶ μέχρι
λαγῶνος αἱ πλευραὶ τούτοις ἐκεκόλληντο, ἑνοῦσαι τὰ σώματα καὶ εἰς
ἓν συναρμόζουσαι, καὶ ταῖς μὲν ψαυούσαις ἀλλήλων τῶν χειρῶν τοὺς
σφῶν περιέπλεκον τένοντας, θατέραις δὲ βακτηρίας ἔφερον, αἷς βαδί-
ζοντες ἐσκηρίπτοντο, τριακοστὸν τῆς ἡλικίας ἔτος ἄγοντες· καὶ σώματα
τούτοις εὖ ἐπεφύκει, ἀνθηρὰ πεφηνότα καὶ νεανικά. Ἡμιόνῳ δὲ καλὰ
τὰς μακρὰς ἀποδημίας ὠχοῦντο, θηλυπρεπῶς παρὰ τὴν ἀσφράγην
ἐζόμενοι, ἄλεκτόν τι χρῆμα γλυκυθυμίας καὶ ἐπιεικείας τυγχάνοντες.
Corpus Script. histor. Byzant., pars XI, pag. 165, A B.

LEONIS GRAMMATICI *Chronographia :* Ἐν ταύταις δὲ ταῖς ἡμέραις
Ἀρμένιν τι τέρας, τῇ πόλει ἐπεφοιτήκει. Παῖδες συμφυεῖς ἄρρενες ἐκ

μιᾶς προσελθόντες γασῖρός· ἄρῖιοι μὲν πάνῖα τὰ μέλη τοῦ σώμαῖος, ἀπὸ δὲ τοῦ σῖόμαῖος τοῦ γασῖρός καὶ μέχρι τὸν ὑπογασῖέρα συμπεφυκόῖες καὶ ἀλλήλοις ὑπάρχονῖες ἀνῖιπρόσωποι· οἱ ἐπὶ πλεῖσῖον τῇ πόλει ἐνδιαῖρίψανῖες καὶ ἀπὸ πάνῖων ὡς ἐξαίσιόν τι τέρας ὁρώμενοι, τῆς πόλεως ὡς πονηρός τις οἰωνὸς ἐξηλάθησαν. Ἐπὶ δὲ τῆς μονοκραῖορίας βασιλέως Κωνσῖανῖίνου πάλιν εἰσῆλθοσαν. Ἐπεὶ δὲ ὁ ἕῖερος αὐῖῶν ἐῖέθνηκεν, ἰατροί τινες ἔμπειροι τὸ συγκεκολλημένον μέρος διέῖεμον εὐφυῶς, ἐλπίδι τούῖων ἕῖερον ζήσεσθαι· ὃς τρεῖς ἡμέρας ἐπιⲅιοὺς ἐῖελεύῖησεν. Ed. Reg. pag. 5o8, C.

Joann. Zonaræ Annal., l. XVI, c. xx: Ἀφίκεῖο δὲ τόῖε ἐξ Ἀρμενίας μειρακίσκων δυὰς συμφυᾶν· τοῦ ἑνὸς δὲ θανόνῖος, ἐῖμήθη ἡ συμφυΐα παρὰ τῶν ἰαῖρῶν, ἀλλ᾽ οὐδὲν τὸ περίλοιπον ὤνησε, μικρὸν δ᾽ ἐπιⲅιώσας τῷ ἀδελφῷ κἀκεῖνος ἐξέπνευσεν. Ed. Reg., t. II, pag. 192, A.

Michael. Glycæ Annal., pars IV : Καῖὰ ταύῖας τὰς ἡμέρας, ἐξ Ἀρμενίας ἐφοίῖησε τέρας ἐν τῇ βασιλευούσῃ, παῖδες ἄῤῥενες συμφυεῖς ἐκ μιᾶς προσελθόνῖες γασῖρός. Ἐξηλάθησαν δὲ πόλεως ὡς πονηρὸς οἰωνός. Ἐπὶ δὲ Κωνσῖανῖίνου πάλιν εἰσῆλθον. Ἐπεὶ δὲ συνέⲅη τὸν ἕνα τελευῖῆσαι, ἐπειράσθησαν οἱ ἐμπειρόῖαῖοι τῶν ἰαῖρῶν, τὸ νεκρωθὲν ἀποῖεμεῖν μέρος. Οὗ τμηθένῖος, τὸ ζῶν ἐπιⲅιⲅιωκὸς ἐῖελεύῖησεν. Ed. Reg., pag. 3o1, D.

On a vu, dans ces dernières années, à Paris, deux exemples célèbres de monstres doubles : deux jeunes Siamois réunis à peu près comme l'homme double des auteurs byzantins, et qui ont vécu au delà de vingt ans ; puis la petite fille à deux têtes désignée sous le double nom de Ritta-Christina, et qui vécut plus d'un an. Les auteurs orientaux ont aussi consigné des phénomènes de ce genre. M. Étienne Quatremère en offre un dans un passage qu'il traduit de Macrisy, auteur arabe : « L'an 377 [de l'hégire], une jeune femme de Tunis mit au monde une fille qui avoit deux têtes, dont l'une avoit un visage blanc et l'autre un visage noir. Ces deux têtes étoient posées sur un seul cou ; du reste le corps étoit conformé comme à l'ordinaire. » *Mémoires géogr. et histor. sur l'Égypte,* t. I, pag. 3₂3.

Il est étonnant que l'antiquité proprement dite n'ait pas recueilli d'observations de ce genre [*]. Son silence sur une anomalie aussi extraordinaire pourrait indiquer que la nature fut
longtemps sans en offrir d'exemples, et à l'inverse on serait
en droit de conclure que certains phénomènes, aujourd'hui
sans exemple, ont pu s'offrir dans l'antiquité.

[*] Bérose place bien, dans son énumération des monstres qui exis-
taient au temps de l'eau et des ténèbres, des hommes ayant un corps
et deux têtes ..... Καὶ σῶμα μὲν ἔχονίας ἕν, κεφαλὰς δὲ δύο. *Chol-
dæor. Histor.* quæ supersunt, pag. 49, ed. Richter. Mais l'entourage
fabuleux de cette citation ne donne nullement au passage de Bérose
le caractère d'une observation. Il ajoute que ces deux têtes étaient
l'une d'homme l'autre de femme, ἀνδρείάν τε καὶ γυναικεῖαν.

XI.

ÆTHIOPES, ET GENUS QUODDAM RIPHÆIS MONTIBUS VICINUM.

Sunt Æthiopes toto corpore nigri, sol quos flagrans nimio ardore semper adurit; quia sub quatuor zonarum [a] ferventissimus et torrido mundi circulo demorantur (1). Et a vapore ardentissimorum siderum, terrarum defenduntur latebris. Sic e contrario, pro frigore nivali, genus quoddam humanum Riphæis [b] (2) montibus vicinum in *hieme* [c] terris defensum legimus : ubi nives sub gelido septentrionis (3) arcu in quatuor ulnas consurgunt.

Ms. [a] Aronarum [*sic*]. — [b] Ripheis. — [c] Cheme.

NOTES.

(1) Saint Isidore expose ainsi l'origine des Éthiopiens : « Æthiopes dicti a filio Cham, qui vocatus est Chus, a quo originem trahunt. Chus enim hebraïce Æthiops interpretatur. Hi quondam ab Indo flumine consurgentes, juxta Ægyptum inter Nilum et Oceanum in meridie, sub ipsa solis vicinitate consederunt. » *Orig.*, l. IX, c. II.

Eschyle fait dire à Prométhée, décrivant à Io tous les pays qu'elle doit parcourir .

. . . . Τηλουρὸν δὲ γῆν
Ἥξεις κελαινὸν φῦλον, οἱ πρὸς ἡλίου
Ναίουσι πηγαῖς, ἔνθα ποταμὸς Αἰθίοψ.

Prometh., v. 806, sqq.

Ces mots *qui habitent près des sources du soleil* expriment
bien ce que les Grecs entendaient par l'Éthiopie. « Selon
la géographie primitive des Grecs, dit M. Letronne, le mot
Éthiopie, le pays des hommes à visage brûlé, étoit une expression vague qui désignoit principalement la partie sud-est de
la terre connue, et comprenoit tous les peuples dont la peau
est noire ou basanée. » *La Statue vocale de Memnon considérée
dans ses rapports avec l'Égypte et la Grèce*, pag. 67.— « En général, dit Ameilhon, les anciens comprenoient sous le nom d'É-
thiopiens presque tous les peuples qui habitent la zone torride,
ou plutôt tous ceux qui avoient le visage noir, dans quelque
contrée qu'ils se trouvassent. C'est pourquoi nous voyons qu'il
est parlé dans les anciens auteurs d'Éthiopiens asiatiques. »
Commerce des Égyptiens, p. 85.

(2) « Riphæi montes ubi sint non convenit inter veteres :
quum quidem Posidonius, ut alio loco retulimus, Alpes esse
velii, alii montis Caucasi partem. Dionysius eos ad ostia Bo-
rysthenis, qui Pontum Euxinum ingreditur, collocat. Nam
postquam de iis dixit, subjicit [v. 314, sq.] :

Κεῖθι καὶ Ἀλδήσκοιο καὶ ὕδατα Παντικάπαο
Ῥιπαίοις ἐν ὄρεσσι διάνδιχα μορμύρουσι.

« Ptolemæo ita appellantur montes ubi oritur Tanais. Da-
mastes ultra Arismaspos eos submovet. Ait enim ille : ἐν τῷ
περὶ ἐθνῶν : Ἄνω Σκυθῶν Ἰσσηδόνας οἰκεῖν, τούτων δ᾽ ἀνωτέρω Ἀρι-
μάσπους, ἄνω δ᾽ Ἀριμάσπων τὰ Ῥίπαια ὄρη ἐξ ὧν τὸν Βορέαν πνεῖν,
χιόνα δ᾽ αὐτὰ μήποτε ἐλλείπειν, ὑπὲρ δὲ τὰ ὄρη ταῦτα Ὑπερβο-
ρέους καθήκειν εἰς τὴν θάλασσαν. » Isaac. Casaub., *Comment. in*

lib. VII Strab., p. 115. Le passage de notre auteur vient à l'appui de cette dernière citation faite par Casaubon. « Les monts Riphées, dit M. Letronne, dès l'origine de la poésie grecque, servoient d'expression à la partie la plus boréale de la terre. » *La Statue vocale de Memnon*, page 76.

M. Walh, dans son ouvrage sur l'Inde, II, 486, cité par Malte-Brun, *Nouv. Annales des Voyag.*, t. II, p. 377, fait dériver le mot *Ripæi* ou *Riphæi* du mot *Ryp* qui, dans plusieurs langues anciennes, paraît avoir signifié montagne.

(3) « Les *Têtes-Chauves*, dit Malte-Brun, recevoient la visite des Grecs établis dans le Borysthène et le Pont-Euxin; mais plus loin, les pays étoient presque inconnus; personne n'avoit pu traverser les hautes montagnes où l'on disoit que demeuroient les hommes à pieds de bouc; cependant on savoit qu'à l'est des *Têtes-Chauves* habitoient les *Issédons*, Hérodot., IV, c. xxvi, qui, d'après un autre passage, sont voisins des *Massagètes*, id., I, c. cci. Les *Têtes-Chauves* disoient, mais Hérodote ne veut pas le croire, qu'au nord de leur pays il y avoit des peuples qui dormoient six mois de l'année. Ce seul trait nous peint cependant la Sibérie. Les *Issédons*, de leur côté, prétendoient qu'au nord de leur contrée, demeuroient les *Arimaspes*....., les *Grypes*....., enfin les *Hyperboréens* qui atteignent les bords de l'Océan. Hérod., IV, c. xiii, xvi.

« Ce n'est pas aller trop loin que de voir dans ce récit, recueilli ou conservé par Hérodote, l'indication d'une route suivie par des caravanes, qui, des colonies grecques du Pont-Euxin, pénétroient par le Nord de la mer Caspienne, au pied des montagnes de la petite Boukharie, du Ferganah, du Badak-Schan et du petit Tibet. » *Nouv. Annal. des Voyag.*, t. II, p. 373.

XII.

ONOCENTAURI.

Onocentauri corpora hominum rationabilia habere videntur usque ad umbilicum; et inferior pars corporis in onagrorum setosa turpitudine describitur (1). Quos sic diversorum generum varia naturaliter conjungit natura.

NOTES.

(1) « *Onocentaurus* autem vocatur, eo quod media pars, hominis species, media asini esse dicatur; sicut et *hippocentauri*, quod equorum hominumque in eis natura conjuncta fuisse putatur. » Isidori *Orig.*, l. XI, c. III.

Manuel Philé donne une description très-détaillée de cet être fabuleux. Il suppose que quelqu'un en ayant aperçu un dans l'Inde, le décrit soigneusement à un Indien, pour en apprendre le nom :

Πρόσωπον ἀνδρὸς εἶδον, Ἰνδὲ, καὶ κόμην,
Καὶ στέρνα, καὶ τράχηλον ἄχρις ἰξύος,
Καὶ χεῖρας αὐτὰς ἀνδρικὰς, καὶ δακτύλους.
Ῥάχις δὲ, πλευρὰ, λαπάραι, γαστὴρ, πόδες
Ὄνον καθαρὸν ὀργανοῦσι τὴν θέαν.
Ὀξύλαιον δὲ, καὶ βαρύθυμον μένον,
Βάδην μὲν οὐ πρόεισιν· ὡς θὴρ δὲ τρέχει.

4

Καὶ γὰρ κινεῖ τὰς χεῖρας ὡς καὶ τοὺς πόδας·
Καθήμενον δὲ πνευσίᾳ μετὰ δρόμον.
Ἔστι δὲ καὶ τεφρῶδες, Ἰνδὲ, τὴν χρόαν.
Θνήσκει δὲ ληφθὲν ἐκ λιμοῦ, κἂν ᾖ βρέφος·
Τὸ δούλιον γὰρ ἦμαρ οὐ θέλει βλέπειν.
—Ὀνοκένταυρός ἐστιν αὐτὸς, ὡς λέγεις,
Ζῶον πονηρόν, εἶπεν Ἰνδὸς πρὸς τάδε.

De animalium Proprietate, c. XLV.

Ceci, comme tout le poëme de Philé, est tiré de l'Histoire des animaux d'Élien qui ajoute, l. XVII, c. IX, que, suivant Cratès de Pergame, c'est à Pythagore que l'on devait cette description de l'onocentaure.

Le prophète Isaïe, peignant la désolation de la terre frappée de la vengeance divine, la représente en proie à toute sorte de monstres et d'animaux effrayants : « Et les démons, dit-il, s'y rencontreront avec les onocentaures. » *Et occurrent dæmonia onocentauris.* XXXIV, 14.

XIII.

CYCLOPES.

Et fuit quoddam humanum genus in Sicilia, ub Etnæ[a] montis incendium legitur : qui unum oculum (1) sub asperrima fronte, clypei latitudinis (2) habuerunt. Et Cyclopes[b] dicebantur; et procerissimarum arborum altitudinem (3) excedebant, et humano sanguine vescebantur. Quorum quidam sub antro[c] resupinus[d] una manu (4) duos[e] viros tenuisse et manducasse legitur. Veniens autem Ulyxes[f] ab expugnatione Trojæ invenit unum ab his in quadam spelunca in Sicilia cum suis capris. De familia hujus (5) una manu tenuit et devoravit et postea dormivit. Et Ulyxes magnum burcellum [sic] jecit in oculum ejus.

Ms. [a] Ethnæ. — [b] Ciclopes. — [c] Anthro. — [d] Resopinus. — [e] Duo. — [f] Ulixes, de même plus bas. — [g] Troje.

NOTES.

(1) Aulu-Gelle, d'après les auteurs grecs qui avaient traité des prodiges, place un peuple de cyclopes, appelés *Arimaspi*, aux extrémités de la Scythie : «..... Item esse homines sub eadem regione cœli unum oculum in frontis medio habentes, qui appellantur Arimaspi; qua fuisse facie cyclopas poetæ fe-

4.

runt. » *Noct. Att.*, l. III, c. IV. Et Pline, *Hist. nat.*, l. VIII,
c. II : « Produntur Arimaspi quos diximus, uno oculo in fronte
media insignes. » — Lycosthène ajoute que de là leur vient le
nom d'*Arimaspi*. « Nam arima Scytharum lingua unum, spu
vero oculum designat. » *Prodigiorum Chronicon*, p. 8. Cet œil au
milieu du front est aussi l'étymologie de leur nom grec, ainsi
que le remarque saint Isidore : « Dicti cyclopes, eo quod unum
oculum in fronte media habere perhibentur. » *Orig.*, l. XI,
c. III.

Il est peu nécessaire de nommer les auteurs qui sont résumés ici, d'une manière, sinon fort élégante, du moins
assez exacte. Ce sont les poëtes les plus illustres de l'antiquité :
Homère, *Odyss.*, I', 106 sqq., jusqu'à la fin' du chant; Euri-
pide, dans son *Cyclope;* l'aventure de Polyphême fait tout le
sujet de ce drame satyrique. Le même sujet redevient hé-
roïque sous la main de Virgile, l. III, 619 sqq.

(2) . . . . . . Et telo lumen terebramus acuto
     Ingens, quod torva solum sub fronte latebat,
     Argolici clypei, aut Phœbeæ lampadis instar.
                 V. 630-637.

(3) L'art antique les a toujours représentés d'une taille fort
élevée. Pline, *Hist. nat.*, l. XXXV, c. XXXVI, cite un tableau de
très-petite dimension (parvula tabula) où Parrhasius avait représenté le cyclope endormi. Et pour indiquer sa taille gigantesque, il avait peint auprès de lui des satyres mesurant son
pouce avec un thyrse.

(4) Vidi egomet duo de numero cum corpora nostro
     Prensa manu magna, medio resupinus in antro,
     Frangeret ad saxum.....
             Æneid., v. 623-625.

(5) Il semble qu'il manque ici un nom de nombre pour
exprimer combien le cyclope mangea des gens d'Ulysse.

XIV.

DE HERCULE.

Quis Herculis fortitudinem et arma non miraretur, qui in occiduis Tyrrheni[a] (1) maris faucibus, columnas miræ magnitudinis ad humani[b] generis spectaculum erexit? Quique bellorum suorum tropæa[c] in Oriente juxta Oceanum Indicum (2) ad posteritatis memoriam construxit. Et postquam pœne totum orbem cum bellis peragrasset et terram tanto sanguine maculavit, sese mortuum flammis ad devorandum involvit[d].

Ms. [a] Thyrreni [*sic*]. — [b] Humanæ. — [c] Tropea. — [d] Le paragraphe suivant n'est pas distingué de celui-ci.

NOTES.

(1) Les Latins ont plus d'une fois, comme ici, appliqué à toute la mer Méditerranée ce nom de *mare Tyrrhenum*, qui n'en est proprement qu'une partie.

(2) Vincent de Beauvais, d'après la lettre d'Alexandre, porte au nombre de cent ces trophées d'Hercule avec ceux de Bacchus : « Jussitque Antigono [Alexander], quem præposuerat Persidi, ut faceret pro gestis Pori, Persarumque et Babyloniorum pilas duas aureas, et solidas, in quibus omnia facta scriberet, et statueret eas in ultima India, ultra trophæa

Liberi et Herculis, quorum centum erant argentea. Ipse vero Alexander quinque sua aurea statuit, illis altiora denis pedibus : et omnia miracula fecit in eis scribi quæ viderat. » *Speculum historiale*, l. IV, c. LX.

Dans la vieille version française imprimée du faux Callisthène, il est dit qu'Alexandre, après avoir vaincu et tué Porus, et bâti une ville en son honneur, «De là s'en alla en ung hault lieu, ou moult de gens s'en estoient fuys; et avoient celles gens nom Considés. Et illec se combatit à deux mille hommes, et les vainquit. Et pourcequ'il trouva illec les boynes d'Hercules, pourcequ'il vouloit le faict d'iceluy surmonter, passa les boynes. » *L'Hystoire du noble et vaillant roy Alixandre le grand.* Paris, in-8° [Jehan Bonfonds], sans date ni pagination.

Solin nomme quatre personnages qui, avant Alexandre, avaient pénétré aux extrémités de l'Orient. Au delà des sources de l'Indus, il place la ville de Panda, «Oppidum Sogdianorum, in quorum finibus Alexander Magnus tertiam Alexandriam condidit ad contestandos itineris sui terminos. Hic enim locus est in quo primum a Libero patre, post ab Hercule, deinde a Semiramide, postremo etiam a Cyro aræ sunt constitutæ, quod proximum gloriæ omnes duxerint, illo usque promovisse itineris sui metas. » *Polyhist.*, c. XLIX, p. 76, B.

Suivant Quinte-Curce, la mémoire d'Hercule était en si grande vénération dans l'Inde, que sa statue était pour les Indiens une espèce de Palladium. Porus s'en servit comme d'un des moyens les plus puissants dans sa fameuse bataille contre Alexandre : « Herculis simulacrum agmini peditum præferebatur. Id maximum erat bellantibus incitamentum, et deseruisse gestantes militare flagitium habebatur. » L. VIII, c. XIV.

XV.

DE SCYLLA.

Scylla [a] *Phorci* [b] (1) filia et *Cratæidis* [c] nymphæ amavit Glaucum. Et Glaucus aliam (2) habuit nomine Circen, Solis filiam. Et hæc Circe [d] Scyllam transfiguravit in formam hominis et canis et delphini [e] (3) simul, causa viri sui. Et illa bestia inter Italiam et Siciliam fuit, ut gentiles aiunt, quæ devorabat nautas, ut dictum est in Virgilio (4).

Ms. [a] Scilla. — [b] Furti. — [c] Cretidis. — [d] Circes. — [e] Delfinis.

NOTES.

(1) Par cette tendance que le peuple a toujours à changer des noms qui ne lui présentent pas de sens en des noms significatifs, le copiste a écrit ici *furti* au lieu de *Phorci*, et *Cretidis* au lieu de *Cratæidis*. On sait que les manuscrits fourmillent de ce genre de fautes. Le nom de la mère de Scylla se trouve dans Homère, quand Circé, dissuadant Ulysse du dessein téméraire d'attaquer ce monstre, lui conseille seulement

. . . . Βωσῖρεῖν δὲ Κρατ]αιὶν
 ˉ Μηῖέρα τῆς Σκύλλης.
                Odyss., M, v. 124.

Et le scoliaste ajoute : Μάγοι δὲ Ἑκάῖην αὐῖὴν καλοῦσιν. Ce qui fait faire à madame Dacier cette remarque d'une subtilité digne des Néoplatoniciens : « Hécate est la déesse des

sorciers et des enchanteurs. Je m'imagine donc que, lorsque
Circé dit à Ulysse que, pour échapper à ce monstre, il faut
recourir à celle qui l'a enfanté, elle lui dit énigmatiquement
que, comme c'est la magie qui forme ce monstre, c'est aussi
à la magie à l'affoiblir et à en garantir. Cette magie, c'est
la poésie d'Homère, la plus grande enchanteresse qui fut jamais; elle crée des monstres; mais quand elle est bien entendue, elle les détruit ou elle les affoiblit. » Quant à *Phorcus*
ou *Phorcys*, père de Scylla, il est nommé dans le scoliaste :
Φόρκυνος θυγάτηρ; et dans Apollonius de Rhodes, l. IV, v. 828, sq.

Σκύλλης Αὐσονίης ὀλοόφρονος, ἥν τέκε Φόρκῳ
Νυκτιπόλος Ἑκάτη, τήν τε κλείουσι Κράταιν.

«Scylla, ce fléau de l'Ausonie, fille de Phorcus et de la nocturne Hécate, que l'on appelle aussi Crataïs. » Le scoliaste de
ce poëte résume ainsi les différentes traditions sur l'origine de
Scylla : Ἀκουσίλαος Φόρκυνος καὶ Ἑκάτης τὴν Σκύλλαν λέγει· Ὅμηρος δὲ τὴν Σκύλλης μητέρα Κράταιιν καλεῖ. Ἀμφοτέροις οὖν Ἀπολ-
λώνιος κατηκολούθησεν· ἐν δὲ ταῖς μεγάλαις ἠοίαις [sic], Φόρβαντος
καὶ Ἑκάτης ἡ Σκύλλα. Στησίχορος ἐν τῇ Σκύλλῃ Λαμίας τὴν Σκύλλαν φησὶ θυγατέρα εἶναι.

(2) Ces mots *aliam habuit*, et un peu plus loin, *viri sui*,
présentent Circé comme ayant eu antérieurement un commerce avec Glaucus, ce qui n'est pas conforme au récit
d'Ovide, d'après lequel Circé sollicitait Glaucus, et furieuse
de voir qu'il aimait Scylla, se vengea en métamorphosant ainsi
cette belle nymphe. Ovide a consacré à ce récit les soixante-
huit derniers vers de son XIIIᵉ livre et les soixante-treize
premiers du suivant.

(3) Ovide ne fait pas mention d'une forme de dauphin.
On peut voir l'élégante description que ce poëte ingénieux fait
de la métamorphose de Scylla : *Metam.*, l. XIV, v. 60-65.

(4) Voyez les notes du chap. XVII.

XVI.

DE QUADAM PUELLA PROCERISSIMI CORPORIS.

Item quamdam puellam in occiduis Europæ littoribus, necdum *turgentibus* ° mammis repertam
didicimus, quam undæ ᵇ gurgitum ab Oceano terris
advexerunt : cujus magnitudinem *L pedibus* ° (1)
designabant. Erat enim ipsius corporis longitudo
quinquaginta ᵈ pedum; et inter humeros septem °
latitudinis habuit, purpureo induta ᶠ pallio, virgis
alligata et in caput occisa pervenerat.

Ms. ª Torquentibus. — ᵇ Unde. — ° Lapidibus. — ᵈ L. — ° VII.
— ᶠ Induto.

NOTES.

(1) Nous avons corrigé la leçon du manuscrit *lapidibus* en
L pedibus. On pourrait lire aussi par un faible changement
ita pedibus, « dont on désignait la grandeur en pieds, ainsi qu'il
suit; » néanmoins la correction *L pedibus* « par cinquante pieds »
nous semble plus près de la leçon du manuscrit, et se trouve
confirmée et prouvée par la phrase suivante que l'on rendrait
ainsi en français : *Car telle était la longueur de son corps.* Ce
que donne le manuscrit pourrait à la rigueur s'entendre, en
supposant que, pour mesurer une taille aussi gigantesque,
on avait placé tout le long à distance égale des pierres, à l'instar des pierres milliaires. Cela cependant me paraît forcé.

XVII.

ITERUM DE SCYLLA.

Scylla[a] monstrum nautis inimicissimum (1) in eo
freto[b] quod Italiam et Siciliam interluit, fuisse perhibetur : capite quidem et pectore virginali sicut
Sirenæ[c], sed luporum uterum, et caudas delphino-
rum[d] (2) habuit. Et hoc Sirenarum et Scyllæ dis-
jungit naturam, quod ipsæ[e] mortifero (3) carmine
navigantes decipiunt : et illa per vim fortitudinis,
marinis succincta[f] canibus (4), miserorum fertur
lacerasse naufragia.

Ms. [a] Scilla; toujours écrit ainsi. — [b] Fretu. — [c] Serenæ. — [d] Del-
finorum. — [e] Ipse. — [f] Succinta.

NOTES.

(1)   Et vos Nisæi, naufraga monstra, canes,

dit l'harmonieux Ovide, *Fast.*, l. IV, v. 500. Il confond ici
Scylla, fille de Nisus, avec Scylla, fille de Phorcys. Properce
avait déjà confondu ces deux personnes, l. IV, el. IV, v. 39 sq.

Quid mirum in patrios Scyllam sævisse capillos,
    Candidaque in sævos inguina versa canes ?

C'est peut-être par suite d'une erreur du même genre que

Hygin fait cette même Scylla fille du fleuve Cratère : « Scylla, Crateris fluminis filia, virgo formosissima dicitur fuisse. Hanc Glaucus amavit, Glaucum autem Circe Solis filia. Scylla autem cum assueta esset in mari lavari, Circe Solis filia, propter zelum, medicamentis aquam inquinavit. Quo Scylla cum descendisset, ab inguinibus ejus canes sunt nati, atque ferox facta, quæ injurias suas executa est. Nam Ulyxem prænavigantem sociis spoliavit. » *Fabul.*, cap. cxcix.

(2) Cette tradition est tirée de Virgile que l'auteur a cité dans le chapitre xv :

Prima hominis facies et pulchro pectore virgo
Pube tenus; postrema immani corpore pristis,
Delphinum caudas utero commissa luporum.

Æneid., l. III, v. 425, sqq.

Palæphate, *de fabulosis Narratt.*, cap. xxi, donne une semblable description : Λέγουσι σερὶ Σκύλλης, ὡς ἦν ἐν Τυῤῥηνίᾳ θηρίον τι, γυνὴ μὲν μέχρι τοῦ ὀμφαλοῦ, κυνῶν δὲ ἐν'κῦθεν αὐ'τῇ σροσπεφύκασι κεφαλαί· τὸ δὲ ἄλλο σῶμα, ὄφεως.

Les traditions plus anciennes ne font pas mention de queue de dauphin et de ventre de loups marins. Homère dit seulement que Scylla pêche des dauphins, des chiens de mer et même des baleines pour les dévorer :

Αὐ'τοῦ δ' ἰχθυάᾳ σκόπελον σεριμαιμώωσα
Δελφῖνάς τε, κύνας τε, καὶ εἴ'ποθι μεῖζον ἕλησι
Κῆτος, ἃ μυρία βόσκει ἀγάσ'τονος Ἀμφιτρίτη.

Odyss., M, v. 95, sqq.

Thémistius attribue ces embellissements subséquents à l'imagination des sculpteurs :

Τεθέαμαι, οἶμαι, σολλαχοῦ Σκύλλης εἰκόνα, οὐ'χ οἵαν Ὅμηρος διηγεῖ'ται. Ὅμηρος μὲν γὰρ οὐδέν τι λέγει σλέον σερὶ τῆς μορφῆς, ἢ ὅτι τὸ θηρίον ἦν ἐν σπηλαίῳ διαιτώμενον, ἐξ κεφαλὰς ἔχον καὶ δυοκαί-

δέκα χεῖρας. Οἱ πλάσίαι δὲ ἔῖι μᾶλλον κομ̄ψεύονῖαι ἐν τῷ ἔργῳ.
Ποιοῦσι γὰρ αὐῖῆς τὰ μὲν ἀπ᾽ ἄχρι κεφαλῆς ἄχρι λαγόνων παρθένον
ἀπὸ δὲ τῆς ἰξύος, εὐθὺς εἰς τοὺς κύνας ἐκφερομένην, καὶ τρίσῖιχοι
μὲν αὐῖῆς οἱ ὀδόνῖες ἀνεσ̄ῖήκασι δὲ αἱ κεφαλαὶ, ζηῖοῦσι δὲ ἰσά-
ριθμίον θήραν. Themist., orat. III, περὶ Φιλίας.

(3) C'était en effet pour faire périr ceux qui étaient ainsi attirés par leurs chants. Pausanias dit : Ὅμηρος πεποίηκεν ὡς ἡ τῶν
Σειρήνων νῆσος ἀνάπλεως ὀσῖῶν εἴη, ὅῖι οἱ τῆς ᾠδῆς αὐῖῶν ἀκούονῖες
ἐπύθονῖο ἄνθρωποι. Phocica, p. 322, 7, ed. Francof., ou Clavier,
t. V, p. 293.

La distinction que notre auteur établit ici entre Scylla et les
Sirènes est fondée sur les plus anciennes traditions. Homère
dit de ces dernières : Λιγυρὴν δ᾽ ἔνῖυνον ἀοιδήν. Odyss., M, v. 183.
Sur quoi madame Dacier fait cette remarque : « Car ces bonnes
personnes étoient fort savantes et grandes musiciennes. Et
c'est de là qu'elles ont été appelées *Sirènes*. Car, selon Bochart,
sir est un mot punique qui signifie *chant*; de sorte que *sirène* signifie proprement un *monstre qui chante, monstrum cano-
rum.* »

(4) .... Informem vasto vidisse sub antro
    Scyllam, et cæruleis canibus resonantia saxa.

                    Virg., *Æneid.*, III, v. 431, sq.

Le même Virgile, dans une énumération des monstres du
Tartare, fait du mot *Scylla* comme le nom d'une espèce entière :

    Multaque præterea variarum monstra ferarum,
    Centauri in foribus stabulant, Scyllæque biformes.

                    Æneid., VI, v. 285, sq.

M. Eusèbe de Salverte établit, par une supposition qui ne
nous paraît pas assez soutenue de preuves, que ce monstre de
la mythologie a dû être un polype de mer parvenu à une
croissance extraordinaire et collé contre l'écueil. « Il suffit,

dit-il, d'admettre avec Aristote que les bras de ce mollusque atteignent quelquefois jusqu'à deux mètres de longueur. » *Des Sciences occultes*, t. I, c. III, p. 32. Mais Aristote au lieu cité, *Hist. anim.*, l. IV, c. I, p. 814, B, ed. Paris., dit que la seiche est connue pour atteindre quelquefois jusqu'à une taille de deux coudées, et que les bras seuls du polype ont cette grandeur et même une plus considérable : Γίγνονται δὲ καὶ σηπίαι ἔνιαι διπήχεις· καὶ πολυπόδων πλεκτάναι τηλικαῦται, καὶ μείζους ἐπὶ τὸ μέγεθος. Or deux coudées feraient à peu près un mètre et non pas deux, ce qui motiverait beaucoup moins l'exagération des poëtes, et ce qui s'accorde assez avec ce que dit M. Cuvier du poulpe commun, *octopus vulgare*, le *sepia octopus* de Linné, et celui des mollusques qui me paraît avoir le plus d'analogie avec la description d'Aristote : « Il devient très-grand; on prétend même qu'il peut être dangereux aux nageurs en appliquant ses suçoirs à leurs corps et en s'entortillant ainsi autour d'eux. » *Tableau élém. de l'hist. nat. des anim.*, l. VI, ch. II, art. 2, espèce 1. S'il nous était permis de hasarder une observation critique au sujet du savant *Essai sur la magie, les prodiges et les miracles*, nous dirions que l'auteur nous semble quelquefois disposé à donner pour des explications définitives des conjectures aussi doctes qu'ingénieuses, mais qui n'offrent pas un degré suffisant de probabilité. « C'est une entreprise périlleuse, dit M. Heeren, que de vouloir réduire des contes à leur juste valeur. » *De la Politique et du Commerce des peuples de l'antiquité*, trad. de l'allem. par W. Suckau, t. I, sect. I, c. III, p. 372, note 2. Peut-être nous aussi mériterons-nous plus d'une fois dans ce commentaire qu'on nous applique cette même remarque.

XVIII.

ICHTHYOPHAGI.

Et in India, juxta Oceanum, pilosum toto corpore genus humanum didicimus, qui in naturali
nuditate setis tantum, more ferino, contenti, crudis
cum aqua piscibus ita vivere dicuntur. Quos Indi
Ichthyophagos ª (1) appellant. Qui non tantum terris
adsueti sed fluminibus et stagnis (2); et juxta amnem Epigmaridem [*sic*] maxime demorantur.

Ms. ª Ictifaos.

NOTES.

(1) La faute que présente ici notre manuscrit, où on lit
ictifaos, autorise une correction dans la lettre d'Alexandre à
Aristote, à un endroit où le manuscrit de la Bibliothèque du
Roi, n° 8519, fol. 41, verso, porte *ictifaunos*, ce que l'éditeur
a corrigé en *faunos*; édition de 1537, folio 12, recto. Mais le
passage de la lettre désigne évidemment les Ichthyophages
et non pas les Faunes. Voyez sur ces derniers le chap. VI, ci-
dessus. Je lis donc ainsi ce passage de la lettre latine : « In campo
patenti mulieres virosque pilosos in modum ferarum toto corpore, nudos vidimus, pedum altos novem : hos Indi *Ichthyo-*
phagos appellant. Hi assueti fluminibus magis quam terris
erant, crudo pisce tantummodo et aquarum haustu viventes. »

Pline, l. VI, c. xxiii, Solin, c. liv, Isidore de Séville, *Orig.*, l. IX, c. ii, ajoutent qu'Alexandre leur défendit de se nourrir de poissons; ce qui aurait été une grande absurdité, puisque, d'après le témoignage d'Arrien, *Indic.*, c. xxix, 2, le poisson était tout pour eux : Οὗτοι δὲ οἱ Ἰχθυοφάγοι σιτέονται (καλότι περ καὶ κληίζονται) ἰχθύας. Ὀλίγοι μὲν αὐτῶν ἁλιευόντες τοὺς ἰχθύας· ὀλίγοισι γὰρ καὶ πλοῖα ἐπὶ τῷδε πεποίηται, καὶ τέχνη ἐξεύρηται ἐπὶ τῇ θήρῃ τῶν ἰχθύων. Τὸ πολὺ δὲ ἡ ἀνάπωσις αὐτοῖσι παρέχει. Arrien explique ensuite comment ils prennent ces poissons, par suite du reflux, en faisant avec l'écorce du palmier (ἐκ τοῦ φλοιοῦ τῶν φοινίκων) de grands filets, dont quelques-uns ont jusqu'à deux stades. Ils les étendent; et quand la mer s'est retirée, ils les enlèvent avec le poisson qui est dessus. Arrien a consacré tout le chapitre xxix de ses *Indica* aux mœurs curieuses de ces peuples, qui non-seulement mangent le menu poisson cru, mais obtiennent avec les gros, séchés au soleil et broyés, une farine dont ils font du pain : Σιτέονται δὲ ὠμοὺς μὲν, ὅπως ἀνειρύουσιν ἐκ τοῦ ὕδατος, τοὺς ἀπαλωτάτους· τοὺς δὲ μέζονάς τε καὶ σκληροτέρους ὑπὸ ἡλίῳ αὐαίνοντες, εὖτ' ἂν ἀφαυανθῶσιν, καταλοῦντες ἄλευρα ἀπ' αὐτῶν ποιέονται καὶ ἄρτους. Leurs bestiaux même se nourrissent de ces poissons séchés. Cela vient de ce que cette contrée manque d'herbages. Un très-petit nombre ensemencent de petits espaces de terre, et en tirent du pain, qu'ils mangent comme un grand régal avec leur poisson : Καὶ τούτῳ καθάπερ ὄψῳ χρῶνται πρὸς τοὺς ἰχθύας. Enfin le poisson est tout pour eux; les arêtes des plus gros leur servent à bâtir leurs cabanes, et les hommes puissants se bâtissent même, avec les os des baleines, des espèces de palais. Ces mêmes détails et notions sur les Ichthyophages se trouvent répétés dans le XV° livre de Strabon, c. ii, § ii, t. III, p. 131, de l'édition de M. Coray. M. Cuvier en confirme l'exactitude dans une note sur le passage où Pline attribue le même usage du poisson aux Orites : « Qui steriles incolunt plagas, iis revera cœnæ caput pisces cocti, aridi, mille modis conditi; nonnunquam et domesticis animalibus pro esca objecti. » Ad l. VII, c. ii, t. III, p. 40, Plin., coll. Lemaire.

Les auteurs que nous venons de citer placent les Ichthyophages sur les rivages de la mer Érythrée, derrière lesquels se trouvent la Carmanie, la Gédrosie et une partie de l'Inde. Ils s'étendaient même jusqu'aux bouches de l'Indus, d'après le Traité des montagnes et des fleuves de Plutarque cité, à l'occasion de l'île du Soleil, par Pintianus, dans une note sur le chap. VIII du livre III de Pomponius Méla, pag. 295 de l'édition de Gronovius : « Accedit Plutarchi auctoritas in libro *De Montibus et Fluminibus*, Indum scribentis magno impetu decurrere in Ichthyophagorum terram. »—Pline, *Hist. nat.*, l. VI, c. XXIII ou XXVI, dit qu'ils occupaient un littoral d'une si grande étendue qu'il fallait, pour le parcourir, une navigation de vingt jours, ou même de trente d'après certains manuscrits. Au reste il donne sur les diverses nations qui habitent les côtes de la mer Érythrée, des indications dont le vague lui a valu ce reproche de Saumaise : « In geographia ut in aliis multam ubique indiligentiam prodit Plinius. » *Plinian. Exercitt.*, p. 1178, B.—Le P. Hardouin, dans sa note sur cet endroit de Pline, présente ainsi les notions que donne son auteur sur les Ichthyophages : « A Tuberone amne, ad fauces usque fere Persici sinus, tota Carmania et Oritarum ora comprehensa. »

En ce qui concerne les Ichthyophages, ce vague dans les indications de Pline et l'espèce d'incohérence qui existe entre plusieurs passages d'autres auteurs, proviennent évidemment de ce que ce nom de *mangeurs de poissons* avait été donné à plusieurs peuples qui habitaient les bords de la mer, quoique à de grandes distances les uns des autres, et même dans des parties du monde différentes. Outre leur grand pays, dont nous avons parlé, que d'Anville, dans sa carte *Orbis veteribus notus*, désigne par les mots *Ichthyophagorum ora*, et qu'il place sur les côtes de la mer Érythrée, environ du 75° au 82° degré de longitude, et sous 25 de latitude; il place un autre peuple d'Ichthyophages au midi du golfe Persique, sur les côtes septentrionales de l'Arabie. Dans la carte intitulée *Orbis Romani pars orientalis*, on voit encore une nation d'Ichthyophages occuper un grand espace, à l'est de l'Afrique, sur les bords du golfe Arabique. En effet Pausanias, dans les *Attica*, p. 32, 20, de l'éd. de Francfort, 1583, in-fol., expose très-clairement la situation de ce peuple : Ἀνθρώπων δὲ τῶν ὑπὲρ Συήνης ἐπὶ θάλασσαν ἔσχατοι τὴν Ἐρυθρὰν κατοικοῦσιν Ἰχθυοφάγοι· καὶ ὁ κόλπος ὃν περιοικοῦσιν Ἰχθυοφάγος ὀνομάζεται. D'après Hérodote, il s'en trouvait même à Éléphantine : Καμβύσῃ δὲ ὡς ἔδοξε πέμπειν τοὺς κατασκόπους, αὐτίκα μετεπέμπετο ἐξ Ἐλεφαντίνης πόλιος τῶν Ἰχθυοφάγων ἀνδρῶν τοὺς ἐπισταμένους τὴν Αἰθιοπίδα γλῶσσαν. *Thalia*, sive lib. III, p. 203, edit. Wesseling. Hérodote représente ces Ichthyophages comme très-civilisés; car on les voit expliquer au roi d'Éthiopie toutes les richesses de la civilisation, qui paraissent ridicules à ce prince barbare.

Quant à ceux qui habitent les côtes méridionales du golfe Persique, Pline indique clairement leur position; car après avoir mentionné l'île de Tylos, le fleuve du Chien et la ville d'Attane, il ajoute : « A flumine Canis, ut Juba tradit, mons adusto similis, gentes Epimaritanæ : mox Ichthyophagi, insula deserta, gentes Bathymi. » *Hist. nat.*, l. VI, c. XXVIII ou XXXII; Ptolémée, l. IV, c. VII, les place de même.

Ce même nom donné à des peuples si éloignés les uns des autres (mais ayant de commun leur genre de subsistance provenant du voisinage de la mer) a fait croire à Diodore que les Ichthyophages avaient été un peuple immense, s'étendant sans interruption depuis la Carmanie jusqu'au fond de la mer Rouge, et occupant ainsi la totalité des côtes de l'Arabie : Περὶ πρώτων δὲ τῶν Ἰχθυοφάγων ἐροῦμεν, τῶν κατοικούντων τὴν παραλίαν τὴν ἀπὸ Καρμανίας καὶ Γεδρωσίας, ἕως τῶν ἐσχάτων

5

τοῦ μυχοῦ τοῦ κατὰ τὸν Ἀράβιον κόλπον ἱδρομένου. Lib. III, c. v.

(2) Ceci peut être rapproché de l'observation de Pline, I. VI, ch. XXIX ; « Gentes Troglodytarum idem Juba tradit The-rothoas a venatu dictos, miræ velocitatis; sicut Ichthyophagos, natantes ceu maris animalia. » Et Solin, ch. LVI, p. 87, E : « Ichthyophagi non secus quam marinæ belluæ nando in mari valent. »

XIX.

CYNOCEPHALI.

Cynocephali* quoque in India nasci perhibentur,
quorum sunt canina capita; et omne verbum quod
loquuntur intermixtis corrumpunt latratibus. Et non
homines, crudam carnem manducando, sed ipsas
imitantur bestias (1).

Ms. * Cinocefali.

NOTES.

(1) Des nombreux auteurs qui ont parlé du cynocéphale,
ceux dont le texte se rapproche le plus de notre auteur sont
saint Augustin, *De Civitate Dei*, lib. XVI, c. VIII : « Quid dicam de cynocephalis, quorum canina capita atque ipse latratus magis bestias quam homines confitentur? » et Isidore de
Séville : « *Cynocephali* appellantur, eo quod canina capita habeant, quosque ipse latratus magis bestias quam homines
confitetur. » Ce dernier passage est extrait du chapitre intitulé
De Portentis, Orig., l. XI, c. III. Le même auteur, dans le
chapitre intitulé *De bestiis*, l. XII, c. II, nomme le cynocéphale
comme une des cinq espèces de singe qui sont: *simia, sfinga, cynocephalus, satyrus et callithrix.* Il fait donc une distinction entre
cet animal et l'être mixte (monstrum), dont il parle dans les
mêmes termes que saint Augustin, et dont il est aussi question ici dans notre auteur.

5.

N'oublions point cette distinction en examinant ce qu'en disent les autres écrivains; car les uns parlent du cynocéphale dans une de ces acceptions, les autres dans l'autre. Ceux dont l'esprit moins net n'admet pas autant de précision, confondent les deux objets exprimés par le même mot. Enfin ce mot est passé dans notre langue zoologique pour désigner à peu près le même animal qu'Aristote nomme κυνοκέφαλος. Il est résulté de là une confusion que l'accumulation de citations sans commentaire ne fait qu'augmenter.

Commençons par les passages où il est évidemment question d'une espèce de singe, et voyons si ce que nous y trouvons se rapporte toujours au *magot*, qui est, dit Buffon, le cynocéphale des anciens, peut-être aurait-il été plus exact de dire, d'Aristote. Ce grand philosophe, dont l'esprit d'ordre ne pouvait laisser rien de vague et d'indéterminé, s'est créé des nomenclatures à lui dans les nombreux sujets qui ont occupé son puissant génie. Il définit rigoureusement chacun des termes qu'il adopte, et se met ainsi à l'abri de fausses interprétations fondées sur l'équivoque. Rien de plus rationnel que *cette méthode*, dont au reste l'application n'est possible qu'à des ouvrages de science, de morale, à des traités didactiques. La plupart des ouvrages de littérature ne sont point susceptibles de cette précision. D'ailleurs un mot comme celui dont nous nous occupons étant par sa composition une espèce de description, a pu s'appliquer à plusieurs êtres à qui cette description paraissait convenir, quoique fort différents du reste. Larcher, pour n'avoir pas assez examiné les différents caractères présentés à ce sujet par les auteurs, nous paraît avoir mis ici de la confusion. Hérodote, *Melpomène*, ou l. IV, c. xci, à la suite d'une énumération d'animaux terribles ou bizarres, place les *cyocéphales* et les *acéphales*, sans donner sur les premiers d'autre détail que leur nom. Sur quoi Larcher dit, note 339 : « Les cynocéphales, que les Africains regardoient comme des hommes à tête de chien, étoient une espèce du singe plus forte et plus féroce que le singe ordinaire. » Et il cite à ce sujet le chap. VIII du livre II de l'Histoire des animaux, où Aristote donne la description détaillée de son cynocéphale, qui est, comme nous l'avons dit, le *magot* de Buffon (*simia innus*, Cuvier). C'est celui qui supporte le mieux notre climat. La plupart de ceux qu'on voit dans les rues sont de cette espèce. Mais sa taille, qui n'est que de deux pieds et demi quand il se tient debout, ne s'accorde pas avec cette dénomination d'*hommes*, ni avec les caractères plus détaillés que nous trouverons tout à l'heure dans les auteurs qui parlent clairement de ces hommes à tête de chien.

Arrien, dans son *Périple* de la mer Érythrée, p. 171, ed. Blancard., Amsterd., 1683, in-8°, parle aussi des singes appelés cynocéphales.

Le passage d'Isidore de Séville sur le même animal est très-succinct, mais peut s'accorder avec Aristote. Il en est de même d'un passage de Cicéron, qui se moque dans une lettre, *ad Attic.*, VI, 1, de l'étalage d'un certain Vadius, qui était venu à sa rencontre « cum duobus essedis, et rheda equis juncta, et lectica, et familia magna..... erat præterea cynocephalus in essedo. » C'est à quelque passage de ce genre que M. Böttiger fait allusion dans son savant et agréable ouvrage, *Sabine ou Matinée d'une romaine à sa toilette*, VIIᵉ scène (trad. de l'allem.) : « Outre le nain, le cynocéphale d'Égypte, le chien de Malte, Sabine avait, pour se conformer à la mode, un petit serpent privé. » On peut encore appliquer au *magot* ce que dit Élien, *De Animal.*, l. VI, c. x, que, « sous les Ptolémées, les Égyptiens avaient dressé des cynocéphales à connaître les lettres, à danser, à jouer de la flûte et à toucher de la cithare; qu'un, entre autres, savait demander l'aumône comme un mendiant de profession, et mettait ce qu'on lui donnait dans une bourse qu'il portait suspendue. » On peut encore croire les magots, malgré leur petite taille, capables, ainsi que la plupart des singes, de commettre le délit qu'Élien reproche aux boucs et aux cynocéphales, *De Animal.*, l. VII, c. XIX : Ἀκόλασ]α δὲ κυνοκέφαλοί τε καὶ τράγοι· οὗτοι μὲν [les poëtes] καὶ ὁμιλεῖν γυναιξί φασιν αὐ]οὺς, καὶ ἔοικεν αὐ]ὸ θαυμάζειν ὁ Πίνδαρος. « Les cynocéphales et les boucs sont des animaux dissolus. Les poëtes disent qu'ils ont même commerce avec les femmes, et Pindare * paraît le remarquer avec étonnement. » Mais, quand il ajoute un peu plus loin dans le même chapitre : Ἤκουσα δὲ κυνοκεφάλους καὶ παρθένοις ἐπιμανῆναι, καὶ μέν]οι καὶ βιάσασθαι, ὑπὲρ τὰ μειράκια τὰ τοῦ Μενάνδρου τὰ ἐν Παννυχίσιν ἀκόλασ]ία. » J'ai entendu dire que des cynocéphales avaient éprouvé un violent amour pour de jeunes filles et même *leur avaient fait violence*, surpassant ainsi en luxure les jeunes gens que Ménandre a représentés dans sa comédie des *Fêtes de nuit*[**]; » cela doit s'entendre du *papion* ou du *baboin* proprement dit (*simia sphinx*, Cuvier), à qui la forme de sa tête peut aussi mériter le nom de κυνοκέφαλος, mais qui est beaucoup plus grand que le magot. « Il a, dit Buffon, trois ou quatre pieds de haut. Il paraît qu'il y a dans cette espèce des races encore plus grandes. » — « Continuellement excité par cette passion qui rend furieux les animaux les plus doux, il est insolemment lubrique, et affecte de se montrer dans cet état... surtout dès qu'il aperçoit des femmes, pour lesquelles il dé-

---

* Le passage de Pindare ne parle que des boucs :

Αἰγυπτίαν Μένδητα, πὰρ κρημνὸν θαλάσσας,
Ἔσχατον Νείλου κέρας, αἰγιβάται
Ὅθι τράγοι γυναιξὶ μίσγονται.

Page 306 de l'édit. de M. Boissonade.

Voltaire a imité à sa manière ces vers de Pindare à l'article *Bouc* du *Dictionn. philos.*

** Le véritable titre de cette pièce paraît avoir été Ἑορται.

ploie une telle effronterie, qu'elle ne peut naître que du désir le plus immodéré. Le magot et quelques autres ont bien les mêmes inclinations; mais, comme ils sont plus petits et moins pétulants, on les rend modestes à coups de fouet, au lieu que le baboin est non-seulement incorrigible sur cela, mais intraitable à tous autres égards. » Buffon dit ailleurs en parlant d'une variété de cette espèce, qu'il nomme *baboin à museau de chien* : « M. Edwards avoit reçu un individu de cette espèce qui avoit près de cinq pieds de hauteur..... Il étoit fier, indomptable, et si fort qu'il auroit terrassé un homme fort et vigoureux. Son inclination pour les femmes s'exprimoit d'une manière très-violente et très-énergique. »—Je serais disposé à attribuer au même animal ce que Diodore de Sicile, l. III; c. xxxv, rapporte du cynocéphale qu'il place en Éthiopie. Buffon dit en effet que le baboin à museau de chien « se trouve non-seulement en Arabie, mais dans tout l'intérieur de l'Afrique. » Selon Diodore, les cynocéphales ressemblent pour le corps à un homme difforme; leur voix, au son nazal d'un homme qui grommèle (μυγμοὺς ἀνθρωπίνους). Ils sont très-farouches, tout à fait intraitables, et leur face, à partir des sourcils, est très-dure. Enfin ces rapprochements sont confirmés par M. Geoffroy Saint-Hilaire, qui donne le nom de *cynocéphale* au *babouin* de Buffon. *Cours de l'hist. nat. des mammifères,* 8ᵉ leçon, page 24. Il ajoute, page 27 : « Leurs gestes, leurs regards et leurs cris annoncent l'impudence la plus brutale et les desirs les plus lubriques. C'est l'image du vice dans toute sa laideur. La vue des femmes excite leurs fureurs; ils témoignent aux plus jeunes une prédilection marquée; et vivement excités à leur vue, emportés jusqu'à la frénésie, il leur arrive dans nos ménageries d'ébranler les barreaux de leurs loges, de les secouer avec force, d'entrer dans des fureurs jalouses et d'en accompagner la manifestation de gestes et de cris affreux.

« Ordinairement intraitables, incorrigibles, des femmes les ont adoucis, et les ont amenés à plus que de l'obéissance, à des manières douces et affectueuses.

« Les voyageurs parlent du danger que courent les femmes qui vivent dans leur voisinage. On a souvent parlé de négresses enlevées par des cynocéphales, et l'on assure que quelques-unes ont même vécu parmi eux pendant plusieurs années. Ces animaux les enferment dans des cavernes, et les nourrissent avec beaucoup de soin. »

La symbolique égyptienne présente des notions d'un autre genre sur le cynocéphale. Orus Apollon, cité par Saumaise, *Plinian. Exercitt.*, pag. 643, sqq., parle des effets singuliers que produisent les éclipses sur ces animaux; ce qui fait qu'on en nourrissait dans les temples comme indicateurs des époques de ce phénomène. Les anciens Égyptiens attribuaient différentes autres propriétés singulières à cet animal, dont ils avaient fait un symbole astronomique; toutes ses fonctions animales s'effectuant (selon eux) symétriquement, d'une manière correspondante aux phénomènes astronomiques qui règlent la division des ans, des mois et des jours. Un cynocéphale assis indiquait les deux équinoxes. La première idée de cette coïncidence symétrique, beaucoup exagérée, ne pourrait-elle pas provenir de ce que la femelle est sujette à l'écoulement périodique, et que c'est peut-être le premier animal sur lequel les anciens Égyptiens auraient fait cette observation? Au reste Saumaise est entré dans de savants et curieux développements sur cette espèce de culte du cynocéphale, et a même remarqué le rapport qu'il a avec le dieu Anubis, qu'on représente avec une tête de chien. Strabon, liv. XVII, p. 812 (Ἀίγυπτος), ch. xl de l'éd. de M. Coray, en parlant des différents animaux adorés dans des villes d'Égypte, cite le cynocéphale comme étant l'objet d'un culte particulier chez les habitants d'Hermopolis.

Nous avons déjà cité saint Augustin et Isidore de Séville, comme parlant du cynocéphale dans le second sens que nous établissons; voici maintenant Pline et Solin.

« In multis autem montibus genus hominum, capitibus caninis, ferarum pellibus velari, pro voce latratum edere, unguibus armatum venatu et aucupio vesci. Horum supra centum viginti millia fuisse prodente se Ctesias scribit. » Plin., *Hist. nat.*, l. VII, c. II.

« Megasthenes per diversos Indiæ montes esse scribit nationes capitibus caninis, armatas unguibus, amictas vestitu tergorum, ad sermonem humanum nulla voce, sed latratibus tantum sonantes, asperis rictibus. » Solin. *Polyhist.*, cap. LII, p. 79, E. Ce dernier détail n'est pas dans Pline, ce qui a engagé Saumaise à corriger *rictibus* en *ritibus*, l'abréviateur présentant sous cette forme générale le détail de Pline, *venatu et aucupio vesci*. Mais Solin paraît avoir commis au commencement de cette phrase une bévue qui a échappé à Saumaise. Au lieu de Ctésias, il cite Mégasthène, dont le nom termine la phrase précédente de Pline que voici : « In monte cui nomen est Milo [*al*. Nulo] homines esse aversis plantis, octonos digitos in singulis habentes auctor est Megasthenes. » Cette erreur est une preuve de plus du peu de soin avec lequel a été fait l'abrégé de Solin, pour qui Saumaise prodigue abondamment les expressions de son mépris. En lisant négligemment Pline, Solin aura cru que *Megasthenes* se rapportait à cette phrase, dont il n'aura pas même lu la fin, où le nom de Ctésias lui aurait fait reconnaître son erreur.

Aulu-Gelle, l. IX, c. IV, dit que ces hommes habitent les montagnes de l'Inde. Ce qu'il ajoute paraît tiré de Pline. Mais nous avons vu que Pline cite Ctésias; voici le passage de cet historien : Ἐν τοῖσδε τοῖς ὄρεσί φησιν ἀνθρώπους βιοτεύειν κυνὸς ἔχοντας κεφαλήν. Ἐσθῆτας δὲ φοροῦσιν ἐκ τῶν ἀγρίων θηρίων. Φωνὴν δὲ διαλέγονται οὐδεμίαν, ἀλλ' ὠρύονται ὥσπερ κύνες, καὶ οὕτως συνιᾶ-

σιν αὐτῶν τὴν φωνήν. Ὀδόντας δὲ μείζους ἔχουσι κυνὸς, καὶ τοὺς
ὄνυχας ὁμοίως κυνῶν, μακροτέρους δὲ καὶ στρογγυλωτέρους· οἰκοῦσι
δὲ ἐν τοῖς ὄρεσι, μέχρι τοῦ Ἰνδοῦ ποταμοῦ· μέλανες δέ εἰσι καὶ
δίκαιοι πάνυ, ὥσπερ καὶ οἱ ἄλλοι Ἰνδοὶ οἷς ἐπιμίγνυνται. Καὶ συ-
νιᾶσιν μὲν τὰ παρ᾽ ἐκείνων λεγόμενα, αὐτοὶ δὲ οὐ δύνανται δια-
λέγεσθαι· ἀλλὰ τῇ ὠρυγῇ καὶ ταῖς χερσὶ καὶ τοῖς δακτύλοις σημαί-
νουσιν, ὥσπερ οἱ κωφοὶ καὶ ἄλαλοι. Ἡ ἔσθησις γὰρ αὐτῶν κρέη ὠμά.
Καλοῦνται δὲ ὑπὸ Ἰνδῶν Καλύστριοι, ὅπερ ἐστὶν Ἑλληνιστὶ Κυνοκέφαλοι. *Indica,* cap. xx, p. 252, suiv., de l'édition de M. Baehr.

« Dans ces montagnes (de l'Inde) on dit qu'il y a des hommes
qui ont une tête de chien, et dont les vêtements sont de
peaux de bêtes sauvages. Ils n'ont point de langage, mais
ils aboient comme les chiens et s'entendent entre eux. Leurs
dents sont plus longues que celles des chiens; leurs ongles
ressemblent à ceux de ces animaux, mais ils les ont plus
longs et plus ronds. Ils habitent les montagnes jusqu'au fleuve
Indus. Ils sont noirs et très-justes, de même que le reste des
Indiens, avec qui ils sont en commerce. Ils comprennent ce
que ceux-ci leur disent, mais ils ne peuvent y répondre que
par leurs aboiements et par des signes qu'ils font avec les
mains et les doigts comme les sourds et muets. Ils se nourrissent de chair crue. Les Indiens les appellent Calystriens,
ce qui signifie en grec cynocéphales. » Traduction de Larcher.

Élien, que nous avons vu appliquer trois fois le mot cynocéphales à de véritables singes, désigne maintenant par
ce nom le même être que Ctésias, auquel il emprunte les
détails du chapitre XLVI de son IVe livre *De Animalibus.* Il
donne seulement quelques détails de plus sur leur nourriture : « Ils se nourrissent, dit-il, d'animaux sauvages qu'ils
prennent facilement parce qu'ils sont très-légers à la course.
Quand ils les ont attrapés, ils les tuent, les coupent par morceaux et les font rôtir, non pas au feu, mais au soleil. Ils ont
des troupeaux de chèvres et de brebis, dont le lait fait leur

boisson; les bêtes sauvages font leur nourriture. » Philostrate, dans la Vie d'Apollonius de Tyane, VI, 1, p. 229 de l'édit. d'Oléarius, parle d'une nation aboyante qui existerait en Afrique.

Manuel Philé, dans le poëme qui a le même titre que l'ouvrage d'Élien (περὶ ζώων ἰδιότητος), donne aussi la description du cynocéphale, en dix vers iambiques, qui reproduisent les détails d'Élien.

La Bibliothèque du Roi possède, sous le n° 2737, un superbe manuscrit de ce poëme, écrit par Ange Vergèce et orné de peintures exécutées par sa fille, dont le talent en ce genre est connu*. C'est un in-folio sur papier, de 106 feuillets. Jusqu'au feuillet 60 inclusivement, sont les Cynégétiques d'Oppien. Du feuillet 61 au feuillet 75 inclusivement, les Cynégétiques de Xénophon; et du feuillet 76 à la fin, Τοῦ σοφωτάτου καὶ λογιωτάτου κυρίου Μανουήλου τοῦ Φιλῆ στίχοι ἰαμβικοὶ πρὸς τὸν αὐτοκράτορα Μιχαὴλ τὸν Παλαιολόγον, περὶ τῆς τῶν ζώων ἰδιότητος. Indépendamment de la beauté des peintures, leur exactitude pour tous les animaux réels est très-remarquable. La figure du caméléon, entre autres, nous a paru d'une ressemblance parfaite, d'après celui que nous avons vu vivant à Paris; et ce qui peut faire supposer que, même pour les autres sujets, la fille de Vergèce n'exécutait ses peintures que d'après des modèles auxquels elle attachait une certaine authenticité, c'est qu'au feuillet 82 verso, à l'occasion de la salamandre, dont la figure ne se trouve pas comme pour les autres animaux, Vergèce a écrit en marge: Τὴν σαλαμάνδραν εἰάσαμεν διὰ τὸ μήπω εἰδέναι σαφῶς τὴν περιγραφὴν αὐτῆς· οἱ μὲν γὰρ οὕτω φασὶν αὐτὴν,

---

* Camus a donné une description de ce magnifique volume dans les *Notices et extraits des manuscrits*, t. V, p. 623; et il a fait reproduire par le burin deux des figures d'animaux, outre une des faces de la reliure, la plus élégante peut-être de la Bibliothèque du Roi.

οἱ δὲ ἄλλως. « Nous avons passé la salamandre, n'en connaissant pas au juste la figure; car les uns la représentent d'une
façon, les autres d'une autre. » S'ils s'étaient contentés d'un modèle vulgaire, rien ne leur était plus facile, puisque la devise
du roi François Ier, leur protecteur, reproduite sur tous les
monuments d'alors, était une salamandre avec les mots : *Nu-
trisco et extinguo*.

Au feuillet 91 verso, le cynocéphale est représenté comme
un homme velu de tout le corps, excepté aux mains, aux pieds,
aux coudes, aux genoux et à la tête. Celle-ci est à peu près celle
d'un chien braque; ses ongles aux pieds et aux mains sont al-
longés comme des griffes. Il est du reste bien proportionné; il
est debout: de la main gauche il tient un lièvre par les pattes
de derrière, et de la droite, le bâton, son instrument de chasse.

Plusieurs auteurs modernes ont cherché quel pouvait être le
fondement de cette opinion des anciens sur un peuple de cynocéphales. M. Baehr, dans son excellente édition de Ctésias, cite
M. Heeren comme ayant supposé qu'il s'agissait là des Parias,
« A quorum tamen sententia ita discedit Heerenius, *Ideen*, I, II,
p. 689, ut cynocephalos Ctesiæ pro hominibus, iisque infimæ
conditionis, quos vulgo *Parias* vocitent, habeat. » *Ctesiæ Cnidii
reliq.* Coll. et annot. Joann. chr. Felix Baëhr, p. 321. Le savant historien du *Commerce des anciens* paraît avoir vu dans ces
caractères mitoyens entre l'homme et la bête, attribués par
Ctésias et autres aux cynocéphales, les signes de l'excessive dé-
gradation à laquelle les Parias passent pour être réduits dans
certaines parties de l'Inde. Mais les opinions des Européens sur
cette matière ont été considérablement rectifiées, dans ces derniers temps, par plusieurs orientalistes, notamment par feu
Morénas, dans son ouvrage intitulé : *Des castes de l'Inde, ou lettres
sur les Hindous, à l'occasion de la tragédie du Paria, de M. Casimir
Delavigne*, etc., par Joseph, *ancien corsaire*. Paris, 1832, in-8°.

« On nous débite encore gravement, dit cette piquante brochure, que tout Brahme qui rencontre de près un Paria, s'empresse d'effacer cette souillure dans le sang de ce malheureux. Il est peu convenable de faire jouer ce rôle à un être qui ne souhaite de mal à personne, qui supporterait mille morts, plutôt que de faire la plus légère blessure, même à un animal. Les Brahmes et autres Hindous qui exercent la profession des armes éprouvent une égale répugnance à répandre le sang, hors du service militaire.

« Si ce préjugé que nous attribuons aux Hindous, d'après les erreurs publiées par Raynal, Voltaire, Saint-Pierre, et d'autres écrivains plus modernes, était tel qu'on 'e suppose, le sang ruissèlerait dans les villes populeuses de Bénarès, Patna, Delhi, Agra, etc., où chaque jour une infinité de Brahmes sont coudoyés sans inconvénient par des Hindous hors de caste, appelés de noms différents, selon les pays auxquels ils appartiennent. Une partie de ces Hindous excommuniés, *mais jamais persécutés*, portent le nom de *Paria* à la côte de Coromandel, de *Poulia*, de *Poulichi* à celle de Malabar. Dans l'intérieur et le nord de l'Inde, comme sur les bords du Gange, ils sont connus sous d'autres noms.

« On rencontre dans toute l'Inde des Hindous hors de caste, livrés au commerce ou à toute autre industrie, qui jouissent d'une grande fortune.

« Un Brahme, comme tout autre Hindou, peut communiquer, hors de chez lui, avec un Paria; en rentrant il est obligé de se laver. Mais la même répugnance existe de la part des Hindous à l'égard de tout homme qui n'est pas de leur religion, fût-il même un roi. » Pages 2 et 3.

Nous avons cité cette brochure, parce que son auteur avait habité l'Inde pendant quelque quatorze ans, et connaissait à fond la langue et les mœurs des Hindous. Malte-Brun, contre qui elle était dirigée, a donné des cynocéphales une explication assez rapprochée de celle de M. Heeren. « Il est facile, dit-il,

d'expliquer la relation de Ctésias, en admettant que la race des
nègres océaniques, les Haraforas ou Alphurniens de Bornéo et
des autres îles Malayes, aient jadis habité, non-seulement l'intérieur de la Péninsule, au delà du Gange, mais encore une
partie de l'Indostan. » *Nouv. annal. des voyag.* tom. II, p. 857.

Nous rappellerons qu'il est plus facile de détruire que d'édi-
fier, en essayant de substituer à ces conjectures des Parias et des
nègres océaniques, une nouvelle explication des traditions rapportées par Ctésias et autres sur les cynocéphales. En les examinant avec attention, nous avons été frappé d'une idée, qui avait
déjà été exprimée par Belin de Ballu, ainsi que nous l'avons
vu ensuite; elle lui appartient donc, par droit d'antériorité.« Il
est impossible, dit-il, de ne pas reconnaître l'orang-outang dans
la description qu'il fait [Ctésias] de certains hommes à tête de
chien, qui habitent les montagnes, et n'ont aucun langage
qu'une espèce d'aboiement. » *OEuvres de Lucien, trad. du grec;*
tom. II, p. 423, note. Larcher, avec un ton peut-être un peu
trop décisif, pense réfuter victorieusement cette opinion, en
alléguant plusieurs traits du passage de Ctésias qu'on ne peut
raisonnablement appliquer aux orangs-outangs. *Traduction
d'Hérodote*, tom. VI, pag. 381, notes sur l'hist. de l'Inde, de
Ctésias. Mais cette réfutation est peu logique, en ce que reconnaître dans les récits fabuleux de Ctésias la trace des vérités
qui peuvent en être l'origine, est bien différent de regarder ces
récits comme de pures vérités. Les parties de la description
des cynocéphales qui s'appliquent évidemment à des hommes
pourront s'expliquer par l'interprétation de Malte-Brun, en
supposant que Ctésias a confondu, ici, comme cela est arrivé
si souvent, deux traditions en une.

En opposition avec cette réfutation de Larcher, on va voir
comme la conjecture de Belin de Ballu se trouve solidement
soutenue par les observations des plus savants naturalistes.
Buffon, après avoir parlé du pithèque des anciens, différent

principalement de l'homme par sa taille qui atteint à peu près le quart de la taille humaine, continue ainsi : « Mais , depuis les anciens , depuis la découverte des parties méridionales de l'Afrique et des Indes , on a trouvé un autre singe avec cet attribut de grandeur : un singe aussi haut, aussi fort que l'homme, aussi ardent pour les femmes que pour ses femelles, un singe qui sait porter des armes , qui se sert de pierres pour attaquer, et de bâtons pour se défendre, et qui d'ailleurs ressemble encore à l'homme plus que le pithèque ; car indépendamment de ce qu'il n'a point de queue, de ce que sa face est aplatie, que ses bras, ses mains, ses doigts, ses ongles, sont pareils aux nôtres, et qu'il marche toujours debout; il a une espèce de visage, des traits approchants de ceux de l'homme, des oreilles de la même forme, des cheveux sur la tête, de la barbe au menton, et du poil ni plus ni moins que l'homme en a dans l'état de nature : aussi les habitants de son pays, les Indiens policés, n'ont pas hésité de l'associer à l'espèce humaine par le nom d'*orang-outang*, homme sauvage. » *Hist. nat.*, chapitre intitulé : *Nomenclature des singes.*

Ce qui fait dire à Buffon que cet animal remarquable et d'une observation si intéressante était inconnu aux anciens, c'est qu'il n'en est point question dans leurs auteurs. Mais il ne s'ensuit pas que, dans un temps où l'on connaissait déjà l'île de Ceylan (la Taprobane), où l'on s'était avancé au delà du Gange jusque vers le royaume de Siam (Sinæ), et où l'on avait pénétré assez avant dans l'intérieur de l'Afrique, personne n'ait eu connaissance d'un animal qui habite ces pays, dans plusieurs desquels il est très-nombreux, d'après les citations des voyageurs faites par Buffon dans le cours de son chapitre sur les orangs-outangs.

Mais les anciens n'ont eu sur ces contrées que des notions vagues, parce que le petit nombre de marchands ou de hardis aventuriers qui y pénétraient n'en rapportaient que des récits défigurés par l'exagération et les fables qu'ils y mêlaient. Ainsi les orangs-outangs ont pu devenir à leurs yeux un peuple de cynocéphales: et même d'après le rapprochement de quelques citations des voyageurs dont Buffon invoque le témoignage, on voit que ce qui est rapporté des qualités intellectuelles de ce peuple par Ctésias et Élien ne serait pas à beaucoup près, dans cette supposition, ce qu'ils auraient le plus exagéré.

Jules César Scaliger avait vu à la cour du roi (sans doute François Ier) un animal qu'il appelle cynocéphale et qui était fort probablement un orang-outang. Voici la description qu'il en donne : « In aula regis unus fuit, qui diu bipes deambulabat, amictus sagulo militari, ensiculo accinctus. In sella, jussus, continuit sese pernox aut perdius publico spectaculo : ita ut non deessent qui homuncionem putarent verum. *De Subtilit. ad Cardan. Exercit.* ccxiii, p. 680, ed. Francof.

Nous allons voir des détails bien plus remarquables donnés par Buffon lui-même, qui passe aujourd'hui parmi les naturalistes pour n'avoir pas rendu à l'orang-outang une exacte justice, en lui préférant, pour l'intelligence, le chien et l'éléphant. « L'orang-outang que j'ai vu, dit-il, marchoit toujours debout sur les deux pieds, même en portant des choses lourdes; son air étoit assez triste, sa démarche grave, ses mouvements mesurés, son naturel doux et très-différent de celui des autres singes..... J'ai vu cet animal présenter sa main pour reconduire ceux qui venoient le visiter, se promener gravement avec eux et comme de compagnie; je l'ai vu s'asseoir à table, déployer sa serviette, s'en essuyer les lèvres, se servir de la cuiller et de la fourchette pour porter à sa bouche, verser lui-même sa boisson dans son verre, le choquer lorsqu'il y étoit invité, aller prendre une tasse et une soucoupe, l'apporter sur la table, y mettre du sucre, y verser du thé, le laisser refroidir pour le boire, et tout cela sans autre instigation que les signes ou la parole de son maître, et souvent de lui-même. Il ne faisoit de mal à personne, s'approchoit même avec circonspection et se présentoit comme pour demander des caresses... Il mangeoit presque de tout; seulement il préféroit les fruits mûrs et secs à tous les autres aliments. Il buvoit du vin, mais en petite quantité; il le laissoit volontiers pour du lait, du thé, ou d'autres liqueurs douces. » Voilà ce que Buffon rapporte comme témoin oculaire. Passons aux témoignages qu'il cite.

« François Pyrard rapporte: « qu'il se trouve dans la province de Sierra-Liona une espèce d'animaux appelés *baris*, qui sont gros et membrus, lesquels ont une telle industrie que, si on les nourrit et instruit de jeunesse, ils servent comme une personne; qu'ils marchent d'ordinaire sur les deux pattes de derrière seulement, qu'ils pilent ce qu'on leur donne à piler dans des mortiers; qu'ils vont quérir de l'eau à la rivière dans de petites cruches, qu'ils portent toutes pleines sur leur tête. » Le père du Jaric, cité par Nieremberg, dit la même chose, et presque dans les mêmes termes. Le témoignage de Schouten s'accorde avec celui de Pyrard, au sujet de l'éducation de ces animaux.

« Battel l'appelle *pongo*, et assure qu'il est, dans toutes ses proportions, semblable à l'homme; seulement qu'il est plus grand, grand, dit-il, comme un géant; qu'il ne diffère de l'homme à l'extérieur que par les jambes, parce qu'il n'a que peu ou point de mollets; que cependant il marche toujours debout; qu'il dort sous les arbres et se construit une hutte, un abri contre le soleil et la pluie; qu'il vit de fruits et ne mange point de chair; qu'il ne peut parler, quoiqu'il ait plus d'entendement que les autres animaux; que, quand les nègres font du feu dans les bois, ces pongos viennent s'asseoir autour et se chauffer, mais qu'ils n'ont pas assez d'esprit pour l'entretenir en y mettant du bois; qu'ils vont de compagnie et tuent quelquefois des nègres dans les lieux écartés; qu'ils attaquent même l'éléphant, qu'ils le frappent à coups de bâton et le chassent de leurs bois; qu'on ne peut prendre ces pongos vivants, parce qu'ils sont si forts, que dix hommes ne suffiroient pas pour en dompter un seul, qu'on ne peut donc attraper que les petits tout jeunes. Battel dit encore, que, lorsqu'un des ces animaux meurt, les autres couvrent son corps d'un amas de branches et de feuillages. Purchass ajoute, en forme de note, que, dans les conversations qu'il avoit eues avec Battel, il avoit appris de lui qu'un pongo lui enleva un petit nègre, qui passa un an entier dans la société de ces animaux, qu'à son retour ce petit nègre raconta qu'ils ne lui avoient fait aucun mal; que communément ils étoient de la hauteur de l'homme, mais qu'ils sont plus gros et qu'ils ont à peu près le double du volume d'un homme ordinaire. Jobson assure avoir vu dans les endroits fréquentés par ces animaux, une sorte d'habitation composée de branches entrelacées, qui pouvoit servir du moins à les garantir du soleil. »

« Nous pouvons ajouter à tous ces témoignages celui de M. de la Brosse, qui a écrit son voyage à la côte d'Angole en 1738, et dont on nous a communiqué l'extrait. Ce voyageur assure que les orangs-outangs, qu'il appelle *quimpezés*, tâchent de surprendre des négresses; qu'ils les gardent avec eux pour en jouir; qu'ils les nourrissent très-bien. J'ai connu, dit-il, à Lowango, une négresse qui étoit restée trois ans avec ces animaux. Ils croissent de six à sept pieds de haut, ils sont d'une force sans égale; ils cabanent et se servent de bâtons pour se défendre. »—Si quelque dame européenne, d'un esprit cultivé, aventureux et véridique, poussait le dévouement pour la science jusqu'à occuper la place de cette négresse, et parvenait, au bout du même temps qu'elle, à échapper à ces redoutables amants, alors on aurait sur les orangs-outangs tous les détails qu'on pourrait désirer; mais une telle supposition, qui a l'air d'une plaisanterie de mauvais goût, ne se réalisera pas.

Le professeur Allamand, souvent cité avec la plus grande estime par Buffon, dit dans une de ces citations : « M. de Buffon soupçonne qu'il y a un peu d'exagération dans le récit de Bontius, et un peu de préjugé dans ce qu'il raconte des marques d'intelligence et de pudeur de la femelle orang-outang : cependant ce qu'il en dit est confirmé par ceux qui ont vu ces animaux aux Indes, au moins j'ai entendu la même chose de plusieurs personnes qui avoient été à Batavia, et qui sûrement ignoroient ce qu'en avait écrit Bontius. Pour savoir à quoi m'en tenir là-dessus, je me suis adressé à M. Relian, qui demeure dans cette ville de Batavia, où il pratique la chir.rgie avec beaucoup de succès : connaissant son goût pour l'histoire naturelle, et son amitié pour moi, je lui avois écrit pour le prier de m'envoyer un orang-outang, afin d'en orner le cabinet de curiosités de notre académie, et en même temps je lui avois demandé qu'il me communiquât ses observations sur cet animal, en cas qu'il l'eût vu... Voici la réponse qu'on lira avec plaisir; elle est datée de Batavia, le 15 janvier 1770.

« J'ai été extrêmement surpris, écrit M. Relian, que l'homme sauvage, qu'on nomme en malais *orang-outang*, ne se trouve point dans votre académie; c'est une pièce qui doit faire l'ornement de tous les cabinets d'histoire naturelle. M. Pallavicini, qui a été ici *sabandhaar*, en a amené deux en vie, mâle et femelle, lorsqu'il partit pour l'Europe en 1759; ils étoient de grandeur humaine, et faisoient précisément tous les mouvements que font les hommes, surtout avec leurs mains, dont ils se servoient comme nous. La femelle avoit des mamelles précisément comme celles d'une femme, quoique plus pendantes; la poitrine et le ventre étoient sans poil, mais d'une peau fort dure et ridée. Ils étoient tous les deux fort honteux quand on les fixoit* trop; alors la femelle se jetoit dans les bras

---

* Nous n'avons pas à nous montrer plus rigides que Buffon, qui a reproduit fidèlement ces observations de ses correspondants, même avec leurs incorrections de style.

6.

du mâle, et se cachoit le visage dans son sein, ce qui faisoit un spectacle véritablement touchant : c'est ce que j'ai vu de mes propres yeux. Ils ne parlent point; mais ils ont un cri semblable à celui du singe, avec lequel ils ont le plus d'analogie par rapport à la manière de vivre, ne mangeant que des fruits, des racines, des herbages, et habitant sur des arbres dans les bois les moins fréquentés. Si ces animaux ne faisoient pas une race à part qui se perpétue, on pourroit les nommer des *monstres de la nature humaine.* Le nom d'*hommes sauvages* qu'on leur donne leur vient du rapport qu'ils ont extérieurement avec l'homme, surtout dans leurs mouvements, et dans une façon de penser qui leur est sûrement particulière, et qu'on ne remarque point dans les autres animaux; car celle-ci est toute différente de cet instinct plus ou moins développé, qu'on voit dans les animaux en général. Ce seroit un spectacle bien curieux, si l'on pouvoit observer ces hommes sauvages dans les bois et sans en être aperçu, et si l'on étoit témoin de leurs occupations domestiques. »

Ce dernier témoignage surtout nous paraît placer la chose sous son véritable point de vue. De notre temps on a poussé loin l'orgueil de la science; envoie-t-on à un naturaliste quelque individu d'une nouvelle espèce, pour qui la captivité est insupportable, on étudie ses allures pendant la courte et triste vie qu'il traîne dans sa cage; après sa mort on le dissèque : et voilà un animal bien connu ! Comme si dans la pleine liberté de leurs inaccessibles solitudes, en société avec les autres individus de leur espèce, leurs mœurs ne devaient pas être entièrement différentes ! Le docteur Allamand, cité par Buffon, dit en parlant d'un orang-outang femelle, qui lui était envoyée en 1776 du cap de Bonne-Espérance : « Elle arriva en bonne santé. Dès que j'en fus averti, j'allai lui rendre visite, et ce fut avec peine que je la vis, attachée à un bloc par une grosse chaîne, qui la prenoit par le cou et qui la gênoit beaucoup dans ses mouvements. » Quel changement ne doit pas causer un pareil traitement dans les habitudes d'un animal pour qui la liberté est le premier besoin ? Aussi toutes les personnes qui ont vu l'orang-outang captif, parlent de son air grave et triste : ce qui ne prouve rien. Ces animaux ne nous seront jamais bien connus ; car si nous pénétrons dans leurs retraites, ou ils nous en chasseront, ou ils en disparaîtront, comme ont fait les castors, dont l'espèce considérablement diminuée est en même temps avilie.

« Sur les côtes de la rivière de Gambie, dit Froger (cité par Buffon), les singes y * sont plus gros et plus méchants qu'en aucun autre endroit de l'Afrique ; les nègres les craignent, et ils ne peuvent aller dans la campagne sans courir risque d'être attaqués ** par ces animaux, qui leur présentent un bâton et les obligent à se battre..... La plupart des nègres croient que c'est une nation étrangère qui est venue s'établir dans leur pays, et que, s'ils ne parlent pas, c'est qu'ils craignent qu'on ne les oblige à travailler. »

Il résulte d'un passage curieux d'un historien arabe, expliqué avec beaucoup de vraisemblance par M. Étienne Quatremère, que les orangs-outangs ont même été pris quelquefois pour des génies. Voici ce passage : « Dans la grande île comprise entre les deux fleuves (le Nil blanc et le Nil vert) habite un peuple nommé Kersa, qui occupe un territoire spacieux, fertilisé par les pluies et les eaux du Nil. Au temps des semailles, chaque habitant apporte ce qu'il a de grain, et trace une enceinte proportionnée à la quantité qu'il veut semer. Puis en ayant jeté un peu aux quatre coins de l'enceinte, il pose le reste au milieu

* *Sic.*

** On pourrait rapprocher de cette citation le passage suivant de la lettre d'Alexandre à Aristote, manuscrit 8519, fol. 41, verso : « Deinde cynocephalis ingentibus plena invenimus nemora, qui nos lacessere tentabant, et jactu sagittarum fugerunt. »

avec une portion de bière et se retire; le lendemain matin, il trouve la bière bue et le terrain ensemencé. De même au temps de la moisson, il coupe quelques épis et les dépose dans l'endroit qu'il lui plaît, en y joignant de la bière, et à son retour il trouve tout le grain coupé et mis en gerbes. On emploie la même méthode pour faire purger et vanner le grain; mais si quelqu'un, en purgeant son champ de mauvaises herbes, arrache par mégarde quelques épis, le matin il trouve tout le blé arraché. La contrée où ce prodige a lieu est extrêmement vaste, ayant en longueur deux mois de marche sur autant de largeur. »Extrait de l'*histoire de la Nubie, du Makorrah, d'Alouah, de Bedjah et du Nil*, par Abdallah ben Ahmed ben Solaïm de la ville d'Asouan. M. Étienne Quatremère ajoute à cette traduction : « L'auteur s'excuse ensuite beaucoup de rapporter un tel fait qui, selon lui, seroit incroyable, si sa publicité n'en garantissoit l'authenticité. « Les peuples de cette contrée, ajoute-t-il, y reconnaissent l'ouvrage des démons. » Et en note : « Ce fait n'a, ce me semble, rien d'incroyable. Il s'agit seulement de supposer que les prétendus génies ne sont autres que des singes. » *Mémoires géographiques et historiques sur l'Égypte et sur quelques contrées voisines.* Paris, 1811, in-8°, tom. II, p. 24, 25.

Buffon a employé, à la manière des anciens, le seul moyen de s'éclairer sur une telle matière, en réunissant et opposant ces divers témoignages et un grand nombre d'autres. On voit d'après ces citations (prises çà et là dans son chapitre intitulé : *Les orangs-outangs, ou le pongo et le jocko*), que ceux des anciens qui auraient pu voir cet animal extraordinaire seraient excusables de l'avoir pris pour un homme. Ce qu'ils disent de l'aboiement des cynocéphales peut même s'accorder avec ce que rapporte Allamand d'un *orang-outang* femelle possédée par un M. Harwood, à qui le roi d'Asham l'avait donnée : «Elle prononçoit souvent et plusieurs fois de suite, les syllabes *yaa-hou*, en insistant avec force sur la dernière. » Enfin notre auteur, en plaçant les cynocéphales parmi ses *monstra*, se trouverait aussi d'accord avec le docteur Relian, que nous avons vu tenté d'appeler les orangs-outangs *des monstres de la nature humaine*.

« Les livres sacrés des Indous, dit Malte-Brun, lieu cité, parlent de la guerre que Rama fit à un peuple de singes dans l'île de Ceylan. » Le savant géographe propose encore, comme explication de cette tradition orientale, la conjecture des nègres océaniques. Nous allons voir maintenant les incohérences étranges de ces antiques traditions s'accorder, d'une manière bien frappante, avec les considérations les plus élevées de la science moderne.

« Nous sommes forcés, dit M. Geoffroy Saint-Hilaire, de reconnaître qu'il est entre l'homme et le singe une autre condition organique qui forme un anneau entre ces deux termes. Cependant n'est-ce qu'un anneau exactement et véritablement intermédiaire ? Et n'est-il pas à craindre que nous ne soyons par lui dans le cas de pénétrer jusque dans les derniers rangs des conformations humaines ? Le plus savant naturaliste du siècle dernier, le judicieux et sage fondateur du *Systema naturæ*, n'a pas été effrayé de penser ainsi. Les anciens s'étaient occupés de races humaines vivant à l'état sauvage en de certains lieux écartés de l'Afrique, d'hommes nocturnes, tantôt se tenant dans des bois impénétrables (*sylvestris*), et tantôt cachés dans des cavernes (*troglodytes*). Quelques espèces couvertes de poil, sans queue, courant à deux pieds, dont il avait été question du temps de Linné dans les récits des voyageurs, seraient-elles les restes abâtardis de ces anciens troglodytes ? Linné le croit d'abord ; puis, revenant sur cette idée et cédant à d'autres inspirations, il ne dissimule point les tergiversations de son esprit. Ce troglodyte des voyageurs est une espèce réelle ; mais de quel genre ? Classé d'abord avec l'homme, il est l'*homo sylvestris* ou *troglodytes* de Linné, un homme nocturne, qui ne sort que le soir et qui parle en sifflant ; mais enfin, Linné le déplace dans ses dernières éditions du *systema naturæ*, pour n'y voir qu'un premier degré dans l'organisation des singes, qu'il nomme définitivement *simia troglodytes.*

« Que cette espèce ait porté le grand Linné à douter de ses vrais rapports, à la ballotter de l'homme aux animaux, quel sujet de réflexions ! Y a-t-il au moins un être faisant à juste titre la nuance entre l'homme et le singe ? Quelle question pour occuper à son tour l'immortel auteur de l'*Histoire naturelle*, le Pline français ! Buffon a pu observer vivant ce troglodyte, qui marche en se tenant debout comme l'homme. » viiᵉ leçon, pages 4-6.

Nous avons cité les observations de Buffon à ce sujet. Mais une découverte des plus intéressantes, et vraiment décisive dans la question qui nous occupe, comme aussi très-propre à modifier la science moderne de la *crânologie*, c'est que la tête de l'orang-outang change tout à fait avec l'âge, au point de passer des lignes de la tête humaine à celles de la tête du chien : en sorte que le jeune individu observé par Buffon, en prenant avec l'âge cette stature et cette force effrayante dont parlent Pyrard, Battel, Jobson, La Brosse, aurait reçu de plus le caractère que nous supposons avoir fait donner aussi à ce genre par les anciens le nom de cynocéphale.* Voici comment MM. Cuvier et Geoffroy Saint-Hilaire ont été amenés à ce résultat : « J'ai examiné fort anciennement, dit ce dernier, les seuls éléments que l'on possède en Europe, c'est le squelette placé présentement sous vos yeux : et dans un article que j'ai imprimé dans le journal de physique de l'année 1798, je m'étais cru autorisé à proposer pour ce singe et à établir un genre particulier. L'espèce décrite sur les lieux et dans les actes de la société de Batavia, avait été nommée *pongo* par *Wurmb ;* je l'introduisis dans la science sous ces deux noms, et je m'exprimai sur ses affinités, en la consi-

---

* On peut voir dans Buffon, article *orangs-outangs*, et dans la 7ᵉ leçon de M. Geoffroy Saint-Hilaire, page 21, les différents noms que la science moderne a donnés à l'*orang-outang*, et ceux que lui donnent les peuples près desquels il vit.

dérant comme devant occuper un des derniers rangs de la série
des singes, si j'en croyais les données de la conformation du
crâne.....

« Sur ces entrefaites, M. Wallich, sur-intendant du jardin
botanique de la compagnie anglaise, établi à Calcutta, envoya
(1818) à M. Cuvier le crâne d'un individu dans un moyen
âge.... La tête est plus élevée chez notre ancien orang, et plus
écrasée chez l'orang de Wurmb. Le crâne envoyé de Calcutta
est un terme moyen. M. Cuvier le communiqua, dès son arrivée,
à l'institut, et insista sur cette considération vraiment très-cu-
rieuse, que cette nouvelle acquisition ramenait l'une à l'autre
les deux têtes si différentes, et anciennement possédées, de nos
singes sans queue ; que toutes deux pourraient bien appartenir
à une même espèce, et leurs différences n'être que celles de
leur âge respectif. L'orang-outang aurait dans son premier âge
la tête large, haute, arrondie, saillante au front.... Et le même
animal parfaitement adulte, aurait au contraire la tête déprimée,
obliquement située sur la colonne cervicale....

« Ainsi l'orang-outang, que nous ne connaissions que dans
son jeune âge, et qui alors nous en avait imposé par les belles
formes de son front, n'aurait que momentanément et dans son
enfance, les traits de l'homme, et il en viendrait avec l'âge au
point de subir une aussi grande métamorphose, quant à son
crâne. Arrivé au terme de son entier développement, ce ne serait plus qu'un animal affreux, à rejeter et descendre vers les
groupes inférieurs, à placer non loin des singes *à museau de
chien.* » vii⁰ leçon, page 12 et suivantes. « Ce sont là, ajoute
M. Geoffroy Saint-Hilaire, des résultats très-extraordinaires,
aussi remarquables qu'inattendus. » Ce qui peut en augmenter
l'intérêt, c'est qu'ils expliquent cette confusion apparente des
remarques des anciens, qui, ainsi éclaircies et justifiées,
viennent fortifier à leur tour ces doctes inductions par l'antique observation des faits.

XX.

SCIAPODES.

Et ferunt genus esse hominum, quos Græci *Sciapo-das*[a] appellant, eo quod se ab ardore solis, pedum umbra, jacentes resupini[b] defendunt. Sunt celerrimæ[c] naturæ. Singula tantum habent in pedibus crura (1); et eorum genua inflexibili compagine durescunt (2).

Ms. [a] Scinopodas. — [b] Resopini. — [c] Celerrime.

NOTES.

(1) Aulu-Gelle ne fait mention que de ce dernier caractère, et il place ce peuple aux extrémités de l'Orient : « Atque esse item alia apud ultimas orientis terras miracula homines, qui Monocoli appellantur, singulis cruribus saltuatim currentes, vivacissimæ pernicitatis » *Noct. att.*, l. IX, c. IV.

Mais Pline, *Hist. nat.*, l. VII, c. II, Solin, *Polyhist.*, c. LII, saint Augustin, *De Civit. Dei*, Isidore de Séville, *Orig.*, l. XI, c. III, donnent au même peuple, ainsi que notre auteur, ces deux propriétés plus que bizarres de n'avoir qu'une jambe, d'où ils étaient appelés *Monocoli*, et d'avoir les pieds si larges, qu'en se couchant sur le dos ils se garantissaient du soleil par l'ombre de leurs pieds, d'où ils recevaient le nom de *Sciapodes*. Ainsi ces deux mots, quoique ayant un sens étymologique tout différent, désignent un seul peuple. Ces mêmes

auteurs, ainsi qu'Hésychius, les placent en Afrique, au delà
des Troglodytes, excepté Solin qui les met dans l'Inde; ce qui
lui a valu cette verte réprimande de Saumaise : « Nugatur igitur more suo noster, qui ab Æthiopia in Indiam eos trans-
cripsit colonos. » *Plinian. Exercitt.*, p. 1006, C. — Tertullien,
cité par Saumaise, nomme aussi ce peuple; mais l'auteur qui
a mis en circulation cette imagination grotesque paraît être
Ctésias, dans son Périple de l'Asie, dont le fragment suivant
a été conservé par Suidas : Ὑπὲρ δὲ τούτων Σκιάποδες οἱ τούς τε
πόδας ὡς χῆνες ἔχουσι κάρτα πλατέας, καὶ ὅταν θέρμη ᾖ, ὕπτιον ἀνα-
πεσόντες, ἄραντες τὰ σκέλη, σκιάζονται τοῖς ποσίν. Harpocration
et Photius citent le même passage avec de très-légères différences. Voyez le Ctésias de M. Baehr, p. 378, sq. Ici la propriété omise par Aulu-Gelle est la seule dont Ctésias fasse
mention. Et même le scoliaste d'Aristophane, cité par
M. Baehr, dit, sur le vers 1552 de la comédie des *Oiseaux*,
que les sciapodes sont quadrupèdes, qu'ils ont les pieds plus
grands que tout le reste du corps; ce qui leur est fort commode, parce que n'ayant point de maison et habitant sous la
zone torride un pays chaud et aride, ils lèvent, tout en marchant, une de leurs jambes et s'en servent comme d'un pa-
rasol.

Je ferai observer qu'Henri Estienne, en citant au mot Σκιά-
πους ce même passage, l'attribue à Suidas.

Dans la Vie d'Apollonius de Tyane, l. III, c. XLIV, Iarchas,
interrogé sur les Sciapodes, hommes qui habitent sous terre, ἀνθρώπων ὑπὸ γῆν οἰκούντων, répond, c. XLVII : Σκιαπόδας δὲ ἀνθρώπους, ἢ μακροκεφάλους, ἢ ὁπόσα Σκύλακος ξυγγραφαὶ περὶ τούτων ᾄδουσιν, οὔτε ἄλλοσέ ποι βιοτεύειν τῆς γῆς, οὔτε μὴν ἐν Ἰνδοῖς.
Philostr., ed. Olear., p. 134.

Ce peuple paraît avoir été aussi appelé par quelques auteurs
στεγανόποδες, mot qui, au propre, est le nom générique des
oiseaux palmipèdes, comme on le voit dans Aristote : Πολύό-

νυχοι δὲ εἰσι πάντες οἱ ὄρνιθες· ἔτι δὲ πολυσχιδεῖς τρόπον τινὰ πάντες. Τῶν μὲν γὰρ πλείστων διῄρηνται οἱ δάκτυλοι· τὰ δὲ πλωτά,
στεγανόποδά ἐστι· διηρθρωμένους δ᾽ ἔχει καὶ χωριστοὺς δακτύλους.
Hist. animal., l. II, c. XII. — Hésychius explique de même la
formation de ce mot : Στεγανόποδες ὄρνιθες, οἱ ἐν ὕδατι τρεφόμε-
νοι καὶ διατρίβοντες, καὶ τοὺς πόδας ἔχοντες στεγανούς, ἤτοι δέρ-
ματι ἐπειλημμένους. Ceux qui, au lieu d'employer ce mot dans
ce sens réel, lui auraient donné une signification étymologique d'après la racine τὰ στεγανά, *un toit*, l'auraient ensuite
appliqué à l'espèce d'hommes imaginaires dont il est ici question. C'est dans ce dernier sens que l'avait employé Alcman,
comme le rapporte Strabon, livres I et VII. Le mot σκιάποδες
peut même avoir été admis postérieurement comme synonyme
de στεγανόποδες.

· Un rapprochement assez singulier, c'est que plusieurs des
oiseaux palmipèdes ont l'habitude de ne se tenir que sur une
patte en cachant l'autre sous leur aîle, lorsqu'ils sont en repos
sur terre.

(2) Ce chapitre, ainsi que plusieurs des suivants, paraît
clairement tiré de saint Augustin, que l'auteur a transcrit
quelquefois presque littéralement, mais qu'il a paraphrasé ici
à sa manière. Voici le passage de l'évêque d'Hippone : « Item
ferunt esse gentem, ubi singula crura in pedibus habent, nec
poplitem flectunt, et sunt mirabilis celeritatis ; quos Sciopodas vocant, quod per æstum¹ in terra jacentes resupini umbra
se pedum protegant. » *De civit. Dei*, lib. XVI, c. VIII.

· Bochart nous apprend que les Arabes ont beaucoup enchéri
sur cette bizarre imagination ; car, dans leurs traditions populaires, il habite, le long des marais, des êtres qui sont comme
la moitié d'un homme séparé en deux dans toute sa hauteur,
n'ayant ainsi qu'un œil, un bras, une jambe, etc. Leur nom
arabe est *nisnas*. — *Hierozoïc.*, l. VI, c. XIII, p. 845.

XXI.

HOMINES BARBAM USQUE AD GENUA PERTINGENTEM HABENTES.

Sunt homines in oriente, in cujusdam eremi[a] solitudine (1) morantes : qui, ut perhibent, barbam usque ad genua *pertingentem*[b] habent; et crudo pisce
et aquarum sunt haustu (2) viventes.

Ms. [a] Heremi. — [b] Pertengentem.

NOTES.

(1) L'auteur paraît ici se rappeler confusément ce que Sul-
pice Sévère rapporte d'un anachorète du mont Sinaï : « Rubrum
mare vidi : jugum Sina montis ascendi, cujus summum cacumen cœlo pene contiguum nequaquam adiri potest. Inter
hujus recessus anachoreta esse aliquis ferebatur, quem diu
multumque quæsitum videre non potui, qui fere jam quinquaginta annos a conversatione humana remotus, nullo vestis usu,
setis corporis sui tectus, nuditatem suam divino munere ves-
tiebat. » Dialog. I, *de virtutibus monachorum orientalium*, cap. XI,
tom. I, p. 263.

(2) D'autres détails du même dialogue de Sulpice-Sévère
sur la frugalité de ces anachorètes ont pu donner lieu à ces
dernières circonstances.

XXII.

ANDROGYNÆ.

Et his incredibilibus quoddam genus *adscribitur*[a] qui dexteram mammam virilem pro exercendis operibus; at [b] ad fœtus [c] nutriendos sinistram habent muliebrem (1). Quos inter se vicibus coeundo (2) ferunt alternis generare (3).

Ms. [a] Scribitur. — [b] Ad. — [c] Fœtos.

NOTES.

(1) On reconnaît à cette circonstance les *Amazones*, présentées d'une manière plus fabuleuse. Ce petit chapitre paraît tiré de Pline, qui nomme ces peuples *Androgyni*, les place au delà des Nasamones (les peuples les plus reculés de la Cyrénaïque), par conséquent au bord de la Libye intérieure, où commence le grand désert, vers les montagnes noires ; lieux très-vaguement connus des anciens, qui plaçaient, comme on sait, leurs scènes les plus fabuleuses au terme de leurs notions géographiques dans les différentes directions. Pline cite comme ses autorités Calliphane et Aristote. Voici son passage pour la comparaison : « Supra Nasamonas confinesque illis Machlyas, androgynos esse utriusque naturæ, inter se

vicibus coeuntes, Calliphanes tradit. Aristoteles adjicit dextram mammam iis virilém, lævam muliebrem esse. » *Hist. natur.* l. VII, c. ii.

(2) Cela peut se rapporter à la partie de l'énumération de Bérose, où il est question d'êtres humains ayant les parties sexuelles doubles : Ἔχοντας..... καὶ αἰδοῖά τε διττά, ἄῤῥεν καὶ θῆλυ, pag. 49, ed. de M. Richter; mais ce ne sont plus les Amazones. Car les anciens nous représentent ces femmes guerrières comme vivant dans un célibat qui était interrompu, une fois par an, pendant quelques jours qu'elles allaient passer chez un peuple voisin, auquel elles renvoyaient les enfants mâles, ne gardant que les filles. Pline, l. VI, c. vii, nomme ce peuple *Sauromatæ gynæcocratumeni.*

Notre savant voyageur, M. Charles Texier, a trouvé l'été dernier (1834), dans les montagnes qui sont aux environs de l'ancienne Thémiscyre, un monument des plus importants : c'est une enceinte de rochers naturels aplanis par l'art, et sur les parois de laquelle on a sculpté soixante figures dont quelques-unes sont colossales. Une des interprétations de cette sculpture si remarquable a été l'entrevue annuelle dont nous venons de parler. La pompe qui entoure un principal personnage imberbe, suivi d'un magnifique cortége également imberbe, indiquerait naturellement, dans cette hypothèse, les Amazones et leur supériorité; tandis que la barbe, la massue et l'appareil beaucoup plus simple de l'autre cortége s'appliquent très-bien au peuple dont les hommes devenaient, par leur sexe, tributaires de leurs superbes voisines.

Pierre Petit a réuni et discuté tous les témoignages de l'antiquité sur les Amazones, dans un ouvrage spécial, dont voici le titre : Petri Petiti philosophi, et doct. Medici *de Amazonibus dissertatio, qua an vere extiterint, necne, variis ultro citroque conjecturis et argumentis disputatur.* La seconde édition, que j'ai sous les yeux, est d'Amsterdam, 1687, in-12.

(3) On reconnaît évidemment la source de ce chapitre dans ce passage de saint Augustin : « …Quibusdam utriusque sexus esse naturam, et dextram mammam virilem, sinistram mulie- brem, vicibusque alternis coeundo et gignere et parere. » *De civit. Dei*, l. XVI, c. VIII.

XXIII.

DE QUIBUSDAM NILI BRIXONTISQUE FLUMINUM VICINIS.

Quidam quoque Nili Brixontisque (1) fluminis vicini, corpora miri candoris habentes, duodecim
pedum altitudinem (2) habentia, facie [a] quidem bi-
partita (3), et naso longo, et *macilenti* [b] corpore describuntur [c].

Ms. [a] Faciæ. — [b] Macies lenti [*sic*]. — [c] Discribuntur.

NOTES.

(1) Sur ce fleuve voyez les chapitres xxi et xxx de la seconde
partie de ce traité (*De Belluis*).

(2) In India ferunt esse gentem, quæ Μακρόϐιοι nuncupantur, duodecim pedum staturam habentes. » Isidor. *Origin.*
lib. XI, ch. III.

(3) Ce mot, qui pourrait se rendre en français par *mi-parti*,
a besoin d'un autre mot pour compléter sa signification. L'auteur veut-il dire qu'une partie du visage est noire et l'autre
blanche? Ou bien cette expression est-elle analogue à celle de
Bérose ἀνθρώπους διπροσώπους

XXIV.

ASTOMI.

Et sunt homines quos Græcorum historiæ ora non habere perhibent, ut ceterum genus humanum; et *nullis** eos cibis vesci, per nares halitu tantummodo vivere testantur (1).

Ms. * Mellis.

NOTES.

(1) Pline est entré dans quelques détails sur ce peuple imaginaire : « Ad extremos fines Indiæ ab oriente circa fontem Gangis, Astomorum gentem sine ore, corpore toto hirtam, vestiri frondium lanugine, halitu tantum viventem et odore quem naribus trahunt. Nullum illis cibum, nullumque potum : tantum radicum florumque varios odores et silvestrium malorum quæ secum portant longiore itinere, ne desit olfactus : graviore paulo odore haud difficulter exanimari. » *Hist. nat.* lib. VII, cap. 11.—Solin, chap. LII, copie à peu de chose près ce passage; et Aulu-Gelle regarde ce fait comme le plus étonnant de tous ceux qui étaient rapportés dans les livres grecs qu'il avait achetés à Brindes : « Jam vero egreditur omnem modum admirationis, quod iidem illi scriptores gentem esse aiunt, apud extrema Indiæ, corporibus hirtis et, avium ritu, plumantibus, nullo cibatu vescentem, sed spiritu florum naribus hausto victi

tantem. » *Noct. Att.* lib. IX, c. IV. — Saint Augustin : « Aliis ora non esse, eosque per nares tantummodo halitu vivere. » *De civit. Dei*, lib. XVI, c. VIII.

Strabon, liv. II, place parmi les êtres extraordinaires dont parlent Déimachus et Mégasthène, καὶ τοὺς ἀστόμους καὶ ἄρρινας.

Jean Tzetzès, dans sa VIIᵉ Chiliade, v. 767, nomme aussi les Ἄστομοι.

XXV.

MULIERES BARBATÆ.

Mulieres, ut ferunt, juxta montem Armeniæ nascuntur, pellibus indutæ [a] barbam usque ad mammas prolixam habentes : quæ [b] sibi, dum venatrices sunt, tigres et leopardos et rapida ferarum genera, pro canibus, nutriunt (1).

Ms. [a] Indute. — [b] Qui.

NOTES.

(1) Voyez ci-après le chapitre xxxi dans le *Récit des prodiges de l'Inde*, d'après le manuscrit vieux-français, n° 7518.

XXVI.

PYGMÆI.

Et quoddam invisum genus humanum in antris et concavis montium[a] latebris nasci perhibentur qui[b] statura cubitales; et, ut testantur, adversum grues, in tempore messis, bellum conjungunt, ne eorum sata diripiant: quos Græci a cubito[c] Pygmæos[d] vocant (1).

Ms. [a] Moncium. — [b] Quis. — [c] Cubitu. — [d] Pigmeos. Au-dessus de ce mot, à l'interligne, et d'un corps plus petit, est écrit comme glose : *cubitales.*

NOTES.

(1) « On prétend, dit Buffon, qu'il existe dans les montagnes du Tucuman une race de Pygmées de trente-un pouces de hauteur, au-dessus du pays habité par les Patagons. On assure même que les Espagnols ont transporté en Europe quatre de ces petits hommes sur la fin de l'année 1755; mais tous ces faits ont grand besoin d'être rectifiés.

« Au reste l'opinion ou le préjugé de l'existence des Pygmées est extrêmement ancien; Homère, Hésiode et Aristote en font également mention. M. l'abbé Banier a fait sur ce sujet une savante dissertation, qui se trouve dans la collection des *Mémoires de l'Académie des belles-lettres*, tom. V, p. 101. Après avoir comparé tous les témoignages des anciens sur cette race de petits hommes, il est d'avis qu'ils formoient en effet un peuple dans les montagnes d'Éthiopie, et que ce peuple étoit le même que les historiens et les géographes ont désigné depuis sous le nom de *Péchiniens;* mais il pense, avec raison, que ces hommes, quoique de très-petite taille, avoient bien plus d'une ou deux coudées de hauteur, et qu'ils étoient à peu près de la taille des Lapons. » Addition à l'article : *Variétés dans l'espèce humaine,* —*Sur les nains de Madagascar.*

M. Baehr a joint encore de nouveaux aperçus sur cette question dans une note sur le c. xi de l'histoire de l'Inde de Ctésias, p. ꞈ34 et suiv. de son édition. Nous renvoyons nos lecteurs à cet excellent morceau et à la dissertation de l'abbé Banier; mais nous croyons devoir profiter ici de la permission que nous a donnée M. de Sinner, de faire usage du beau travail manuscrit de M. le comte Léopardi, que nous avons déjà cité. En donnant ici textuellement le morceau plein d'érudition qu'il consacre aux Pygmées, nous offrirons à nos lecteurs le meilleur complément de cette matière, en même temps qu'un échantillon d'un ouvrage très-savant:

« Oltre Erodoto, in *Euterpe,* lib. II, cap. xxxii, Ctesia, in *Indicis* ap. Phot. *Biblioth.* cod. LXXII, Filostrato, *vitæ Apollon. Tyan.* l. III. c. xlv, xlvi, et l. VI, c. xxv; Aulo Gellio, *Noct. Att.,* l. IX, c. iv; Stefano Byzantino, in voce; Stazio *; Claudiano, *De Bello Gildonico,* v. 474, che tutti i moderni citano quando parlano dei Pigmei, fecero menzione di questo chimerico popolo, per tacere ora di altri, Sesto Empirico, *adversus mathemat.,* l. III, p. 91, B, ed. Fabric.; Esichio, il lessicografo, in voce Νᾶξαι; Antonino Liberale, *Metamorph.,* cap. xvi; Luciano, in *Hermot.*

* Les seules modifications que je me sois permis d'apporter à ce savant morceau consistent dans l'indication précise de quelques ouvrages dont M. le comte Léopardi avait seulement nommé les auteurs; mais je n'ai pu retrouver le passage de Stace.

sive *de sect.*, § VII; S. Agostino, *De civit Dei*, l. XVI, c. VIII, e l'autore del poemetto sulla Fenice, attribuito a Lattanzio, in quei versi :

> Colligit hinc succos, et odores divite silva,
> > Quos legit Assyrius, quos opulentus Arabs;
> Quos aut Pygmææ gentes, aut India carpit,
> > Aut molli generat terra Sabæa sinu.
>
> > > > *Phœn.*, v. 79, sqq.

« Gli antichi non sono concordi tra loro nel determinare il paese dei Pigmei. Aristotele, *Histor. animal.* lib. VIII, cap. XII, li pone vicino alle sorgenti del Nilo. Altri assegnano loro l'Etiopia per dimora. Altri li trasportano un poco lontano da questa regione, e li collocano nell' India. Del numero di questi è Filostrato, che li pone verso la sorgente del Gange. Solino li colloca sui monti dell' India, *Polyhist.* cap. LII. Anche Plinio avea udito dire che essi abitavano su quelle montagne, *Hist. nat.* lib. VI, cap. XIX. Sulle quali ce li addita anche S. Isidoro, *Orig.* lib. II, cap. III. Alcuni però, come apparisce da Plinio stesso, aveano posti i Pigmei nella Caria, *Hist. nat.* lib. VI, cap. XXIII. Altri aveano creduto che la loro antica patria fosse stata la Tracia, ma che le grù ne li avessero cacciati. Id. lib. IV, cap. II.

« La statura dei Pigmei non è meno controversa: Megastene, e Daimaco, presso Strabone, danno loro tre palmi di altezza, *Geogr.* lib. II, cap. I, p. 70. Plinio fa pur menzione di questa sentenza. Altri autori, presso Aulo Gellio, concedono ai Pigmei due piedi circa di statura. *Noct. att.* lib. IX, cap. IV. Certo il nome di Pigmei da alcuni credesi derivato dalla voce greca πῆχυς*, che significa cubito.

« Sono assai celebri le guerre dei Pigmei contro le grù, des-

---

* Nous n'avons pas besoin de dire que cette étymologie de πῆχυς ne présente aucune vraisemblance. Le Πυγμαῖος vient clairement de πυγμή, soit qu'on entende par ce dernier mot une mesure de lon-

critte già da Omero, *Iliad.* Γ', v. 3, sqq., e poi da Giovenale in quei versi; *Satir.* XIII, v. 167, sqq..

> Ad subitas Thracum volucres nubemque sonoram,
> Pygmæus parvis currit bellator in armis:
> Mox impar hosti, raptusque per aera curvis
> Unguibus, a sæva fertur grue; si videas hoc
> Gentibus in nostris, risu quatiere, sed illic
> Quamquam eadem assiduo spectentur prælia, ridet
> Nemo, ubi tota cohors pede non est altior uno.

« Secondo Pomponio Mela, queste guerre erano state sì micidiali, che il popolo dei Pigmei non esisteva più al suo tempo, essendo stato distrutto dalle sue formidabili nemiche. *De situ Orbis,* lib. III, cap. VI. Da quello però che si legge in Plinio, sembra che si abbia a dedurre il contrario: « È fama, dic' egli, che cavalcando arieti, e capre, e armati di saette [i Pigmei] nella primavera scendano tutti insieme al mare, e distruggano le uova, e uccidano i piccoli figliuoli delle grù, il che se non facessero, non potrebbono resistere alle greggie di quegli uccelli già cresciuti. Che questa spedizione si compia dopo tre mesi. Che le case dei Pigmei siano fabbricate con fango, penne et gusci di uova. Aristotele narra che i Pigmei vivono nelle caverne. » *Hist. nat.* lib. VII, cap. II. Lo stesso Plinio dice altrove che la partenza delle grù dal paese dei Pigmei, dà a questo popolo un poco di tregua, *Id.* lib. X, cap. XXIII.—A dir di Ovidio, la grù è ghiotta del sangue dei Pigmei, *Fast.* lib. VI, v. 175, sq.

> Nec Latium norat quam præbet Ionia dives,
> Nec quæ Pygmæo sanguine gaudet avem.

« Altrove questo poeta c'insegna che una Pigmea avendo contrastato con Giunone, ed essendone stata vinta in non so qual

gueur un peu au-dessous de la coudée, soit qu'on le prenne dans le sens de combat, comme saint Jérôme (Voyez la fin de cette note).

cimento, fu da quella Dea cangiata in una grù, e costretta a divenir nemica della sua propria nazione, *Metam.* lib. VI, v. 90, sqq.

Altera Pygmææ fatum miserabile matris
Pars habet; hanc Juno victam certamine jussit
Esse gruem, populisque suis indicere bellum.

« Beo nella sua Ornitogonia, presso Ateneo, sembra che da questa trista avventura ripeta l'origine delle grù et della nimistà esercitata da esse contro i poveri Pigmei. Egli dice che certa Gerano, nome che in Greco vale Grù, « Era una femina illustre presso i Pigmei, e venerata dai suoi concittadini come una Dea, mentre essa facea poco conto dei veri numi, specialmente di Giunone e di Diana. Che Giunone perciò sdegnata la converti in un deforme uccello, e volle che fosse acerba nemica di quegli stessi Pigmei, che l'aveano onorata. » Bœus in *Ornithogon.* apud Athenæi *Deip..osoph.* lib. IX. Se le origini degli altri uccelli indicate da Beo, somigliavano quella delle grù, la sua ornitogonia, che ora è perduta, correrebbe rischio, se sussistesse, di esser poco considerata dai naturalisti.

« Sembra che Aristotele non abbia adottata la favola Omerica della guerra dei Pigmei colle grù, poichè parlando sì di queste, che di quelli in uno stesso luogo; non fa menzione di cotesta guerra. « Dal paese degli Sciti, scrive egli, *Hist. animal.* l. VIII, c. XII, le grù si recano alle paludi, che sono al di sopra dell' Egitto, onde ha origine il Nilo. Vicino a questo luogo abitano i Pigmei, poichè non è già favola, ma verità, che v'abbia quivi una razza piccola, come dicono, sì di uomini, che di cavalli. Vivono essi alla foggia Trogloditica, » cioè, abitano nelle caverne. Aristotele ci dice dunque seriamente che il popolo dei Pigmei non è favoloso, ma esiste in realtà vicino alle sorgenti del Nilo. Egli avrà avute senza dubbio delle forti ragioni per asserirlo, ma avrebbe fatto assai bene se non le avesse taciute, affine di non dare occasione a qualche miscredente di far poco conto della sua affermazione. Nonnoso ci assicura almeno di aver veduta egli stesso nell Etiopia, navigando per recarsi dagli Omeriti agli Auxumiti, « Certa gente di figura umana, ma di statura piccolissima, di color nero, e coperta di peli per tutto il corpo. Gli uomini, secondo il suo racconto, erano accompagnati da donne simili a loro, e da fanciulli ancora più piccoli di essi. » *Histor. legationum suarum*, apud Phot. *Biblioth.* cod. III. Anche gli Arabi spacciano che un Greco narrò a Giaccobe figlio d'Isacco, come egli navigando nel mare Zingitano, era stato spinto dal vento a certa isola, ove sbarcato, recossi ad una città, le di cui fabbriche saranno state sicuramente assai basse, poichè essa non era abitata che da uomini di statura cubitale, privi per la maggior parte di un occhio. Cotesti loschi uomicciattoli si affollarono intorno al forestiere, e attaccatiglisi alle gambe[*], lo condussero al loro Rè, da cui riceverono ordine di tenerlo prigione. Convien dire che quel buon Greco fosse assai paziente, poichè lasciò infatti menarsi in una specie di caverna, la quale essendo fatta per uomini non più alti di un cubito, dovea essere un carcere assai penoso per uno della nostra statura. Un giorno avendo veduto che i suoi ospiti faceano dei preparativi come per una guerra, egli udì dire da essi che il nemico avvanzava, et ben presto li avrebbe assaliti. Il nemico era esercito delle grù, che antecedentemente in varie bataglie avea privata di uno degli occhi la maggior parte dell' armata Pigmea. Esse vennero

---

[*] A ces détails pourrait se rapporter, mieux qu'aux traditions grecques, ce que Larcher dit de celles-ci, après les avoir passées en revue : « Voilà certes de grandes autorités pour prouver l'existence des Pygmées, mais il y en a encore une plus considérable, qui auroit pu me dispenser de rapporter les autres, c'est le voyage du capitaine Lemuel Gulliver à Lilliput. » *Histoire d'Hérodote*, t. VI, p. 361, notes sur l'hist. de l'Inde de Ctésias. Il y a de l'exagération dans cette plaisanterie.

infatti poco dopo, ma il prigioniero dato di piglio a una verga, avventò loro delle bastonate, e le fece volar via, riempendo d'ammirazione le truppe Pigmee. Ecco un fatto degno di esser considerato più di quello di Ercole riferito da Filostrato*, il quale ci narra che questo eroe stanco per il combattimento avuto con Anteo, e addormentatosi giacendo steso sul terreno, fù assediato da una quantità di Pigmei, che sommigliava un formicajo. Ercole svegliatosi, e stroffinandosi gli occhi con una mano, stese coll' altra la pelle del leone Nemeo, nella quale ovviluppati come quagliotti i suoi nemici, li conduce così involti a pescare nel fondo del fiume Euristeo.

« Lasciando le favole, abbiamo a congratularci con uno scrittore, che quasi solo fra la turba immensa dei creduli, osò mostrarsi poco persuaso della esistenza dei Pigmei. Questi è Strabonne, il qual dice degli Etiopi, *Geograph.* l. XVII, c. II, p. 821, che « Le loro greggie consistono in piccole peccore, in capre, in buoi, e in cani ancor piccoli : » e che « gli stessi abitanti sono pur piccoli, ma forti e guerrieri. Forse, soggiunge, la loro naturale piccolezza diè occasione d'immaginare, e di fingere un popolo di Pigmei : poichè cotesto popolo non fu veduto da verun uomo degno di fede. » Non so se del popolo Pigmeo ovvero dei nani abbia voluto parlar Longino nel luogo, che sono per addurre : « Seppur..... ciò non è favola, egli dice, *De sublim.* sect. XLIV, odo narrarsi, che le scatole, nelle quali sono allevati

---

* C'était le sujet de son XXII⁰ tableau, livre II. D'après la description pleine de gaicté qu'il en donne, on y voyait l'armée des Pygmées disposée dans un savant ordre de bataille contre les différentes parties du corps d'Hercule : une phalange combattait contre sa main gauche, et deux cohortes contre la droite. L'attaque des pieds était confiée aux archers, et celle des jambes, dans toute leur longueur, à la troupe nombreuse des frondeurs. Le roi lui-même, avec l'élite de ses guerriers et plusieurs machines de guerre, marchait contre la tête, etc.

coloro che si chiamano Pigmei, non solo impediscono che cresca chi vi è rinchiuso, ma serrandogli e comprimendogli il corpo, fanno ancora che diminuisca e si ristringa. » Può credersi che anche Aulo Gellio dubitasse della verità di ciò, che si diceva intorno all' esistenza dei Pigmei, poichè annovera questa fola notissima tra le cose incredibili inaudite, e favolose, da lui lette in certe opere di Aristea, d'Isigono, di Ctesia, di Onesicrito, di Polistefano, di Fgesia, che avea tolte a vil prezzo da un librajo nel porto di Brindisi. *Noctt. att.* l. IX, c. IV. Dopo avere riferite alcune di quelle favole, dice che altre molte ne lesse in quelle opere, ma che stimò affatto inutile il trascriverle [*].

« Noi siamo in un tempo in cui non fa duopo dimostrare che la razza Pigmea è una chimera. Se anche ciò bisognasse, non si dovrebbe aspettare che io lo facessi : altri lo hanno già fatto abbondantemente. Alberto magno, Eduardo Jasone, Giobbe Ludolfo, Banier, Jablonski, Wonderart, *Detect. mytholog. Græcorum in decantato Pygm. Gruum et perdicum bello*, hanno proposte le loro opinioni intorno all' origine di questo stravagante pensamento. È a credersi, che i Thurneisser, i Bartholin *de Pygmæis*, i Gesner, i Schott protettori dei Pigmei, non esistano più. Si sa che quel passo di Ezechiele : « Sed et Pygmæi qui erant in turribus tuis pharetras suas suspenderunt in muris tuis per gyrum ; ipsi compleverunt pulchritudinem tuam, » cap. XXVII, v. 11, non dee per conto alcuno riferirsi ai Pigmei Omerici, benchè taluno abbia sconsigliatamente tenuto il contrario, come il Lirano. S. Girolamo, esponendo quel passo, neppur fa menzione del minuto popolo Pigmeo. I custodi delle torri di Tiro, dic' egli, « Sono Pigmei, cioè, guerrieri, e attissimi a combattere, dalla voce Greca πυγμή, che s'interpreta combattimento. » *Commentar. in Ezechiel*, l. VIII, ad loc. cit.

[*] Voyez ce passage entier d'Aulu-Gelle, à la suite de la première partie du présent traité.

XXVII.

ACEPHALI.

Sunt quoque homines in insula Brixontis (1) fluvii,
qui absque capitibus nascuntur : quos Epifugos (2)
[*sic*] Græci vocant. Et septem pedum altitudinis sunt;
et tota in pectore capitis officia gerunt, nisi quod oculos in humeris habere dicuntur.

NOTES.

(1) Voyez sur ce fleuve les chapitres XXI et XXX de la seconde
partie (*De Belluis*).

(2) Le nom que plusieurs auteurs donnent à ce peuple fantastique n'a aucun rapport avec la leçon de notre manuscrit.
Ce nom est *Blemmyæ*, *Blemyæ* ou *Lemniæ*, qui, dans beaucoup d'autres auteurs, est, comme on sait, le nom d'un véritable peuple. Mais tous s'accordent à le placer vers les extrémités de l'Afrique. Τὰ δὲ κατωτέρω ἑκατέρωθεν Μερόης, παρὰ
μὲν τὸν Νεῖλον πρὸς τὴν Ἐρυθράν, Μεγάβαροι καὶ Βλέμμυες, Αἰ-
θιόπων ὑπακούοντες, Αἰγυπτίοις δ' ὅμοροι. Strab., Geogr., l. XVII,
c. I, p. 786. Λοιπὰ δὲ τὰ πρὸς νότον, Τρωγλοδύται, Βλέμμυες, καὶ
Νοῦβαι, καὶ Μεγάβαροι οἱ ὑπὲρ Συήνης Αἰθίοπες. Ibid., c. I, p. 819.

« Atlantas juxta eos, Ægipanas semiferos, et Blemmyas,
et Gamphasantas, et satyros, et himantopodas. » Plin., *Hist.
nat.*, l. V, c. VIII. Jusqu'ici nous n'avons que le nom et la

position géographique des Blemmyes, et Strabon se borne à
cela, d'où l'on peut inférer qu'il rejette la tradition relative
à leur figure. Mais Pline, après cette énumération, revient
successivement sur chacun des peuples qu'il y a nommés, et
il dit sur ceux-ci : « Blemmyis traduntur capita abesse, ore et
oculis pectore affixis. » Ailleurs il indique un peuple du même
genre, mais ayant, comme dans notre auteur, les yeux sur
les épaules et non sur la poitrine. « Rursusque ab his [Tro-
glodytis], occidentem versus, quosdam sine cervice oculos in
humeris habentes. » L. VII, c. ii. Aulu-Gelle en parle de même :
« Quosdam etiam esse nullis cervicibus, oculos in humeris
habentes. » *Noct. att.*, l. IX, c. iv. Et Solin : « Sunt qui cervicibus carent, et in humeris habent oculos. » *Polyhist.*, c. lii.
« Blemmyas credunt truncos nasci, parte qua caput est, os tamen et oculos habere in pectore. » Id., c. xxxi. On voit d'après
cela que le nom de Blemmyes est réservé à ceux qui ont les
yeux sur la poitrine; les autres ne sont point nommés. Cette
distinction est confirmée par Isidore de Séville : « Lemnias in
Lybia credunt truncos sine capite nasci, et os et oculos habere
in pectore; alios sine cervicibus gigni, oculos habentes in humeris. » *Origin.*, l. XI, c. iii. Saint Augustin ne les nomme
pas; il se borne à dire : « Quosdam sine cervice, oculos habentes in humeris. » *De civit. Dei*, l. XVI, c. viii. Pomponius Méla :
« Blemyis capita absunt; vultus in pectore est. » *De Situ orbis*,
l. I, c. viii. Le même auteur dit qu'entre les Troglodytes et
les peuples de l'extrémité de l'Atlas sont, « Vix jam homines,
magisque semiferi, Ægipanes et Blemyes, et Gamphasantes et
Satyri, sine tectis ac sedibus passim vagi, habent potius terras
quam habitant. » L. I, c. iv.

Ammien Marcellin, livre XIV, cité par Saumaise, *Plinian.
Exercitt.*, p. 485, B, dit que les *Saraceni* s'étendaient au sud
jusqu'aux cataractes du Nil, où ils avaient pour voisins les
Blemmyes.

M. Étienne Quatremère a réuni et discuté tous les témoignages des anciens au sujet des Blemmyes, dans le Mémoire
qu'il leur a consacré, *Mémoires histor. et géogr. sur l'Égypte*, etc.,
t. II, p. 127 et suiv.; et il a rapproché ces témoignages d'un
extrait de l'historien arabe Macrisy sur la tribu des Bédjah
dans laquelle notre savant orientaliste reconnaît les anciens
Blemmyes : « En effet, dit-il, cette nation nous est représentée
comme menant la vie nomade, infestant l'Égypte par des
courses fréquentes, et habitant ces vastes déserts compris entre
l'Égypte, la Nubie, l'Abyssinie et la mer Rouge, qui, comme
nous l'avons vu, étoient occupés par les Blemmyes. » p. 134.

Près de la tribu des Bedjah est celle des Bazah, sur lesquels
Macrisy rapporte le fait suivant : « Un Musulman d'une belle
figure étant un jour entré dans ce pays, tous les habitants
s'appelèrent les uns les autres en disant : Voici un dieu qui est
descendu du ciel et qui est assis sous cet arbre; et ils se mirent
à le considérer. » M. Ét. Quatremère, lieu cité, p. 142. Ceci
s'accorde bien avec la laideur excessive des Blemmyes, comme
le passage précédent s'accordait avec la férocité de ce peuple,
que Vopiscus nous représente ayant ce double caractère. Car il
dit que l'empereur Probus en amena quelques-uns captifs à
Rome, où leur vue extraordinaire causa le plus grand étonnement. Peu de temps après, le peuple romain apprit à connaître leurs fureurs, quand ils s'emparèrent de Coptos et de
Ptolémaïs, où ils massacrèrent tous les Romains. *Historiæ August. scriptt.*, ed. Schrevel., p. 940, sqq.—M. Letronne pense que
la « route de caravanes entre Coptos et Bérénice devoit être infestée souvent par les *Blémyes*, qui erroient dans le désert entre le
Nil et la mer Rouge. C'étoit sans doute pour assurer cette route
que le tyran Firmus, qui s'occupa du commerce pendant son
court règne, et envoya des vaisseaux marchands dans l'Inde, fit
alliance avec les Blémyes, selon Vopiscus, in Firmo, § III. » *La
Statue vocale de Memnon*, page 258.

XXVIII.

DE HOMINE CUI LUNATÆ ERANT PLANTÆ.

Et quemdam hominem fideli historia (1) lunatas (2) habuisse plantas duorum non amplius digitorum comperimus. Cujus quoque manus in hujus normæ mensuram *editæ* [a] describuntur [b].

Ms. [a] Ædite. — [b] Discribuntur.

NOTES.

(1) C'est en effet saint Augustin qui cite ce phénomène comme existant de son temps et dans son diocèse : « Apud Hipponem Diarrhytum est homo quasi lunatas habens plantas, et in eis binos tantummodo digitos, similes et manus. » *De civit. Dei*, l. XVI, c. VIII.

(2) L'adjectif *lunatus* signifie *de forme circulaire*. On peut donc se représenter les pieds de cet homme comme formant une base ronde au-dessous de ses jambes, au lieu d'un prolongement antérieur. Du reste saint Augustin, à qui l'auteur emprunte l'expression *lunatas*, la fait précéder de *quasi* comme correctif.

XXIX.

DE QUODAM HUMANO GENERE FORMOSO.

In oriente quoque, juxta Oceanum, formosum genus humanum legimus. Et hanc causam amœnitatis *
eorum esse asserunt, quod crudam carnem et mel
purissimum manducant (1).

Ms. * Amenitatis.

NOTES.

(1) Dans la lettre d'Alexandre à Aristote, ce sont les mœurs
pures des Indiens qui semblent expliquées par un genre de
nourriture très-simple: « Quæ gens justissima omnium gentium
esse perhibetur; ubi nec homicidium, nec adulterium, neque
perjurium, nec ebrietas committitur : pane tantummodo et
oleribus et aqua vescuntur. » fol. 18 verso.

Vincent de Beauvais présente la chose d'une troisième manière : « Opobalsamo vescuntur et thure. Cadentem rivo puro,
ex vicino monte, potant aquam. Homines accumbentes et
quiescentes, sine ullis cervicalibus stratisque, tantum pellibus
ferarum : hoc amictu et victu contenti, vivunt annis trecentis. »
Specul. historial., l. IV, c. LVII.

On trouve quelque chose d'analogue, mais avec plus de développement, dans Ammien Marcellin, qui dit, en parlant des
gens de campagne de la Thrace, de la Mysie et de l'Illyrie :

8

« Constat autem, ut vulgavere rumores assidui, omnes pæne agrestes qui per regiones prædictas montium circumcolunt altitudines, salubritate virium et prærogativa quadam vitæ longius propagandæ nos anteire : idque inde contingere arbitrantur quod colluvione ciborum abstinent calidis, et perenni viriditate roris asperginibus gelidis ccrpora constringente, auræ purioris dulcedine potiuntur, radiosque solis suapte natura vitales primi omnium sentiunt, nullis adhuc maculis rerum humanarum infectos. » l. XXVII, c. IV.

XXX.

OLIGOCHRONII.

Est aliud genus humanum qui angustissimam metam terminandi vitam habere dicuntur. Quorum feminæ quinquennes concipiunt, et amplius quam ad annum octavum vitam non *producunt* [a] (1).

Ms. [a] Producant.

NOTES.

(1) « ...In Calingis, ejusdem Indiæ gente, quinquennes concipere feminas, octavum vitæ annum non excedere. » Plin. *Hist. nat.*, l. VII, c. I.

« Perhibent esse et gentem feminarum, quæ quinquennes concipiant, sed ultra octavum annum vivendi spatium non protrahunt. » Solin. *Polyhist.* cap. LII, p. 80, A. Sur l'exemplaire de la Bibliothèque du Roi, qui provient de celle de Huet, ce savant prélat a mis un renvoi au mot *quinquennes*, et a écrit à la marge : « Frequens hoc est apud Indos. » Mais M. Cuvier, dans sa note sur le passage de Pline ci-dessus, regarde cela comme une exagération ; et il établit même, dans une autre note, un peu avant, que la plus grande précocité de conception dans les climats les plus chauds ne va pas en deçà du neuf ans.

8.

Saint Isidore reproduit littéralement le passage de Pline;
Orig. l. XI, c. III; et saint Augustin, par lequel cette notion est
très-probablement parvenue à notre auteur, dit : « Alii quinquennes concipere feminas et octavum vitæ annum non excedere. » *De civit. Dei,* l. XVI, c. VIII.

XXXI.

MULIERES .FORMÆ TRIPLICIS.

Sunt mulieres, ut ferunt, speciosæ [a], rubro mari cohærentes, quarum corpora marmoreo nitore fulgent; quæ [b] duodecim [c] pedes altitudinis, et crines usque ad talos defluentes, caudas boum in lateribus, et camelorum [d] pedes habent (1).

Ms. [a] Speciose. — [d] Qui. — [c] XII. — [d] Camellorum.

NOTES.

(1) Dans le récit des prodiges de l'Inde que nous extrayons ci-après de l'histoire d'Alexandre, d'après le ms. 7318, l'auteur distingue des femmes horribles et velues, ayant douze pieds de haut et une corne de vache au nombril, et des femmes très-belles ayant sept pieds de haut, des cheveux couleur d'or et des pieds de cheval. Voyez toute la description au chap. xxxi dans cet extrait, à la suite du présent traité.

DE MONSTRIS.

XXXII.

GENS, CUI PLANTÆ RETRO CURVATÆ.

Et dicunt esse gentem ab humana statura hoc modo discrepantem : fiunt enim in integris corporibus; sed plantæ retro curvatæ^a officio capitis contrariæ (1) videntur: Quorum hoc ignorantes vestigia fallunt.

Ms. ^a Curvate.

NOTES.

(1) Pline joint à ce caractère, celui d'avoir huit doigts à chaque pied : « In monte, cui nomen est Nulo, homines esse aversis plantis, octonos digitos in singulis habentes, auctor est Megasthenes. » *Hist. nat.* l. VII, c. II; Solin. *Polyhist.* cap. LII, p. 79, E. ne fait que transcrire ce passage de Pline.

Aulu-Gelle place cette race d'hommes à l'extrémité de la Scythie : « .... Alios item esse homines, apud eamdem cœli plagam, singulariæ velocitatis, vestigia pedum habentes retro porrecta, non ut cæterorum hominum, prospectantia. » *Noct. att.* l. IX, c. IV.

Isidore de Séville les nomme *Antipodes*, mot qu'il distingue ainsi de *Antipodæ* les Antipodes. « Antipodes in Libya plantas versas habent post crura et octonos digitos in plantis. » *Origin.* l. XI, c. III. Cette distinction ne se trouve que là et dans notre auteur, c. LVI; car les autres écrivains latins, tels que

Sénèque, Lactance, saint Augustin, emploient constamment
la terminaison *Antipodes*. C'est probablement le même peuple
que Strabon, *Geogr.* l. II, p. 70, ed. Casaub., appelle dans une
éaumération ὀπισθοδακτύλους. Et Tzetzès termine par ce vers la
liste des hommes monstrueux qu'il emprunte d'Apollodore :

Καὶ οἱ Ὀπισθοδάκτυλοι, καὶ οἱ Ἀγελαστοῦντες.
Chiliad. VII, v. 768.

Pline, au commencement du chapitre cité ci-dessus, donne
avec plus de détails encore ce même caractère à un peuple qu'il
place au delà des Scythes anthropophages : « Super alios autem
anthropophagos Scythas, in quadam convalle magna Imai
montis, regio est, quæ vocatur Abarimon, in qua silvestres
vivunt homines, aversis post crura plantis, eximiæ velocitatis,
passim cum feris vagantes. » Il se pourrait que ce conte, comme
tant d'autres, eût pour fondement quelque vérité; mais nous ne
l'apercevons pas ; et nous ne voyons, il faut l'avouer, qu'une
vaine subtilité et une manie d'interprétation à toute force, dans
l'explication qu'en propose Poinsinet de Sivry, et qui lui a valu,
de l'un des derniers commentateurs de Pline, l'épithète de
sagacissimus. Voyez le Pline de la collect. Lemaire, tom. III, p 17,
note 13. Nos lecteurs en jugeront : « Pour moi, dit Poinsinet
de Sivry, je me persuade que cette configuration prétendue
monstrueuse n'étoit qu'une illusion des yeux. Quand on voit
par derrière quelqu'un qui court extrêmement vîte, la plante
de ses pieds paroît être tournée et regarder les molets. Or il est
ici question d'une race d'hommes très-prompte à la course. »
tom. III, p. 14 de la traduction. — Remarquez que les Grecs,
chez lesquels Pline avait puisé ce récit, étaient fort habitués à
voir des coureurs d'une rapidité excessive, puisque cet exercice
était celui qu'ils avaient le plus perfectionné, la course à pied
tenant le premier rang aux jeux olympiques, et l'athlète qui
y remportait le prix donnant son nom à l'olympiade.

XXXIII.

MONTIUM IGNEORUM INCOLÆ.

In quodam quoque deserto montes ignei leguntur.
Homines in quibus nascuntur, toto corpore nigri,
sicut Æthiopes[a] : quorum nos quemdam vidimus (1)
carbonea nigritudine, dentibus et oculis tantummodo
et *unguibus*[b] nitentem.

Ms. [a] Ethiopes. —[b] Ungibus.

NOTES.

(1) Le témoignage de notre auteur n'est pas suspect. L'homme
qu'il atteste ici avoir vu est, d'après sa description, tout simplement un nègre, qu'on lui a fait accroire être originaire de ces
prétendues montagnes de feu. Au reste, ces montagnes pouvaient bien être quelque volcan, décrit imparfaitement par ce
nègre, qui probablement ne parlait pas mieux le latin que
ceux de nos jours ne parlent les langues modernes; la passion
du merveilleux y aura vu des montagnes de feu.

XXXIV.

DE CACO.

(1) Erat monstrum quoddam in Arcadia (2), nomine Cacus, in antro (3) fluminis Tiberini, flammas de pectore vomens (4), et toto pectore setosus (5); qui quatuor^a (6) tauros furto et totidem vaccas abduxit armentario et eos per vim fortitudinis retrorsum (7), ne investigarentur, caudis traxit in antrum.

Ms. ª IIIIᵒ.ʳ.

NOTES.

(1) Deux expressions de Virgile ont probablement engagé l'auteur de ce traité assez régulier dans son plan à faire figurer Cacus parmi les monstres. L'une de ces expressions est : « Huic *monstro* Vulcanus erat pater. » *Æneid.* l. VIII, v. 198; l'autre : « *Semihominis* Caci, » ibid. v. 194, n'est pas moins figurée que la première, puisque Servius explique le mot *semihominis* : « Hoc est, feritate corrupti. » Ce petit chapitre est évidemment une espèce d'extrait de la magnifique description de l'aventure de Cacus dans le VIIIᵉ livre de l'Énéide.

(2) Il faut entendre par ce mot, non pas l'Arcadie, mais la partie du Latium que Silius Italicus, *De bello Punico*, l. VII, v. 18, appelle Evandria regna. — Virgile :

Arcades his oris, genus a Pallante profectum,

Qui regem Evandrum comites, qui signa secuti,
Delegere locum.

Æneid., l. VIII, v. 51, sqq.

C'est, comme on sait, le lieu même où fut ensuite bâtie Rome, ce qui a fourni à Virgile des rapprochements si poétiques. Varron, cité à cet endroit par Servius, dit : « Nonne Arcades exules confugerunt in Palatium, duce Evandro ? »

(3) Cette expression ne rend que très-vaguement la situation de cette caverne, qui, d'après le récit de Virgile, était creusée dans le mont Aventin, par conséquent sur la rive gauche du Tibre. Hercule fit rouler dans ce fleuve les débris de l'antre de Cacus, qu'il détruisit.

(4) Virgile donne en effet cet attribut merveilleux à Cacus comme fils de Vulcain :

......................Illius atros
  Ore vomens ignes.

v. 198, sq.

Faucibus ingentem fumum, mirabile dictu !
Evomit.

v. 252, sq.

Et Ovide :

..............Patrias male fortis ad artes
  Confugit, et flammas ore sonante vomit.

Fast., l. I, v. 571, sq.

(5) Cette circonstance est prise de Virgile :

...................Villosaque setis
  Pectora semiferi.

Ibid., v. 266, sq.

Ovide n'en fait pas mention.

(6) C'est encore Virgile qui précise ce nombre :

Quattuor a stabulis præstanti corpore tauros
Averti, totidem forma superante juvencas.

v. 207, sq.

Ovide dit seulement deux taureaux :

Excussus somno Tirynthius hospes
De numero tauros sentit abesse duos,

(7) Ce fait est le même dans tous les auteurs qui rapportent l'aventure de Cacus, une des anciennes traditions romaines. Tite-Live, l. I, c. VII, et Denys d'Halicarnasse, l. I, c. IX, en écartant les circonstances les plus fabuleuses, ont conservé celle-ci, qui, si elle ne l'est pas, suppose au moins une force bien extraordinaire dans Cacus.

C'est ici que cet extrait paraît maladroitement tronqué, puisque l'auteur ne dit pas que ces taureaux et ces vaches appartenaient à Hercule, qui se vengea de leur rapt par la mort du brigand.

Jean Tzetzès dans la XXI⁰ histoire de sa V⁰ chiliade, v. 100 et suiv., donne le résumé succinct de cette aventure. Voici les vers politiques de ce fécond versificateur; s'ils n'ont pas le mérite d'un style bien brillant, ils ont au moins celui d'une grande clarté :

Οὗτος ὁ Κᾶκος ἦν λῃστής, κλέπτης τῶν εὐμηχάνων,
Ἐν τόποις ὅπου νῦν ἐστιν ἡ πρεσβυτέρα Ῥώμη.
Ὡς δ' Ἡρακλῆς διέβαινε βουσὶ σὺν Γηρυόνου,
Οὗτος πολλοὺς ἐκ τῶν βοῶν λάθρα συλλήσας τῶνδε,
Σπηλαίῳ εἰσεβίβαζεν αὐτοῦ ἐξοπισθίως·
Ὥστε τινὰ προσβλέποντα τότε βοῶν τὰ ἴχνη,
Νομίζειν μᾶλλον ἐξελθεῖν ἐκ τοῦ σπηλαίου βόας
Ἢ εἰσελθεῖν ὡς πρὸς αὐτόν. Γνοὺς μόλις Ἡρακλῆς δὲ
Τοὺς βόας μὲν ἀφείλετο, τὸν Κᾶκον δ' ἐκεῖ κτείνει.
Δίων καὶ Διονύσιος γράφουσι τὰ τοῦ Κάκου,
Ἄλλοι πολλοί τε συγγραφεῖς γράφοντες τὰ τῆς Ῥώμης.

XXXV.

DE QUODAM MONSTRO, NAUTIS INIMICO.

Et ferunt monstrum aliud in quodam loco juxta Oceanum fuisse. Quod ut barcam ª (1) adlabi undis et de littore cernebat; et nautas hæsitantes ᵇ ad terram venire, visu ejus territos, in medio rapiebat gurgite et navem, cum hominibus, aridam deposuit (2).

Ms. ª Au dessus de ce mot, est écrit comme glose : navem. — ᵇ hesitantes.

NOTES.

(1) C'est un mot de la basse latinité dont Du Cange donne un assez grand nombre d'exemples, mais toujours dans le sens de bateau de charge; ce qui est conforme à la définition d'Isidore de Séville: « Barca est, quæ cuncta navis commercia ad littus portat. » *Orig.*, l. IX, c. 1. Ici il est pris dans le sens de notre mot *barque*, qui en vient ainsi que l'ancien mot français *bargotte*, employé par Guillaume Guiard dans les vers suivants cités par Du Cange *Glossar. med. et infim. latinatis* in voce *barca*.

> Li Rois est en une bargotte,
> Nul pointet ne se deconforte,
> Le Cardinal devant lui porte
> De la vraye Croix la semblance.
> Un autre vaissel les devance.

Du Cange cite encore Abbon comme disant dans son poëme sur le siége de la ville de Paris que, de son temps (au ix⁰ siècle), on désignait vulgairement sous le 'nom de *barca* ces innombrables navires sur lesquels les Normands remontaient la Seine.

> ....Numero numerante carentes
> Extat eas moris vulgo BARCAS nominare.
>> *De Obsid. Paris.*, l. II.

(2) Je ne vois pas à quelle fable ou à quelle tradition peut se rapporter ce chapitre.

XXXVI.

DE HOMINIBUS NIGRIS, IMMENSIS ET ANTHROPOPHAGIS.

Hominum quoque genus immensis corporibus ab Oriente nascuntur, corpore nigri : et duodeviginti pedes altitudinis capíunt; et, ut ferunt, homines comprehendunt, crudos manducant (1).

Ms. ° XVIII.

NOTES.

(1) La manière dont Alexandre délivra la terre de ces anthropophages est un des endroits les plus bizarres de l'histoire de ce conquérant dans la vieille version française :

« Alixandre entra en la terre par devers Orient, où il trouva une manière de gens d'horribles regards, remplis de toutes mauvaises œuvres, lesquelz mengeoient toutes manieres de chairs, et de la chair des hommes quand ilz la trouvoient. Alixandre regarda leurs mauvais usages, et que s'ilz s'espandoient parmi le monde, que le peuple seroit deceu de leurs mauvaises exemples. Si les fist assembler avec leurs femmes et enfants et les osta de la terre d'Orient, et les fist mener ès parties d'aquillon entre deux montaignes. Et fist sa priere à nostre Seigneur qu'il fist assembler les deux montaignes ensemble : dont l'une desdictes montaignes eut nom Promontoire, et l'autre Lairent; et se joignirent tous deux ensemble à douze pieds l'une de l'autre. Adonc fist Alixandre faire portes de fer, et les fist couvrir d'astruction, affin qu'elles ne fussent entrebrisees ne arses en nulle maniere : car sa nature est telle qu'il brise le fer et le consomme tout, et estaint le feu, comme faict l'eaue. Et de celuy jour en avant, nul n'en yssirent, ne nul n'alla à eulx. » *Lhystoire du noble et vaillant roy Alixandre le grand, jadis roy et seigneur de tout le monde, et des grandes prouesses qu'il a faictz en son temps.* — Sans date ni pagination.

« Anthropophagi, gens asperrima sub Siricum sita : qui quia humanis carnibus vescuntur, ideo anthropophagi nominantur. Itaque sicut his, ita et ceteris gentibus per sæcula aut a regibus, aut a locis, aut a moribus, vel ex quibuslibet aliis causis immutata vocabula sunt. » Isidori *Origin.*, l. IX, c. II.

« Scythas illos penitissimos, qui sub ipsis septemtrionibus ætatem agunt, corporibus hominum vesci, ejusque victus alimento vitam ducere et ἀνθρωποφάγους nominari. » A. Gell. *Noct. att.* l. IX, c. IV.

XXXVII.

DE QUIBUSDAM MONSTRIS IMMANIBUS, IN STAGNIS.

Et dicuntur monstra esse in paludibus cum tribus humanis capitibus; et sub profundissimis stagnis, sicut nymphas[a], habitare fabulantur[b]. Quod credere profanum est (1) : ut non illuc fluant gurgites, quo immane monstrum ingreditur.

Ms. [a] Nimphas. — [b] Famulantur.

NOTES.

(1) Cette singulière observation a l'air d'un reste de la vénération des anciens pour les fleuves et les fontaines, dont l'idée se joignait toujours, pour eux, à celle de quelque divinité bienfaisante. Cette opinion religieuse remonte à la plus haute antiquité. Hésiode fait un précepte important du respect qu'on doit aux eaux des fleuves et des fontaines, dans ces vers pleins de la plus suave harmonie :

Μηδέ ποτ' ἀενάων ποταμῶν καλλίρροον ὕδωρ
Ποσσὶ περᾶν, πρὶν γ' εὔξη ἰδὼν ἐς καλὰ ῥέεθρα,
Χεῖρας νιψάμενος πολυηράτῳ ὕδατι λευκῷ.
Ὃς ποταμὸν διαβῇ, κακότητι δὲ χεῖρας ἄνιπτος,
Τῷδε θεοὶ νεμεσῶσι, καὶ ἄλγεα δῶκαν ὀπίσσω.

Oper. et Dier., v. 737, sqq.

Un peu plus loin, non content de ces préceptes, le poëte, avec
la naïveté de ces temps primitifs, descend aux détails les plus
vulgaires :

Μηδέ ποτ' ἐν προχοῇ ποταμῶν ἅλαδε προρεόντων,
Μηδ' ἐπὶ κρηνάων οὐρεῖν, μάλα δ' ἐξαλέασθαι·
Μηδ' ἐναποψύχειν· τὸ γὰρ οὔ τοι λώϊόν ἐστιν
Ὧδ' ἔρδειν.

Ibid., v. 757-760.

Cette idée de la sainteté des fontaines et du respect qui leur
est dû fait le sujet d'une épigramme d'Apollonide, qui a bien
en cela le caractère antique :

Εἰς πηγὴν ὀνομαζομένην Καθαρήν.

Ἡι Καθαρή (Νύμφαι γὰρ ἐπώνυμον ἔξοχον ἄλλων
Κρήνη πασάων δῶκαν ἐμοὶ λιβάδων),
Λῃστὴς ὅτε μοι παρακλίντορας ἔκτανεν ἄνδρας,
Καὶ φονίην ἱεροῖς ὕδασι λοῦσε χέρα.
Κεῖνον ἀναστρέψασα γλυκὺν ῥόον, οὐκ ἔθ' ὁδίταις
Βλύζω· τίς γὰρ ἐρεῖ τὴν Καθαρὴν ἔτι με;

Tom. II, p. 134, Brunck. Analect.

M. Beugnot met ce respect instinctif pour les eaux parmi
les traces du paganisme qui ont traversé les siècles pour arriver jusqu'à nous : « Les classes les moins éclairées de la société
étant celles qui conservent le plus soigneusement les vieilles
erreurs et les anciennes croyances, il ne subsiste plus du culte
romain que ce qui était le mieux approprié à leur intelligence
grossière, c'est-à-dire la foi dans les sortiléges et la divination,
la crainte des esprits et des fées; un respect instinctif pour les
arbres, les eaux et les pierres. » Hist. de la destruction du paganisme en Occident; Paris, 1835, l. XII, c. VII, t. II, p. 343.

9

XXXVIII.

DE PROTEO.

Proteus[a] quoque cæruleo colore bipedum equorum cursu vehi per æquora[b] nudus perhibetur (1); et super omne piscium genus principatum habuisse; et in omnium rerum formas se *vertere*[c] potuisse describitur (2).

Ms. [a] Protheus. — [b] Equora. — [c] Verti.

NOTES.

(1) Est in Carpathio Neptuni gurgite vates,
Cæruleus Proteus, magnum qui piscibus æquor
Et juncto bipedum curru metitur equorum.
Virg., Georg., l. IV, v. 387, sqq.

(2) Οὐδ' ὁ γέρων δολίης ἐπελήθετο τέχνης,
Ἀλλ' ἤτοι πρώτιστα λέων γένετ' ἠϋγένειος,
Αὐτὰρ ἔπειτα δράκων καὶ πάρδαλις, ἠδὲ μέγας σῦς·
Γίνετο δ' ὑγρὸν ὕδωρ, καὶ δένδρεον ὑψιπέτηλον.
Homer., Odyss., Δ, v. 455, sqq.

Ille suæ contra non immemor artis,
Omnia transformat sese in miracula rerum,
Ignemque[*], horribilemque feram, fluviumque liquentem.
Virg., Georg., l. IV, v. 441, sqq.

[*] Cette métamorphose en feu, qui n'est pas dans les vers d'Homère ci-dessus, est pourtant prise aussi de ce poëte qui l'indique un peu plus haut, Δ, v. 417.

Πάντα δὲ γινόμενος πειρήσεται, ὅσσ' ἐπὶ γαῖαν
Ἑρπετὰ γίνονται, καὶ ὕδωρ, καὶ θεσπιδαὲς πῦρ.

Le mythe de Protée a été un des plus féconds en interprétations allégoriques. Madame Dacier se moque avec raison
de ceux qui y voyaient un emblême de l'amitié, qui ne doit paraître sûre qu'après qu'on l'a éprouvée sous toutes les formes. Mais
elle-même aussi, voulant toujours trouver dans les fables d'Homère des vérités allégoriques, nous paraît avoir rapproché, d'une
manière peut-être moins évidente qu'elle ne le juge, l'Écriture-
Sainte, Hérodote, les anciens scoliastes, Diodore, Strabon,
Eustathe surtout, pour expliquer le sens caché du passage
d'Homère, *Odyss.*, Δ, v. 417, sqq., dans lequel Protée figure-
rait les enchanteurs et magiciens qui se mêlaient de prédire
l'avenir en Égypte et surtout à Canope. Voyez la note 80 du
IVe livre de l'Odyssée.

Cette tendance à chercher toujours dans une fable le sens
caché dont elle est la représentation mythique, est devenue
fort en vogue de nos jours. Beaucoup de critiques modernes
sont, en cela, de l'école de madame Dacier, bien qu'ils s'en
éloignent quelquefois par une affectation de profondeur que
dédaignait cette femme illustre, trop réellement savante pour
avoir recours à aucun genre de charlatanisme.

Lucien, dans son dialogue IV des *Dieux marins*, se moquant
de la fable de Protée, prétend qu'il peut encore concevoir ses
autres métamorphoses, mais pour celle du feu, c'est, dit-il,
une chose monstrueuse : Ἀλλὰ τὸ πρᾶγμα τεράστιον, τὸν αὐτὸν
πῦρ καὶ ὕδωρ γίγνεσθαι. p. 154, ed. d'Hemsterhuis, 1771. Pourtant, comme s'il fallait que chacun proposât son interprétation
au sujet de cette fable, il donne la sienne ailleurs, dans son
dialogue sur *la danse;* et elle ne nous paraît pas la meilleure.
Selon lui, Protée aurait été dans le fait un très-habile dan-
seur de théâtre, qui, par la facilité merveilleuse de ses mouvements et par les poses diverses de son corps, aurait imité
tantôt la fluidité de l'eau, tantôt la rapidité de la flamme, la
fureur du lion, la rage du léopard, le balancement des arbres.

9.

XXXIX.

HOMINES, QUORUM OCULI SICUT LUCERNÆ LUCENT.

Et quædam insula in orientalibus orbis terrarum partibus esse dicitur, in qua nascuntur homines rationabili statura, nisi quod eorum oculi sicut lucernæ lucent (1).

NOTES.

(1) Y aurait-il là une réminiscence de ce qu'Aulu-Gelle avait trouvé dans ses volumes tératologiques sur la fascination du regard ? Ces yeux si redoutables par leur éclat avaient, en outre, deux prunelles chacun : « Oculis quoque exitialem fascinationem fieri in iisdem libris scriptum est; traditurque esse homines in Illyriis qui interimant videndo quos diutius irati viderint; eosque ipsos, mares feminasque, qui visu tam nocenti sunt, pupulas in singulis oculis binas habere. » *Noct. 'Attic.*, l. IX, c. IV. On sait que la superstition du *regard* existe encore dans nos campagnes, où elle a même quelquefois des suites funestes pour les personnes en butte à cette étrange accusation.

XL.

DE MIDA.

Fuit quidam homo, rationabilis naturæ, quem Midam appellaverunt : qui, ut fabulæ fingunt, omnia quæ tetigerat in aurum vertebat (1). Quod nemo, nisi veritatem spernens (2), credit.

NOTES.

(1) Il résulterait des expressions de ce chapitre, que cette faculté de tout changer en or était comme inhérente à la nature de Midas; tandis qu'il ne l'eut qu'accidentellement, d'après sa demande inconsidérée. Au bout de très-peu de temps il obtint par ses prières que Bacchus lui retirât cette faculté, pendant l'exercice de laquelle il n'avait pu prendre aucune nourriture.

     . . . . . Gaudenti mensas posuere ministri
Extructas dapibus, nec tostæ frugis egentes :
Tum vero, sive ille sua cerealia dextra
Munera contigerat, cerealia dona rigebant :
Sive dapes avido convellere dente parabat,
Lamina fulva dapes admoto dente nitebant.
Miscuerat puris auctorem muneris undis?
Fusile per rictus aurum fluitare videres.
Attonitus novitate mali, divesque miserque,
Effugere optat opes, et quæ modo voverat odit.
Copia nulla famem relevat : sitis arida guttur

Urit, et inviso meritus torquetur ab auro.
Ad cœlumque manus et splendida brachia tollens,
Da veniam, Lenæe pater : peccavimus, inquit;
Sed miserere, precor, speciosoque eripe damno.
Mite deûm numen : Bacchus peccasse fatentem
Restituit, pactamque fidem, data munera, solvit.

OVID., Metam., l. XI, v. 119, sqq.

(2) Il est singulier que l'auteur de ces extraits réserve ces
sortes d'anathèmes pour les fables les plus évidemment allégoriques. Voyez le chapitre XLV.

XLI.

DE GORGONIBUS.

Gorgones[a] in monstrosa mulierum natura tres[b] quæ dicebantur *Stheno*[c], *Euryale*[d], Medusa, juxta montem Atlantem[e] fuisse in finibus Libyæ[f] (1) describuntur : quæ[g] suo visu homines convertebant in lapides (2). Quarum (3) unam Perseus (4), scuto *vitreo*[h] defensus, interfecit, quam, abscisso[i] suo capite, oculos ita vertisse fertur ut viva : *quam*[j] habere describitur (5).

Ms. [a] Gurgones, corrigé en Gargones.—[b] III.—[c] Stenno.—[d] Eurale. —[e] Athlantem. —[f] Libie.— [g] Qui.— [h] Vetereo.—[i] Absciso. —[j] Quem.

NOTES.

(1) Diodore, l. III, c. LII, dit que les Gorgones étaient un peuple de femmes courageuses qui habitaient en Afrique.

(2) «Athénée, dans son livre V, nous rapporte un passage d'Alexandre de Myndes, du XIᵉ livre de son histoire des animaux, qui nous découvre l'origine de cette fable de la Gorgone. Cet historien dit que, dans la Libye, il naissoit un animal, que les nomades appeloient *gorgone*, qui ressembloit à une brebis sauvage ou à un veau, et dont l'haleine étoit si empoisonnée, qu'elle tuoit sur-le-champ tous ceux qui l'approchoient. Une espèce de crinière lui tomboit du front sur les yeux, et si pesante, qu'elle

avoit bien de la peine à la secouer et à l'écarter pour voir ; mais quand elle l'avoit écartée, elle tuoit sur l'heure ceux qui la regardoient. » Mme Dacier, note 119 sur le XIe livre de l'*Odyssée*. D'après Isidore de Séville, *Orig.*, l. XI, c. III, les Gorgones étaient trois sœurs d'une si grande beauté qu'en les voyant on restait stupéfait et comme pétrifié. Voyez ci-après l'article du *Basilic* dans les extraits en ancien français, intitulés : *Proprietez des bestes qui ont magnitude, force et pouoir en leurs brutalitez.*

(3)   Περσεὺς ὁπότε τρίτον ἄ-
          νυσσεν κασιγνητᾶν μέρος.
                    PINDAR., *Pyth.*, XII, v. 19, sq.

(4) Diodore, l. III, c. LIV et LV, dit que le peuple des Gorgones fut d'abord vaincu par celui des Amazones ; mais que leur puissance se soutint jusqu'à ce que, sous le règne de Méduse, leur dernière reine, elles furent exterminées par Persée.

Au reste il y a beaucoup de confusion dans les poëtes sur les Gorgones, auxquelles ils attribuent des caractères incohérents et même opposés. Apollodore éclaircit nettement cette question mythologique ; il nous apprend dans le Ier livre de sa *Bibliothèque,* que Phorcus et Céto eurent six filles monstrueuses ; mais la monstruosité des trois premières qu'il désigne sous le nom patronymique de *Phorcyades* était toute différente de celle des secondes qu'il appelle *Gorgones.* Dans son second livre, il donne des détails sur les unes et les autres. Les premières étaient devenues vieilles aussitôt après leur naissance ; elles se nommaient Ento, Pemphredo et Dino, et n'avaient à elles trois qu'un œil et qu'une dent, dont elles se servaient alternativement. Persée profita du moment où elles échangeaient ainsi leur œil et leur dent pour les leur voler, et il ne les leur rendit que lorsqu'elles lui eurent enseigné son chemin pour aller chez les Nymphes. Les secondes, qui se nommaient, comme nous l'avons vu, Euryalé, Sthéno et Méduse, avaient des serpents pour cheveux, des dents de sanglier, des mains d'airain, des ailes d'or, et la faculté de changer en pierre tous ceux qu'elles regardaient. Méduse seule était mortelle. Persée avec le secours de Minerve la tua et lui coupa la tête. Cette distinction, faite par Apollodore, est tout à fait conforme à ce qu'Eschyle fait dire à Prométhée, qui, de plus, donne aux premières *des visages de cygne*, suivant la traduction de La Porte du Theil; car *κυκνόμορφοι* pourrait signifier d'une manière plus générale : « Semblables aux cygnes », soit par leur blancheur, soit par l'élégance de leur forme :

Πρὸς Γοργόνεια πεδία Κισθήνης, ἵνα
Αἱ Φορκίδες ναίουσι, δηναιαὶ κόραι
Τρεῖς, κυκνόμορφοι, κοινὸν ὄμμ' ἐκτημέναι,
Μονόδοντες, ἃς οὔθ' ἥλιος προσδέρκεται
Ἀκτῖσιν, οὔθ' ἡ νύκτερος μήνη ποτέ.
Πέλας δ' ἀδελφαὶ τῶνδε τρεῖς κατάπτεροι,
Δρακοντόμαλλοι Γοργόνες βροτοστυγεῖς,
Ἃς θνητὸς οὐδεὶς εἰσιδὼν ἕξει πνοάς.

Prometh., v. 819, sqq.

Paléphate explique ainsi l'origine de cette double fable : Phorcus ou Phorcys était un prince cyrénéen ayant sous sa dépendance les colonnes d'Hercule, qui, suivant cet auteur, sont au nombre de trois. Il avait aussi trois filles nommées Euryalé, Sthéno et Méduse, auxquelles il laissa de grandes richesses, entre autres une statue d'or de Minerve, déesse que les Cyrénéens appellent *Gorgone*. Les trois princesses se partagèrent les biens de leur père, excepté cette statue, qu'elles possédaient alternativement. Elles se servaient aussi alternativement d'un sage conseiller qui avait été l'ami de leur père. Persée, voulant s'emparer de la statue, mais ne sachant où elle était, fit le ministre prisonnier, et dit qu'il ne le rendrait que si on lui livrait la statue. Méduse se refusa formellement à donner cette indication, et Persée la tua; ses deux sœurs la donnèrent, et Persée leur rendit leur ministre.

Je trouve tous ces détails confondus dans Hygin, Fulgentius et Albricus. Des compilateurs modernes, qui ont reproduit la même confusion, ont eu la maladresse d'alléguer à l'appui de leurs assertions le Prométhée d'Eschyle, où, comme on vient de. le voir, la distinction est au contraire très-formelle.

(5) Le latin de ce chapitre est encore plus mauvais que dans les autres. On trouve dans ces sept lignes le pronom relatif enchevêtré cinq fois de la manière la plus inintelligible. Il y a deux *quæ*, un *quarum* et deux *quam*; du moins j'ai cru devoir substituer un second *quam* au *quem*, ce dernier mot ne m'offrant pas de sens. J'explique ainsi le dernier membre de phrase : « Quam [Medusam] habere describitur [Perseus]. »

XLII.

ARGUS.

Argi[a] multos oculos numerosæ visionis (1) nihil latere omnino potuisse dicunt, quia, ut fingitur, quibusdam oculis semper vigilavit (2).

Ms. [a] A͠r [sic].

NOTES.

(1) Cette expression *numerosæ visionis* est la traduction des épithètes πολυωπός, μυριωπός, données à Argus par les poëtes grecs.

(2) Centum luminibus cinctum caput Argus habebat :
    Inde suis vicibus capiebant bina quietem,
    Cætera servabant, atque in statione manebant.
                OVID., *Metam.*, I, v. 625, sqq.

  Ἄργος, ἀκοιμήτοισι κεκασμένος ὀφθαλμοῖσι.
            MOSCH., *Idyll.*, II, v. 57.

XLIII.

Est gens aliqua, commixtæ naturæ, in Rubri maris
insula, quam linguas omnium nationum loqui posse
testantur. Et ideo homines de longinquo[a] venientes,
eorum cognitos nominando, attonitos[b] faciunt, ut
decipiant et crudos devorent (1).

Ms. [a] Longinco. — [b] Atonitos.

NOTES.

(1) Ctésias, *Indic.*, c. xxxii, attribue cela à l'animal appelé
crocottas; en quoi il s'accorde avec Arrien, Diodore, Ælien....
Pline, *Hist. nat.*, l. VIII, c. xxxi, dit que cet animal est une
espèce d'hyène. Or, aucun animal n'a été présenté par les anciens d'une manière plus fabuleuse. Tous les caractères merveilleux qu'ils lui ont attribués ont été rapprochés et discutés
amplement par Saumaise. *Plinian. Exercitt. in Solin.*, p. 239,
Bochart, *Hierozoic.* l. III, c. xi, tom. 1, p. 835, et par M. Baehr,
p. 343 et suivantes de son édition de Ctésias. Ici il n'est question
que d'une seule des facultés merveilleuses de l'hyène; mais
nous pensons que c'est bien là l'origine de ce petit chapitre.

XLIV.

Innumerosa quoque monstra in *Circææ* * (1) terræ
finibus fuisse leguntur, leones et ursi (2), apri quoque
ac lupi : qui, cetero corpore in ferarum natura ma-
nente, hominum facies (3) habuerant.

Ms. * Circie.

NOTES.

(1) Cette correction s'appuie sur l'expression d'Horace, *Epod.*
I, v. 30, *mœnia Circœa Tusculi.*

(2) Mille lupi mixtæque lupis ursæque, leæque
    Occursu fecere metum.

    Ovid., *Metam.*, l. XIV, v. 255, sq.

(3) L'auteur, qui, au commencement de ce petit chapitre,
paraît s'être rappelé les vers d'Ovide que nous venons de citer,
ajoute ici un détail étranger aux anciens poëtes. Ceux-ci représentent seulement ces animaux, qui étaient des hommes
métamorphosés, comme indiquant leur nature première par
leur douceur. Ovide ajoute immédiatement :

                    Sed nulla timenda,
    Nullaque erat nostro factura in corpore vulnus.
    Quin etiam blandas movere per aera caudas,
    Nostraque adulantes comitant vestigia.

XLV.

DE MONSTRO QUODAM NOCTURNO.

Et dicunt, quod dici nefandum est (1), monstrum quoddam nocturnum fuisse, quod semper noctu per umbram cœli et terræ volabat, homines in urbibus horribili stridore territans; et quot plumas in corpore habuit, tot oculos, totidem aures et ora. Semper quoque sine requie et somno fuisse describitur (2).

NOTES.

(1) Ce scrupule est d'autant plus bizarre, que jamais l'allégorie n'a habité *un palais plus diaphane* que dans ces beaux vers de Virgile. Notre auteur les analyse ici à sa manière, pour en faire un chapitre de son traité *de Monstris,* sans se douter, à ce qu'il paraît, qu'il s'agit dans Virgile de la Renommée :

> Monstrum horrendum, ingens, cui, quot sunt corpore plumæ,
> Tot vigiles oculi subter, mirabile dictu,
> Tot linguæ, totidem ora sonant, tot subrigit aures.
> Nocte volat cœli medio terræque, per umbram
> Stridens, nec dulci declinat lumina somno.
> Luco sedet custos, aut summi culmine tecti,
> Turribus aut altis, et magnas territat urbes.
>
> *Æneid.*, l. IV, v. 173, sqq.

(2) «Quelquefois même, dit M. Isid. Geoffroy Saint-Hilaire, des allégories et des fables sont admises sans critique au rang des faits. » *Hist. des anomal. de l'organis.*, tom. I, p. 137.

XLVI.

MONSTROSI HOMINES, QUI AURIBUS SE SUBSTERNUNT ET COOPERIUNT.

Nascuntur homines in orientalibus plagis, qui, ut fabulæ fingunt, quindecim* altitudinis pedes capiunt; et corpora marmorei candoris habent, et vannosas (1) *faire bas* aures quibus se substernunt noctu et cooperiunt (2); *panothos* et hominem cum viderint, erectis auribus per deserta vastissima fugiunt.

Ms. * XV.

NOTES.

(1) *Vannosus.* Ce mot ne se trouve pas dans Du Cange, et je ne crois pas qu'il y en ait jusqu'à présent d'autre exemple que celui-ci. Au reste il n'est pas difficile à entendre, comme adjectif formé du mot *vannus* que Du Cange définit ainsi : « Mensurarum species, in vanni seu ventilabri speciem forte confecta. » *Glossar. med. et infim. latinitatis*, in voce. — *Vannosus* signifierait donc *semblable à un van*; et cette épithète convient à des oreilles de la forme et de la grandeur de celles dont il est ici question.

(2) « Fanesiorum aliæ [insulæ] in quibus nuda alioquin corpora prægrandes ipsorum aures tota contegant. » Plin. *Hist. nat.*

l. IV, c. xiii. Et dans son livre VII, c. 1 : « Alios auribus totos contegi. »

« Esse et Phannesiorum, quorum aures adeo in effusam magnitudinem dilatentur, ut viscerum reliqua illis contegant, nec amiculum aliud sit quam ut membra membranis aurium vestiant. » Solin., *Polyhist.* c. xix.

« Et Satmalos, quibus magnæ aures, et ad ambiendum corpus omne patulæ, nudis alioquin, pro veste sint, præterquam quod fabulis traditur, auctores etiam, quos sequi non pigeat, invenio. » Pomp. Melæ, *de situ Orb.* l. III, c. iv.

Les trois noms différents donnés à ce peuple, *Fanesii, Phannesii* et *Satmali* sont, comme le remarque Saumaise, *Plinian. exercitt.* p. 219, B, des leçons corrompues par la négligence et l'ignorance des copistes, à la place du véritable nom, *Panoti,* ou *Panotii,* qui nous a été conservé par le savant évêque de Séville : « Panotios apud Scythiam esse ferunt tam diffusa aurium magnitudine, ut omne corpûs ex eis contegant : παν enim græco sermone omne, ωτα aures dicuntur. » *Orig.* l. XI, c. iii. Le mot *Satmalos,* donné par un manuscrit de Pomponius Méla, s'éloigne surtout de *Panotos.* Saumaise cite comme leçons de deux autres manuscrits *Sannalos* et *Sannatlos.* Et il remonte de la manière suivante, d'altération en altération, à la véritable leçon primitive. *Sannatli* aura été écrit d'après *Fannatli,* et celui-ci d'après *Pannati,* πανουατοι, « Litterarum mutationibus e propinquo », dit Saumaise. Donnons-en l'explication : En effet l'*s* dans les manuscrits du x⁰ siècle se confond avec l'*f;* le *t* suivi de *l* peut se confondre avec deux *t,* et deux *t* être changés en un par l'identité de prononciation; l'*n* et l'*u* se changent souvent : enfin dans l'onciale le *p* peut se confondre avec l'*f,* si la boucle du premier est un peu interrompue dans le milieu.

Remarquons au reste que le nom et l'étymologie donnés par Isidore ne peuvent s'appliquer à ces peuples tels que les décrit Ctésias ; car suivant cet auteur, *Indic.,* c. xxxi, leurs oreilles ne leur tombaient que jusqu'aux coudes, et ils ne s'en enveloppaient que le dos et le haut des bras. En effet, si elles eussent été assez longues pour les envelopper tout entiers, cela les aurait beaucoup gênés dans la profession qu'ils exerçaient à l'armée du roi des Indes : ce prince en ayant toujours cinq mille à sa solde comme archers.

On pourrait se représenter ces oreilles à peu près comme ces larges bandelettes qui accompagnent les deux côtés du visage des sphinx égyptiens.

XLVII.

DE HARPYIS.

Legitur (1) quod Harpyiæ* quædam monstra in Strophadibus (2) insulis Ionii maris fuissent, in forma volucrum, facie tantum virginali (3). Quæ hominum linguis loqui (4) potuerunt; et *rabida*[b] fame semper insaturabiles erant, et cibum uncis pedibus (5) de manu manducantium traxerunt (6).

Ms. * Arpie. — [b] Rapida.

NOTES.

(1) Tout ce chapitre est extrait du III° livre de l'Énéide.

(2) ..... Strophades Graio stant nomine dictæ
Insulæ Ionio in magno, quas dira Celæno,
Harpyiæque colunt aliæ.

v. 210, sqq.

(3) Virginei volucrum vultus, fœdissima ventris
Proluvies, uncæque manus, et pallida semper
Ora fame.

v. 216, sqq.

(4) Una in præcelsa consedit rupe Celæno,
Infelix vates, rupitque hanc pectore vocem.

v. 245, sq.

(5) Turba sonans prædam pedibus circumvolat uncis.

v. 233.

(6) Diripiuntque dapes, contactuque omnia fœdant
Immundo.

v. 227, sq.

Eschyle, dans le prologue des *Euménides*, attribue aux Gorgones cette circonstance, ordinairement attribuée, comme ici, aux Harpyes. La Pythie entre dans le temple de Delphes, et apercevant les Euménides, elle se demande d'abord quelles sont ces femmes, puis se reprenant : « Que dis-je, des femmes ? des Gorgones.... Mais, non.... Je ne reconnais point là les Gorgones. Jadis je les ai vues en peinture, s'envolant avec le repas du malheureux Phinée : et ces femmes-ci n'ont point d'ailes. » Traduction de La Porte du Theil.

Οὔ τοι γυναῖκας, ἀλλὰ Γοργόνας λέγω.
Οὐδ' αὖ τε Γοργείοισιν εἰκάσω τύποις·
Εἶδόν ποτ' ἤδη Φινέως γεγραμμένας
Δεῖπνον φερούσας. Ἄπτεροί γε μὴν ἰδεῖν
Αὗται.

v. 48, sqq.

Au reste, elles ont été fort souvent confondues avec les Furies. Ce mythe est un des plus complexes du paganisme. Servius, sur le vers 209 du IIIᵉ livre de l'*Énéide*, l'a exposé avec quelques détails. La Cerda, sur le vers 225 du même livre, rapproche les vers correspondants d'Apollonius de Rhodes, que Virgile a imités, et ceux de Valérius Flaccus, imitateur de l'un et de l'autre. On peut voir aussi Ovide, *Métam.* l. V, v. 4, l. XIII, v. 710, et Hygin dans sa XIVᵉ fable. Apollodore, au second livre de sa *Bibliothèque*, les dit sœurs d'Iris, et, comme elles, filles de Thaumas et d'Électra; il les nomme Aello et Ocypété, reproduisant exactement dans sa prose les vers d'Hésiode :

10.

Θαύμας δ' Ὠκεανοῖο βαθυῤῥείταο θύγατρα
Ἡγάγετ' Ἠλέκτρην· ἡ δ' ὠκεῖαν τέκεν Ἶριν,
Ἠϋκόμους θ' Ἅρπυιας, Ἀελλώ τ' Ὠκυπέτην τε.
                              Theogon., v. 265, sqq.

Paléphate explique la fable de Phinée, dont les Harpyes
souillaient et pillaient la table, par l'histoire d'un roi de Pæo-
nie, qui, dans sa vieillesse, étant devenu aveugle et ayant
perdu ses fils, conserva seulement deux filles qui le ruinèrent:
de là les poëtes dirent qu'il avait été la victime des Harpyes.
Mais Paléphate n'explique pas le rapport qu'il y aurait entre
ces divinités et les filles de Phinée, nommées, selon lui, Era-
sia et Pyria : Φινεὺς ἦν Παιονίας βασιλεύς. Γέροντα δὲ αὐτὸν γεγο-
νότα ἡ ὄψις ἀπέλειπεν· οὔτε ἄῤῥενες παῖδες ἀπέθανον. Θυγατέρες
δὲ ἦσαν αὐτῷ, Πυρία καὶ Ἐρασία· αὗτινες τὸν τοῦ πατρὸς βίον διέ-
φθειρον. Ἔλεγον οὖν οἱ ποιηταὶ, δύστηνος ὁ Φινεὺς ὅτι αἱ Ἅρπυιαι
τὸν βίον αὐτοῦ διαφθείρουσιν. *De Incredibilib.*, p. 54, ed. Toll.-
Elzev. La plupart de ces explications ont tout l'air d'être imaginées à plaisir, et la critique nous semble ne devoir les employer qu'avec de grands ménagements. D'ailleurs l'épisode
de Phinée n'est qu'une partie du mythe des Harpyes. Hygin,
dans sa XIX° fable, allègue la tradition qui en faisait les chiens
de Jupiter. Servius, au lieu cité, rapporte qu'on les nommait
aux enfers *Furiæ* et *Canes*, dans le ciel *Diræ* et *Aves*, sur la
terre *Harpyiæ*. Homère dit que les chevaux d'Achille, Xan-
thus et Balius, étaient fils du Zéphire et de la Harpye Podarge :

Τοὺς ἔτεκε Ζεφύρῳ ἀνέμῳ Ἅρπυια Ποδάργη.
                              Iliad., II, v. 150.

Sur quoi le scoliaste Didyme croit devoir compter trois Harpyes, en joignant cette Podarge aux deux Harpyes d'Hésiode :
Δαίμονες ἁρπακτικαὶ, ὧν τὰ ὀνόματα Ἀελλώ, Ὠκυπέτη, Ποδάργη.

Mais il me semble que la tradition d'Homère, lequel représente Podarge paissant comme une jument, ne devait pas, en cela, être la même tradition que celle d'Hésiode. Ce dernier poëte, aux vers que nous avons cités sur l'origine des Harpyes, ajoute que, par la rapidité de leurs ailes et la hauteur de leur vol, elles rivalisaient avec les oiseaux et le souffle des vents :

Αἵ ῥ᾽ ἀνέμων πνοιῇσι καὶ οἰωνοῖς ἅμ᾽ ἕπονται,
Ὠκείης πτερύγεσσι· μεταχρόνιαι γὰρ ἴαλλον.

Virgile, qui a suivi Hésiode en représentant les Harpyes ailées, donne à la troisième le nom de Celæno.

Ces différentes traditions nous paraissent se fondre parfaitement dans l'explication jetée en passant, mais avec un coup d'œil sûr, par M. Geoffroy Saint-Hilaire, qui dit en parlant de la roussette (*vespertilio-vampyrus*) : « Virgile aurait-il connu ces grandes chauves-souris? Ce qu'il dit des ailes, des griffes et de la voracité des Harpyes, leur convient de toutes manières. » *Cours de l'hist. nat. des mammif.*, XIII° leçon, p. 22. Le savant naturaliste, auquel il est très-permis de ne pas être aussi profondément versé dans les mystères de la mythologie que dans ceux de la nature, attribue ici à Virgile une création probablement antérieure à Hésiode, chantre d'une théogonie déjà admise. Mais, à cela près, je ne trouve rien de mieux corroboré que cette lumineuse interprétation. La double tradition de chiens et d'oiseaux s'applique parfaitement à la double nature de la chauve-souris; et ce qui achève de rendre ce rapport tout à fait palpable, c'est la superstition du moyen âge et même des temps modernes au sujet des Vampires, dont l'existence fantastique paraît avoir sa source réelle dans la terreur causée par la roussette. Or cette superstition trouve son pendant exact dans une croyance de l'antiquité payenne, relative aux

Harpyes : « Si quis hominum oculis abreptus fuisset, dit Aldrovande, ab Harpyis dilaniatus esse dicebatur. » *Monstrorum*
Histor., p. 337. « Quand quelqu'un venoit à disparoître, sans
qu'on sût ce qu'il étoit devenu, on disoit que les Harpyes
l'avoient enlevé. » Madame Dacier, note 78 sur le Ier livre de
l'Odyssée, où Télémaque répond à Minerve qui, sous la figure
d'un étranger, lui demande des nouvelles de son père : « Les
Harpyes nous l'ont enlevé; il a disparu avec toute sa gloire,
nous n'en savons aucunes nouvelles. »

> Νῦν δέ μιν ἀκλειῶς Ἅρπυιαι ἀνηρείψαντο.
> Ὤχετ᾽ ἄϊστος, ἄπυστος.
>
> *Odys.*, Α, v. 241, sq.

L'interprétation de M. Geoffroy Saint-Hilaire nous paraît
donc réunir toutes les conditions de la vraisemblance la plus
satisfaisante; et nous n'hésitons pas à la regarder comme incomparablement plus admissible que celle qui avait tant plu
à Gibbon : « Leclerc, *Biblioth. univ.*, t. I, p. 248, suppose, dit
cet historien, que les Harpyes n'étaient que des sauterelles; et
il n'y a guère de conjectures plus heureuses. Le nom de ces
insectes dans les langues syriaque et phénicienne, leur vol
bruyant, l'infection et la dévastation qui les accompagnent,
et le vent du nord qui les chasse dans la mer, rendent la
supposition très-vraisemblable. » *Hist. de la décadence de l'emp.*
rom., c. XVIII, en note. Nous devons rappeler, au sujet du
dernier rapprochement, que, d'après la fable, les Harpyes
avaient été chassées par Zéthus et Calaïs, fils de Borée et
d'Orithye.

Servius, après avoir donné les différents noms des Harpyes
dans le ciel, sur la terre et aux enfers, dit que de là on les
représente diversement. Deux de ces représentations avaient
été conservées sur un tableau antique, désigné par Aldro-

vande sous le nom de *Bembi tabula*, sans doute comme appartenant à la famille de Bembo. Cette peinture avait pour inscription : « Typus vetustissimæ tabulæ æneæ, hieroglyphicis, nimirum sacris Ægyptiorum litteris, exaratæ, in qua ad publicam utilitatem, monstrificæ animantes expressæ conspiciuntur. » La première figure représente un oiseau à visage humain, la tête ornée de cheveux frisés, les pieds noirs, et une partie des ailes recouverte d'écailles. « Quapropter, ex primo aspectu, dit Aldrovande, hanc imaginem Sirenem, vel potius Harpyiam Ægyptiorum fuisse conjectandum est. » Les seuls détails qu'il donne sur la seconde figure, c'est qu'elle représente une Harpye, c'est-à-dire un oiseau à face humaine. Une troisième figure de ce tableau offrait une femme ayant à ses pieds un vase d'où s'élève un palmier. A ces dessins, reproduits grossièrement dans son livre, Aldrovande en ajoute un quatrième dont il dit : « Prædictis ex tabula Bembi addenda est quarta Harpyiæ icon, humana facie, cæteris partibus ad avem attinentibus; quam una cum aliis ornithantropon appellare poterimus.. » Voyez Ulyss. Aldrovandi *Monstrorum Hist.*, p. 377, sqq.

XLVIII.

DE EUMENIDIBUS.

Eumenides (1) quoque quasdam (2) mulieres vana historia depromit; quæ *vipereum*[a] crinem (3) habuerunt, sanguineis vittis innexum, *quem*[b] cærulei angues per insanam[c] discordiam (4) *jactabant*[d], quarum thalami[e] apud inferos incredibilibus finguntur fabulis (5).

Ms. [a] Viperum. — [b] Quam. — [c] Insaniam. — [d] Sactebant [*sic*]. — [e] Talami.

NOTES.

(1) L'auteur place ici parmi les *monstra* des déesses des plus anciennes et des plus respectées du paganisme. Eschyle leur fait dire :

$$
\begin{aligned}
&\ldots\ldots\text{"Εστι δέ μοι} \\
&\text{Γέρας παλαιὸν, οὐδ'} \\
&\text{Ἀτιμίας κυρῶ.}
\end{aligned}
$$

Eumenid., v. 387, sqq.

« Notre culte est antique et ne fut jamais négligé. » Traduction de La Porte du Theil.

(2) Selon Orphée, elles étaient trois, Tisiphone, Alecto et Mégère :

Τισιφόνη τε καὶ Ἀλληκτώ, καὶ δῖα Μέγαιρα.
Hymn., p. 164, ed. Eschenbach.

Et filles de Pluton et de Proserpine :

Ἁγναὶ θυγατέρες μεγάλοιο Διὸς χθονίοιο
Φερσεφόνης τ' ἐρατῆς κούρης καλλιπλοκάμοιο.
Ibid., p. 166.

Le second des mythographes anciens du Vatican, publiés d'abord par monsignor Mai et récemment (1834) par M. Bode, a transcrit littéralement le chapitre de Fulgentius au sujet des Euménides ; il admet l'autre tradition qui leur donne pour parents la Nuit et l'Achéron. « Plutoni tres deserviunt Furiæ, Noctis et Acherontis filiæ, serpentibus crinitæ, quæ et Euménides κατ' ἀντίφρασιν*, quum minime sint bonæ, vocantur. Quarum prima Alecto, id est *impausabilis;* secunda *Tisiphone,* quasi τούτων φωνή, id est *istarum** vox;* tertia *Megæra,* quasi μεγάλη ἔρις, id est *magna lis.* Primum est ergo non pausando furere, secundum in voces erumpere, tertium jurgium protelare. » *Scriptt. rerum mythic. latini tres,* ed. G. H. Bode; *Myth.,* II, c. XII, t. I, p. 77.

Eschyle les dit aussi filles de la Nuit, mais il en suppose le nombre beaucoup plus considérable, puisqu'il en compose le chœur de sa tragédie des Euménides. Or le grand chœur tragique était formé de vingt-cinq personnes de chaque côté.

---

* D'après Servius, ad *Georgic.*, l. I, v. 278, et la plupart des anciens grammairiens, ce n'est point par antiphrase, mais par euphémisme, ce qui est beaucoup plus conforme à l'esprit de l'antiquité.

** C'est ici une des preuves de l'identité de prononciation entre la diphthongue οι et la lettre ι à une époque ancienne, puisque l'étymologie indiquée ici du mot Τισιφόνη donne pour éléments τοῖσι et φωνή. Il en résulte que τοῖσι avait le même son que τισι.

(3) C'est pour cela qu'Orphée leur donne l'épithète de ὀφιο-πλόκαμοι. Toutes ces expressions sont tirées de Virgile, *Disjecti membra poetæ*. Voici les deux vers que l'auteur a misérablement paraphrasés :

> Ferreique Eumenidum thalami, et Discordia demens
> Vipereum crinem vittis innexa cruentis.
>
> Æneid., l. VI, v. 280, sqq.

(4) Ce mot *discordiam* est évidemment tiré des deux vers que nous venons de citer, où l'auteur n'a pas vu qu'il s'agit de la déesse Discorde, et non pas d'un caractère des Euménides ; c'est même à la Discorde que Virgile attribue là les cheveux de serpents qu'il donne bien ailleurs à Alecto, l'une des Euménides ; portrait tracé avec tant de vigueur, ainsi que le remarque Boileau :

> ..... Non plus d'Isis la tranquille Euménide,
> Mais la vraie Alecto peinte dans l'Énéide.
>
> Satire X.

> Cui tristia bella ,
> Iræque, insidiæque, et crimina noxia cordi.
> Odit et ipse pater Pluton, odere sorores
> Tartareæ monstrum : tot sese vertit in ora,
> Tam sævæ facies, tot pullulat atra colubris.
>
> Lib. VII, v. 325, sqq.

Ovide a représenté aussi avec une grande vivacité de couleurs poétiques les serpents de la furie à laquelle il conserve son ancien nom d'Erinnys. Car le nom des Euménides ne se trouve pas dans Hésiode, qui les place seulement sous le nom d'Érinnys, avec les Géants, en tête des divinités nées des gouttes de sang tombées sur la terre au moment où Cœlus fut privé des organes de la virilité par l'attentat de son fils Saturne :

Γείνατ᾽ Ἐρινῦς τε κρατεράς μεγάλους τε Γίγαντας.
Theogon., v. 185.

Voici la description qu'Ovide fait des serpents d'Érinnys :

Nexaque vipereis distendens brachia nodis,
Cæsariem excussit : motæ sonuere colubræ.
Parsque jacens humeris, pars circum tempora lapsæ
Sibila dant, saniemque vomunt, linguasque coruscant.
Inde duos mediis abrumpit crinibus angues,
Pestiferaque manu raptos immisit.
Ovid., Metam., l. IV, v. 490, sqq.

(5) Orphée représente « ces infernales et terribles filles de Pluton prenant toute sorte de formes : aériennes, invisibles, rapides comme la pensée. »

Ἀΐδεω χθόνιαι, φοβεραί κόραι αἰολόμορφοι,
Ἠέριαι, ἀφανεῖς, ὠκύδρομοί θ᾽ ὥστε νόημα.
Orph., Hymn., p. 166.

Eschyle leur donne pour demeure les ténèbres et les abîmes du Tartare :

Κακὸν
Σκότον νέμονται, Τάρταρόν θ᾽ ὑπὸ χθονός.
Eumen., v. 72, sq.

Et Virgile montre Tisiphone dans l'exercice de ses fonctions infernales :

Continuo sontes ultrix, accincta flagello,
Tisiphone quatit insultans, torvosque sinistra
Intentans angues, vocat agmina sæva sororum.
Æneid., VI, v. 570, sqq.

XLIX.

SATYRI.

Item Satyri[a] (1) et incubones (2), silvestri homines dicuntur : quorum pars summa humano corpore simillima, et inferior cum ferarum formis et Faunorum depingitur[b].

Ms. [a] Saturi. — [b] Depinguntur.

NOTES.

(1) Macrobe fait venir ce mot, ainsi que le nom de Saturne, de σάθη, le membre viril : « Propter abscisionis pudendorum fabulam etiam nostri eum Saturnum vocitarunt [Voyez au chapitre précédent, note 4, la tradition d'Hésiode au sujet de l'attentat commis sur Cœlus par son fils Saturne], παρὰ τὴν σάθην, quæ membrum virile declarat, veluti Sathimum. Unde etiam Satyros veluti Sathimmos, quod sint in libidinem proni, appellatos opinantur. » Saturnal., l. I, c. VIII.

Il existe une autre étymologie plus répandue du mot Satyrus. Nous la donnerons plus tard, aux Proprietez des bestes qui ont magnitude, force et pouoir en leurs brutalitez, article intitulé : la propriete du satyre.

Pline, Hist. nat., l. VII, c. II, parle des Satyres comme d'animaux à figure humaine, pouvant également courir sur deux ou quatre pattes, et remarquables surtout par leur vi-

tesse à la course; il les place dans les parties méridionales
des montagnes de l'Inde. La réunion de ces caractères semble
indiquer que Pline a confondu le satyre de la fable avec l'espèce de singe de ce nom, qu'Isidore de Séville distingue
très-bien, et dont il donne la description entre les deux
singes appelés *cynocéphale* et *callitriche. Orig.*, l. XII, c. ii. Ce
dernier auteur décrit ainsi ailleurs l'être mixte désigné par
les anciens sous le nom de satyre : « Satyri homunciones sunt
aduncis naribus, cornua in frontibus habent, et caprarum
pedibus similes. » XI, iii. L'évêque de Séville ne cite pas ici
quelque poëte de l'antiquité païenne, mais un des plus austères personnages de la légende, saint Antoine. Comme ce
qu'il en dit est évidemment emprunté à saint Jérôme, nous
allons citer ce Père. Ce passage est la suite immédiate de
celui que nous avons déjà cité, page 36 , sur la rencontre
que saint Antoine, allant voir saint Paul ermite, fit d'un hippocentaure : « Stupens itaque Antonius, et de eo quod viderat
secum volvens, ulterius progreditur. Nec mora, inter saxosam
convallem haud grandem homunculum videt, aduncis naribus, fronte cornibus asperata, cujus extrema pars corporis in
caprarum pedes desinebat; infractusque et hoc Antonius spectaculo, scutum fidei et loricam spei, ut bonus prœliator, ar-
ripuit. Nihilominus memoratum animal palmarum fructus
eidem ad viaticum quasi pacis obsides afferebat. Quo cognito,
gradum pressit Antonius, et quisnam esset interrogans, hoc
ab eo responsum accepit : Mortalis ego sum, et unus ex accolis eremi, quos vario delusa errore gentilitas Faunos Satyrosque et Incubos vocans colit. Legatione fungor gregis mei.
Precamur ut pro nobis communem Deum deprecaris, quem
pro salute mundi venisse cognovimus, et in universam terram
exiit sonus ejus. Talia eo loquente, longœvus viator ubertim
faciem lacrymis rigabat, quas magnitudo lœtitiœ indices cor-
dis effuderat. Gaudebat quippe de Christi gloria, et de inte-

ritu Satanæ; simulque admirans, quod ejus posset intelligere sermonem, et baculo humum percutiens aiebat: Væ tibi, Alexandria, quæ pro Deo portenta venereris: væ tibi, civitas meretrix, in quam totius orbis dæmonia confluxere! Quid nunc dictura es? Bestiæ Christum loquuntur. » *Loco laud.*

On voit que saint Jérôme ne regarde pas cette rencontre (fort contestable du reste*) comme une apparition diabolique. Nous avons dit qu'il appelait en témoignage de la vérité de ce récit un fait tératologique; voici son observation : « Hoc ne cuiquam ob incredulitatem scrupulum moveat, sub rege Constantino, universo mundo teste defenditur. Nam Alexandriam istiusmodi homo vivus perductus magnum populo spectaculum præbuit; et postea, cadaver exanime, ne calore æstatis dissiparetur, sale infuso, Antiochiam, ut ab imperatore videretur, allatus est. » *Ibid.*

Quoique nous ayons relevé, page 37, une légère inexactitude de M. Langlois au sujet du satyre de saint Jérôme, nous pensons, comme lui, que ces rencontres extraordinaires de saint Antoine au désert doivent être l'origine de tous les récits merveilleux des légendaires sur la célèbre tentation du saint anachorète; et il est même évident que ces légendaires, sans tenir compte de la dernière assertion de saint Jérôme, ont vu dans le satyre le diable lui-même, qu'on représente toujours le pied fourchu et avec des cornes.

Au reste, la dernière assertion de saint Jérôme se trouve confirmée par un fait entièrement semblable que rapporte M. Langlois : « Dans le siècle dernier, le capitaine Bossu trouva dans les mains des sauvages américains un jeune enfant à

---

* L'Église ne défend pas la discussion au sujet des ouvrages des Pères; et il n'est pas hétérodoxe, dans certains cas, d'y signaler des erreurs. Saint Jérôme, malgré son immense savoir, a trop écrit pour n'en avoir pas laissé échapper quelques-unes.

tête de bouc, dont ils avaient fait un *manitou* (c'est le nom qu'ils donnent à leurs idoles); ils refusèrent de le livrer vivant au militaire français; mais, après avoir étranglé cette créature extraordinaire, ils en abandonnèrent volontiers le corps, dont j'ai vu en 1800 le squelette conservé sous une cage de verre, au Cabinet d'Histoire naturelle alors établi dans le château de Versailles. » *Notice sur l'incendie de la cathédrale de Rouen*, etc., page 65, note.

(2) Isidore de Séville donne l'origine de ce mot : « *Incubi* dicuntur ab incumbendo, hoc est stuprando; sæpe enim improbi existunt etiam mulieribus, et earum peragunt concubitum. Quos dæmones Galli *Dusios* nuncupant, quia assidue hanc peragunt immunditiam. Quem autem vulgo *incubonem* vocant, hunc Romani Faunum ficarium vocant, ad quem Horatius dicit :

> Faune, nympharum fugientium amator. »
> *Orig.*, l. VII, c. xi.

Ce que dit Isidore des *Incubi* ou *Incubones* et des lutins gaulois appelés *Dusii*, est évidemment emprunté à saint Augustin : « Quoniam creberrima fama est, multique se expertos, vel ab eis qui experti essent de quorum fide dubitandum non est, audisse confirmant Sylvanos et Faunos quos vulgo Incubos vocant, improbos sæpe extitisse mulieribus, et earum appetiisse ac peregisse concubitum, et quosdam dæmones quos Dusios Galli nuncupant hanc assidue immunditiam et tentare et efficere plures talesque asseverant, ut hoc negare impudentiæ videatur. » *De Civit. Dei*, l. XV, c. xxiii.

Quant aux Fauni ficarii, voyez ci-après, dans les extraits en vieux français, l'article intitulé : *La Propriete du Satyre*.

L.

DE TITYO.

Et quoddam monstrum apud inferos esse scribitur. Hoc est Tityus^a quem alumnum terræ (1) dixerunt : cujus corpus per novem jugera ibi porrectum vulturio^b jecur in epulas præbet; quod absumptum die, nocte in pœnas^c renascitur. In Virgilio legitur (2).

Ms. ^a Titios. — ^b Vultorio. — ^c Penas.

NOTES.

(1) Tityus était un des Géants, et nous avons cité, c. XLVIII, p. 150, n. 4, le vers d'Hésiode qui leur donne la Terre pour mère. Quelques auteurs, comme le second mythographe du Vatican, c. LIII, les ont confondus avec les Titans ; « Titanes qui et Gigantes dicuntur. » C'est d'après cette opinion que saint Isidore, *Orig.*, l. IX, c. 11, donne l'origine de leur nom : « Titanes dicti sunt ἀπὸ τῆς τίσεως, id est ab ultione, quod quasi ulciscendæ matris Terræ causa in deos armati existerent. »

Homère, comme nous allons le voir, nomme aussi Tityus fils de la Terre ; mais son scoliaste (le prétendu Didyme) fait ce géant fils d'Élara et de Jupiter : Ἦν δὲ Τιτυὸς Διὸς καὶ Ἐλάρας υἱός, et Strabon rapporte qu'il fut tné par Apollon à cause de sa violence et de ses injustices : .....Γενόμενον δὲ [Ἀπόλλωνα] κατὰ Πανοπέας, Τιτυὸν καταλῦσαι, ἔχοντα τὸν τόπον, βίαιον ἄν-

δρα καὶ παράνομον. *Geogr.*, l. IX, p. 422, ed. Casaub., 1620,
fol. Homère donne un motif plus direct à cette action d'Apollon, dont Tityus avait voulu, dit-il, outrager la mère :

Λητὼ γὰρ ἥλκησε, Διὸς κυδρὴν παράκοιτιν,
Πυθώδ᾽ ἐρχομένην διὰ καλλιχόρου Πανοπῆος.
Odyss., Λ, v. 580, sq.

Apollonius de Rhodes suit la tradition homérique au sujet
de l'attentat de Tityus :

..... Φοῖβος ὀϊστεύων ἐτέτυκτο,
Βούπαις οὔπω πολλός; ἐὴν ἐρύοντα καλύπτρης
Μητέρα θαρσαλέως Τιτυὸν μέγαν.

mais, pour sa naissance, il est conforme au scoliaste, en ajoutant immédiatement :

ὅν ῥ᾽ ἔτεκέν γε
Δῖ᾽Ελάρη, θρέψεν δὲ καὶ ἂψ ἐλοχεύσατο Γαῖα.
Argon., l. I, v. 759.

Cette dernière circonstance, qu'il fut nourri et mis au jour
de nouveau par la terre, concilie Homère et son scoliaste, et
motive l'expression de Virgile copiée par notre auteur, *Terræ
alumnum.*

Madame Dacier explique avec beaucoup de sagacité les différentes traditions au sujet de Tityus : « Jupiter étant devenu
amoureux d'Élara, fille d'Orchomène, qui régnoit dans la
ville de ce nom peu éloignée de Panope, eut d'elle ce Tityus;
mais pour dérober à Junon la connaissance de cette intrigue,
il alla cacher cet enfant sous la terre dans l'Eubée, et l'en retira ensuite. Voilà pourquoi on dit qu'il étoit fils de la Terre.
Cet enfant devenu grand retourna enfin dans le pays de sa
mère, qui étoit sa véritable patrie, et où il fut tué par Apollon.

Les Eubéens, pour faire honneur à leur île d'avoir été comme son berceau, montroient l'antre où il avoit été caché, et une chapelle où on lui rendoit quelques honneurs comme à un fils de Jupiter. » Note 103 sur le XIe livre de l'*Odyssée*. Madame Dacier a pris la dernière circonstance dans Strabon, qui dit que de son temps on montrait encore dans l'Eubée non-seulement une chapelle où l'on rendait un culte à Tityus, mais un antre appelé *Élara*, du nom de la mère de ce géant. Lieu cité. « Car les peuples, ajoute madame Dacier, profitent de tout pour honorer leur pays. Voilà pourtant un plaisant saint que Tityus. »

(2) C'est Homère qui a représenté le premier le supplice de Tityus :

Καὶ Τιτυὸν εἶδον, Γαίης ἐρικυδέος υἱὸν,
Κείμενον ἐν δαπέδῳ· ὁ δ᾽ ἐπ᾽ ἐννέα κεῖτο πέλεθρα.
Γῦπε δέ μιν ἑκάτερθε παρημένω ἧπαρ ἔκειρον,
Δέρτρον ἔσω δύνοντες· ὁ δ᾽ οὐκ ἀπαμύνετο χερσίν.

Odyss., Λ, v. 574, sqq.

Les poëtes latins, excepté Lucrèce, se sont écartés de la description d'Homère, en ce qu'ils ont représenté un seul vautour au lieu de deux. Citons d'abord Virgile, dont les beaux vers ont fourni la mauvaise prose de ce petit chapitre :

Necnon et Tityon, terræ omniparentis alumnum,
Cernere erat, per tota novem cui jugera corpus
Porrigitur; rostroque immanis vultur obunco
Immortale jecur tundens, fœcundaque pœnis
Viscera, rimaturque epulis, habitatque sub alto
Pectore; nec fibris requies datur ulla renatis.

Æneid., l. VI, v. 595, sqq.

Tibulle :

> Porrectusque novem Tityos per jugera terræ
> Assiduas atro viscere pascit aves.
>
> L. I, *Eleg.* III, v. 75.

Ovide :

> Viscera præbebat Tityos lanianda, novemque
> Jugeribus distentus erat.
>
> *Metam.,* l. IV, v. 456, sq.

Ces poëtes rendent par *jugera* le πέλεθρα d'Homère. Le scoliaste remarque que le πέλεθρον ou plutôt πλέθρον était la sixième
partie du stade. Neuf plèthres faisaient donc une superficie
d'un stade et demi : Πέλεθρα· πλέθρα, ἀπὸ πλέθρον ὅ ἐστι ἔκτον
μέρος σταδίου. Λέγει οὖν ὅτι τοῦ Τιτυοῦ τὸ σῶμα ἐπὶ ἐννέα ἔκειτο
πλέθρα, ὥστε κατέχειν τόπον ἑνὸς ἡμίσεως σταδίου.

Juvénal, parlant des temps primitifs où la mythologie était
bien moins compliquée, dit qu'on ignorait alors ces récits du
Tartare :

> Nec rota, nec Furiæ, nec saxum aut vulturis atri
> Pœna.
>
> *Satir.* XIII, v. 51, sq.

Horace :

> Incontinentis nec Tityi jecur
> Relinquit ales, nequitiæ additus
> Custos.
>
> Lib. III, *Od.* v, v. 77, sqq.

Et avant eux, Lucrèce, attaquant avec l'arme du raisonnement cette fable comme toutes les autres, avait indiqué dans
le supplice de Tityus une admirable allégorie :

> Nec Tityon volucres ineunt Acherunte jacentem :

11.

Nec, quod sub magno scrutentur pectore, quidquam
Perpetuam ætatem poterunt reperire profecto,
Quàmlibet immani projectu corporis extet,
Qui non sola novem dispensis jugera membris
Obtineat, sed qui terraï totius orbem :
Non tamen æternum poterit perferre dolorem,
Nec præbere cibum proprio de corpore semper.
Sed Tityos nobis hic est, in amore jacentem
Quem volucres lacerant, atque exest anxius angor,
Aut alia quavis scindunt cuppedine curæ.

De Rerum nat., l. III, v. 997, sqq.

Macrobe, *in Somn. Scipion.*, l. I, c. x, a développé cette idée de Lucrèce, tout en voyant l'allégorie non dans les tourments de l'amour, mais seulement dans les remords de la conscience.

Hygin, dans sa LV° fable, Apollodore, dans le livre Ier de sa *Bibliothèque*, les trois mythographes du Vatican, savoir le premier, ch. xiii, le second, ch. civ, et le troisième, ch. v, ont traité avec assez de développements la fable de Tityus.

LI.

ÆGÆON.

Ægæon [a] quoque monstrum aliud vastissimum mole, et formæ incredibilis fuisse narratur. Qui habuit quinquaginta [b] capita et centum [c] manus; et unoquoque ore ignivomens, crepitantes eructabat flammas; et ad bellorum *instrumenta* [d], quinquaginta [e] clypeos totidemque gladios portavit [f] (1).

Ms. [a] Egeon. — [b] L. — [c] C. — [d] Strumenta. — [e] L. — [f] Après ce mot se trouvent les lettres numériques XLVIII.

NOTES.

(1) Ægæon qualis, centum cui brachia dicunt,
Centenasque manus, quinquaginta oribus ignem
Pectoribusque arsisse; Jovis cum fulmina contra
Tot paribus streperet clypeis, tot stringeret enses.
     VIRG., *Æneid.*, l. X, v. 565, sqq.

..... Balænarumque prementem
Ægæona suis immania terga lacertis.
     OVID., *Metam.*, l. II, v. 9, sq.

Le second Mythographe du Vatican confond Ægæon, Encélade et Briarée. « Enceladus qui et Briareus sive Ægæon dicitur. » Cap. LIII. Mais M. Richter remarque que c'est une

erreur, t. II, p. 86, et il renvoie pour Encélade à la note de
Servius sur le vers 179 du IV° livre de l'Énéide, et pour
Ægéon, à la note sur le vers 566 du X° livre. Dans celle-ci,
Servius dit que ce géant était fils du Ciel et de la Terre, ou,
selon d'autres, de la Terre et de l'Océan (Ponto), et qu'il
se mit avec Jupiter pour combattre contre les Titans. « Ipse
est, dit-il, qui et Briareus dicitur. » Cette assertion, répétée à
la note sur le vers 287 du livre VI, où se trouve l'expression
« et centumgeminus Briareus » et Briarée deux fois centuple,
est conforme à la tradition homérique. Achille, priant sa mère
de fléchir Jupiter en sa faveur, lui dit : « Je me souviens de
vous avoir souvent ouï vanter dans le palais de mon père que
vous aviez seule sauvé ce dieu du plus grand danger qu'il eût
jamais couru, lorsque les autres dieux, Junon, Neptune et
Minerve, avoient résolu de le lier : vous seule vous prévîntes
l'effet de cette conspiration, et vous le garantîtes de ces
chaînes, en appelant dans le ciel le géant à cent mains, que
les dieux nomment Briarée et les hommes Égéon, qui, ayant
plus de force que son père, s'assit près de Jupiter avec une
contenance si fière et si terrible que les dieux épouvantés re-
noncèrent à leur entreprise. » Traduction de madame Dacier.

Ἀλλὰ σὺ τόν γ᾽ ἐλθοῦσα, θεά, ὑπελύσαο δεσμῶν,
Ὧχ᾽ ἑκατόγχειρον καλέσασ᾽ ἐς μακρὸν Ὄλυμπον,
Ὃν Βριάρεων καλέουσι θεοί, ἄνδρες δέ τε πάντες
Αἰγαίων᾽. Ὁ γὰρ αὖτε βίῃ οὗ πατρὸς ἀμείνων·
Ὅς ῥα παρὰ Κρονίωνι καθέζετο, κύδεϊ γαίων·
Τὸν καὶ ὑπέδδεισαν μάκαρες θεοί, οὐδέ τ᾽ ἔδησαν.

Iliad., Λ, v. 401, sqq.

Cette circonstance, qu'il était plus fort que son père, est
éclaircie par le scoliaste de Venise publié par M. de Villoison.
Ce scoliaste dit que Briarée était fils de Neptune. Madame Da-

cier en avait déjà fait la remarque, en ajoutant : Or Neptune a tant de force qu'il ébranle la terre jusqu'en ses fondements. » Note 84 sur le Ier livre de l'*Iliade*.

La tradition homérique est en cela différente de celle d'Hésiode. Ce dernier poëte nomme, parmi les enfants qui naquirent de l'alliance du Ciel et de la Terre, trois fils d'une taille et d'une force extraordinaires, et qu'on ose à peine nommer. Ce sont Cottus, Briarée et Gygès, race superbe! Cent puissantes mains jaillissent de leurs épaules, cinquante têtes s'élèvent au-dessus :

Ἄλλοι δ' αὖ Γαίης τε καὶ Οὐρανοῦ ἐξεγένοντο
Τρεῖς παῖδες, μεγάλοι καὶ ὄβριμοι, οὐκ ὀνομαστοί,
Κόττός τε Βριάρεώς τε Γύγης θ', ὑπερήφανα τέκνα.
Τῶν ἑκατὸν μὲν χεῖρες ἀπ' ὤμων ἀΐσσοντο
Ἄπλατοι· κεφαλαὶ δὲ ἑκάστῳ πεντήκοντα
Ἐξ ὤμων ἐπέφυκον ἐπὶ στιβαροῖσι μέλεσσιν.

Theogon., v. 147, sqq.

LII.

DRACONTOPODES.

Ferunt fabulæ ᵃ Græcorum homines immensis corporibus fuisse, et, in tanta mole, tamen humano generi similes, nisi quod caudas draconum habuerunt : unde et græce dracontopodes ᵇ (1) dicebantur.

Ms. ᵃ Fabule. — ᵇ Dracontopedes.

NOTES.

(1) En effet c'est un mot grec écrit en lettres latines. Il ne se trouve pas dans les lexiques. Le mot latin est *serpentipes* employé par Ovide :

Sphingaque et Harpyias serpentipedesque Gigantes.
Trist., l. IV, eleg. VII, v. 17.

Encore Robert Estienne ne donne-t-il pas ce mot, mais il cite le vers d'Ovide au mot *serpentiger*, et substitue dans ce vers *serpentigeros* à *serpentipedes*, probablement d'après la leçon de quelque manuscrit. Pline emploie pour exprimer la même idée le mot *loripes*, qui, dans les poëtes latins, signifie un bancal, un homme qui a les jambes torses :

Loripedem rectus derideat, Æthiopem albus.
JUVENAL., *Sat.* II, v. 23.

« Himantopodes, dit Pline, loripedes quidam, quibus ser-
pendo ingredi natura est. » *Hist. nat.*, l. V, c. VIII. Il parle
ailleurs d'un autre peuple *loripède*, auquel il donne en outre
un second caractère distinctif : « Megasthenes gentem inter
Nomadas Indiæ, narium loco, foramina tantum habentem,
anguium modo loripedem, vocari Scyritas. » Lib. VII, c. II.
Remarquons que notre auteur, au lieu de ces petits trous
remplaçant le nez, accorde pour second caractère ici, comme
dans plusieurs autres endroits, une taille gigantesque. Voyez
les chapitres XXIII, XXVII, XXXI, XXXVI, XLVI.

Mais ici notre auteur est d'accord avec la mythologie qui a
presque toujours représenté les Géants avec les membres inférieurs terminés par des serpents. Ce caractère donné aux Géants
par l'art et la mythologie antiques, est la principale différence
entre .eux et les Titans. C'est ce que M. Raoul-Rochette a
prouvé dans une lumineuse dissertation, encore inédite, mais
dont nous pensons qu'il fera bientôt jouir le public. Il serait
donc aussi inutile que présomptueux de notre part de toucher davantage à un sujet traité par un pareil maître.

Le mot grec δρακοντόπους est fort rare. Il se trouve dans
un passage du *Violarium* de l'impératrice Eudocie, p. 151, cité
par M. Jacobs, note sur la CCXLIII° épigramme anonyme de
l'Anthologie, t. XII, p. 13 : Καὶ ἐκ τῆς γῆς ἐγένετο καὶ τοῦ ἐρίου
ἄνθρωπος δρακοντόπους, ὃς καλεῖται Ἐρεχθεὺς ἢ Ἐριχθόνιος. Saint
Jean Chrysostôme l'emploie aussi, *Homil.* VI, in *Epist. ad
Coloss.*, t. IV, p. 127, l. Iᵉʳ, où il dit en parlant des projets
extravagants de ceux qui désirent s'enrichir à tout prix : Οὐ
γὰρ εὑρήσει τις ἄλλων ψυχὴν τοσοῦτον [*fort.* τοσούτων] γέμουσαν
ἐπιθυμιῶν καὶ οὕτως ἄτοπον, ὡς τὰς τῶν βουλομένων πλουτεῖν. Πό-
σας γὰρ ληρωδίας οὐχ ὑπογράφουσιν ἑαυτοῖς; μᾶλλον τῶν τοὺς ἱπποκενταύρους ἀναπλαττόντων καὶ τὰς χιμαίρας, καὶ τοὺς δρακοντό-
ποδας, καὶ τὰς Σκύλλας, καὶ τὰ τέρατα, ἴδοι τις ἂν αὐτοὺς
ἀναπλάττεντας.

LIII.

DE MINOTAURO.

Minotaurum [a] autem, illud deforme (1) monstrum in iisdem [b] fabulosis Græcorum fictionibus, depingam : qui taurinum caput habuit, et inclusus [c] *labyrintho* [d] tam clamore quam mugitu ingemuisse describitur, quia domum illam *Cretæ* [e] egredi non potuit, quæ mille parietibus intextum errorem habuit (2).

Ms. [a] Minataurum. — [b] Hisdem. — [c] Inclusis. — [d] Laber inteo. — [e] Crete.

NOTES.

(1) ..... Mistumque genus, prolesque biformis
Minotaurus inest.
        VIRG., *Æneid.*, l. VI, v. 24, sq.

(2) On reconnaît facilement la source de ce que notre auteur dit sur le labyrinthe, dans cette comparaison de Virgile :

Ut quondam Creta fertur labyrinthus in alta
Parietibus textum cœcis iter, ancipitemque
Mille viis habuisse dolum, qua signa sequendi
Falleret indeprensus et irremeabilis error.
        Æneid., l. V, v. 588, sqq.

Nous ne nous engagerons pas dans le dédale de rapprochements que pourraient nous offrir, sur la fable du minotaure,
les différents auteurs qui en ont parlé. Nous résumerons seulement les deux explications naturelles qu'ont tentées à ce sujet Paléphate et Servius. Mais il faut avouer que les anciens
ont été rarement heureux dans ce genre d'explications. On
pourra du moins juger ces deux explications comme échantillons.

Paléphate rapporte d'abord la tradition qui, donnant à Pasiphaé, femme de Minos, les passions les plus désordonnées,
la représente comme éprise d'un taureau, et s'adressant à Dédale pour trouver quelque moyen de satisfaire ses monstrueux
désirs; puis ce fameux ouvrier lui fabrique une vache en bois,
si bien faite que le taureau s'y trompa, et que Pasiphaé, placée (Dieu sait comment) dans le corps de cette vache en bois,
profita du transport de ce taureau, qui ne fut pas une illusion
pour elle. Il en résulta un enfant qui avait le corps d'un
homme et la tête d'un bœuf. Paléphate réfute faiblement une
fable aussi extravagante, puis il propose son interprétation:
Minos, affecté d'une indisposition qui l'obligeait à s'abstenir
de sa femme, avait recours à l'art médical de Procris *, fille de
Pandion. Pendant le temps de cette cure et de cette continence, la beauté d'un jeune homme, nommé Taurus, attaché
à ce prince, fit assez d'impression sur sa femme Pasiphaé,
pour qu'elle eût avec lui des relations, par suite desquelles elle
devint mère. Minos, calculant le temps de sa continence for-
cée, vit que cet enfant devait avoir Taurus pour père; mais ne
voulant pas faire périr un frère utérin de ses enfants, il le relé-
gua dans des montagnes où il devait servir des pasteurs. Le fils de
Pasiphaé s'y étant refusé, Minos envoya pour l'amener de gré ou

---

* Le texte de l'édition de Tollius, que nous avons suivi, du reste,
donne Cris, fils de Pandion : Κριδὸ ς τοῦ Πανδίονος.

de force; mais il se retira dans des parties inaccessibles des montagnes, où il vivait en pillant les troupeaux. Minos ayant envoyé une troupe plus nombreuse pour le saisir, le minotaure (sans doute ainsi appelé parce qu'il avait Taurus pour véritable père et Minos pour père putatif) se fit une caverne (ὄρυγμα ποιήσας βαθύ), et de là il se rendait si terrible que Minos finit par envoyer contre lui désarmés les gens dont il voulait se dé-faire; mais quand ce vint au tour de Thésée, Ariadne lui ayant procuré en secret une épée, ce héros tua le minotaure. Vcyez Paléphat., *De incredibilibus historiis*, p. 10, sqq., ed. Corn. Tol-lio, Elzevir, 1649, in-32,

La version de Servius se rapporte en plusieurs points à celle de Paléphate; voici en quoi elle en diffère, ou ce qu'elle y a ajouté. Quant à la partie fabuleuse, Servius donne ce détail de plus, que ces dérèglements de Pasiphaé venaient de la colère de Vénus, qui, pour punir le Soleil d'avoir découvert son in-trigue avec Mars, avait inspiré à toute la race du Soleil d'abo-minables amours. Il dit aussi que la vache de bois fabriquée par Dédale avait été revêtue de la peau d'une très-belle vache. Quant à son explication, elle est plus simple, mais moins complète que celle de Paléphate. Selon lui, Taurus était secré-taire de Minos, *notarius Minois*, expression qui sent un peu son grammairien. Pasiphaé devint éprise de Taurus, et eut avec lui une entrevue dans la maison de Dédale (qui aurait joué ainsi un rôle assez peu honnête même dans l'explication historique). Mais Minos, qui, d'après cette explication, ne se trouve pas dans la même situation que suivant Paléphate, aurait eu à un mo-ment très-rapproché de celui-là une entrevue du même genre avec Pasiphaé; en sorte que, cette princesse étant accouchée de deux jumeaux, l'un fils de Minos, l'autre de Taurus, on dit d'elle qu'elle avait enfanté le minotaure. Les Grecs étaient assez malins pour avoir donné à ce mot composé cette acception sa-tirique; mais Servius ne dit pas par quels autres faits naturels et vraisemblables le même mot désignait un monstre moitié homme moitié taureau. Il est probable que les dérèglements de Pasiphaé, si peu ménagée par les traditions, d'accord avec le nom de Taurus, son amant, donnèrent lieu, comme expression exagérée, à la fable de son commerce avec un taureau, et d'un enfant moitié homme moitié bœuf, comme résultat de cet accouplement monstrueux. Voyez la note de Servius sur le 14ᵉ vers du VIᵉ livre de l'*Énéide*.

LIV.

DE ERYCE.

Erycis [a] quoque bellorum instrumenta omnem modum humanum excedentia leguntur. Non monstrum (1), sed homo monstrosa magnitudine (2) fuit : cujus clypeum (3) septem [b] (4) coria boum [c] ferro ac plumbo *consuta* [d] tegebant.

Ms. [a] Ericis. — [b] VIII. — [c] Bovum. — [d] Consueta.

NOTES.

(1) L'auteur semble ici, plus que partout ailleurs, avoir cherché à grossir son Traité; et n'ayant à sa disposition qu'un petit nombre de matériaux fort connus, il en a extrait tout ce qu'il a pu rattacher tant bien que mal à sa définition. On reconnaît facilement ici la source où il a puisé : c'est le cinquième livre de l'Énéide.

(2) C'est l'auteur qui suppose cela; Virgile n'en fait pas mention. Il est sûr que, si l'on voulait examiner sérieusement les actions prodigieuses que les poëtes anciens prêtent à Hercule, et les romanciers à Roland, il faudrait, d'après les lois de la physique, leur supposer non-seulement une force surnaturelle, mais aussi une taille gigantesque.

(3) L'auteur a substitué ici le bouclier au ceste, arme qui

n'était plus connue de son temps. Au reste, un ceste de pareille dimension est encore plus invraisemblable qu'un bouclier.

(4) Le manuscrit porte VIII en chiffres, ce qui autorise la correction. Car le système des chiffres romains rend les erreurs très-faciles par l'oubli ou l'addition d'un I. On sait que c'est un des genres de fautes les plus fréquents dans les manuscrits. Voici le passage de Virgile :

In medium geminos immani pondere cestus
Projecit, quibus acer Erix in prælia suetus
Ferre manum, duroque intendere brachia tergo.
Obstupuere animi : tantorum ingentia septem
Terga boum plumbo insuto ferroque rigebant.

Æneid., l. V, v. 401, sqq.

LV.

DE TRITONE.

Et Tritonem capite humano, pectore semifero (1) et deorsum ab umbilico piscibus dixerunt similem. Qui in Ægyptiorum [a] mari *Carpathio* [b] (2) et circa oras Italiæ [c] visus fuisse describitur. Et utrum a Tritone, Libyæ [d] palude, an palus ab illo hoc nomen inditum (3) possidebat, ignoratur.

Ms. [a] Egitiorum [*sic*]. — [b] Carpaticio. — [c] Italie. — [d] Libie.

NOTES.

(1) Ce chapitre est pris non pas de la description de Triton, mais d'une statue de ce dieu marin, telle que Virgile la représente sculptée sur le vaisseau d'Auleste :

> Hunc vehit immanis Triton, et cærula concha
> Exterrens freta : cui laterum tenus hispida nanti
> Frons hominem præfert, in pristin desinit alvus,
> Spumea semifero sub pectore murmurat unda.
> Virg., Æneid., l. X, v. 209, sqq.

Pausanias donne une description précise de la figure des Tritons, d'après certaines représentations qu'il en avait vues à Rome. Leurs cheveux ressemblaient à une herbe aquatique; tout leur corps était couvert de petites écailles de la plus grande dureté; ils avaient des ouïes derrière les oreilles, un nez ordinaire, une bouche très-fendue, des dents canines, des yeux verts, des mains et des doigts dont les ongles ressemblaient à la partie supérieure d'un coquillage bivalve; au lieu de jambes, ils avaient à la suite du ventre une queue de dauphin. Ἔχουσι ἐπὶ τῇ κεφαλῇ κόμην οἷα τὰ βατράχια ἐν ταῖς λίμναις χρόαν τε, καὶ ὅτι τῶν τριχῶν οὐκ ἂν ἀποκρίναιο μίαν ἀπὸ τῶν ἄλλων. Τὸ δὲ λοιπὸν σῶμα φολίδι λεπτῇ πέφρικέ σφισι κατὰ ἰσχὺν ῥίνης. Βράγχια δὲ ὑπὸ τοῖς ὠσὶν ἔχουσι καὶ ῥῖνα ἀνθρώπου, στόμα δὲ εὐρύτερον καὶ ὀδόντας θηρίου· τὰ δὲ ὄμματα (ἐμοὶ δοκεῖ) γλαυκά· καὶ χεῖρές εἰσιν αὐτοῖς, καὶ δάκτυλοι, καὶ ὄνυχες τοῖς ἐπιθέμασιν ἐμφερεῖς τῶν κόχλων. Ὑπὸ δὲ στέρνον καὶ τὴν γαστέρα, οὐρά σφισιν ἀντὶ ποδῶν οἷα περ τοῖς δελφῖσίν ἐστιν. *Bœotic.*, p. 297, ed. Francof., 1583, in-fol., ou t. V, p. 114, ed. Clavier.

Les poses pittoresques et variées des figures de Tritons les faisaient servir à une quantité d'usages dans les diverses compositions de l'art. Vitruve parle d'une statue de Triton que l'architecte Andronic Cyrrhestes avait placée à Athènes, comme girouette, sur une tour octogone, dont chaque face représentait un des vents, d'après le système de ceux qui en admettaient huit. Cette statue d'airain, élevée sur un piédestal de marbre, tenait de la main droite une baguette, et était disposée de manière que cette baguette indiquait toujours le pan de la tour où était représenté le vent qui soufflait. « Supraque eam turrim, metam marmoream perficit, et insuper Tritonem eum collocavit, dextra manu virgam porrigentem : et ita est machinatus, uti vento circumageretur, et semper contra flantem consisteret, supraque imaginem flantis venti indicem virgam teneret. » *De Architect.*, l. I, c. VI, p. 22, ed. Aug. Rode.

L'art antique se plut tellement à la représentation des Tritons, qu'il en fit le sujet de plusieurs chefs-d'œuvre d'une grande magnificence. Pausanias nous en donne, comme témoin oculaire, une des indications les plus remarquables, au commencement de ses Corinthiaques. L'isthme de Corinthe était consacré à Neptune, et au devant du temple de ce dieu on voyait d'abord deux Tritons d'airain; ensuite dans l'intérieur de ce temple, Hérode Atticus (contemporain de Pausanias) avait consacré une magnifique composition de sculpture représentant le cortége de Neptune : c'étaient quatre chevaux dorés (ἐπιχρύσους), dont les sabots étaient d'ivoire; à côté de ces chevaux, l'on voyait deux Tritons en or (χρυσοῖ) jusqu'aux reins, d'où partait la queue de poisson en ivoire. Ces deux matières précieuses formaient aussi les statues de Neptune et d'Amphitryte qui étaient sur le char, et le petit Palémon debout sur un dauphin. Sous le char on avait représenté les flots de la mer, d'où naissait Vénus, et tout à l'entour les Néréides.

Sans doute la riche matière de ce chef-d'œuvre ne lui permettait pas de traverser les siècles écoulés depuis la chute du paganisme; mais de tous les monuments de l'antiquité qui nous sont parvenus, celui qui offre avec le plus de développement et dans les plus grandes proportions les figures de ces divinités employées comme ornement, est certainement la belle mosaïque découverte en 1832 par M. Jules Soulage à Saint-Rustice près Toulouse. Nous avons donné, l'année dernière (1834), dans un journal, la description détaillée de ce monument, qui formait le pavé de la salle principale d'un grand édifice de thermes. Cette salle remplissait la plus élevée de trois terrasses dont se composait le palais, et consistait dans un long parallélogramme de 15 mètres sur 6 et demi, entouré de huit hémicycles, un à chaque bout et trois de chaque côté. Elle était entièrement pavée en mosaïque; seulement sur les côtés, entre l'hémicycle du milieu et les deux autres, avait été réservé un espace en ligne droite, où l'aire, sans ornement, semble indiquer que devaient se trouver des piédestaux surmontés de statues. Le sol de cette

salle a été·déblayé avec le plus grand soin, et l'on a mis à
découvert tout le pavé, dont la mosaïque, dans sa plus grande
partie, est très-bien conservée. Comme la Bibliothèque du Roi,
à laquelle appartient aujourd'hui ce monument, n'a pas de
salle assez grande pour le développer tout entier, nous en
consignons ici la disposition :

Dans l'hémicycle du côté de l'entrée, est un ovale formé
par une bordure riche et élégante, et dans ce cadre est une
femme couchée, représentant *Aréthuse*, ainsi que l'indique
son nom écrit en grec dans le haut de la bordure. Au-dessus, deux figures à queue de poisson, dont il ne reste qu'une
partie des bras, du dos et de la queue, étaient représentées
comme supports; et aux côtés de l'ovale sont écrits les mots
ΣΙΚΕΛΙΩΤΗΣ et ΤΡΙΤΟΓΕΝΙΟΣ.

En avançant entre les deux premiers hémicycles latéraux,
la partie droite manque; mais dans le milieu sont un chien
de mer et un dauphin, et dans l'hémicycle à gauche une
Néréide assise sur la croupe d'un Triton; elle tient une draperie qui flotte en demi-cercle au-dessus de sa tête. Le Triton
est cornu et barbu; tout son corps, jusqu'au-dessous du nombril,
est d'un homme et sans écailles; au lieu de jambes il a deux
nageoires, et la partie postérieure de son corps est une longue
queue de poisson; de la main gauche il tient la conque dont
il sonne, et de la droite il donne un coup de trident à une
sorte de dragon marin qui se retourne contre lui. Les noms
des deux divinités sont, comme tous les autres, écrits en
caractères grecs au-dessus de leur tête; celui de la Néréide est
ΔΩΤΩ, et celui du Triton ΝΥΝΦΟΓΕΝΗΣ [*sic*]. Un crabe est
au-dessous d'eux.

Entre ces deux premiers hémicycles latéraux et ceux du milieu, est l'espace où nous supposons qu'était placée de chaque
côté une statue intermédiaire. La partie de la salle comprise
entre ces deux espaces offre sur la mosaïque d'abord deux

figures à cheval : l'une, *Leucas*, sur un lion marin ; l'autre, *Xantippe*, sur un cheval marin. Ces figures sont en regard et sont pleines de mouvement, surtout celles des animaux.

Au-dessous commence le bas d'une vaste draperie carrée, dont quatre petits génies retiennent les angles, et où est représentée une tête colossale de l'Océan, de neuf pieds de haut, et formant le milieu de cette mosaïque. Cette tête, d'un grand caractère, est d'un effet imposant. Trois fleuves lui coulent de la bouche, au coin de laquelle sont de petits dauphins ; il en sort aussi de ses oreilles. Des perles disposées comme la queue d'une écrevisse ornent ses cheveux. Cette draperie s'élève dans les trois quarts de l'espace qui est entre les deux hémicycles latéraux du milieu.

A la droite est le groupe d'un dieu marin et d'une néréide : le dieu marin, cornu et barbu, *Borios*, est vu de dos, il tient à la main un objet dont une partie est détruite, et a sur ses épaules un manteau d'écailles de poisson ; il est appuyé sur deux hastes pures, placées transversalement, où est assise la néréide *Panopea*, avec deux bracelets à chaque bras, un collier, une robe de diverses couleurs, et sur la tête une sorte de couronne. Elle tient de la main droite un portrait dans un médaillon, et de l'autre, une urne fluviale. Cette figure est d'un assez bon style.

A gauche, en pendant de ce groupe, est celui de *Glaucus*, *Ino* et *Palémon*. Glaucus a quatre cornes, dont deux sur le front et deux recourbées sur les tempes, en manière de roseaux, un manteau d'écailles de poisson, des nageoires au lieu de jambes, et une queue sur laquelle est assise Ino, dont les pieds portent sur deux hastes disposées comme au groupe d'en face. Sur sa tête flotte une draperie dont les bouts sont posés sous ses bras. De la main gauche elle tient son sein, et elle étend la droite sur le petit Palémon que lui présente Glaucus. Ses bras sont ornés de bracelets, et ses cheveux de tresses de perles. A sa gauche plonge un dauphin. Ce groupe paraît le plus faiblement exécuté.

Au-dessus, entre le second espace où nous supposons qu'é-
taient de chaque côté des statues, une femme nue dont les
épaules et la tête manquent, est assise sur un animal marin
dont la tête manque également, mais que ses pieds fourchus et
l'élégance de son cou peuvent faire supposer être un cerf. Cette
figure de femme a de la grace; son bras gauche, le seul qui
subsiste, porte un bracelet. En regard, il reste seulement un
pied et le bas de la robe d'une autre figure, également assise sur
un animal à pieds fourchus. Au-dessous plonge un dauphin.
Ces deux groupes font évidemment le pendant de ceux de Leucas et de Xantippe, montés sur un lion et sur un cheval marin,
et qui sont avant le masque de l'Océan. Il règne dans l'agence-
ment de cette mosaïque une symétrie qui, par la partie conservée, permet facilement de se représenter ce qui manque.

Toute la partie comprise entre les deux derniers hémicycles
latéraux et celui du fond est détruite, excepté le sujet de droite
représentant *Thétis* et *Triton*. La figure de Thétis est d'un dessin
faible; elle est vue de face, a des bracelets de perles à chaque
bras, un collier de perles, des tresses de perles dans les cheveux.
Le bout de son bras droit manque. Elle appuie la main gauche
sur l'épaule de Triton, qui joue de la flûte de Pan, en la tenant
à deux mains. Il est cornu et imberbe; son visage ne manque
pas d'expression; son torse, sans écailles comme tous les autres,
est même d'un dessin assez savant. Il a aussi, au lieu de jambes,
des nageoires. Thétis a un manteau long que l'on voit seulement
tomber derrière le bras, et qui revient par-devant au bas du
torse. Toutes ces figures sont de grandeur naturelle.

Les sujets de ce riche et élégant pavé sont entièrement
empruntés à Homère et à Hésiode. Le premier de ces poëtes
donne les noms de trente-deux néréides, au commencement
du xviii° livre de l'Iliade, lorsque Thétis sort de la mer
pour venir consoler son fils désespéré de la mort de Pa-

trocle. Hésiode en nomme quarante-et-une, vers 349 et suivants de sa *Théogonie;* et il ajoute : «Ce sont les filles antiques
de l'Océan et de Téthys. Il y en a encore bien d'autres, car ces
légères océanides sont au nombre de trois mille; race brillante
de déesses, répandue même sur la terre où elles habitent les
profondeurs des lacs. Pareil est aussi le nombre des fleuves aux
ondes retentissantes, fils de l'Océan et de la vénérable Téthys.
Il serait bien difficile à un mortel de dire tous leurs noms, mais
les hommes connaissent les noms de ceux auprès desquels ils
demeurent. » Homère dit aussi dans le xxiᵉ livre de l'Iliade,
v. 196 : « Tous les fleuves, toutes les mers, toutes les sources et
tous les lacs profonds viennent de l'Océan. » On voit donc que
ces anciens poëtes ont fourni les sujets et l'ordonnance générale
de cette mosaïque, où la tête colossale de l'Océan, avec les
fleuves qui coulent de sa bouche, est au centre, entourée de
Tritons et de néréides qui représentent allégoriquement les
autres eaux de toutes sortes.

Parmi leurs noms, tous écrits en grec, ceux d'Aréthuse, de
Thétis, Triton, Glaucus, Ino, Palémon, Panope, se trouvent partout; Doto est nommée dans l'énumération homérique. Les
noms de Leucas, Xantippe et Borée sont très-connus, mais sans
être donnés ailleurs, que je sache, à des divinités marines. Enfin
ceux de Nymphogénès, Tritogénios, Sicéliôtès, composés très-
étymologiquement, paraissent ici pour la première fois, et pourront enrichir les dictionnaires. Le premier est écrit ΝΥΝΦΟ-
ΓΕΝΗΣ, ce qui tient à la prononciation des Grecs, où la lettre
N placée devant un Π ou un Φ, prend le son du M, identité de
son qui aura trompé l'ouvrier. Par la même raison, sans doute,
le mot Βόρτιος est écrit ΒΟΡΙΟΣ. Enfin le mot Τριτογένιος, en-
dommagé, peut se lire seulement d'après une conjecture que
je hasarde comme probable, sur ce qui reste.

La conque dont sonne un de ces Tritons est, comme on sait,
leur attribut le plus ordinaire.

Cæruleum Tritona vocat; conchæque sonaci
Inspirare jubet, fluctusque et flumina signo
Jam revocare dato. Cava buccina sumitur illi
Tortilis, in latum quæ turbine crescit ab imo.

OVID., *Metam.*, l. I, v. 333, sqq.

Ecquis erit, pueri, vitreas qui lapsus in undas
Huc rapidum Tritona vocet? . . . .
. . . . pernicius omnes
Quærite, seu concha Libycum circumtonat æquor,
Ægæas seu frangit aquas.

CLAUDIAN., *De Nupt. Honor. et Mar.*, v. 129, sqq.

Pline rapporte que, sous Tibère, on vit et on entendit à peu près *officiellement* Triton sonnant de la conque. « Tiberio principi nuntiavit Olisiponensium legatio ob id missa, visum audiumque in quodam specu concha canentem Tritonem, qua noscitur forma. » *Hist. nat.* lib. IX, cap. IV ou V (selon les éditions). Pour toutes ces traditions au sujet des hommes marins en général, présentées comme des faits naturels, voyez ci-après *De Belluis*, c. XXXI.

(2) *Carpathio*. Ce détail paraît emprunté à Claudien :

. . . . . Pelagi sub fluctibus ibat
Carpathii Triton.

De Nupt. Honor. et Mar., v. 136, sq.

(3) Pausanias dans ses *Béotiques* donne l'étymologie du lac Triton. Près du bourg d'Alalcomènes, en Béotie, qui possédait un temple de Minerve, on trouvait un torrent appelé Triton; et Pausanias rapporte qu'on voulait expliquer cette dénomination en disant que Minerve (Τριτογένεια) avait été élevée sur les bords de ce torrent. Mais ce n'est pas, ajoute-t-il, le fleuve Triton auquel se rapporte cette dénomination; car ce fleuve-là est en Afrique, où il sort du lac Triton et se jette dans la mer de Libye.

Ὀνομάζουσι δὲ Τρίτωνα αὐτὸν, ὅτι τὴν Ἀθηνᾶν τραφῆναι παρὰ ποταμῷ Τρίτωνι ἔχει λόγος· ὡς δὴ τοῦτον τὸν Τρίτωνα ὄντα, καὶ οὐχὶ τὸν Λιβύων, ὃς ἐς τὴν πρὸς Λιβύην θάλασσαν ἐκδίδωσιν ἐκ τῆς τριτωνίδος λίμνης. Pag. 308, ed. Francof. fol. Le même auteur, dans ses Corinthiaques, p. 63 et 64, dit que les peuples qui habitaient les bords du lac Triton furent du nombre de ceux dont les Gorgones devinrent souveraines, après la mort de leur père Phorcus, et que Persée ayant tué Méduse, l'une d'elles, sur les bords de ce lac, s'aliéna Minerve, sa protectrice, qui avait pour prêtres les habitants de cette contrée. Quant à l'embarras qu'exprime notre auteur pour déterminer si c'est le lac qui donne son nom à Triton ou qui l'a reçu de lui, la même difficulté existe au sujet de Minerve; car les mythographes ne sont pas d'accord sur l'origine de son nom Τριτογένεα, auquel Joseph Scaliger, dans sa traduction libre d'Orphée, donne pour équivalent ultrix Titani. Les uns, comme Festus, le font venir de ce lac, près duquel Minerve se montra pour la première fois. Ceux qui veulent au contraire qu'elle ait donné son nom au lac et au fleuve qui le traverse, expliquent ce nom de Τριτογένεια, soit en le faisant venir de τριτώ qui, en d'anciens dialectes, signifie tête, ou de τρίτη, parce qu'elle naquit le 3 d'un mois, ou enfin de Τρίττα, ville de Crète. Lucain, en adoptant la première tradition, représente le lac comme également cher à Triton et à Minerve :

> Torpentem Tritonos adit illæsa paludem.
> Hanc, ut fama, deus quem toto littore pontus
> Audit ventosa perflantem murmura concha,
> Hanc et Pallas amat : patrio quæ vertice nata
> Terrarum primam Libyen (nam proxima cœlo est,
> Ut probat ipse calor) tetigit, stagnique quieta
> Vultus vidit aqua, posuitque in margine plantas,
> Et se dilecta Tritonida dixit ab unda.
>
> Pharsal., l. IX, v. 347, sqq.

LVI.

ANTIPODÆ.

Ferunt et hominum genus esse sub orbe, quos Antipodas vocant; et secundum illam græci nominis interpretationem ° imum orbis fundum, ad nostra vestigia sursum directis pedibus, calcant (1).

Ms. ° Interprœtacionem.

NOTES.

(1) « Jam vero his qui Antipodæ dicuntur, eo quod contrarii esse vestigiis nostris putantur, ut, quasi sub terris positi, adversa pedibus nostris calcant vestigia, nulla ratione credendum est : quia nec soliditas patitur nec centrum terræ. » Isidori *Orig.*, l. IX, c. II. Cette question des Antipodes, dont, malgré nous, nos sens ont peine à se rendre compte, quoique notre esprit admette la rigoureuse démonstration de leur existence, paraissait tout à fait paradoxale aux anciens, qui n'avaient pas d'idée de la force centripète et du mouvement de rotation de la terre sur elle-même. Pline, *Hist. nat.*, l. II, c. LXV, en énonçant l'opinion de l'existence des Antipodes, commence par dire que, s'il y en a, ils doivent avoir autant de peine à comprendre comment nous ne tombons pas, que nous en avons à comprendre comment ils ne tombent pas; considération remarquable par sa justesse et qui prend sa source

dans l'idée de l'immensité de l'univers, « dont le centre, dit
Pascal, est partout et la circonférence nulle part. » Ensuite,
avec cette imagination féconde en subtilités, si ordinaire aux
anciens, Pline se demande si la terre, au lieu d'être d'une parfaite rondeur, ne serait pas de la forme d'une pomme de pin,
dont toutes les écailles, même celles d'en dessous, sont toujours
dirigées en haut; en sorte que les Antipodes, se tenant seulement sur la partie supérieure de ces inégalités ou aspérités de
la terre, représentées par les dernières écailles de la pomme
de pin, habiteraient au-dessous de nous, tout en se tenant de
même. Il a seulement oublié que nos véritables Antipodes auraient eu alors sur leur tête, au lieu du ciel, une espèce de
plafond fait de terre ou de rocher, et n'auraient reçu la lumière
qu'obliquement.

Au VIIIᵉ siècle, la question des Antipodes, encore mal connue, donna lieu, comme l'on sait, à une décision ecclésias-
tique peu exacte. Voici ce que rapporte à ce sujet un auteur
de la fin du XVIIᵉ siècle. Après avoir fait l'éloge du pape Zacharie, qui monta sur le trône pontifical en 741, cet auteur
ajoute : « Cependant ce grand pape non-seulement fut assez
aveugle pour croire qu'il n'y avoit pas d'Antipodes, et que
c'étoit une erreur dans la foi de s'imaginer qu'il y avoit
d'autres hommes que ceux qui sont dans notre continent,
mais même il anathématisa par un bref foudroyant qu'il
adressa au duc de Bavière, Odilon, tous ceux qui croyoient le
contraire, et ordonna à saint Boniface d'excommunier d'une
excommunication majeure et réservée au saint siége, le grand
saint Virgile, évêque de Saltzbourg, qu'il croyoit infecté de
cette damnable hérésie, comme il l'appelle lui-même..... D'un
autre côté, le pape Zacharie tomba dans une erreur de fait, en
prenant saint Virgile, évêque de Saltzbourg, pour Virgile le
poëte, un Irlandois pour un Mantouan, un missionnaire apos-
tolique de Bavière pour l'auteur de l'Énéide et des Géorgiques,

et un saint enfin pour un payen. Car saint Virgile de Saltzbourg nia positivement qu'il eût jamais dit ni écrit, prêché ou
enseigné, qu'il y ait des Antipodes, et soutint que le bon pape
avoit pris saint Virgile, évêque d'Arles, mort en 624, pour
lui. Ils se trompoient tous deux, car le fameux saint Virgile
d'Arles, qui vivoit sous le roi Childebert II, dont il étoit le
favori, à la sollicitation duquel saint Grégoire le Grand lui envoya le pallium et le vicariat du saint-siége en France, ne fut
jamais accusé de croire aux Antipodes; l'évêque de Saltzhourg,
saint Virgile l'Irlandois, qui fut fait évêque de cette ville par
Pépin le Bref, en 764, y croyoit encore moins, et saint Boniface de Mayence, son ennemi, ne l'en accusa que par envie,
et parce que le pape avoit décidé contre lui en faveur de
saint Virgile, sur une question du baptême conféré par un
prêtre ignorant et qui, n'entendant pas le latin, disoit *pate-
rias, filias et spirituas sanctas*.....

« Mais le véritable Virgile, qui a enseigné que sous terre
il y avoit un autre monde et d'autres hommes qui étoient
éclairez du soleil et de la lune comme nous, c'est le poëte
Virgile du temps d'Auguste, puisqu'il dit au VIe livre :

.... Solemque suum, sua sidera norunt.

« Ailleurs le même poëte dit encore plus expressément qu'il y
a des Antipodes, et que, quand le soleil cesse de nous éclairer, il va luire sur eux, et qu'au contraire, quand l'aurore et
le soleil reviennent nous voir, alors la nuit et les ténèbres
commencent à se répandre dans leur pays :

Illic, ut perhibent, aut intempesta silet nox
Semper, et obtenta densantur nocte tenebrœ;
Aut redit a nobis aurora, diemque reducit :
Nosque ubi primus equis Oriens afflavit anhelis,
Illic sera rubens accendit lumina Vesper.

Georg., l. I, v. 247.

On dit qu'il fait nuit là, quand il fait jour ici. »

Nouvelles Remarques sur Virgile et sur Homère, et sur le pré-tendu style poétique de l'Écriture-Sainte, 1710, in-12; sans nom de lieu ni d'auteur.

Comme le ton de cet extrait a pu le faire soupçonner, l'ouvrage auquel nous l'empruntons est une déclamation continuelle contre l'église romaine. Il ne contient même sur une critique semi-littéraire que ce seul passage; et le titre, *Nouvelles Remarques sur Virgile*, etc., est ou une mauvaise plaisanterie, ou un moyen de faire passer ce livre dans les lieux où il aurait pu être mis à l'index, en donnant le change par le titre et les premières lignes.

LVII.

GIGANTES, QUIBUS OMNIA MARIA PEDUM GRESSIBUS TRANSMEABILIA.

Gigantes (1) enim ipsos tam enormis [a] alebat magnitudo, ut eis omnia maria pedum gressibus transmeabilia (2) fuisse perhibeantur [b] : quorum ossa in littoribus [c] et in terrarum latebris (3), ad indicium vastæ [d] quantitatis eorum, sæpe comperta leguntur.

Ms. [a] Inormis. — [b] Perhibentur. — [c] Litoribus. — [d] Vaste.

NOTES.

(1) Isidore de Séville, après avoir donné l'origine du mot *Gigantes*, « γηγενεῖς, id est terrigenas, eo quod fabulosa parens Terra immensa mole et similes sibi genuerit, » blâme les personnes qui, par une interprétation maladroite de l'Écriture-Sainte, croyaient prouver par un passage de la Genèse l'existence de ces êtres fabuleux : « Falso autem opinantur quidam imperiti de scripturis sanctis, prævaricatores angelos cum filiabus hominum ante diluvium concubuisse, et exinde natos gigantes, id est nimium grandes et fortes viros, de quibus terra completa est. » *Orig.*, l. XI, c. III. Cette opinion est conforme à celle de plusieurs Pères de l'Église qui ont entendu par les mots hébreux *Nephilim* et *Giborim*, non pas des géants, mais des hommes insolents, dissolus et cruels, qui se servaient de tous leurs moyens de supériorité pour opprimer. Philon, dans son livre

περὶ γιγάντων, donne la même explication, qui paraît résulter naturellement du passage de la Genèse auquel saint Isidore fait allusion.

« Videntes filii Dei filias hominum quod essent pulchræ, acceperunt sibi uxores ex omnibus quas elegerant.

« Dixitque Deus : Non permanebit spiritus meus in homine in æternum, quia caro est : eruntque dies illius centum viginti annorum.

« Gigantes autem erant super terram in diebus illis , postquam enim ingressi sunt filii Dei ad filias hominum, illæque genuerunt, isti sunt potentes a sæculo viri famosi. » Lib. *Genes.*, c. VI, v. 2, 3, 4.

Voici le texte de la Septante pour ce dernier verset :

Οἱ δὲ γίγαντες ἦσαν ἐπὶ τῆς γῆς ἐν ταῖς ἡμέραις ἐκείναις· καὶ μετ᾽ ἐκεῖνο, ὡς ἂν εἰσεπορεύοντο οἱ υἱοὶ τοῦ Θεοῦ πρὸς τὰς θυγατέρας τῶν ἀνθρώπων καὶ ἐγεννῶσαν αὐτοῖς. Ἐκεῖνοι ἦσαν οἱ γίγαντες οἱ ἀπ᾽ αἰῶνος, οἱ ἄνθρωποι οἱ ὀνομαστοί.

(2) La taille que les calculs de l'académicien Henrion donnaient aux premiers hommes, sans aller précisément jusqu'à cette faculté de traverser à gué les mers les plus profondes, offre déjà une exagération fort honnête. Dans la table qu'il avait dressée à ce sujet, il donnait à Adam 123 pieds 9 pouces, et à Ève 118 pieds 9 pouces 9 lignes. Nous empruntons cette indication à M. Isidore Geoffroy Saint-Hilaire, *Hist. des Anomal. de l'organ.*

(3) « Europa in tota, sicubi solum mobile est (*terrains meubles*), item in America, nec de cæteris mundi partibus aliud crediderim, ossa occurrunt quæ animantium miræ sane magnitudinis fuerunt, elephantium verbi gratia, mastodonton, imo et balænarum; quoties vero talia adspiciunt tribules et nonnunquam anatomicæ rei periti, gigantum ossa esse clamant. Sic in Lucernino agro ossa elephantium inventa arbitratus est Felix Plater, anatomiæ in Basil. Acad. prof.,

hominis fuisse cui pedum XVII longitudo. Elephantis alterius e Delphinatu (sic Viennensis septemtrionalia, Allobroges et cæteros nuncupamus) Lutetiam advecta ossa et ostentata pro Teutobochi, regis Cimbrorum, reliquiis, quem acie Marius fusum occidit; quam fabellam chirurgus HABICOT propugnavit scriptis non paucis. » Cuvier, not. ad Plin., *Hist. nat.*, l. VII, c. xvi, t. III, p. 88, coll. Lemaire.

Le même savant, dans ses *Recherches sur les ossements fossiles*, t. I, p. 101 et suiv., 3ᵉ édition, donne avec détail l'historique de la polémique relative à ce prétendu géant Teutobocus, la liste complète et par ordre de dates des ouvrages publiés sur cette matière, enfin la liste de ces os, d'après les descriptions qui en sont fournies dans ces ouvrages mêmes. Il en conclut que quelques-uns devaient être nécessairement, par leur structure décrite, des os d'éléphant; et très-probablement tous les autres l'étaient aussi. Enfin ils viennent d'être envoyés par M. Jouannet au Muséum d'histoire naturelle, et mis par M. de Blainville sous les yeux de l'Institut, dans la séance de l'Académie des Sciences du lundi 23 mars 1835. Leur inspection a montré aisément qu'ils proviennent d'un véritable mastodonte, de la grandeur de celui de l'Ohio.

Le Père Calmet avait déjà donné l'historique de la découverte des os du roi Teutobocus, et de la polémique y relative, dans sa *Dissertation sur les Géants*, faisant partie des *Dissertations qui peuvent servir de prolégomènes de l'Écriture-Sainte*, t. II, partie ii, p. 33 et suiv. M. Cuvier, qui s'est entouré avec beaucoup d'érudition de tous les ouvrages sur la gigantologie dans le t. I de ses *Recherches sur les ossements fossiles*, paraît n'avoir pas consulté ce travail de Dom Calmet, dont il cite plusieurs fois le *Dictionnaire de la Bible*. Mais la *Dissertation sur les Géants* est un morceau des plus savants, quoiqu'il y manque, ainsi que dans plusieurs autres ouvrages de cet illustre bénédictin, une critique juste et sûre dans l'emploi de ses matériaux, et des conclusions satisfaisantes. Ainsi il conclut là en faveur de l'existence des Géants dans les temps primitifs.

Maintenant les doctes inductions de M. Cuvier, toujours confirmées par les faits, ont donné le droit de dire : « Il n'est plus douteux que la plupart des prétendus ossements humains de taille gigantesque ne fussent réellement des os d'éléphants, de mastodontes, de rhinocéros ou de cétacées, et des carapaces de tortues : erreurs graves que ne saurait même excuser entièrement l'époque où elles furent commises. » M. Isidore Geoffroy Saint-Hilaire, lieu cité. — Toutefois il est juste de remarquer que M. Cuvier, dans l'anatomie de l'éléphant, indique un assez grand nombre d'os semblables à ceux de l'homme, sauf la dimension, et qui par conséquent, trouvés isolément, pouvaient induire en erreur même des personnes qui n'auraient pas été étrangères à l'anatomie humaine, si leur esprit était préoccupé de l'existence des Géants. Après avoir décrit les grands os de l'extrémité postérieure, « Toutes ces parties, dit-il, sont impossibles à confondre avec leurs analogues, dans le rhinocéros et l'hippopotame, qui ont des configurations et des proportions entièrement différentes. Mais il est certain qu'elles offrent en général une forme qui n'est pas sans ressemblance avec celle de l'homme. » *Ossements foss.*, t. I, p. 21.

Outre les auteurs qui ont traité des Géants avec de grands développements, quoique par accessoire, il y a eu plusieurs gigantologies spéciales, telles que celles de Jean Cassanion, de Geropius, de Jérôme Magnès, de Temporarius, de Haller et de beaucoup d'autres. On en trouvera le résumé dans la digression de M. Cuvier que nous avons citée, et dans l'article *Géants* du *Dictionnaire des sciences médicales*, par M. Virey.

Ce dernier auteur cite l'indice fourni par M. le capitaine

Freycinet, *Voyage de découvertes aux terres australes*, Paris,
,1815, in-4°, p. 178, qui trouva dans une île inconnue, où il
aborda, des traces de pied humain étonnantes par leur grandeur. D'autres voyageurs avaient déjà fait ailleurs la même
observation. M. le Dᵣ Virey remarque aussi que, depuis quarante siècles, la taille de l'homme est toujours la même, témoin les dimensions des sarcophages égyptiens remontant à
cette époque.

LVIII.

DE GEMINIS ALOIDIBUS.

Scribunt et geminos Aloidas[a] (1) tam immensæ[b] corporum magnitudinis fuisse, ut ter cœlum manibus adgressi essent distruere, ut Jovem, pro flammea *et prægrandi*[c] (2) cupidine, summo detruderent Olympo[d].

Ms. [a] Alloidas. — [b] Immensa. — [c] Segregandi. — [d] Olympho.

NOTES.

(1) Hic et Aloidas geminos, immania vidi
    Corpora : qui manibus magnum rescindere cœlum
    Aggressi, superisque Jovem detrudere regnis.
                VIRG., *Æneid.* l. VI, v. 582.

Servius a consacré l'explication suivante à ce passage de son poëte : « Alœus Iphimediam uxorem habuit : quæ compressa a Neptuno duos peperit, Othum et Ephialtem : qui digitis novem per singulos menses crescebant. Freti itaque altitudine, cœlum voluere subvertere : sed confixi sunt Dianæ et Apollinis telis. *Aloidas* autem sic dixit, ut de Hercule *Amphitryoniades* dicimus. »

On peut voir sur la taille des Aloïdes une savante note de

madame Dacier, la 54ᵉ du XIᵉ livre de l'*Odyssée*, au sujet de ces deux vers d'Homère :

> Ἐννέωροι γάρ τοί γε καὶ ἐννεαπήχεες ἦσαν
> Εὖρος, ἀτάρ μῆκός γε γενέσθην ἐννεόργυιοι.
>
> *Odyss.*, Λ, v. 310.

Voici comment elle traduit le célèbre passage du même livre, que Longin a cité comme exemple de sublime sans pathétique : « Après Léda, je vis Iphimédée, femme d'Aloëus, qui se vantoit d'avoir été aimée de Neptune. Elle eut deux fils, dont la vie fut fort courte, le divin Othus et le célèbre Éphialtes, les deux plus grands et les plus beaux hommes que la terre ait jamais nourris, car ils étoient d'une taille prodigieuse et d'une beauté si grande qu'elle ne cédoit qu'à la beauté d'Orion. A l'âge de neuf ans, ils avoient neuf coudées de grosseur et trente-six de hauteur. Ils menaçoient les Immortels qu'ils porteroient la guerre jusque dans les cieux; et pour cet effet ils entreprirent d'entasser le mont Ossa sur le mont Olympe, et de porter le Pélion sur l'Ossa, afin de pouvoir escalader les cieux. Et ils l'auroient exécuté sans doute, s'ils étoient parvenus à l'âge parfait, mais le fils de Jupiter et de Latone les précipita tous deux dans les enfers, avant que le poil follet eût ombragé leurs joues et que leur menton eût fleuri. » *L'Odyssée d'Homère*, trad. en franç. avec des remarques, t. II, p. 107; Leide, 1766, in-12.

(2) Nous avions d'abord corrigé le *segregandi* du manuscrit en *regnandi*, qui donne un sens satisfaisant; mais la correction et *prægrandi*, qui offre une redondance de style, nous a paru par cela même dans la manière de l'auteur, et préférable sous le rapport graphique. La correction *regnandi* s'appuierait sur ces vers de Claudien, poëte très-probablement connu de notre auteur, comme nous l'avons vu ci-dessus au chapitre LV.

Quid mirum, si regna labor mortalia vexat?
Cum gemini fratres, genuit quos asper Alœus,
Martem subdiderint vinclis, et in astra negatas
Tentarint munire vias.

                    De Bello Get., v. 67, sqq.

LIX.

DE ORIONE.

Orion (1) autem talis fuisse confingitur ut omnia maria transire potuisset, et profundissimi quamvis *gurgitis* [a] undas superare humeris (2); sicut ornos, ingentia robora, de montibus evulsa radicitus traxit. Ferunt eum juga peragrasse montium, et capite sublimia cœli [b] nebula pulsisse (3).

Ms. [a] Gurgites. — [b] Celi.

NOTES.

(1) Si jamais fable, par le caractère plat et ignoble de son sens apparent, a dû faire supposer une allégorie cachée, c'est bien la fable qui donne l'étymologie du nom d'Orion. Telle est la bizarre saleté des détails de cette fable que notre langue se refuse à les exprimer. Comment expliquer en effet la manière dont les dieux exaucent la prière de leur hôte Hyrieus, selon Paléphate, et Oenopion, selon le mythographe du Vatican et Servius? Ce personnage donc, désirant avoir un fils qui lui appartînt, sans pourtant se donner la peine de l'engendrer, exposa cette bizarre fantaisie à ses hôtes célestes, Jupiter, Neptune et Mercure. Ceux-ci, qui apparemment ne savaient rien refuser à qui les recevait bien, firent apporter devant

eux la peau d'un bœuf qu'on venait d'immoler, et (ici il faut quitter le français) *ἀπεσπέρμησαν εἰς αὐτὴν*, dit Paléphate, *semen in illud effuderunt.* Cette peau de bœuf fut ensuite, par leur ordre, enfouie dans la terre, pour n'en être tirée qu'au bout de dix mois. Par un premier euphémisme qui substituait une idée malpropre à une idée obscène, l'enfant qui naquit de cette peau, au lieu d'être appelé *σπέρμα, semen,* fut appelé *Οὐρίων, urina, οὕτως ὀνομασθεὶς,* dit Paléphate, *διὰ τὸ οὐρῆσαι ὥσπερ τοὺς θεούς.* Ensuite, par un second euphémisme, ce vilain mot de *Οὐρίων* fut changé en *Ὠρίων.* Ne voilà-t-il pas une belle invention, si elle ne cache pas quelque enseignement mystérieux? Aussi cette fable me paraît une de celles où l'on chercherait avec le plus de raison un sens allégorique, et c'est justement ce que ne font pas ici les mythographes, possédés si souvent de la manie de l'interprétation.

(2) Servius, sur le vers 763 du X⁰ livre de l'Énéide, et le premier mythographe du Vatican, c. XXXIII, donnent une explication de cette taille gigantesque d'Orion. Ayant eu les yeux crevés, et ayant demandé comment il pourrait recouvrer la lumière, il lui fut répondu qu'il devait s'avancer dans la mer jusqu'aux lieux où se lève le soleil : « Responsum est ei posse hoc fieri, si per pelagus ita contra Orientem pergeret, ut loca luminis radiis solis semper referret, » dit Servius. En ce moment Orion entendit les marteaux des Cyclopes, occupés à forger la foudre de Jupiter. Il se dirigea de ce côté, prit un des Cyclopes sur ses épaules et se fit ainsi guider par lui vers l'orient, en marchant dans la mer.

(3) Ce chapitre est évidemment la comparaison de Mézence avec Orion dans le X⁰ livre de l'Énéide. Notre auteur l'a mise en prose, en conservant la plupart des mêmes mots :

> ..... Quam magnus Orion,
> Cum pedes incedit medii per maxima Nerei
> Stagna, viam scindens, humero super eminet undas.

Aut summis referens annosam montibus ornum,
Ingrediturque solo, et caput inter nubila condit :
Talis se vastis infert Mezentius armis.

v. 763, sqq.

Quant à la circonstance de sa tête qui s'enfonce dans les
nuées, selon Virgile, et qui va frapper les sommets du ciel,
suivant notre auteur, l'allusion est bien claire. On sait en
effet qu'Orion avait été placé parmi les constellations, et, par
un dernier rapport avec son ancien nom (Οὐρίων), c'est une
constellation pluvieuse.

Cum subito adsurgens fluctu nimbosus Orion.
Æneid. l. I, v. 535.

Et Théocrite dans sa VIIe idylle :

Χ' ὥταν ἐφ' ἑσπερίοις ἐρίφοις Νότος ὑγρὰ διώκη
Κύματα, κ' Ὠρίων ὅκ' ἐπ' ἀκεανῷ πόδας ἴσχει.

v. 53, sq.

Le grand espace que la constellation d'Orion occupe dans le
ciel a certainement rapport à ces traditions sur l'immensité de
sa taille.

.... Orion magni pars maxima cœli,

dit Manilius dans son poëme de *Sphæra barbarica.* Et quand
cette constellation n'est pas entièrement levée, si on la regarde au-dessus de la mer, quelques-unes de ses étoiles sont
déjà vues dans le haut du ciel, que les autres, interrompues
par la ligne de l'horizon, paraissent ainsi n'être pas sorties de
la mer.

EPILOGUS.

Hæc sunt immania monstra : de quibus me lationis (1) *tædebat*[a]. Et ea sunt quæ de spumosis fabularum gurgitibus ad hæc littora congessi. Adhuc
tamen innumerabilia[b] sunt quæ in terris et in mari
fuisse dixerunt : de quibus tædiosum[c] est plus scri-
bere velle; et id (2) quod de inferis hominibus,
quidque de *Tænaro*[d], Nilo, Dædalo[e], Triptolemo[f],
Atlante[g], Cœlo[h] Japeto[i], Typhœo[j] (3) et cæteris
quibusque turpissimis depromunt fabulis.

Ms. [a] Tondebat. — [b] Innumebilia [*sic*]. — [c] Tediosum. — [d] Tinore.
— [e] Dedalo. — [f] Treptolemo. — [g] Athlante. — [g] Ceto. — [i] Lupeto. —
[j] Thiphoeo.

NOTES.

(1) *Lationis* semble une faute du copiste à la place de *re-
lationis*. Néanmoins la latinité de l'auteur nous l'a fait conserver. Comme on disait *ferunt, fertur,* du récit des faits, peut-
être a-t-il cru que l'on disait aussi *latio*.

(2) Quelque ellipse, comme la répétition de *tædiosum est*,
paraît nécessaire ici à l'intelligence de la phrase.

(3) Il y a bien du décousu dans toute cette énumération.

QUELQUES ÉNUMÉRATIONS TÉRATOLOGIQUES,

INDIQUANT LES SOURCES.

1.

Berosi *Rerum Chaldaicarum*, lib. I, p. 48, sqq., ed. Richter;
Verba Alexandri Polyhistoris, e quo desumpsit Eusebius *Chronic.*
græco-armeno-latin., ed. Aucheri. Venet., 1818, part. I, p. 17, sqq.,
et ex hoc Georg. Syncell. *Chronogr.*, p. 28, sqq. :

Ἐν δὲ τῷ πρώτῳ ἐνιαυτῷ φανῆναι ἐκ τῆς Ἐρυθρᾶς θαλάσσης
καὶα τὸν ὁμοροῦντα τόπον τῇ Βαβυλωνίᾳ ζῶον ἄφρενον ὀνόματι Ὠάννην, καθὼς καὶ Ἀπολλόδωρος ἱστόρησε· τὸ μὲν ὅλον σῶμα ἔχον ἰχθύος, ὑπὸ δὲ τὴν κεφαλὴν παραπεφυκυῖαν ἄλλην κεφαλὴν ὑποκάτω
τῆς τοῦ ἰχθύος κεφαλῆς, καὶ πόδας ὁμοίως ἀνθρώπου, παραπεφυ-
κόΐας δὲ ἐκ τῆς οὐρᾶς τοῦ ἰχθύος· εἶναι δὲ αὐτῷ φωνὴν ἀνθρώπου·
τὴν δὲ εἰκόνα αὐτοῦ ἔτι καὶ νῦν διαφυλάσσεσθαι. Τοῦτο δὲ φησι τὸ
ζῶον τὴν μὲν ἡμέραν διατρίβειν μετὰ τῶν ἀνθρώπων, μηδεμίαν τροφὴν
προσφερόμενον, παραδιδόναι δὲ τοῖς ἀνθρώποις γραμμάτων, καὶ μα-
θημάτων, καὶ τεχνῶν παντοδαπῶν ἐμπειρίαν, καὶ πόλεων μὲν οἰκι-
σμούς, καὶ ἱερῶν ἱδρύσεις καὶ νόμων εἰσηγήσεις, καὶ γεωμετρίαν
διδάσκειν, καὶ σπέρματα, καὶ καρπῶν συναγωγὰς ὑποδεικνύειν, καὶ
συνόλως πάντα τὰ πρὸς ἡμέρωσιν ἀνήκοντα τοῦ βίου παραδιδόναι
τοῖς ἀνθρώποις, ἀπὸ δὲ τοῦ χρόνου ἐκείνου οὐδὲν ἄλλο περισσὸν εὑ-
ρεθῆναι· τοῦ δὲ ἡλίου δυτίντος τὸ ζῶον τουτονὶ Ὠάννην δῦναι πάλιν
εἰς τὴν θάλασσαν, καὶ τὰς νύκτας ἐν τῷ πελάγει διαιτᾶσθαι· εἶναι
γὰρ αὐτὸ ἀμφίβιον· ὕστερον δὲ φανῆναι καὶ ἕτερα ζῶα ὅμοια τούτῳ,
περὶ ὧν ἐν τῇ τῶν βασιλέων ἀναγραφῇ φησι δηλώσειν· τὸν δὲ Ὠάννην
περὶ γενεᾶς καὶ πολιτείας γράψαι, καὶ παραδοῦναι τόνδε τὸν λόγον
τοῖς ἀνθρώποις.

Γενέσθαι φησὶ χρόνον, ἐν ᾧ τὸ πᾶν σκότος καὶ ὕδωρ εἶναι, καὶ ἐν

τούτοις ζῶα τερατώδη ἰδιοφυεῖς τὰς ἰδέας ἔχοντα ζωογονεῖσθαι· ἀνθρώπους γὰρ διπτέρους γεννηθῆναι, ἐνίους δὲ καὶ τετραπτέρους, καὶ
διπροσώπους, καὶ σῶμα μὲν ἔχοντες ἓν, κεφαλὰς δὲ δύο, ἀνδρείάν
τε καὶ γυναικείαν, καὶ αἰδδῖά τε διτλὰ, ἄρρεν καὶ θῆλυ, καὶ ἑτέρους
ἀνθρώπους, τοὺς μὲν αἰγῶν σκέλη καὶ κέρατα ἔχοντας, τοὺς δὲ ἱπ-
ποπόδας· τοὺς δὲ τὰ ὀπίσω μὲν μέρη ἵππων, τὰ δὲ ἔμπροσθεν ἀνθρώπων, οὓς ἱπποκενταύρους τὴν ἰδέαν εἶναι· ζωογονηθῆναι δὲ καὶ
ταύρους ἀνθρώπων κεφαλὰς ἔχοντας, καὶ κύνας τετρασωμάτους, οὐρὰς
ἰχθύος ἐκ τῶν ὄπισθε μερῶν ἔχοντας, καὶ ἵππους κυνοκεφάλους, καὶ
ἀνθρώπους, καὶ ἕτερα ζῶα κεφαλὰς μὲν καὶ σώματα ἵππων ἔχοντα,
οὐρὰς δὲ ἰχθύων, καὶ ἄλλα ζῶα παντοδαπῶν θηρίων μορφὴν ἔχοντα·
πρὸς δὲ τούτοις ἰχθύας καὶ ἑρπετὰ, καὶ ὄφεις, καὶ ἄλλα ζῶα πλείονα
θαυμαστὰ καὶ παρηλλαγμένα τὰς ὄψεις ἀλλήλων ἔχοντα, ὧν καὶ
τὰς εἰκόνας ἐν τῷ τοῦ Βήλου ναῷ ἀνακεῖσθαι.

2.

STRABONIS Geographiæ lib. I, p. 70, ed. Casaub. 1620 :

Ἅπαντες μὲν τοίνυν οἱ περὶ τῆς Ἰνδικῆς γράψαντες ὡς ἐπὶ τὸ
πολὺ ψευδολόγοι γεγόνασι, καθ᾽ ὑπερβολὴν δὲ Δηΐμαχος· τὰ δὲ
δεύτερα λέγει Μεγασθένης, Ὀνησίκριτός τε καὶ Νέαρχος, καὶ ἄλλοι τοιοῦτοι παραψελλίζοντες. Ἤδη δὲ καὶ ἡμῖν ὑπῆρξεν ἐπὶ πλέον
καταδεῖν ταῦτα, ὑπομνηματιζομένοις τὰς Ἀλεξάνδρου πράξεις. Δια-
φερόντως δ᾽ ἀπιστεῖν ἄξιον Δηϊμάχῳ τε καὶ Μεγασθένει· οὗτοι γὰρ
εἰσιν οἱ τοὺς Ἐνωτοκοίτας καὶ τοὺς Ἀστόμους καὶ Ἄρρινας ἱστοροῦντες,
Μονοφθάλμους τε καὶ Μακροσκελεῖς καὶ Ὀπισθοδακτύλους· ἀνεκαίνι-
σαν δὲ καὶ τὴν Ὁμηρικὴν τῶν Πυγμαίων γερανομαχίαν, τρισπιθάμους
εἰπόντες· οὗτοι δὲ καὶ τοὺς χρυσωρύχους Μύρμηκας, καὶ Πᾶνας σφη-
.νοκεφάλους, ὄφεις τε, καὶ βοῦς καὶ ἐλάφους σὺν κέρασι καταπι-
νόντας.

Ejusdem lib. I, p. 43 :

Ἡσιόδου δ᾽ οὐκ ἄν τις αἰλιάσαιλο ἄγνοιαν, Ἡμίκυνας λέγονλος, καὶ
Μακροκεφάλους καὶ Πυγμαίους· οὐδὲ γὰρ αὐλοῦ Ὁμήρου ταῦλα
μυθευόνλος, ὧν εἰσὶ καὶ οὗτοι οἱ Πυγμαῖοι, οὐδ᾽ Ἀλκμᾶνος Σλεγανο-
πόδας ἱσλοροῦνλος, οὐδ᾽ Αἰσχύλου Κυνοκεφάλους καὶ Σλερνοφθάλ-
μους καὶ Μονομμάλους.

3.

A. GELLII *Noctium Atticarum* lib. IX, cap. ɪv :

Quum e Græcia in Italiam rediremus, et Brundusium iremus,
egressique e navi in terram in portu illo incluto spatiaremur,
quem Q. Ennius remotiore paulum, sed admodum scito vo-
cabulo *præpetem* appellavit, fasces librorum venalium expositos vidimus; atque ego avide statim pergo ad libros. Erant
autem isti omnes libri græci miraculorum fabularumque pleni:
res inauditæ, incredulæ; scriptores veteres non parvæ auctori-
tatis, Aristeas Proconnesius, et Isigonus Nicæensis, et Ctesias,
et Onesicritus, et Polystephanus, et Hegesias. Ipsa autem vo-
lumina ex diutino situ squallebant, et habitu adspectuque
tetro erant. Accessi tamen, percunctatusque pretium sum, et
adductus mira atque insperata vilitate, libros plurimos ære-
pauco emo; eosque omnes duabus proximis noctibus cursim
transeo : atque in legendo carpsi exinde quædam et notavi mi-
rabilia et scriptoribus fere nostris intentata; eaque iis commen-
tariis adspersi, ut qui eos lectitabit, is ne rudis omnino et
ἀνήκοος in istiusmodi rerum auditiones reperiatur.

Erant igitur in illis libris scripta hujuscemodi : Scythas illos
penitissimos, qui sub ipsis septemtrionibus ætatem agunt, corporibus hominum vesci ejusque victus alimento vitam ducere et
ἀνθρωποφάγους nominari : item esse homines sub eadem regione

cœli unum oculum in frontis medio habentes, qui appellantur
Arimaspi; qua fuisse facie Cyclopas poetæ ferunt: alios item
esse homines, apud eamdem cœli plagam, singulariæ velocitatis, vestigia pedum habentes retro porrecta, non ut cæterorum
hominum, prospectantia: præterea traditum esse memoratum-
que in ultima quadam terra, quæ Albania dicitur, gigni homines qui in pueritia canescant, et plus cernant oculis per noc-
tem quam inter diem : item esse compertum et creditum
Sauromatas, qui ultra Borysthenem fluvium longe colunt,
cibum capere semper diebus tertiis, medio abstinere. Id etiam
in iisdem libris scriptum offendimus, quod postea quoque
in libro Plinii Secundi naturalis historiæ septimo legi : esse
quasdam in terra Africa hominum familias voce atque lingua
effascinantium; qui si impensius forte laudaverint pulchras
arbores, segetes lætiores, infantes amœniores, egregios equos,
pecudes pastu atque cultu optimas, emoriantur repente hæc
omnia, nulli aliæ causæ obnoxia. Oculis quoque exitialem fascinationem fieri in iisdem libris scriptum est : traditurque
esse homines in Illyriis qui interimant videndo quos diutius
irati viderint; eosque ipsòs, mares feminasque, qui visu tam
nocenti sunt, pupulas in singulis oculis binas habere. Item
esse in montibus terræ Indiæ homines caninis capitibus, et
latrantibus, eosque vesci avium et ferarum venatibus : atque
esse item alia apud ultimas orientis terras miracula homines,
qui Monocoli appellantur, singulis cruribus saltuatim currentes, vivacissimæ pernicitatis; quosdam etiam esse nullis cervicibus, oculos in humeris habentes. Jam vero egreditur omnem
modum admirationis quod iidem illi scriptores gentem esse aiunt,
apud extrema Indiæ, corporibus hirtis et avium ritu plumantibus, nullo cibatu vescentem, sed spiritu florum naribus hausto
victitantem; Pygmæos quoque haud longe ab his nasci, quorum
qui longissimi sint, non longiores esse quam pedes duo et qua-
drantem. Hæc atque alia istiusmodi plura legimus.

4.

S. Aurel. Augustini *De Civitate Dei*, lib. XVI, cap. viii :

Quæritur etiam, utrum ex filiis Noe vel potius ex illo uno homine, unde etiam ipsi exstiterunt, propagata esse credendum sit quædam monstrosa hominum genera, quæ gentium narrat historia : sicut perhibentur quidam unum habere oculum in fronte media ; quibusdam utriusque sexus esse naturam, et dextram mammam virilem, sinistram muliebrem, vicibusque alternis coeundo et gignere et parere ; aliis ora non esse, eosque per nares tantummodo halitu vivere ; alios statura esse cubitales, quos Pygmæos a cubito Græci vocant ; aliis quinquennes concipere feminas et octavum vitæ annum non excedere. Item ferunt esse gentem, ubi singula crura in pedibus habent, nec poplitem flectunt et sunt mirabilis celeritatis, quos Sciapodas vocant, qucd per æstum in terra jacentes resupini umbra se pedum protegant ; quosdam sine cervice oculos habentes in humeris ; et cætera hominum vel quasi hominum genera, quæ in maritima platea Carthaginis musivo picta sunt, ex libris deprompta velut curiosioris historiæ. Quid dicam de Cynocephalis, quorum canina capita atque ipse latratus magis bestias quam homines confitetur ? Sed omnia genera hominum quæ dicuntur esse, credere non est necesse. Verum quisquis uspiam nascitur homo, id est animal rationale mortale, quamlibet nostris inusitatam sensibus gerat corporis formam, seu colorem, sive motum, sive sonum, sive qualibet vi, qualibet parte, qualibet qualitate naturæ, ex illo uno protoplasto originem ducere, nullus fidelium dubitaverit. Apparet tamen quid in pluribus natura obtinuerit, et quid sit ipsa raritate mirabile.

Qualis autem ratio redditur de monstrosis apud nos homi-

num partubus, talis de monstrosis quibusdam gentibus reddi
potest. Deus enim creator est omnium, qui ubi et quando
creari quid oporteat vel oportuerit, ipse novit, sciens univer-
sitatis pulchritudinem quarum partium vel similitudine vel
diversitate contexat. Sed qui totum inspicere non potest,
tanquam deformitate partis offenditur; quoniam cui congruat
et quo referatur ignorat. Pluribus quam quinis digitis in manibus et pedibus nasci homines novimus; et hæc levior est
quam illa distantia : sed tamen absit ut quis ita desipiat
ut existimet in numero humanorum digitorum errasse crea-
torem, quamvis nesciens cur hoc fecerit. Ita etsi major di-
versitas oriatur, scit ille quid egerit, cujus opera juste nemo
reprehendit. Apud Hipponem Diarrhytum est homo quasi
lunatas habens plantas, et in eis binos tantummodo digitos,
similes et manus. Si aliqua gens talis esset, illi curiosæ atque
mirabili adderetur historiæ. Num igitur istum propter hoc
negabimus ex uno illo qui primus creatus est esse propaga-
tum? Androgyni, quos etiam hermaphroditos nuncupant,
quamvis admodum rari sint, difficile est tamen ut tempori-
bus desint, in quibus sic uterque sexus apparet, ut ex quo
potius debeant accipere nomen incertum sit; a meliore tamen,
hoc est a masculino, ut appellaretur, loquendi consuetudo
prævaluit : nam nemo unquam Androgynæcas aut Herma-
phroditas nuncupavit. Ante annos aliquot, nostra certe memoria, in Oriente duplex homo natus est superioribus membris, inferioribus simplex. Nam duo erant capita, quatuor
manus, venter autem unus, et pedes duo sicut uni homini;
et tamdiu vixit, ut multos ad eum videndum fama contraheret. Quis autem omnes commemorare possit humanos fœtus
longe dissimiles his ex quibus eos natos esse certissimum
est? Sicuti ergo hæc ex illo negari non possunt originem ducere : ita quæcumque gentes in diversitatibus corporum, ab
usitato naturæ cursu quem plures et prope omnes tenent,

veluti exorbitasse traduntur, si definitione illa includuntur, ut
rationalia animalia sint atque mortalia, ab eodem ipso uno
primo patre omnium stirpem trahere confitendum est : si tamen vera sunt quæ de illarum nationum varietate et tanta inter se atque nobiscum diversitate traduntur. Nam et simias,
et cercopithecos, et sphingas, si nesciremus non homines esse
sed bestias, possent illi historici de sua curiositate glorian-
tes, velut gentes aliquas hominum nobis impunita vanitate
mentiri. Sed si homines sunt, de quibus illa mira conscripta
sunt, quid si propterea Deus voluit etiam nonnullas gentes
ita creare, ne in his monstris quæ apud nos patet ex hominibus nasci, ejus sapientiam, qua naturam fingit humanam,
velut artem cujuspiam minus perfecti opificis, putaremus errasse? Non itaque nobis videri absurdum debet, ut quemad-
modum in singulis quibusque partibus quædam monstra sunt
hominum, ita in universo genere humano quædam monstra
sint gentium. Quapropter ut istam quæstionem pedetentim
cauteque concludam, aut illa quæ talia de quibusdam gentibus scripta sunt, omnino nulla sunt; aut si sunt, homines
non sunt; aut ex Adam sunt si homines sunt.

5.

S. Isidori, hispalensis episcopi, *Originum* lib. XI, cap. iii. (D'après
le manuscrit de la Bibliothèque du Roi, n° 7583 *.)

DE PORTENTIS.

Portenta esse ait Varro, quæ contra naturam nata videntur : sed non sunt quia divina voluntate fiunt, cum voluntas

* Voyez dans notre préface les motifs qui nous ont engagé à donner cet extrait d'après un manuscrit plutôt que d'après une édition.

creatoris cujusque conditæ rei natura sit. Unde et ipsi gentiles Deum, modo naturam, modo Deum appellant. Portentum ergo fit non contra naturam, sed contra quam est nota natura. Portenta autem et ostenta, monstra atque prodigia ideo nuncupantur, quod portendere atque ostendere, monstrare atque prædicare aliqua futura videntur. Nam *portenta* dicta perhibent a portendendo, id est præostendendo; *ostenta* autem, quod ostendere quidquid futurum videantur[a]; *prodigia*, quod porro dicant, id est futura prædicent[b]. *Monstra* vero a monitu dicta, quod aliquid significandum demonstrent, sive quod statim monstrent quid[c] appareat, et hoc proprietatis est. Abusione tamen scriptorum plerumque corrumpitur. Quædam autem portentorum creationes in significationibus futuris constitutæ videntur. Vult enim Deus interdum ventura significare per aliqua[d] nascentium noxia: sicut per somnos, et per oracula, quibus[e] præmoneat et significet quibusdam vel gentibus vel hominibus futuram cladem, quod plurimis etiam experimentis probatum est : Xerxis[f] quippe vulpes ex equa creata solvi regnum ejus portendit. Alexandro ex muliere monstrum creatum, quod superiores partes hominis sed mortuas habuerit, inferiores diversarum bestiarum sed viventes, significasse repentinam regis interfectionem : supervixerant enim deteriora melioribus. Sed et monstra quæ in significationibus dantur non diu vivunt, sed continuo ut nata[g] fuerint occidunt. Inter portentum autem et portentuosum differt. Nam *portenta* sunt quæ transfigurantur, sicut fertur in Umbria mulierem peperisse serpentem; unde Lucanus :

Matremque suus conterruit infans.

Ms. [a] Videatur. — [b] Prædicant. — [c] Quod. — [d] Aliquum. — [e] Quam. — [f] Xerxen. — [g] Nata.

Portentuosa vero levem sumunt mutationem; exempli causa, cum sex digitis nati.

Portenta igitur vel portentuosa existunt, alia *magnitudine totius corporis*, ultra communem hominum modum, quantus fuit Tityos* in novem jugeribus jacens, Homero testante; alia *parvitate totius corporis*, ut Nani vel quos Græci Pygmæos vocant, eo quod sint statura cubitales. Alia *magnitudine partium*, veluti capite informi, aut superfluis membrorum partibus, ut bicipites et trimani; vel Scinodontes* quibus procedunt gemini dentes. Alia *defectu partium*, in quibus altera pars plurimum deficit ab altera, ut manus a manu, vel pes a pede. Alia *discisione*[b], ut sine manu aut capite generata, quos Græci Sterenoseos** vocant. Alia *per numerum*[c], quando solum caput aut crus nascitur. Alia *quæ in parte transfigurantur*, sicut qui leonis habent vultum, vel canis, vel taurinum caput aut corpus: ut ex Pasiphae memorant genitum Minotaurum, quod Græci ἑτερομορφίαν[d] vocant. Alia *quæ ex omni parte transfigurantur* in alienæ creationis portentum: ut ex muliere vitulum dicit historia generatum. Alia *quæ sine transfiguratione mutationem habent locorum*, ut oculos in pectore vel in fronte, aures supra tempora; vel sicut Aristoteles tradidit, quemdam in sinistra parte jecur, in dextra parte splenem habuisse***. Alia *secundum connaturationem*, ut in alia manu digiti plures connaturati et cohærentes reperiuntur, in alia manu minus, vel in pedibus. Alia *secundum immaturam et intemperatam creationem*, sicut ii qui dentati nascuntur, sive barbati, sive cani. Alia *complexu plurimarum differentiarum*, sicut

---

Ms. [a] Tition. — [b] Discissione. — [c] Numeria. — [d] Ethorromorphion.

* Fort. σχιζοδόντες.

** Fort. στερητικούς.

*** Ce cas vient de se représenter tout récemment.

14

illud, quod prædiximus in Alexandro, multiforme portentum.
Alia *commixtione generis,* ut androgyni[a] et hermaphroditæ vocantur; hermaphroditæ autem nuncupati, eo quod eis uterque
sexus appareat : Ἑρμῆς[b] quippe apud Græcos Mercurius[c] est,
Ἀφροδίτη[d] Venus[e] nuncupatur. Hi dextram mamillam virilem,
sinistram muliebrem habentes, vicissim coëundo et gignunt
et pariunt.

' Sicut autem in singulis gentibus quædam monsira sunt hominum, ita in universo genere humano quædam monstra
sunt gentium, ut Gigantes, Cynocephali[f], Cyclopes et cætera.
Gigantes dicti juxta græci sermonis etymologiam quia[g] eos γηγενεῖς[h] existimant, id est terrigenas : eo quod eos fabulose parens
Terra immensa mole et similes sibi genuerit; γῆ[i] enim terra
appellatur, γένος genus; licet et terræ filios vulgus vocet[j], quorum genus incertum est. Falso autem opinantur quidam. imperiti de scripturis sanctis, prævaricatores angelos cum filiabus
hominum ante diluvium concubuisse, et exinde natos Gigantes, id est nimium grandes et fortes viros, de quibus terra
completa est. *Cynocephali*[k] appellantur, eo quod canina capita
habeant, quosque ipse latratus magis bestias quam homines
confitetur; hi in India nascuntur. *Cyclopes* quoque eadem
India gignit, et dictos Cyclopes, eo quod unum habere oculum
in fronte media perhibentur; hi et agriophagitæ dicuntur,
propter quod solas ferarum carnes edunt. *Lemnias* in Libya[l]
credunt truncos sine capite nasci, et os et oculos habere in
pectore; alios *sine cervicibus* gigni, oculos habentes in humeris. In ultimo autem Orientis monstrosæ gentium facies
tribuuntur : aliæ *sine naribus,* æquali totius oris planitie, informes habentes vultus; aliæ *labro subteriore adeo prominenti*
ut in solis ardoribus totam ex eo faciem contegant dor-

Ms. [a] Androgeni et ermafrodita. — [b] Erma. — [c] Masculus. — [d] Afrondo [sic]. — [e] Femina. — [f] Conophali. — [g] Qui. — [h] Geginos. — [i] Ge. — [j] Vocet. — [k] Conophall. — [l] Libia.

mientes; aliis *concreta ora* esse, modico tantum foramine, calamis avenarum potus haurientes. Nonnulli *sine linguis* esse dicuntur, invicem pro sermoneᵃ utentes nutu, sive motu. *Panotios*ᵇ apud Scythiam esse ferunt tam diffusa magnitudine aurium, ut omne corpus ex eis contegant: pan enim græco sermone omne, otaᶜ aures dicuntur. *Artabatitæ* in Æthiopia proni ut pecora ambulare dicuntur; quadragesimum ævi annum nullus supergreditur. *Satyri*ᵈ homunciones sunt, aduncis naribus, cornua in frontibus habentᵉ, et caprarum pedibus similes : qualem in solitudine Antonius sanctus vidit; qui etiam, interrogatus, Dei servo respondisse fertur dicens : Mortalis ego sum, unus ex accolis eremi, quos vario delusa errore gentilitas Faunos Satyrosque colit. Dicuntur quidam et silvestres homines quos nulli *Faunos ficarios* vocant. *Sciopodum*ᶠ gens fertur esse in Æthiopia singulis cruribus et celeritate mirabili : quos Græci inde Sciopodas vocant, eo quod per æstatem in terra resupini jacentes, pedum suorum magnitudine adumbrantur. *Antipodes* in Libya plantas versas habent post crura et octonos* digitos in plantis. *Hippopodes*ᵍ in Scythia sunt, humanam formam et equinos pedes habentes. In India ferunt gentem esse quæ *Macrobii*ʰ nuncupantur, duodecim pedum staturam habentes. Est et gens ibi statura cubitalis; Græci a cubito *Pygmæos* vocant : de qua supra diximus; hi montana Indiæ tenent, quibus est vicinus Oceanus. Perhibent et in eadem India esse gentem feminarum *quæ quinquennes concipiunt*, et octavum vitæ annum non excedunt.

Dicuntur autem et alia hominum fabulosa portenta quæ non sunt, sed ficta in causis rerum interpretantur : ut *Go-*

Ms. ᵃ Invicem sermones.— ᵇ Panothios.— ᶜ Othen.— ᵈ Satiri.— ᵉ Ce mot manque dans le manuscrit.— ᶠ Scinopodum.— ᵍ Ypodes.— ʰ Macrobii.

* Le manuscrit donne cette leçon *octenos* de la manière la plus lisible; je ne sais pourquoi plusieurs éditions y ont substitué *octenos.*

ryonem Hispaniæ regem triplici forma proditum; fuerunt enim
tres fratres tantæ concordiæ, ut in tribus corporibus quasi una
anima esset. *Gorgones* quoque meretrices, crinitas serpentibus, quæ aspicientes convertebant in lapides, habentes unum
oculum quo invicem utebantur; fuerunt autem tres sorores
unius pulchritudinis, quasi unius oculi, quæ ita inspectores
suos stupescere faciebant, ut vertere eos putarentur in lapides.
Sirenas tres fingunt fuisse ex parte virgines et ex parte volucres, habentes alas et ungulas; quarum una voce, altera tibiis,
tertia lyra canebat; quæ illectos navigantes suo cantu in naufragia[a] trahebant. Secundum veritatem autem meretrices fuerunt, quæ, transeuntes quoniam ad egestatem deducebant, his[b]
fictæ sunt inferre naufragia; alas autem habuisse et ungulas,
quia amor et volat et vulnerat. Quæ inde in fluctibus commorasse dicuntur, quia fluctus Venerem creaverunt. *Scyllam* quoque
ferunt feminam capitibus succinctam caninis, cum latratibus
magnis, propter fretum Siculi maris, in quo navigantes, verticibus in se concurrentium undarum exterriti, latrare existimant[c] undas, quas sorbentis æstus vorago collidit. Fingunt et
monstra quædam irrationabilium animantium, ut *Cerberum,* in-
ferorum[d] canem, tria capita habentem, significantes per eum
tres ætates, per quas mors hominem devorat, id est infantiam,
juventutem et senectutem. Quem quidam ideo Cerberum[e]
putant dictum, quasi sit creoboros[f], id est carnem vorans.
Dicunt et *Hydram* serpentem cum novem capitibus : quæ
latine soedra dicitur, quod, uno cæso, tria capita excrescebant.
Sed constat hydram locum fuisse evomentem aquas, vastan-
tem vicinam civitatem, in quo, uno meatu clauso, multum
erumpebant. Quod Hercules videns, loca ipsa exussit, et sic
aquæ clausit meatus; nam Hydra eo aqua dicta est. Hujus
mentionem facit Ambrosius in similitudinem hæresium di-

No. [a] Naufraglo. — [b] fabulo. — [c] Æstiment. — [d] Infernorum. — [e] Cerverum. — [f] Co-
reburos.

cens : Hæresis enim, velut quædam hydra fabularum, vulneribus suis crevit : et dum sæpe reciditur, pullulat, igni debita incendioque peritura. Fingunt et *Chimæram* [a] triformem bestiam. Ore leo, postremis partibus draco, media caprea; quam quidem physiologi non animal, sed Ciliciæ montem esse aiunt, quibusdam locis leones et capreas nutrientem, quibusdam ardentem, quibusdam plenum serpentibus. Hunc Bellerophontes [b] habitabilem fecit, unde Chimæram dicitur occidisse. *Centauri* autem species vocabulum dedit, id est hominem equo mixtum. Quos quidem fuisse equites Thessalorum dicunt, sed pro eo quod discurrentes in bello velut unum corpus equorum et hominum viderentur, inde Centauros fictos asseruerunt. Porro *Minotaurum* [c] nomen sumpsisse ex tauro et homine, qualem bestiam dicunt fabulose in labyrintho [c] inclusam fuisse. De qua Ovidius :

> Semibovemque virum, semivirumque bovem.

Onocentaurum autem vocari, eo quod media pars hominis species, media asini esse dicatur, sicut et *Hippocentauris* [d] quod equorum hominumque in eis natura conjuncta fuisse putatur.

6.

JOANN. TZETZÆ *Chiliad.* VII, hist. CXLIV.

v. 629. Καρυανδέως Σκύλακος ὑπάρχει τι βιβλίον
Περὶ τὴν Ἰνδικὴν, γράφον ἀνθρώπους πεφυκέναι
Οὕσπερ φασὶ Σκιάποδας, καί γε τοὺς ἑλλαλίκνους·

Ms. [a] Cymeram. — [b] Belorophontis. — [c] Laberinto. — [d] Ypocentauris.

[*] Il est singulier que les éditions donnent la leçon corrompue *monocentaurum*, tandis que le plus ancien manuscrit porte, comme on le voit, *minotaurum*.

Ὧν οἱ Σκιάποδες πλατεῖς ἔχουσιν ἄγαν πόδας,
Καιρῷ τῆς μεσημβρίας δὲ πρὸς γῆν καταπεσόντες,
Τοὺς πόδας ἀνακείναντες σκιὰν αὐτοῖς ποιοῦσι·
Μεγάλα δ᾽ οἱ Ὠτόλικνοι τὰ ὦτα κεκλημένοι
Ὁμοίως σκέπουσιν αὑτοὺς τρόπῳ τῶν σκιαδείων.
Ὁ Σκύλαξ οὗτος γράφει δὲ καὶ ἕτερα μυρία,
Περί γε Μονοφθάλμων τε καὶ τῶν Ἐνωτοκοίτων
Καὶ ἐκτραπέλων ἄλλων δὲ μυρίων θεαμάτων.
Ταῦτά φησι δ᾽ ὡς ἀληθῆ, μηδὲ τῶν ἐψευσμένων.
Ἐγὼ τῇ ἀπειρίᾳ δὲ ταῦτα ψευδῆ νομίζω.
Οἳ δ᾽ εἰσὶ τῶν ἀληθῶν, ἄλλοι φασὶ μυρίοι
Τοιαῦτα καὶ καινότερα θεάσασθαι ἐν βίῳ,
Κτησίας καὶ Ἰάμβουλος, Ἰσίγονος, Ῥηγῖνος,
Ἀλέξανδρος, Σωτίων τε καὶ ὁ Ἀγαθοσθένης,
Ἀντίγονος καὶ Εὔδοξος, Ἱππόστρατος, μυρίοι,
Ὁ Πρωταγόρας αὐτὸς δὲ, ἅμα καὶ Πτολεμαῖος,
Ἀκεστορίδης τε αὐτὸς καὶ ἄλλοι πεζογράφοι,
Οὕς τε αὐτὸς ἀνέγνωκα καὶ οὓς οὐκ ἀνεγνώκειν.
Ἀφ᾽ ὧν δ᾽ αὐτὸς ἀνέγνωκα, γραφαῖς μετροσυνθέτοις,
Ζηνόθεμις, Φερένικος, σὺν τῷ Φιλοστεφάνῳ,
Καὶ ὧνπερ οὐκ ἀνέγνωκα, μυρίοι πάλιν ἄλλοι.

. . . .

v. 686. Καὶ Ἀριστέας δὲ φησιν ἐν τοῖς Ἀριμασπείοις·
    « Ἰσσηδοὶ χαίτῃσιν ἀγαλλόμενοι ταναῇσι·
Καὶ σφᾶς ἀνθρώπους εἶναι καθύπερθεν ὁμούρους
Πρὸς Βορέω, πολλούς τε καὶ ἐσθλοὺς κάρτα μαχητάς,
Ἀφνειοὺς ἵπποισι, πολύῤῥηνας, πολυβούτας.
Ὀφθαλμὸν δ᾽ ἕν᾽ ἕκαστος ἔχει χαρίεντι μετώπῳ,
Χαίτῃσι λάσιοι, πάντων στιβαρώτατοι ἀνδρῶν. »
    Περὶ τῶν Ἡμικύνων δὲ, τῶν καὶ Κυνοκεφάλων,
Σιμμίας ἐν Ἀπόλλωνι κατ᾽ ἔπος οὕτω γράφει·

. . . .

v. 703. « Ἡμικύνων τ᾽ ἐνόησα γένος περιώσιον ἀνδρῶν,
Τῶν ὤμων ἐφύπερθεν ἐϋστρεφέων κύνεοι κρὰς·
Τέτροφε γαμφηλῇσι περικρατέεσσιν ἐρυμνόν.
Τῶν μὲν θ᾽ ὥστε κυνῶν ὑλακὴ πέλει, οὐδέ τι τείγη*,
Ἄλλων ἀγνώσσουσι βροτῶν ὄνομα κλυτὸν, αὐδήν. »

. . . .

v. 713. Καὶ ὁ Κτησίας ἐν Ἰνδῖς εἶναι τοιαῦτα λέγει,
Ἠλεκτροφόρα δένδρα τε, καὶ τοὺς Κυνοκεφάλους
Δικαίους πάνυ δέ φησι, ζῆν δ᾽ ἐκ τῶν ἀγρευμάτων.
     Ἱεροκλῆς ὡσαύτως τε φιλίστορσιν ἐν λόγοις·
« Ἑξῆς δὲ λέγων εἴδομεν χώραν αὐχμηροτάτην,
Ἡλίῳ φλεγομένην τε καὶ περὶ ταύτην ἄνδρας
Γυμνοὺς καὶ ἀνεστίους δὲ πρὸς χώραις τῆς ἐρήμου,
Ὧν οἱ μὲν ἐπεσκίαζον τὸ πρόσωπον ὠτίοις,
Τοὺς πόδας δ᾽ ἀνατείνοντες τὸ σύμπαν ἄλλο σῶμα. »
Τούτων καὶ Στράβων μέμνηται, καὶ γε τῶν Ἀκεφάλων,
Καὶ τῶν Δεκακεφάλων τε, καὶ Τετραχειροπόδων,
Οὕσπερ ἐγὼ οὐκ ὄπωπα, φησὶν Ἱεροκλέης.

. . . .

v. 760. Ὁ δὲ καὶ Ἀπολλόδωρος δευτέρω καταλόγου,
Ψυχὴν ἐπαληθίζουσαν ὥσπερ ὁ Τζέτζης ἔχων,
Τέρατά τε καὶ πλάσματα οἴεται, γράφων ὧδε·
« Ἡμίκυνες, Μακρόκρανοι, καὶ οἱ Πυγμαῖοι, πλάσμα·
Ὥσπερ οἱ Στεγανόποδες, καὶ οἱ Στερνόφθαλμοι δὲ,
Αὐτοί τε Κυνοκέφαλοι, μετὰ τῶν Μονομμάτων,
Μύθοι τε Ἱμαντόποδες, καὶ Ἱμαντοσκελεῖς τε,
Μονωτοκοῖται, Ἄρρινες, καὶ Ἄστομοι ὁμοίως,
Καὶ οἱ Ὀπισθοδάκτυλοι, καὶ οἱ Ἀγελαστοῦντες. »

* Fort. pro σίγη.

PARS ALTERA.

DE BELLUIS.

PRÆFATIO.

Bellua[a] (1) nuncupari potest quidquid in terris, aut in gurgite *inhaariendo*[b] (2), corporis ignota et metuenda reperitur forma[c]. Sunt[d] ferme innumerabilia marinarum genera belluarum, quæ tam enormibus[e] corporibus magnarum vastas undarum moles ad instar montium, et diluta funditus contorquent pectoribus maria, dum cursus ad dulcia fluviorum freta dirigunt, et spumosos natando gurgites magno perturbant murmure; et in illo vastissimorum agmine monstrorum turgida dum cœrula trudunt, *oras*[f] marmoreis diverberant[g] (3) spumis; et ita enormi[h] membrorum mole, agitata, littore tenus, æquora[i] tremebundo gurgite veniunt, ut non tam spectaculum intuentibus quam *horrorem*[j] præbeant. De quibus jam tibi nihil scribendum putavi; quia et innumerabilia sunt, et eorum cognitio longe ab humano genere,

Ms. [a] Belua. Ce mot est toujours écrit ainsi. — [b] In oriendo. — [c] Repperitur. — [d] Fermœ. — [e] Inormibus. — [f] Auras. — [g] Deverberant. — [h] Inormi. — [i] Equora. — [j] Herrorem.

tamen ne lucernam verbi postponentur negligentiæ gurges demerga-
ndum de peur que le gouffre de la negligence toujour disposé à ajour ne
engloutisse le flambeau de la science acquise (transmis par la parole ou
image de la parole, l'écriture)

velut[a] horrendi undarum gurgitis[b] turribus, et marino disjungitur muro (4). Sed tamen ne lucernam
verbi postulantis[c] (5) gurges negligentiæ[d] demergat,
de his tibi sermo pauca depromet belluis et horribili-
bus ignotarum formis bestiarum, quæ in fluminibus,
aut[e] stagnis paludibusque, sive in desertis orbis terrarum latebris fuisse quondam, poetæ ac philosophi
aurato sermone in suis litteraturis inaniter depingunt.

Ms. [a] Velud. — [b] Gurgites. — [c] Postolantis. — [d] Neglegentie. — [e] Ut.

_____

NOTES.

(1) Remarquons qu'il n'y a pas de mot français pour
rendre ce mot *bellua.*

(2) Cette conjecture a pour elle l'identité de son avec la
leçon du manuscrit. Le style du traité autorise à y placer un
tel mot, qui ne se trouve pas dans les auteurs, et qui a ici le
sens d'*inépuisable.*

(3) Il peut y avoir dans cette expression une réminiscence
de Virgile, *Æneid.* l. V, v. 503 :

Primaque per cœlum, nervo stridente, sagitta
Hyrtacidæ juvenis volucres diverberat auras.

(4) Quel style boursoufflé! quel mélange hétérogène des
termes de la poésie! C'est bien là une complète décadence
littéraire.

(5) Ici l'expression est tellement recherchée, qu'elle devient
à peu près inintelligible.

I.

LEONES.

Leonem, quem regem esse bestiarum, ob metum ejus et nimiam fortitudinem, poetæ et oratores cum physicis [a] fingunt, in frontem belluarum horribilium ponimus. Qui fiunt generaliter colore fulvoso; tamen albos cum ingentibus jubis leones et in taurini corporis magnitudine habuisse Indus (1) fertur. Et ipse vastissimæ leo formæ describitur quem Hercules sub rupe Nemeæ [b] (2) montis occidit.

Ms. [a] Phisicis. — [b] Nimiæ.

NOTES.

(1) Cette notion est tirée de la lettre d'Alexandre à Aristote. Voici le passage : «Jam nos vigiliis inquietos quinta noctis hora buccina admonebat quiescendum : sed affuere albi leones, taurorum comparandi magnitudini, qui cum ingenti murmure concussis cervicibus, stantibus alte jubis, ad modum fulminum in nos impetum fecerunt. » *De mirabil. Indiæ Epist.*, fol. 9 recto.

(2) La fable avait fait du lion de Némée un être surnaturel; Hésiode lui a donné place dans sa Théogonie comme fils de

la Chimère et du chien Orthus, et comme nourri par Junon
elle-même dans le fertile pays de Némée :

> Ἔνθ' ἄρ' ὅγ' οἰκείων ἐλεφαίρετο φῦλ' ἀνθρώπων,
> Κοιρανέων τρητοῖο Νεμείης, ἠδ' Ἀπέσαντος.
> Ἀλλά ἑ ἲς ἐδάμασσε βίης Ἡρακληείης.
>
> *Theogon.*, v. 330, sqq.

II.

ELEPHANTI.

Elephanti[a] autem, licet leones timeant, omnibus tamen cognitis majores sunt animantibus : qui apud Gangaridas[b] (1) et Indos (2), et inter Nilum fluvium et Brixontem (3) nasci perhibentur. Quorum *Pyrrhus*[c] in Romaniam viginti[d] primus ad auxilium *belli*[e] deduxit (4), qui turres ad bella cum *intrapositis*[f] jaculatoribus portabant, et hostes erectis *promuscidibus*[g] cædunt[h]. Quorum quoque Alexander Macedo innumerabiles, albo, nigro et rubicundo varioque colore, se in India vidisse ad Aristotelem *philosophum*[i] descripsit (5).

Ms. [a] Elifanti. — [b] Gargaridos. — [c] Phirrus. — [d] XX. — [e] Beli.— — [f] Interpositis. — [g] Promus sedibus [sic]. — [h] Cedunt. — [i] Philypphum [sic].

NOTES.

(1) Servius, sur le 27° vers du III° livre des Géorgiques, dit : « *Gangaridæ* populi sunt inter Indos et Assyrios, habitantes circa Gangem fluvium; unde etiam Gangaridæ dicti sunt. » Emmenessius, sur le même vers, le P. Hardouin, sur le xxii°

(où xviii°) chapitre du VI° livre de Pline, Saumaise sur Solin,
F ian. exercitt., p. 992, sqq., Vossius ad Melam., l. I, c. 11,
sont entrés dans de grands détails sur ce peuple, le plus reculé de ceux que les anciens ont connus à l'ouest du Gange,
près des sources de ce fleuve. Val. Flaccus, dans le II° livre
de ses Argonautes, leur donne le même nom que Pline et Virgile. Ptolémée, *Geogr.*, VII, 1, les nomme aussi Γαγγαρίδαι.
Mais Diodore, *Biblioth.*, l. II, p. 122, D, les appelle Γανδαρί-
δαι. Τὸ ἔθνος τὸ τῶν Γανδαριδῶν, πλείστους ἔχον καὶ μεγίστους ἐλέ-
φαντας. — Strabon, *Geogr.*, l. XV, p. 479, nomme leur pays τὴν
Γανδαρῖτιν. Hesychius leur applique l'épithète de ταυροχράτεις.
Pline, au lieu cité, dit qu'ils avaient toujours deux cents éléphants prêts à combattre.

> (2)   Anguimanos elephantos, India quorum
> Millibus e multis vallo munitur eburno.
> LUCRET., *De rer. Nat.*, l. II, v. 337, sq.

(3) Sur cette notion géographique, voyez les chapitres xxi
et xxx de cette seconde partie; nous y montrons que le pays
indiqué ici fait partie de l'Abyssinie. M. Salt décrit justement
en ce lieu une épaisse forêt. «On y fit, dit-il, la chasse aux
éléphants, chasse qu'Ouelled Selassé paraissait aimer passion-
nément. M. Pearce m'a rapporté qu'on trouva un grand troupeau de ces terribles animaux qui paissaient dans une vallée. Les troupes les enveloppèrent en formant un cercle autour
d'eux, et soixante-trois trompes furent coupées et mises aux
pieds du ras, qui, assis sur une éminence, dirigeait toute la
chasse. Dans le cours de cette récréation dangereuse, il y eut
un grand nombre d'hommes de tués, les éléphants s'étant je-
tés avec impétuosité dans un défilé où l'on avait posté des
troupes pour les empêcher de s'échapper. *Voyage en Abyssinie*,
par Henry Salt, écuyer, trad. de l'angl. par P. F. Henry,
ch. vii, t. II, p. 56.

Mais outre ces éléphants de la partie méridionale de l'A-
frique, il en existait, à l'époque de l'antiquité, même dans la
Mauritanie. M. Dureau de la Malle, dans sa *Topographie de Carthage,* p. 228, prouve que c'était de là que les Carthaginois ti-
raient les leurs; car ils en entretenaient ordinairement trois
cents, dont les écuries occupaient le rez-de-chaussée des rem-
parts de Carthage. Les éléphants d'Afrique sont plus petits que
ceux de l'Inde. « Elephantos fert Africa, ultra Syrticas solitudi-
nes, et in Mauritania : ferunt Æthiopes et Troglodytæ, ut dictum est; sed maximos fert India. » Plin. *Hist. nat.,* l. VIII,
c. 11.

(4) Elephantos Italia primum vidit, Pyrrhi regis bello.,.....
anno urbis quadringentesimo septuagesimo secundo. » Plin.,
Hist. nat., l. VIII, c. vi.

(5) « Ipse cum Poro rege et equitatu procedens video exa-
mina bestiarum, in nos, erectis promuscidibus, tendentia :
quorum terga nigra et candida, et rubri coloris, et varia quidem erant. » *De mirabil. Indiæ Epist.,* fol. 11 verso.

III.

ONAGRI.

Onagri animalia sunt, non bestiæ (1). Sed ingenti animo et sese elata exultantes fortitudine, saxa de montibus vellunt. Sed ipsi in desertis Persarum (2) esse, cum incredibilibus quibusdam prodigiis (3), boum ª habentes cornua (4), et magnis describuntur corporibus.

Ms. ª Bovum.

NOTES.

(1) Ceci est un exemple de l'admiration des anciens pour les hautes qualités de l'onagre. D'après la pompe de leurs descriptions, notre âne donnerait une idée très-fausse d'un si noble animal. On sait qu'il en est déjà question dans le livre de Job :

« Quis dimisit onagrum liberum, et vincula ejus quis solvit?

« Cui dedi in solitudine domum, et tabernacula ejus in terra salsuginis.

« Contemnit multitudinem civitatis, clamorem exactoris non audit.

« Circumspicit montes pascuæ suæ, et virentia quæque perquirit. » Cap. XXXIX, v. 5, sqq.

Oppien nous le représente avec de belles jambes, une lé-
gèreté aérienne, une rapidité égale à celle du vent, des pieds
remarquables par leur force, une taille élevée, une vivacité
gracieuse, un corps volumineux mais bien proportionné. Sa
couleur est argentine, ses oreilles sont longues, une raie
noire, bordée de blanc de chaque côté, s'étend tout le long
de son épine dorsale, et il se nourrit d'herbe.

Ἐξείης ἐνέπωμεν εὔσφυρον, ἠερόεντα,
Κραιπνὸν, ἀελλοπόδην, κρατερώνυχον, αἰπὺν ὄναγρον,
Ὅστι πέλει φαιδρὸς, δέμας ἄρκιος, εὐρὺς ἰδέσθαι,
Ἀργύρεος χροιήν, δολιχούατος, ὀξύτατος θεῖν·
Ταινίη δὲ μέλαινα μέσην ῥάχιν ἀμφιβέβηκε,
Χιονέης ἑκάτερθε περισχομένη στεφάνησι.
Χιλὸν ἔδει, φέρβει μιν ἄδην ποεσιτρόφος αἶα.
Cyneget. l. III, v. 183, sqq.

Xénophon dit très-formellement que ces ânes sauvages sont
beaucoup plus vites que les chevaux : Πολὺ γὰρ τοῦ ἵππου θᾶτ-
τον ἔτρεχον. *Anabas.*, l. I, c. v, p. 42, ed. Hutchinson. Cet
éditeur de Xénophon a réuni là tous les passages de l'Écriture sainte où il est question de l'onagre. M. Dacier, dans
sa traduction de l'*Anabase*, a mal à propos rendu ὄνος ἄγριος
par zèbre.

Cicéron, dans le passage que nous avons cité, p. 69, et où
il se moque de ce Vadius qui était venu à sa rencontre, si
bizarrement escorté, notamment avec un cynocéphale dans sa
litière, ajoute : «Nec deerant onagri.» *Ad Attic.*, l. VI, ep. 1.
Les onagres que traînait à sa suite cet homme fastueux
étaient-ils les animaux fiers et indomptables des descriptions
précédentes, ou simplement ces timides ânes sauvages dont
parle Virgile :

Sæpe etiam cursu timidos agitabis onagros.
Georgic., l. III, v. 409.

et que Varron représente comme si faciles à apprivoiser : « Ad seminationem onagrus idoneus, quod e fero fit mansuetus facile. » *De re rustica*, l. II, c. VI.

(2) Pline dit, *Hist. nat.*, l. VIII, c. XLIV, que les onagres habitent surtout la Phrygie et la Lycaonie. Il ajoute, même livre, c. LVIII, qu'ils ne passent pas une montagne qui sépare la Cappadoce de la Cilicie. Chardin, cité par Buffon, dit avoir vu en Perse « une race d'ânes d'Arabie, qui sont de fort jolies bêtes, et les premiers ânes du monde. Ils ont le poil poli, la tête haute, les pieds légers; ils les lèvent avec action, marchent bien, et l'on ne s'en sert que pour monture. » Buffon dit ensuite que les ânes « en Barbarie, en Égypte, sont beaux et de grande taille; aussi bien que dans les climats excessivement chauds, comme aux Indes et en Guinée, où ils sont plus grands, plus forts et meilleurs que les chevaux du pays; ils sont même en grand honneur à Maduré, où l'une des plus considérables et des plus nobles tribus des Indes les révère particulièrement, parce qu'ils croient que les âmes de toute la noblesse passent dans le corps des ânes. » Enfin il dit qu' « on trouve des ânes sauvages dans quelques îles de l'Archipel, et particulièrement dans l'île de Cérigo. Il y en a beaucoup dans les déserts de Libye et de Numidie : ils sont gris, et courent si vite qu'il n'y a que les chevaux barbes qui puissent les atteindre à la course. Lorsqu'ils voient un homme, ils jettent un cri, font une ruade, s'arrêtent et ne fuient que lorsqu'on les approche. » *Hist. nat. de l'âne.*—Malte-Brun, dans les *Nouvelles Annales des Voyages*, t. IV, p. 465, donne cet extrait d'un journal de Calcutta : «Quelques-uns de nos lecteurs ignorent peut-être que ce n'est que depuis peu qu'on

a vu dans nos possessions de l'Inde des *gorkhours* ou ânes sauvages. Quoiqu'ils soient connus en Perse, ce n'est que depuis que nous nous sommes étendus vers le nord, que des troupeaux de ces beaux animaux se sont offerts aux regards des Anglais. Le Nabad de Bhaouelpour a fait présent d'un gorkhour au gouverneur général. Il a environ quatre pieds de haut, une belle peau isabelle, de longues oreilles et de grands yeux noirs. Il est intraitable; et, à la couleur près, il ressemble à un zèbre. C'est, dit-on, un modèle de force, de grâce et d'agilité. »

(3) Outre la distinction entre l'espèce d'âne sauvage qui se laisse facilement apprivoiser et l'onagre proprement dit, il y a une autre distinction indiquée très-judicieusement par Camus, c'est celle à faire entre l'onagre et l'âne sauvage de l'Inde. Camus dit en parlant de ce dernier : « Philé paraît le confondre avec l'onagre. » *Notes sur l'Hist. des anim. d'Aristote*, p. 82. Remarquons que le mot ὄναγρος ne se trouve pas dans les anciens auteurs grecs, comme Hérodote, Ctésias, Xénophon, Aristote, et, d'après eux, l'élégant Élien. Ces auteurs se servent des deux mots ὄνος ἄγριος. Mais Ctésias a donné de l'âne sauvage de l'Inde, comme animal unicorne, une description célèbre, et, du moins en partie, fabuleuse. Elle a été reproduite partiellement par Aristote, et, avec des développements, par Élien. Elle nous offre un animal tout différent de celui de l'Écriture, de Xénophon, d'Oppien et des voyageurs modernes.

C'est très-probablement à cette description de l'âne de l'Inde que notre auteur fait vaguement allusion en parlant des prodiges incroyables que l'on raconte au sujet de l'onagre. Nous examinerons cette partie merveilleuse au chapitre intitulé *La Propriété de la licorne*. Nous ajoutons seulement ici un détail étranger à Ctésias et aux plus anciens auteurs, et qui, quoique se rapportant bien à l'onagre, et non pas à l'âne de l'Inde,

pourrait être classé parmi les récits incroyables. Oppien, à la
suite des vers que nous avons cités, parle de l'incontinence
et de la cruauté de l'onagre mâle, dont la fureur jalouse
est telle qu'il épie le moment où la femelle met bas, pour
tuer ses petits s'ils sont mâles. Le poëte a même trouvé l'occasion d'une espèce d'amplification pathétique dans ce détail qu'il
paraît avoir emprunté à Solin : « Eadem Africa onagros habet,
in quo genere singuli imperitant gregibus feminarum. Æmu-
los libidinis suæ metuunt; inde est quod gravidas suas servant,
ut expositos mares, si qua facultas fuerit, truncatos mordicus
privent testibus. Quod caventes feminæ, in secessibus partus
occulunt. » *Polyhist.*, c. xxvii, p. 51, B. — Saint Isidore, *Orig.*,
l. XII, c. 1, donne les mêmes détails que Solin.

(4) Nous avons vu que l'âne indien de Ctésias n'a qu'une
corne. C'est même son attribut le plus remarquable. Notre
auteur, en donnant deux cornes à ses onagres, s'appuierait
plutôt sur Hérodote qui parle d'ânes ayant *des cornes*, sur les
bords du fleuve Triton en Libye : ..... κατὰ τούτους εἰσὶ..... καὶ
ὄνοι οἱ τὰ κέρεα ἔχοντες. *Melpomene*, seu l. IV, c. cxci.

Les mots employés par notre auteur, *boum cornua* et *magnis corporibus*, s'appliqueraient bien à un animal du Cap, que
les Hottentots nomment *canna*. « C'est (dit Allamand, *Hist.
nat.* de Buffon, article *Canna*, suppl.) un des plus grands
animaux à pieds fourchus qu'on voie dans l'Afrique méridionale. La longueur de celui qui est représenté ici, depuis le bout du museau jusqu'à l'origine de la queue, étoit
de huit pieds deux pouces; sa hauteur étoit de cinq pieds. »...
« Ses cornes étoient droites et noires; leurs bases étoient éloi-
gnées l'une de l'autre de deux pouces, et il y avoit l'intervalle
d'un pied entre leurs pointes; leur longueur étoit d'un
pied et demi. »..... « Ces animaux marchent en troupes de cinquante ou soixante; quelquefois même on en voit deux ou
trois cents ensemble près des fontaines. Il est rare de voir

15.

deux mâles dans une troupe de femelles, parce qu'alors ils se battent, et le plus faible se retire ; ainsi les deux sexes sont souvent à part ; le plus grand marche ordinairement le premier : c'est un très beau spectacle que de les voir trotter et galopper en troupes. »

IV.

TIGRES.

Tigres sunt feræ, horrendæ[a] animositatis, quæ in India et apud Hyrcanos et in *Armenia*[b] nascuntur. Et sunt valde rapaces et miræ[c] velocitatis, unde et Tigris, Assyriorum[d] fluvius, eo quod rapidissimo cursu ad instar istius bestiæ a monte Caucaso[e] prorumpit, ab ea nomen (1) accepisse describitur[f].

Ms. [a] Horrende. — [b] Carmoenia [*sic*]. — [c] Mire. — [d] Assiriorum. — [e] Caucasso. — [f] Discribitur.

NOTES.

(1) Varron, *De Ling. lat.*, l. IV, c. xx, dit que le mot *tigris* vient de l'arménien où il signifie également une *flèche* et un *fleuve très-impétueux*. Cet auteur ajoute que, de son temps, on n'avait pu encore parvenir à prendre de tigre vivant.

Isidore de Séville fait venir le mot *tigris* des langues mède et persane où il signifie *flèche*, et il dit, comme notre auteur, que c'est l'extrême rapidité de la bête féroce qui a fait donner son nom au fleuve du Tigre, *quod is rapidissimus sit omnium fluviorum. Origin.*, l. XII, c. ii.

Bochart avait remarqué une grande confusion dans les dénominations pour le tigre et les espèces voisines, et il s'était

occupé d'y porter de la clarté dans son chapitre intitulé : « Tigris, lynx, pardus, panthera, panther et leopardus quomodo
inter se differant. » *Hierozoïc:*, part. I, l. III, c. VIII, p. 791,
sqq. Buffon a reconnu la même confusion chez les modernes
aussi bien que chez anciens. Il résulte de la discussion de
Bochart que le premier Grec qui ait parlé du véritable tigre
est Néarque, commandant de la flotte d'Alexandre. Ce capitaine, au rapport d'Arrien, déclara avoir vu une peau de
tigre, mais non l'animal même, qu'on lui dit de la taille du
plus grand cheval, et en même temps d'une rapidité et d'une
vigueur incomparables, puisqu'il attaquait l'éléphant et l'étran-
glait en lui sautant sur la tête. Τίγριος δὲ δορὴν μὲν ἰδεῖν λέγει Νέαρχος, αὐτὸν δὲ τίγριν οὐκ ἰδεῖν ἀλλὰ τοὺς Ἰνδοὺς γὰρ ἀπηγέεσθαι
τίγρίν εἶναι μέγεθος μὲν ἡλίκον τὸν μέγιστον ἵππον· τὴν δὲ ὠκύτητα
καὶ ἀλκὴν οὐδένι ἄλλῳ εἰκάσαι. Τίγριν γὰρ ἐπεὰν ὁμοῦ ἔλθῃ ἐλέφαντι,
ἐπιπηδᾶν τε ἐπὶ τὴν κεφαλὴν τοῦ ἐλέφαντος, καὶ ἄγχειν εὐπετέως. *Indic.*, c. V, p. 537, ed. Blancard, 1668, in-8. S'il y avait de l'exagération dans ces récits des Indiens, elle est beaucoup moins grande
qu'on aurait pu le supposer d'abord, comme le prouve un combat dont le R. P. Tachard fut témoin dans l'Inde, entre un jeune
tigre et trois éléphants. Buffon, qui cite ce témoignage intéressant d'un témoin oculaire, ajoute : « On sent par ce simple récit
quelle doit être la force et la fureur de cet animal, puisque
celui-ci, quoique jeune encore, et n'ayant pas pris tout son accroissement, quoique réduit en captivité, quoique retenu par
des liens, quoique seul contre trois, étoit encore assez redoutable aux colosses qu'il combattoit, pour qu'on fût obligé de
les couvrir d'un plastron dans toutes les parties de leurs corps
que la nature n'avoit pas cuirassées comme les autres d'une
enveloppe impénétrable. » *Hist. nat. du tigre.*

Le premier tigre qui parut vivant à Rome, et probablement
en Europe, fut donné en spectacle au peuple romain par Auguste, à l'occasion de la dédicace du temple de Marcellus,

sous le consulat de Q. Tubéron et de F. Maximus, le 4 des nones de mai, an de Rome 741 (11 avant J.-C.). La rareté de cet animal et l'extrême difficulté de le prendre vivant donnèrent toujours un grand prix à ce spectacle sous les empereurs; et les historiens nous ont conservé le nombre de tigres qui furent donnés en spectacle sous chaque règne. Ils sont très-peu nombreux en comparaison des autres animaux féroces qui paraissaient dans le cirque aux mêmes époques, puisque Auguste donna en spectacle jusqu'à quatre cent vingt panthères. Mais après ce premier tigre, présenté par Auguste, Claude en fit paraître quatre. Plin., *Hist. nat.*, l. VIII, c. XVII. Sous Titus, il y eut un combat entre un tigre et un lion, et le tigre demeura vainqueur; Martial, lib. *Spectac.*, epigr. XVIII. Sous Domitien, on en attela à un char; Martial, l. I, *Epigr.* CV. Antonin le Pieux en donna aussi en spectacle avec d'autres raretés de toute la terre; Jul. Capitol., in Anton. Pio. Une des folies d'Héliogabale fut d'en atteler à un char, pour imiter Bacchus : « Junxit et tigres, Liberum se vocans. » Lamprid. in Heliogab. Il y en eut dix sous l'empereur Gordien III; Jul. Capitol. in Gord. Et Aurélien, dans son triomphe sur Zénobie et Tetricus, était précédé de girafes, de buffles et de quatre tigres, et monté sur un char traîné par des cerfs; Vopisc. in Aurelian.

V.

LYNCES.

Lynces[a] bestiæ maculosis corporibus sunt, quæ[b] nimiam ferocitatem habent, et pantheris[c] variis sunt colore consimiles. Quæ in Syria et in Indis (1) et cæteris quibusque regionibus nascuntur.

Ms. [a] Linces. — [b] Que. — [c] Panteris.

NOTES.

(1) Buffon, après avoir allégué les témoignages des anciens et de quelques modernes, qui placent le lynx aux Indes et en Afrique, leur oppose les observations les plus récentes et les mieux faites, qui toutes s'accordent à le reconnaître comme un animal des pays septentrionaux. Il conclut que le mot lynx, diversement appliqué, a fait toute l'équivoque : « Ce lynx indien ou africain, qu'on dit être beaucoup plus grand et mieux taché que notre loup cervier, pourrait bien n'être qu'une sorte de panthère. » *Hist. nat. du lynx.* On voit que le témoignage de notre auteur (quelque faible qu'il soit) vient à l'appui de cette opinion, puisqu'en plaçant cet animal dans la Syrie et l'Inde, il commence par le comparer à la panthère.

VI.

PARDI.

Pardus est fera rapax et toto corpore discolor, qui Alexandro et Macedonibus cum cæteris nocuerunt bestiis (1), paulo postquam *Aornon*[a] petram expugnavit in India, a quo prius Hercules terræ motu fugatus recessit (2). Et Indorum rex, quodam tempore, quia ibi maxime nascuntur, ad regem Romæ (3) *Anastasium*[b] (4) duos pardulos (5) misit in (6) camelo[c] et elephante[d] quem poeta *lucambovem*[e] (7) nominavit.

Ms. [a] Ormem [*sic*]. — [b] Anathasium. — [c] Camello. — [d] Elefante. — [e] Lucamlium.

NOTES.

(1) «Quibus necessitatibus illa quoque adjiciebantur incommoda, quia tota nocte incursantibus leonibus, ursis, tigribus, pardis ac lyncibus, pariter resistebamus.» *De mirabil. Indiæ Epist.*, fol. 7 verso.

(2) Ce passage semble emprunté à Quinte-Curce, l. VIII, c. 11 : «Multa ignobilia oppida, deserta a suis, venere in regis potestatem. Quorum incolæ armati petram Aornon nomine

occupaverunt; hanc ab Hercule frustra obsessam esse, terræque motu coactum absistere fama vulgaverat. »

(3) Les mots *regem Romæ* sont ici l'équivalent de βασιλέα τῶν Ῥωμαίων, titre que prirent jusqu'à la fin les empereurs de Constantinople. On voit qu'il faudrait ici *imperatorem*. C'est en effet le sens que prend le mot βασιλεύς depuis les empereurs. Pour traduire ce titre immense d'*imperator*, les Grecs ne trouvèrent pas de mot plus convenable que le titre d'Alexandre, des grands rois de Perse et de tant de puissants princes. Ce mot finit par prendre si exclusivement cette signification, qu'au moyen âge les empereurs grecs, dans leurs relations avec les rois de l'Occident, leur donnaient le titre de ῥήξ, en faisant passer dans la langue grecque le mot latin qui représente le sens primitif de βασιλεύς. Quant au mot *Romæ*, on sait que, dans le style solennel, Constantinople était appelée νέα Ῥώμη. Cet usage s'est même conservé jusqu'à nos jours dans l'église grecque; et à la dernière grande solennité de cette malheureuse communion, l'oraison funèbre du patriarche Grégoire, prononcée à Odessa en 1821, l'orateur appelle ce pontife ὁ παναγιώτατος πατριάρχης Κωνσταντινουπόλεως νέας Ῥώμης. Voyez Λόγος ἐπιτάφιος εἰς τὸν ἀείμνηστον πατριάρχην Κωνσταντινουπόλεως Γρηγόριον, ἐκφωνηθεὶς ἐν Ὀδησσῷ, ἐν τῇ Ῥωσικῇ ἐκκλησίᾳ τῆς Μεταμορφώσεως, τῇ 19 Ἰουνίου 1821, ὑπὸ Κωνσταντίνου Πρεσβυτέρου καὶ Οἰκονόμου. Ἐν Πετρουπόλει, ἐν τῇ τυπογραφίᾳ Ν. Γρέτς. αωκά. Κεφ. Γ'.

(4) Il y a ici un petit fait assez positif; car l'auteur semble parler d'une chose qui s'est passée de son temps. Il doit être question ici de l'empereur Anastase, surnommé le *Silentiaire*, qui monta sur le trône à la fin du ve siècle, et qui mourut le 18 juillet 518. Ce petit traité serait donc de la première moitié du vi[e] siècle. A cette époque, la splendeur de l'empire d'Orient pouvait facilement motiver une ambassade de quelque roi de l'Inde. Mais c'est plus probablement l'ambas-

sade que Cabad, roi de Perse, envoya à Constantinople, l'an
502. Voici ce qu'en dit Lebeau : « Dès le commencement de
son règne, il prétendit se faire un droit de l'injuste demande
que son prédécesseur avait faite à Zénon : il lui envoya un grand
éléphant, et lui demanda la somme dont ce prince, disait-il,
était convenu avec Balasch. Ses ambassadeurs, arrivés à An-
tioche, lui mandèrent que Zénon était mort, et qu'Anastase lui
avait succédé. » M. de Saint-Martin a mis en note : « Cette ambassade fut envoyée, à ce qu'il paraît, dans la quatrième année du
règne de Cabad ; car Zénon mourut le 9 avril 491. » *Hist. du Bas-
Empire*, de Lebeau, édit. de M. de Saint-Martin, l. XXXVIII,
c. LXIII, t. VII, p. 324.

Le peuple de Constantinople aura pu prendre cet ambassadeur persan pour un indien, comme nous voyons aujourd'hui
chez nous l'ambassadeur de Perse confondu facilement par le
peuple avec l'envoyé du grand-seigneur, ou avec quelque prince
des régences barbaresques. Dans cette hypothèse, notre auteur
rapporte ce qu'il aurait entendu dire ; et, comme plus rapproché
de l'époque dont il parle, il aurait ajouté, outre l'éléphant, le
détail des trois autres animaux, dont ne fait pas mention Josué
Stylite, chez lequel Lebeau a puisé cet endroit de son histoire.

(5) C'est l'*once* de Buffon (*felis uncia*, Cuvier). « On ne peut
douter, dit Buffon, que la petite panthère d'Oppien, le *phet* ou
fhed des Arabes, le *faadh* de la Barbarie, l'*onze* ou l'*once* des
Européens, ne soient le même animal ; il y a grande apparence
aussi que c'est le *pard* ou *pardus* des anciens. » Le diminutif
pardulus indique de jeunes animaux, ce que l'auteur aura supposé, ne connaissant pas l'existence de cette petite espèce.

(6) Ces deux onces étaient montés l'un sur un chameau,
l'autre sur un éléphant. Cela s'accorde avec ce que dit Buffon :
« Les voyageurs conviennent tous que l'once s'apprivoise aisément, qu'on le dresse à la chasse, et qu'on s'en sert à cet usage
en Perse et dans plusieurs autres provinces de l'Asie ; qu'il y a

des onces assez petits pour qu'un cavalier puisse les porter en croupe. »

(7) Le poëte dont il s'agit ici ne serait-il pas Ennius, dont Varron, *de Ling. lat.,* cite ce vers à l'occasion du mot *lucabos :*

> Atque prius pariet locusta *lacambovem.*

Varron donne trois étymologies de ce mot : la première, tirée du commentaire de C. Ælius, fait venir *Lucas* de *Lybicus;* la seconde, due à Virginius, lui donne pour racine *Lucanei,* parce que les Romains, ayant vu les premiers éléphants en Lucanie, pendant la guerre de Pyrrhus, les auraient appelés *bœufs de Lucanie.* C'est Varron lui-même qui, peu content de ces deux étymologies, suppose la troisième : « Ego arbitror potius *Lucas* ab *luce,* quod longe relucebant, propter inauratos regios clypeos, quibus eorum tum ornatæ erant turres. »

La seconde explication est donnée par Pline : « Elephantos Italia... boves Lucas appellavit, in Lucanis visos. » *Hist. nat.,* l. VIII, c. VI. Saint Isidore, non-seulement admet cette étymologie, mais la fait passer plus visiblement dans le mot, en appelant l'éléphant, au lieu de *lucabos, bos lucanus :* « Hos boves Lucanos vocabant antiqui romani. » Bochart a remarqué que dans presque toutes les langues le nom du bœuf a servi à désigner d'abord les plus grands animaux : « Notum est quadrupedia pleraque majoris molis ad boum referri genus. Ita bubalos, alces, uros, bonasos, bisontes bubus adscribi neminem latet. Et cervum quoque Arabes censent inter boum ferorum genera. » *Hierozoïc.,* part. I, l. II, c. XXIII, p. 250. Il retrouve avec beaucoup de sagacité le mot *lucabos* défiguré dans une leçon incorrecte d'une glose de Philoxène : « Ἐλέφας, elephantus, vocluca, barrus. » Bochart montre dans *vocluca* une corruption de *vos luca,* et dans cette dernière locution *vos* écrit pour *bos.* Les autres poëtes latins qui ont employé le mot *lucabos* sont Lucrèce :

Inde boves lucas turrito corpore tetros.
De rerum Nat., l. V, v. 1302.

Sénèque le tragique :

Amat insani
Bellua ponti lucæque boves.
Hippol., act. I, sc. III, v. 349, sq.

Ausone :

Ut lucas boves
Olim resumpto præferoces prælio
Fugit juventus Romula.
Epist. XV, v. 12, sqq.

Bochart, en examinant l'étymologie incertaine du mot grec
Ἐλέφας, après avoir mentionné l'opinion qui le fait venir de
l'hébreu *phil*, par une inversion des lettres, préfère le rapporter à cet autre mot hébreu *alaphim*, qui signifie *bœufs*, et
d'où les Phéniciens avaient pris leur *alpha*, qui avait la même
signification, suivant Plutarque et Hesychius.

Saumaise se moque du cardinal Baronius, qui prétendait que
le bœuf avait été surnommé *Luca*, l'an 58 de notre ère, en l'honneur de l'évangéliste saint Luc, qui a un bœuf pour attribut.
« Primum, dit Saumaise, Itali bovem non appellarunt *Lucam*,
sed elephantem vocitarunt *bovem Lucam*. Deinde evangelistæ
Lucæ ætate, *bos Luca* pro elephanto non amplius dicebatur ab
Italis, sed quo tempore viderunt elephantem, cum nec scirent
quod genus esset animantis.... *Bos Lucans* primo dictus est, id
est bos Lucanus, deinde *Lucas* et *Luca*, ut prægnans et præg-
nas, sic *picens* pro piconus, *campans* pro *campanus*, Plauto *campans genus*. » *Plinian. Exercitt.*, p. 308, C D.

VII.

PANTHERÆ.

Pantheras [a] autem quidam mites (1), quidam hor-
ribiles esse describunt, quas (2) poeta Lucanus ad
lyram [b] Orphei cum ceteris animantibus et bestiis
a deserto Thraciæ per [c] carmen miserabile provo-
catas cecinit (3), dum ipse tristis esset; et mœrens [d]
ad undam Strymonis, raptam Eurydicem [e] lacryma-
bili [f] deflevit carmine.

Ms. [a] Panteras. — [b] Liram. — [c] Pro. — [d] Merens. — [e] Eridicen.
— [f] Lacrimabili.

NOTES.

(1) C'est sur cette idée que repose la fable de Phèdre intitulée *Panthera et Pastores*, où l'on voit cet animal épargner ceux
qui lui avaient jeté du pain, et se venger avec fureur sur ceux
qui avaient voulu le faire périr.

> . . . . Memini qui me saxo petierat,
> Quis panem dederit.
>   *Page 168 de notre édit., Paris, 1830.*

Les anciens ont accordé beaucoup de ruse à la panthère.
Aristote rapporte qu'elle a une odeur qui plaît aux autres ani-

maux, et qu'elle en profite pour les prendre en se cachant, et
en tombant sur eux à l'improviste quand ils se sont approchés,
attirés par l'odeur : Λέγουσι δὲ καὶ κατανενοηκυῖαν τὴν πάρδα-
λιν ὅτι τῇ ὀσμῇ αὐτῆς χαίρουσι τὰ θηρία, ἀποκρύπτουσαν ἑαυτὴν
θηρεύειν· προσιέναι γὰρ ἐγγύς, καὶ λαμβάνειν οὕτω καὶ τὰς ἐλά-
φας. *Histor. animal.*, l. IX, c. VI.

(2) « Nous observerons, dit Buffon, qu'il ne faut pas confondre, en lisant les anciens, le *panther* avec la *panthère*. La
panthère est l'animal dont il est ici question ; le *panther* du
scholiaste d'Homère et des autres auteurs est une espèce de
loup timide, que nous croyons être le chacal. Au reste, le mot
pardalis est l'ancien nom grec de la panthère ; il se donnait indistinctement au mâle et à la femelle. Le mot *pardus* est moins
ancien ; Lucain et Pline sont les premiers qui l'aient employé ;
celui de *leopardus* est encore plus nouveau, puisqu'il paraît que
c'est Jules Capitolin qui s'en est servi le premier ou l'un des
premiers ; et à l'égard du nom même de *panthera,* c'est un mot
que les anciens Latins ont dérivé du grec, mais que les Grecs
n'ont jamais employé. »

(3) Il est encore ici question du poëme d'Orphée, comme au
chapitre VI de la première partie. Voyez la note 5 de ce chapitre. Mais on trouve en effet dans la Pharsale, ainsi que l'observe Buffon, le mot *pardus* : l'impétuosité de César est comparée à celle de cet animal :

> Ut primum, cumulo crescente, cadavera murum
> Admovere solo, non segnior extulit illum
> Saltus, et in medias jecit super arma catervas,
> Quam per summa rapit celerem venabula pardum.
> LUCAN., *Pharsal.*, l. VI, v. 180, sqq.

VIII.

DE BELLUA LERNÆ.

Ferunt fabulæ Græcorum plurimæ in libris antiquitatum suæ philosophiæ quondam fuisse, quæ nunc incredibilia videntur, tam de monstris quam etiam belluis et serpentibus : de quibus partem replicati (1) sumus. Inter quæ bellua Lernæ (2) adscribitur, quam nunc apud inferos (3) esse, tam horrendam stridore quam forma* terribilem, Græci cum quibusdam fingunt Romanis.

Ms. * Ferme.

NOTES.

(1) *Replicati sumus* a nécessairement ici le sens de *replicavimus*. Cette forme du déponent doit être considérée comme une trace de basse latinité.

(2) Cette expression est de Virgile :

...................Ac bellua Lernæ
Horrendum stridens.
            Æneid. l. VI, v. 287, sqq.

(3) C'est Virgile qui place l'hydre à l'entrée du Tartare :

...................Cernis custodia qualis
Vestibulo sedeat? facies quæ limina servet?

Quinquaginta atris immanis hiatibus Hydra
Sævior intus habet sedem.

Æneid. l. VI, v. 574, sqq.

Sénèque le tragique suppose seulement qu'elle se précipita dans la mer :

Anguesque suos Hydra sub undis
Territa mersit.

Hercul. Œt., act.V, v. 1926, sq.

Voyez les notes du chapitre xxxiv de cette seconde partie.

16

IX.

HIPPOPOTAMI.

Hippopotami[a] belluæ in India esse perhibentur, majores (1) elephantorum[b] corporibus : quos dicunt in quodam fluvio aquæ impotabilis demorari. Qui quondam trecentos[c] homines una hora in rapaces *gurgitum*[d] vertices traxisse et crudelem in modum devorasse narrantur (2).

Ms. [a] Epotani. — [b] Elefantorum. — [c] CCC. — [d] Pergitorum [*sic*]. Un trait est passé sur les trois dernières lettres.

NOTES.

(1) Ceci est faux. L'hippopotame est moins grand que l'é-léphant, mais, pour la taille, il vient immédiatement après, ayant, comme le rhinocéros, environ douze pieds de long. Les anciens ont bien connu cet animal, qui, de leur temps, n'é-tait pas rare dans le Nil. Diodore en donne une description très-exacte, l. I, c. xxxv. On ne le trouve aujourd'hui que dans l'intérieur et au midi de l'Afrique. Cosmas n'avait pas vu d'hip-popotame, mais il en avait rapporté des dents, ayant eu occa-sion d'en trouver fréquemment. Τὸν δὲ ἱπποπόταμον οὐκ εἶδον μὲν, ἔχον δὲ ὀδόντας ἐξ αὐτοῦ μεγάλους ὡς ἀπὸ λιτρῶν ιγ', οὓς καὶ πέ-πρακα ἐνταῦθα. Πολλοὺς δὲ εἶδον καὶ ἐν τῇ Αἰθιοπίᾳ καὶ ἐν τῇ

Αἰγύπτῳ. Collect. nova Patrum et Scriptor. Græcor., Eusebii Cæsariens., Athanasii et Cosmæ Ægyptii; ed. Montfaucon., t. II, p. 336.

(2) Ce fait est une allusion à la lettre d'Alexandre *De Mirabilibus Indiæ*. «La plupart des naturalistes, dit Buffon, ont écrit que l'hippopotame se trouvoit aussi aux Indes; mais ils n'ont pour garants de ce fait que des témoignages qui me paraissent un peu équivoques; le plus positif de tous seroit celui d'Alexandre dans sa lettre à Aristote, si l'on pouvoit s'assurer par cette même lettre que les animaux dont parle Alexandre fussent réellement des hippopotames. Ce qui me donne quelques doutes, c'est qu'Aristote, en décrivant l'hippopotame dans son *Histoire des animaux*, auroit dit qu'il se trouvoit aux Indes aussi bien qu'en Égypte, s'il eût pensé que ces animaux dont lui parle Alexandre dans sa lettre eussent été de vrais hippopotames.» Nous avons parlé, dans notre préface, du degré d'authenticité de cette lettre, qui a sans doute pour origine une véritable lettre d'Alexandre à Aristote, mais qui a subi dans l'intervalle, surtout en passant du grec en latin, un si grand nombre d'altérations qu'elle doit avoir conservé peu de ressemblance avec cet original primitif. Or, il est possible que ce qui est dit des hippopotames soit une des interpolations : mais il y est bien réellement question de cet animal. Voici le passage : «Ducentos milites de Macedonibus, levibus armis, misi per amnem naturos. Itaque quartam partem fluminis nataverant, cum horrenda res visu subito nobis conspecta est : majores elephantorum corporibus hippopotami inter profundos aquarum ruerunt gurgites, raptosque in verticem crudeli pœna milites fluctibus nobis absumpserunt.» Fol. 7 recto. On peut rapprocher ce passage du chapitre XXII dans le récit des prodiges de l'Inde, en vieux français, d'après le manuscrit 7518, que nous donnons ci-après.

X.

Quasdam enim bestias prope ad mare Rubrum nasci fabulositas perhibet; et quod octo [a] pedes duplicibus membris et bina capita habent cum oculis fingunt gorgoneis.

Ms. [a] VIII.

XI.

DE CHIMÆRA.

Chimæram[a] Græci scribunt *quohdam*[b] fuisse bestiam triplici monstruosa corporis fœditate terribilem : quam flammis dicunt armatam (1), eo quod tria capita (2) ignem habuisse (3) *vomentia*[c].

Ms. [a] Cymeram [*sic*]. — [b] Quodam. — [c] Voventia.

NOTES.

(1) . . . . Flammisque armata Chimæra.
Virg., *Æneid.* l. VI, v. 288.

Tum flammam tetro spirantes ore Chimæras.
Lucret., *De rer. Nat.*, l. II, v. 704.

(2) Notre auteur, en donnant trois têtes à la Chimère, a suivi la tradition d'Hésiode, qui s'est trompé en cela, dit le scoliaste de Venise, publié par Villoison, p. 161 : Ἡσίοδος δὲ ἠπατήθη τρικέφαλον αὐτὴν εἰπών. En effet Homère ne fait pas mention des trois têtes. Mais voici les vers d'Hésiode :

Ἡ δὲ [Echidna] Χίμαιραν ἔτικτε, πνέουσαν ἀμαιμάκετον πῦρ,
Δεινήν τε μεγάλην τε, ποδώκεά τε, κρατερήν τε.
Τῆς δ᾽ ἦν τρεῖς κεφαλαί. Μία μὲν χαροποῖο λέοντος,
Ἡ δὲ χιμαίρης, ἡ δ᾽ ὄφιος, κρατεροῖο δράκοντος.

Πρόσθε λέων, ὄπισθεν δὲ δράκων, μέσση δὲ χίμαιρα.
Δεινὸν ἀποπνείουσα πυρὸς μένος αἰθομένοιο.
Theogon., v. 319, sqq.

Ces deux derniers vers se trouvent aussi, mot pour mot, dans Homère, *Iliad.*, Z, v. 181, sq. Le moins ancien des deux poëtes les aura empruntés à l'autre. Lucrèce les a traduits littéralement :

Prima leo, postrema draco, media ipsa Chimæra
Ore foras acres efflaret de corpore flammas.
De rer. Nat., l. V, v. 903. sqq.

Et pourtant il ne me paraît pas avoir entendu le premier; car ce vers dans Lucrèce doit se traduire ainsi : « Lion par devant, serpent par derrière, et au milieu la Chimère *elle-même.* » Le mot *ipsa* ne laisse pas de doute à cet égard, et il ôte aux éditeurs le droit d'écrire *chimæra* par un petit *c*. C'est pourtant ce que la plupart ont fait, parce que le vers de leur auteur, tel qu'il faut pourtant se résoudre à l'admettre, offre un sens peu satisfaisant; car on ne peut décrire la Chimère qu'en présentant pour chacune de ses parties un terme de comparaison connu, et non l'être qui est justement à décrire. Aussi les traducteurs de Lucrèce ont traduit à cet endroit, non pas leur auteur, mais Homère. Le dernier, M. de Pongerville, dit :

Comment donc la Chimère, en sa triple existence,
Dragon, chèvre, lion, de ses horribles flancs
Vomit-elle à grands flots les tourbillons brûlants?

Nous ne citons pas ces vers pour faire remarquer l'insuffisance de cette imitation *dragon, chèvre, lion*, qui n'indique pas la place de chacune de ces parties, ou qui, si elle l'indiquait par l'ordre des mots, induirait en erreur. C'est là le sort de toute traduction en vers français; c'est lutter contre l'impossible, quel que soit l'original, vu les entraves de notre versification. Il est des langues au contraire qui se prêtent si bien à ce genre de travail, qu'une traduction en vers y a quelquefois la fidélité d'un calque. Telle est la traduction d'Homère en vers allemands par Voss. Mais comment l'idée seule de la nécessité de la rime n'a-t-elle pas toujours détourné de toute traduction en vers français? Les moins imparfaits de ces ouvrages laissent encore beaucoup à désirer dans leur plus grande partie; et il sera facile, pour s'en convaincre, de jeter les yeux sur les traductions les plus estimées, comme celle-ci. Mais Lucrèce traduisant Homère n'avait pas la même excuse, d'autant plus que ce poëte, si fort de pensées et souvent si énergique d'expression, ne se fait nullement faute des tournures les plus prosaïques et des vers les moins harmonieux. Robert Estienne a rendu fidèlement le vers d'Homère :

Ante leo, retroque draco, mediumque capella est.

Car χίμαιρα signifie en grec une chèvre sauvage. Henri Estienne explique très-clairement cette signification. Eustathe, qu'il cite d'abord, nous apprend que les boucs et les chèvres nés en hiver étaient appelés χίμαροι et χίμαιραι : Καὶ χίμαρος δὲ ὁμοίως ὁ τράγος καὶ χίμαιρα τὸ αὐτοῦ θηλυκὸν, ἢ ἐν χειμῶνι, φασὶ κυρίως, τεχθεῖσα. Eustath., *Commentar.*, p. 1625. — Aristophane le Grammairien dit que les boucs adultes sont appelés τράγοι, jeunes χίμαροι, et tout petits ἔριφοι. Hesychius donne pour explication de χίμαιρα, chèvre sauvage, αἶγα ἀγρίαν. Le scoliaste de Théocrite, interprète l'expression de son poëte ἀ χίμαρος par *jeune chèvre*, il ajoute que ce mot avec l'article masculin signifie un bouc, et que, pour une chèvre qui a porté, on emploie les mots χίμαιρα ou αἴξ. Voilà donc le mot χίμαιρα signifiant simplement une chèvre; et

en effet, d'après·Xénophon, *Hellen.*, l. IV, p. 3o2, et Plutarque, *Lycurg.*, p.·97, cités comme les auteurs précédents
par Henri Estienne, χίμαρος·était·le mot propre, pour une
chèvre, en dorien. Il n'est donc pas étonnant de voir ce mot
avec ce sens-là·dans·Homère qui emploie tous les dialectes.

Quant à la fabuleuse Χίμαιρα, avec le sens mythologique
de ce mot dans la langue hellénique d'où il passa dans le
latin, Strabon·nous apprend·que cette fable se rattache à la
montagne de Lycie, appelée·Cragus, auprès de laquelle est
une gorge appelée Chimæra : Περὶ ταῦτα μυθεύεται τὰ ὄρη τὰ
περὶ τῆς Χιμαίρας· ἔστι δ᾽ οὐκ ἄποθεν καὶ ἡ Χίμαιρα φάραγξ τις.
Geogr., l. XIV, p. 665. Mais Servius explique fort bien comment le monstre appelé la Chimère n'était, dans la réalité,
qu'un volcan du même nom, encore en ignition de son temps,
vers les sommets duquel erraient des lions; au milieu étaient
des pâturages où paissaient de nombreux troupeaux de chèvres,
et le pied de cette montagne était rempli de serpents. « Revera
autem mons est Siciliæ [fortasse legendum : Ciliciæ, vel Ly-
ciæ], cujus hodieque ardet cacumen : juxta quod sunt leones,
media autem pars hujus pascua habet, quæ capreis abundant;
ima vero montis serpentibus plena sunt. Hunc Bellerophontes habitabilem fecit, unde Chimæram dicitur occidisse. » Ad
Virg. *Æneid.*, l. VI, v. 288. Saint Isidore a transcrit ce passage de Servius. *Orig.*, l. XI, c. III.

Il existe une autre explication provenant d'un passage
d'Homère, où ce poëte, racontant la mort des deux frères
Atymnius et Maris, dit qu'ils étaient fils d'Amisodar qui avait
nourri l'indomptable Chimère.

Υἷες ἀκοντισταὶ Ἀμισωδάρου, ὅς ῥα Χίμαιραν
·Θρέψεν ἀμαιμακέτην, πολέσιν κακὸν ἀνθρώποισιν.
Il., Π, v. 3a8, sq.

Sur ces vers, Henri Estienne remarque (d'après Aristophane
de Byzance) que la Chimère n'était sans doute pas une pure
fiction, puisque le temps où elle vécut et le nom de celui qui
la nourrit se trouvaient ainsi indiqués; et de là les anciens
avaient conjecturé que c'était peut-être une bête enragée, sortie des troupeaux de cet Amisodar, et ayant exercé de grands
ravages. Χίμαρος ἐξ αἰπολίου ἀγριανθεὶς, καὶ ὥσπερ τι τέρας
ἀπεκβὰς καὶ πολλοὺς βλάπτων, ἀφορμὴ τῆς ποιητικῆς τερατολογίας
ἐγένετο. Les bruits divers que la terreur avaient répandus sur
cette bête nuisible auraient occasionné, en ce cas, la création
poétique. Quant à Bellérophon, s'il avait tué cet animal enragé
(représenté par les uns comme un lion, par d'autres comme
un bouc, par d'autres enfin comme un serpent, caractères
réunis par le poëte), il aurait été célébré pour avoir tué la Chimère, comme Méléagre pour avoir tué le sanglier de Calydon.
Car un tel exploit était le plus sûr titre à la gloire, dans ces
temps où l'homme se défendait avec peine contre les bêtes
féroces.

(3) Il faut sous-entendre devant cet infinitif *habuisse* quelqu'autre mot comme *perhibent*, à moins que, dans le style de
l'auteur, le verbe *dicunt*, placé un peu plus haut devant *armatam*, n'étende son action jusque-là.

XII.

ÆTERNÆ.

Et sunt quoque, ut ferunt, in India belluæ, quas
æternas *, ob vividam virtutem, vocant. Quæ in suis
verticibus ossa serrata velut gladios gestant, quibus
arietino, dum adversus clypeos incurrunt, impetu,
oppositi transverberantur clypei (1).

Ms. * Eternas.

NOTES.

(1) « Incidimus in mirabiles feras, de quarum capitibus,
veluti gladii a vertice acuti, serrata eminebant ossa, quæ more
taurino adversus homines incurrunt. Tunc invictæ feræ pluri-
morum militum clypeos cornu suo transverberabant. Quibus
ergo occisis admodum octo millibus et quadringentis quinquaginta..... » *De mirab. Indiæ Epist.*, fol. 19 recto.

La même lettre, dans le manuscrit de la Bibliothèque du
Roi, n° 8519, nomme ces bêtes *æternæ*, ainsi que notre auteur : « Flatus Euri secuti, in æternas feras indicimus; de quarum vertice... etc. » Fol. 49 recto.

« Et allerent suivant le rivage de la mer Rouge, ou ils se
logerent en un lieu ou y avoit des bestes sauvages qui avoient
cornes au fronc comme espees, et les trenchans comme sies,
dont elles frappoient les gens d'Alixandre, et en perçoient leurs

escus. Neanmoins les gens d'Alixandre les desconfirent, et en occirent cinq mille quatre cens. » *L'Hystoire du noble et vaillant roy Alixandre.* Cet endroit est traduit presque littéralement de la version en latin barbare, dite *De Prœliis :*

« Deinde amoto exercitu, secutus est littora maris Rubri et castrametatus est ibi in locum ubi erant feræ quæ habebant in capita ossa serrata et acuta ut gladius, cum quibus feriebant ad milites Alexandri, transforantes clipeos eorum. Tamen occiderunt ex ipsis octo millia quingentos. » Édition de la Bibliothèque du Roi, sans lieu, ni date, ni pagination, capitulo 96.

XIII.

CONOPENI.

Et in *Perside*[a] fingunt esse bestias quas conope-
nos (1) [*sic*] appellant, quibus, sub *asininis*[b] (2) capitibus, equina *dependet*[c] per cervices juba; et ore nari-
busque ignem flammasque exspirant.

Ms. [a] Persida. —— [b] Annis. —— [c] Dependit.

NOTES.

(1) Ne pourrait-on pas lire ici *connopendos*, mot hybride
composé du grec χόντος, barbe, tresse de cheveux, et de *pendeo*?
J'aurais placé cette ingénieuse conjecture dans le texte, si
M. Hase à qui je la dois ne m'avait dit en être peu satisfait
et la regarder en quelque sorte comme un pis-aller.

Dans le Julius Valerius, publié par M. l'abbé Mai, l. III,
c. XXXI, p. 243, on trouve le mot *cynopendices*, que l'éditeur
a laissé purement et simplement dans le texte, tel que le
donnait le manuscrit. Ce mot, par sa ressemblance avec *cono-
peni* aurait pu mettre sur la voie d'une correction, s'il était
accompagné de quelque détail; mais il fait seulement partie
d'une courte énumération, qui, dans le Julius Valerius, rem-
place à peu près ce qui est dit sur les *bellua* par les autres
textes latins du faux Callisthène. Toutefois nous devons dire
que M. Græfe, dans ses observations critiques sur le Julius

Valerius, a cru devoir latiniser entièrement ce mot qu'il a considéré comme hybride, et au lieu de *cynopendices,* lire *canipendices,* « si, quod suspicor, ajoute-t-il, caudati sunt, quibus cauda dependet. » *Mémoires de l'Acad. impér. des Sciences de Saint-Pétersbourg,* VI° série, t. I°ʳ (1832), p. 83. On pourrait objecter qu'une telle dénomination pourrait s'appliquer à presque tous les quadrupèdes, et n'aurait rien de distinctif.

(2) La leçon du manuscrit s'explique facilement, en ce que le mot *asininis* a dû être écrit, dans l'exemplaire copié par le calligraphe, par l'abréviation aſnıſ, laquelle peut se confondre aisément avec *annis.* La preuve en est dans plusieurs abréviations du même genre offertes par notre manuscrit, par exemple dans le chapitre suivant, *philophi* pour *philosophi.*

XIV.

DE CERBERO.

Cerberus autem tria capita habuisse describitur (1). Quem poetæ et philosophi ᵃ a janua inferni (2) mortales perturbare trino arbitrantur latratu. Sed tamen eum trementem ab Orci regis inferni solio famosissimum Alcidem in vinculis traxisse (3), turpi depromunt mendacio ᵇ (4); et quod eum irritatum ille contumax insanis *provocavit* ᶜ latratibus.

Ms. ᵃ Philophi. — ᵇ Mendatio. — ᶜ Provocant.

NOTES.

(1) Pausanias, dans ses Laconiques, p. 109 de l'édition de Francf., dit qu'Homère fait seulement mention du chien de Pluton, Ἄδου·κύνα, mais sans en donner une description, comme il fait pour la Chimère. C'est dans Hésiode que nous trouvons la première fois le nom et la description de Cerbère. Ce poëte lui donne cinquante têtes :

> Δεύτερον αὖτις ἔτικτεν ἀμήχανον, οὔτι φατειὸν
> Κέρβερον, ὠμηστὴν, Ἀΐδεω κύνα χαλκεόφωνον,
> Πεντηκοντακάρηνον, ἀναιδέα τε κρατερόν τε.
> *Theogon.*, v. 310, seqq.

Horace a même doublé ce nombre de têtes :

> Demittit atras bellua centiceps
> Aures.
>> *Carmin.* l. II, od. XIII, v. 34, sq.

Néanmoins notre auteur a été très-fondé à faire mention seulement de trois têtes ; car c'est la tradition la plus répandue. Horace lui-même, dans l'ode XIX du même livre, représente Cerbère *ore trilingui.* Sophocle, dans les *Trachiniennes,* v. 1100, l'avait déjà nommé d'une manière plus précise Ἄδου τρίκρανον σκύλακα. Properce, livre III, eleg. v, le dépeint *tribus faucibus;* et eleg. xviii, il lui donne *tria colla.* Tibulle, l. III, eleg. iv, v. 88 :

> Nec canis anguinea redimitus terga caterva,
>> Cui tres sunt linguæ tergeminumque caput.

Virgile le représente deux fois de cette manière :

> ....Tenuitque inhians tria Cerberus ora.
>> *Georg.*, l. IV, v. 483.

> Cerberus hæc ingens latratu regna trifauci
> Personat.
>> *Æneid.* l. VI, v. 417.

Ovide :

> Implevit pariter ternis latratibus auras.
>> *Metam.*, l. VII, v. 414.

Apollodore, dans le II᷐ livre de sa Bibliothèque, dit qu'il a trois têtes de chien, une queue de serpent et d'innombrables têtes de serpent sur le dos : Ἔχει δὲ οὗτος τρεῖς μὲν κυνῶν κεφαλάς, τὴν δὲ οὐρὰν δράκοντος, κατὰ δὲ τοῦ νώτου παντοίων εἶχεν ὄφεων κεφαλάς. Sénèque, en exagérant ces traits, en a fait une peinture hideuse :

> Hic sævus umbras territat Stygius canis,
> Qui terna vasto capita concutiens sono
> Regnum tuetur : sordidum tabo caput
> Lambunt colubræ, viperis horrent jubæ,
> Longusque torta sibilat cauda draco :
> Par ira formæ.
>
> *Herc. fur.*, act. III, sc. II.

(2) Hésiode, en lui donnant aussi la garde des enfers, le représente flattant de la queue et des oreilles tous ceux qui arrivent, mais toujours prêt à dévorer ceux qui veulent sortir de l'infernal royaume de Pluton et de Proserpine :

> Δεινὸς δὲ κύων προπάροιθε φυλάσσει,
> Νηλειής, τέχνην δὲ κακὴν ἔχει· ἐς μὲν ἰόντας
> Σαίνει ὁμῶς οὐρῇ τε καὶ οὔασιν ἀμφοτέροισιν·
> Ἐξελθεῖν δ᾽ οὐκ αὖτις ἐᾷ πάλιν, ἀλλὰ δοκεύων
> Ἐσθίει ὅν κε λάβῃσι πυλέων ἔκτοσθεν ἰόντα
> Ἰφθίμου τ᾽ Ἀίδεω καὶ ἐπαινῆς Περσεφονείης.
>
> *Theogon.*, v. 770, sqq.

A l'occasion de cette expression d'Apulée « triplici formæ Cerberi, » *Asin. aur.*, l. III, Philippe Beroaldo met cette note : « Physici aiunt Cerberum dici terram, quæ in tres partes divisa consumptrix corporum est : unde et Cerberon dici, quasi κρεοϹόρον, id est carnivorum. » Le même Apulée, l. VI, décrit ainsi Cerbère : « Canis namque pergrandis trijugo et satis amplo capite præditus, immanis et formidabilis, conantibus oblatrans faucibus, mortuos, quibus jam nil potest mali facere, frustra territando, ante ipsum limen et atra atria Proserpinæ semper excubans servat vacuam Ditis domum. » Le commentateur dit à cet endroit : « Historici tradunt Cerberum fuisse canem Orci regis Molossorum, ingenti magnitudine, qui Pirithoum devoravit, qui ad raptum Proserpinæ uxoris Orci cum Theseo venerat. »

(3) Cette fable se trouve pour la première fois dans Homère :

Ἐξ Ἐρέβευς ἄξοντα κύνα στυγεροῦ Ἀίδαο.
Iliad. Θ, v. 368.

(4) Malgré l'anathème de notre auteur contre cette fiction, c'est une de celles qui se sont montrées le plus vivaces, puisque Cerbère avait passé, comme démon, dans certaines formules du christianisme. Nous voyons, en effet, au xvi° siècle le nom de ce démon figurer parmi ceux que l'on conjurait dans la cérémonie de l'exorcisme. Belleforest décrit avec détail la possession d'une femme du pays laonnois, exorcisée en 1565 par l'évêque de Laon. Dans cette description fort curieuse, où se retrouve une partie des faits incroyables que l'on attribue aujourd'hui au somnambulisme et à la catalepsie, l'auteur dit : « Legion et Astaroth, colonnelz sathaniques, estant sortis, restoient les grands capitaines Cerbère et Belzébuth à quiter la place, et lesquelz tenoient encore bon contre les adjurations. » *Histoires prodigieuses extraictes de plusieurs fameux auteurs grecs et latins, sacrez et profanes : mises en notre langue* par P. Boiastuau *surnomme* Launay, natif de Bretagne, *augmentees, outre les precedentes impressions, de six histoires advenues de nostre temps, adjoutees par* F. de Belleforest, Comingeois. Paris, 1575, in-8°. Hist. XLI°, fol. 119 verso. Belle-Forest, discutant « s'il est possible que le diable puisse s'insinuer es corps humains, » cite à l'appui de cette opinion Porphyre, lequel parle des « esprits qui se plaisantz au sang et en la vilennie ; pour jouyr de ces choses entrent es hommes et se

17

saisissent de leurs corps. Puis ajoute que la marque de ceux-ci
est le chien testu des trois enfers, appelle Cerberus, celuy c'est
à sçavoir qui se tient en l'air, en l'eau et en la terre, qui est
un démon très pernicieux. » *Ibid.*, fol. 111 verso.

XV.

FORMICÆ AURUM SERVANTES.

Inter ipsa quæ dicunt inania, ferunt formicas in quadam esse insula; et quod sex pedes (1) et atrum colorem et miram habeant celeritatem, depromunt cum quibus incredibilibus auri *abundantiam*[a], describuntur. Quam ipsæ[b] sua servant industria.

Ms. [a] Habundantia [*sic*]. — [b] Ipsc.

NOTES.

(1) Peut-être faudrait-il entendre ici par *sex pedes*, non pas que ces fourmis avaient six pattes, mais bien (quelque bizarre que paraisse cette assertion) qu'elles avaient une taille de six pieds. En effet, Pline les compare pour la grandeur à un loup d'Égypte, et Solin à un chien de la plus grande taille Voici les passages de ces auteurs : « Indicæ formicæ... aurum ex cavernis egerunt terræ, in regione septemtrionalium Indorum, qui Dardæ vocantur. Ipsis color felium, magnitudo Ægypti luporum. » Plin., l. XI, c. xxxi. Solin les place en Afrique, près du Niger : « Formicæ ad formam canis maximi, arenas aureas pedibus eruunt, quos leoninos habent : quas custodiunt ne quis auferat, captantesque ad necem persequuntur. » Cap. xxx, p. 46 E et 57 A.

Il est cependant plus régulier, pour la construction de la phrase, de donner à *sex pedes* le sens de six pattes, en y rapportant *cum quibus*, avec lesquelles. Cela s'accorde avec ce que dit Solin, *arenas aureas pedibus eruunt*, et permet en même temps de corriger *incredibilibus* en *incredibilem*. De cette manière, la phrase se traduirait ainsi : «On les dépeint toutes noires, d'une étonnante agilité, et ayant six pattes, dont elles se servent pour tirer de la terre une incroyable quantité d'or. » De la première manière voici quel serait le sens : « On les dépeint longues de six pieds, toutes noires et d'une étonnante agilité; et avec ces propriétés incroyables, tirant de la terre une quantité d'or. »

Il y aurait encore deux manières d'interpréter la phrase assez embrouillée de ce petit chapitre, par rapport à sa seconde partie : l'une serait de diviser ainsi en conservant *incredibilibus* et *abundantia*, et en changeant *describuntur* en *describitur* : « ..... Et quod sex pedes et atrum colorem et miram habeant celeritatem depromunt; cum quibus incredibilibus auri abundantia describitur, quam ipsæ..... » De cette façon, *depromunt* aurait le sens de : on rapporte, sens que l'on pourrait supposer à ce mot dans la latinité de l'auteur. L'autre manière ne corrigerait ni *incredibilibus* ni *describuntur*, mais il faut changer de place ce dernier mot avec *depromunt*. « ..... Et quod sex pedes et miram habeant celeritatem describuntur; cum quibus incredibilibus auri abundantiam depromunt. Quam..... » Cette dernière disposition aurait l'avantage de rendre la construction moins embarrassée.

La version du faux Callisthène en latin barbare, qui est connue sous le titre de *Alexander de præliis*, donne à ces fourmis la taille d'un petit chien et sept pattes. Voici le passage : « Ex alia parte subito exierunt de extra formicæ ad catulorum magnitudinem, habentes pedes septem et cristam quasi locustæ magnæ, cum dentibus majoribus ut canes, colore nigræ. » Édition de la Bibliothèque du Roi, sans lieu, ni date, ni pagination, capitulo 98.

Dans l'exemplaire de la lettre d'Alexandre à Aristote, dont se servit Albert le Grand, ces fourmis étaient représentées avec quatre pattes et des ongles très-crochus : « Si credendum est his quæ in epistola Alexandri scribuntur de mirabilibus Indiæ, tunc in India sunt formicæ magnæ sicut canes et vulpes, quatuor crura habentes et ungues aduncos, et custodiunt montes aureos, et homines accedentes discerpunt; sed hoc non satis est probatum per experimentum. » Beati Alberti Magni, *De Animal.*, l. XXVI, *de formicaleone*, t. VI, p. 678.

Hérodote paraît avoir rapporté le premier que, dans des déserts de sable, près de la Bactriane, vivent des fourmis dont la taille est entre celle d'un chien et celle d'un renard. On en nourrissait à la cour de Perse, ajoute-t-il, quelques-unes qui avaient été prises à la chasse. Ces fourmis, en se creusant des terriers, rejettent le sable en dehors, comme celles de Grèce, auxquelles elles sont tout à fait semblables pour la forme. Le sable qu'elles retirent ainsi est aurifère. Κατὰ γὰρ τοῦτό ἐστι ἐρημίη διὰ τὴν ψάμμον. Ἐν δὴ ὧι τῇ ἐρημίῃ ταύτῃ καὶ τῇ ψάμμῳ γίνονται μύρμηκες, μεγάθεα ἔχοντες κυνῶν μὲν ἐλάσσονα, ἀλοπέκεων δὲ μέζονα. Εἰσὶ γὰρ ἐξ αὐτέων καὶ παρὰ βασιλέϊ τῶν Περσέων, ἐνθεῦτεν θηρευθέντες. Οὗτοι ὦν οἱ μύρμηκες ποιεύμενοι οἴκησιν ὑπὸ γῆν, ἀναφορέουσι τὴν ψάμμον κατάπερ οἱ ἐν τοῖσι Ἕλλησι μύρμηκες, καὶ τὸν αὐτὸν τρόπον. Εἰσὶ δὲ καὶ τὸ εἶδος ὁμοιότατοι οὗτοι· ἡ δὲ ψάμμος ἡ ἀναφερομένη ἐστὶ χρυσῖτις. *Thalia*, sive l. III, c. CII. Hérodote décrit ensuite les préparatifs que font les Indiens et les précautions qu'ils prennent pour aller chercher ce sable aurifère, dont ils se hâtent de remplir des sacs, une fois qu'ils sont arrivés sur les lieux. Car, d'après le rapport des Perses, dès que les fourmis sentent ces Indiens, elles les poursuivent avec une telle rapidité, que, s'ils n'ont pas une grande avance, il devient impossible de leur échapper. Ἐπεὰν δὲ ἔλθωσι ἐς τὸν χῶρον οἱ Ἰνδοὶ, ἔχοντες θυλάκια, ἐμπλήσαντες ταῦτα τῆς ψάμμου, τὴν ταχίστην ἐλαύνουσι ὀπίσω. Αὐτίκα γὰρ οἱ μύρμηκες ὀδμῇ, ὡς δὴ λέγεται ὑπὸ Περσέων, μαθόντες διώκουσι· εἶναι δὲ ταχύτητα οὐδένι ἑτέρῳ ὁμοίαν, οὕτω ὥστε εἰ μὴ προλαμβάνειν τῆς ὁδοῦ τοὺς Ἰνδοὺς ἐν ᾧ τοὺς μύρμηκας συλλέγεσθαι, οὐδένα ἂν σφέων ἀποσώζεσθαι. Ibid., c. cv.

Strabon et Arrien rapportent le témoignage de Mégasthène au sujet des fourmis chercheuses d'or . Arrien ajoute seulement aux détails de Mégasthène (les mêmes que ceux d'Hérodote) que Néarque, commandant de la flotte d'Alexandre, avait vu des peaux de ces fourmis apportées dans le camp d'Alexandre et qui ressemblaient à des peaux de panthères. *Indic.*, t. I, p. 337, sq. Ed. Blancard. Strabon cite Mégasthène avec plus de détails. Il place, d'après cet auteur, les fourmis chercheuses d'or dans le pays des Dardes, grande contrée à l'est des montagnes de l'Inde, où ces animaux occupent un plateau qui a environ trois mille stades de circuit. C'est pendant l'hiver qu'ils creusent la terre dont ils font au dehors des monticules comme les taupes. Pour leur enlever l'or, on leur jette des morceaux de venaison, et l'on profite du temps où ils se jettent dessus, pour enlever le sable aurifère, qui n'a besoin, pour donner l'or pur, que d'un simple lavage. Les mêmes précautions sont prises pour fuir aussitôt avec la plus grande rapidité; car si les hommes employés à cette expédition sont atteints par les fourmis, ils deviennent, ainsi que leurs chameaux, les victimes de ces animaux terribles. Strabon présente ce fait comme rapporté par beaucoup d'autres auteurs que Mégasthène. *Geogr.*, l. XV, p. 485. Mais Malte-Brun s'est trompé en disant qu'Arrien et Strabon citaient Mégasthène comme témoin oculaire: il n'est pas question de cette circonstance dans ces deux auteurs. Arrien dit bien que Mégasthène affirme la vérité de ce qu'on rapporte des fourmis indiennes : Μεγασθένης δὲ καὶ ἀτρεκέα εἶναι ὑπὲρ τῶν μυρμήκων τὸν λόγον ἱστορέει. Mais il ajoute à la fin : Ἀλλὰ Μεγασθένης ἀκοὴν ἀφηγέεται. Au reste, l'antiquité a été unanime sur l'existence de ces fourmis. Suivant Élien, *De Animal.*, l. III, c. IV, elles habitaient les bords du fleuve Campylis, près des Issédons, peuple au sujet duquel on peut voir une savante note de M. Jacobs, sur cet endroit d'Élien.

Pline dit qu'on voyait les cornes d'une fourmi indienne dans le temple d'Hercule à Erythrée : « Indicæ formicæ cornua, Erythris in æde Herculis fixa, miraculo fuere. » *Hist. nat.*, l. XI, c. XXXVI. Malte - Brun indique l'ingénieuse conjecture de M. Wahl *(description de l'Inde)* sur cet endroit de Pline, où il propose de lire *coria* au lieu de *cornua*.

« Un recueil de récits merveilleux, dit M. de Salverte, évidemment compilé sur des originaux anciens, place dans une île voisine des Maldives, des animaux gros comme des tigres, et faits à peu près comme des fourmis. (Les *Mille et un Jours,* jours CV, CVI.) » *Des sciences occultes,* t. 1, ch. III, p. 38.

Des auteurs modernes ont aussi parlé des fourmis indiennes. De Thou rapporte que le schah de Perse Thamasp en envoya une en 1559, entre autres présents, au sultan Soliman : « Nuncius etiam a Thamo quidam, oratoris titulo, ad Solymanum venit cum muneribus; inter quæ erat formica indica, canis mediocris magnitudine, animal mordax ac sævum. » Jac. Thuani *historiar.* l. XXIV, c. VII, p. 809, ad ann. 1559.

De Thou a évidemment emprunté ce fait à Busbec. Ce célèbre diplomate rapporte dans sa quatrième lettre que cette ambassade fut envoyée à Soliman, à l'occasion de sa réconciliation avec son fils Bajazet, et que les présents offerts par le schah étaient des plus précieux, selon l'usage des Perses. Il donne le détail de ces présents, qui consistaient en tentures et tapis de Perse et de Syrie, un exemplaire de l'Alcoran et plusieurs animaux rares, « qualem nemini dictum fuisse allatam formicam Indicam, mediocris canis magnitudine, mordacem admodum et sævam. » Il s'en fallut de bien peu que

Busbec ne vît ces présents, car il était alors à Constantinople, où l'on régala magnifiquement l'ambassade persane. Un pacha, nommé Ali, eut même la politesse de lui envoyer huit grands plats de porcelaine, remplis de confitures, pour qu'il participât à ces fêtes. Voyez Augeri Gisl. Busbequii *Legationis Turcicæ Epist.* IV, fol. 144 recto, ed. Plantin., 1595. Si Busbec eût vu alors la fourmi indienne, la description qu'il en aurait certainement donnée ne laisserait aucun doute.

Les témoignages des anciens au sujet de ces animaux sont trop précis et trop bien d'accord, pour qu'il soit possible de les regarder comme des contes faits à plaisir. Aussi, l'on s'est évertué à chercher le fait réel, mais altéré, auquel ils répondaient. M. le comte Valthein, dans une dissertation spéciale *sur les fourmis ramassant l'or, et sur les griffons des anciens* (Hemstadt, 1799, en allemand), dissertation citée par Malte-Brun, a vu la fourmi indienne dans le renard de Sibérie (*canis Korsak*, Linn.), animal qui n'aurait pourtant de commun avec les fourmis en question, que d'habiter l'Asie centrale, et de former des tas de sable considérables en creusant son terrier. Mais M. Valthein explique toutes les autres circonstances relatives soit aux fourmis, soit aux griffons, occupés, comme elles, de la garde de l'or, par l'appareil effrayant, mystérieux et bizarre dont les mineurs entouraient les lieux de leurs travaux. Nous nous appuierons sur l'autorité de M. le conseiller consistorial supérieur Boettiger, pour rejeter cette hypothèse comme un jeu d'esprit plus ingénieux que solide. Mais nous n'admettrons pas son explication des tapisseries indiennes où les Grecs, voyant la représentation de ces animaux fantastiques, auraient puisé la source de ces récits.

Malte-Brun cite encore une autre interprétation établie avec une érudition très-remarquable : « M. Wahl, habile orientaliste, pense, dit-il, que, parmi les divers quadrupèdes qui ont l'habitude de creuser des terriers et d'élever des tas de sable, l'hyène est celui qui réunit la plupart des caractères que les anciens

donnent à leurs fourmis indiennes. Ils ont pu être trompés par
la ressemblance du nom persan donné à cet animal, et qui,
probablement, ressemblait à μύρμηξ, nom grec de la fourmi.
Par exemple, dit M. Wahl, les Persans auront appelé ce quadrupède *mur mess*, grande fourmi, ou *mur maicht*, chien fourmi, à cause des tas de sable qu'il élevait; ou en donnant à la
syllabe *myr, mayr, mour*, le sens qu'elle a dans l'arménien et
dans quelques idiômes, ils auront nommé cet animal *mur mess*,
seigneur du désert, ou enfin *mur maitch*, chien du désert. »

A chacune de ces explications, Malte-Brun a emprunté
quelque trait pour en proposer une fort complexe, où il admet
toutes les autres, mais dont l'ensemble nous paraît aussi hypo-
thétique que les éléments dont elle est composée. On peut en
voir le développement à la fin du savant morceau intitulé :
Mémoire sur l'Inde septentrionale d'Hérodote et de Ctésias, comparée au Petit-Tibet des modernes, dans le t. II des *Nouvelles Annales
des voyages*, page 349, suiv. C'est à cet article que sont empruntées toutes les citations de Malte-Brun dans la présente note.

Tous ces commentateurs ont réuni dans une même explication les fourmis indiennes et les griffons, comme si les anciens
ne parlaient jamais des uns sans les autres; mais nous ne voyons
pas cette connexité dans les passages que nous venons de citer.
Au contraire, la plupart de ces auteurs qui décrivent aussi les
griffons, en placent la description ailleurs. Nous ferons de même,
en réservant nos notes sur ce sujet pour le chapitre des extraits
en vieux français, où il est question de cet animal fabuleux.
Nous ne regardons pas comme telles les fourmis indiennes. Sans
doute, il y a des erreurs dans leur description ; et il est probable
que l'animal à qui elle s'appliquait était un quadrupède mammifère, par conséquent, différait essentiellement d'un insecte:
mais il devait avoir dans sa configuration extérieure un ensemble de ressemblance avec la fourmi. Or, aucun des animaux
chez lesquels on a voulu retrouver la fourmi indienne, ne pré-

sente ce caractère. On croirait que M. de Salverte a enfin trouvé ce pendant exact, lorsque, après avoir cité le passage d'Hérodote et celui des *Mille et un Jours*, il ajoute : « Des voyageurs anglais ont vu près de Grangué, dans des montagnes sablonneuses et abondantes en paillettes d'or, des animaux dont la forme et les habitudes expliquent les récits de l'historien grec et du conteur oriental. (*Asiatik researches*, t. XII. *Nouv. Annal. des voyages*, t. I, p. 311 et 312.) » *Des sciences occultes*, t. I, c. III, p. 38. — Or voici ce passage : « Parmi les animaux que nous avons aperçus, il y en avait un de couleur fauve, deux fois gros comme un rat, ayant les oreilles plus longues, mais n'ayant pas de queue. Est-ce une espèce de marmotte? Il se creuse des terriers. Il est presque toujours avec d'autres animaux qui lui ressemblent beaucoup, mais sont plus petits et d'une couleur plus foncée. Peut-être ces derniers sont-ils les petits de l'autre. On en tua un que l'on avait pris de loin pour un levraut. Il saute, et s'assied de même sur les pattes de derrière. » — A l'exception des terriers, communs à tant d'animaux, nous ne voyons là rien de commun avec la fourmi indienne, plus grande qu'un renard, etc. Un si faible rapprochement a paru suffisant à M. Eyriès pour expliquer complétement le passage d'Hérodote et pour contribuer à démontrer la véracité de cet historien. *Ibid.* en note. Il faut avouer que, si cette véracité n'était jamais plus solidement prouvée, elle pourrait très-bien être remise en question. Des rapprochements aussi indirects donnés comme des explications définitives nous paraissent plutôt propres à exciter la méfiance des lecteurs.

« Le bon et savant M. Larcher étoit persuadé, dit Malte-Brun, qu'on découvriroit un jour quelques animaux véritables qui répondroient aux fourmis d'Hérodote. » Il nous semble aussi qu'une telle découverte serait nécessaire pour une explication satisfaisante; car aucun des animaux connus ne répond à ces descriptions si précises des anciens.

Quant à cette dénomination de fourmi donnée à un animal dont la taille nous est représentée depuis celle d'un renard jusqu'à celle d'un loup, elle est certainement fort bizarre, et il est difficile de n'y pas voir cette disposition au merveilleux, appliquée à tout ce qui venait de l'Inde. Mais M. Cuvier nous apprend que le mammouth a été comparé à la taupe et même à la souris : « Les os et les défenses du mammouth sont si fréquents dans la Sibérie, dit-il, que, pour les expliquer, les habitants ont supposé qu'ils viennent d'un animal souterrain vivant à la manière des taupes. » — « M. Klaproth dit à ce sujet, ajoute plus loin M. Cuvier, qu'ayant consulté un manuscrit mantschu, il y trouva ce qui suit : « L'animal nommé Tin-Schu..., ressemble à une souris, mais est aussi gros qu'un éléphant ; il craint la lumière et se tient dans les grottes obscures. » *Ossements foss.*, t. I, p. 141, 143.

Il est vrai qu'il y a incomparablement plus de rapports entre deux mammifères quadrupèdes comme une souris et un éléphant, quelle que soit la différence de leur taille, qu'il n'y en a entre un mammifère et un insecte. Toutefois, il se pourrait qu'un quadrupède offrît dans l'ensemble de son extérieur, par la rondeur de sa tête, la longueur de son corps, la petitesse de ses jambes jointe à sa vivacité, la couleur sombre de sa peau, etc., des traits propres à le faire comparer dès l'abord à une fourmi. Que de tels animaux n'existent plus, ou existent en assez petit nombre et dans des lieux assez inaccessibles pour n'avoir pas été revus dans les temps modernes, cela n'est pas impossible. Les motifs qui portèrent l'homme, sinon à faire la guerre à ces animaux, du moins à les troubler dans leurs habitudes et à les chasser de leurs retraites en venant profiter de leurs indications pour exploiter plus en grand la richesse du sol, ces motifs tiennent à une passion trop forte, à des intérêts trop puissants pour n'avoir pas, là comme en tant d'autres lieux, fait disparaître les hôtes primitifs de ces déserts devant les envahissements de l'homme.

XVI.

BESTIA DENS TYRANNUS VOCATA.

Fuit præterea quædam in Indorum finibus bestia, major, ut ferunt, elephanto, colore nigro : quam Indi *dentem* [a] (1) tyrannum [b] vocaverunt. Quæ in medio torvæ [c] frontis tria cornua gessit; et *tantæ* [d] animositatis erat, *ut* [e] sibi conspectis hominibus, non tela neque *ignes* [f], nec ulla vitaret pericula. Proferunt Alexandrum, mortuis sex et viginti [g] militibus, tandem confixam occidisse venabulis.

Ms. [a] Deinde. — [b] Tirannum. — [c] Torve. — [d] Tunto. — [e] Et. — [f] Ignis. — [g] XXVI.

NOTES.

(1) Cette correction nous est fournie par le texte de la lettre d'Alexandre, dont un fait se trouve cité à la fin de ce chapitre. « Una præterea novi generis bestia major elephanto apparuit, tribus armata in fronte cornibus, quam Indi appellare *dentem tyrannum* soliti sunt, equo simile caput gerens, atri coloris. Nec potata aqua, intuens castra, in nos subito impetum dedit. Nec ignium compositis tardabatur ardoribus ; ad quam sustinendum cum opposuissem Macedonum manum, viginti sex occidit : quinquaginta quinque calcatos inutiles

fecit : vixque ip».s militum defixa venabulis extincta est. » *De mirab. Indiæ Epist.*, fol. 9 recto ; et dans le manuscrit latin, n° 8519, fol. 38 verso.

Nous avons dit dans notre préface que les manuscrits latins nous offraient le texte de la lettre d'Alexandre, soit séparément, soit joint au roman du faux Callisthène, dont il fait partie. Les différences que nous avons signalées entre trois principaux textes de ce roman, se remarquent aussi dans cette lettre. On peut en prendre pour exemple la manière dont ils parlent de l'animal mentionné dans le présent chapitre. Voici ce qui en est dit dans le Julius Valerius publié par M. l'abbé Mai :

« Non tamen prius memorata sævities animantium receptui consulit, quam id animal supervenisset, quod regnum quidem tenere in hasce bestias dicitur : nomen autem odontotyrannum vocant eæ [*sic pro* ei] bestiæ ; facie elephantus quidem est, sed magnitudine etiam hujus animantis longe provectus, nec minor etiam sævitudine hominibus egregie sævientibus. Quare cum nostros incesseret, ac ferme viginti et sex de occursantibus viros morti dedisset, tandem tamen reliqua multitudine ignibus circumvallatur et sternitur. Adhuc tamen saucius odontotyrannus cum indidem fugiens aquæ fluenta irrupisset, ibique exanimasset, vix trecentorum hominum manus nisu extractus de flumine est. » *Res gestæ Alexandri Maced.*, l. III, qui inscribitur *obitus*, c. xxxIII, p. 244.

Nous ne trouvons rien sur cet animal dans le texte en latin barbare, dit *De Prœliis*, tel que l'offre la très-ancienne édition de la Bibliothèque du Roi sans lieu ni date, que nous avons sous les yeux. Mais il en est question dans les manuscrits latins du même texte ; car chaque transcription présente ses différences. Le manuscrit 6831, membr. in-4°, en parle à peu près comme le manuscrit 8519 que nous avons cité ; seulement il le nomme *odontatyrannus*. Le nom se trouve défiguré dans les manuscrits 8501 et 8514, dont voici les extraits :

Manuscrit 8501, in-fol. min. chart. : « Deinde venit super eos bestia miræ magnitudinis, fortior elephanto ; et erat similis equo ; caput habebat nigrum, in fronte ejus tria cornua erat armato [*sic*]. Nominabatur autem ipsam bestiam [*sic*], secundum indicam linguam odentetyranno [*sic*]. Et antequam de ipsa aqua biberet, redit impetum super eos. Alexander autem discurrens huc atque illuc confortanto [*sic*] milites suos, ex alia parte irruit super eos ipsa bestia, et occidit ex ipsis XXVI, quinquaginta et duo ex iis conculcavit. Sed tamen occidunt illam. » Cap. XL, fol. 31 verso.

Manuscrit 8514, in-4°. chart. : « Deinde venit super eos bestia miræ magnitudinis, fortior elefante ; et erat similis equo. Caput ejus erat nigrum ; et in fronte ipsius tria cornua erant innata. Nominabatur autem hæc, indica lingua, otontestrim [*sic*]. Et antequam de ipsa aqua biberet, fecit impetus super illos. Alexander autem discurrens huc et illuc, suos undique confortabat. Occidit autem ipsa bestia XXVIII milites. Tandem succubuit a percussionibus armatoriis. » Fol. 43 recto.

Vincent de Beauvais appelle aussi cet animal *odontatyrannus.* : « Præterea venit una bestia major elephante, tribus armata in fronte cornibus : quam Indi appellant odontatyrannum [*sic*], capitis equini, coloris atri. Macedones trecentos occidit, et quinquaginta duo calcatos inutiles reddidit. Quæ vix tandem venabulis occisa est. » *Specul. historial.*, l. IV, c. LIV. Il rappelle encore cette bête, toujours avec le nom grec, dans la récapitulation du nombre d'hommes que perdit Alexandre au milieu des périls de l'Inde. On retrouve dans cette récapitulation plusieurs autres objets mentionnés aussi dans le présent traité : « Amisit Alexander in periculis Indiæ de viris suis circiter mille 50. Nam bestiæ cum latis caudis, griphis admixtæ, occiderunt de Macedonibus 208. In antro Liberi perierunt tres viri; inter nives quingenti. Duos autem milites bestia duorum capitum et tergo serrato; bestia vero major elephante, cum tribus cornibus in fronte, quæ dicitur odontatyrannus [*sic*], occidit viros 36, et 53 inutiles calcando fecit. Serpentes autem cristati, binorum etiam et ternorum capitum, et halitus pestiferi, occiderunt 30 servos et 20 milites. Hippopotami 200 milites natantes absorbuerunt. » *Id.* c. LX.

Palladius enchérit encore sur les auteurs précédents; suivant lui, l'ὁδοντοτύραννος était un amphibie habitant le Gange, et tellement grand qu'il avalait un éléphant tout entier sans le mâcher : Τὸν δὲ ποταμὸν λέγουσιν δυσπεραίωτον εἶναι διὰ τὸν λεγόμενον ὁδοντοτύραννον· ζῷον γάρ ἐστι μέγιστον εἰς ὑπερβολήν, ἐνυπάρχον τῷ ποταμῷ, ἀναφίβιον [*sic*, pro ἀμφίβιον], ἐλέφαντα ὁλόκληρον καὶ ἀκέραιον καταπιεῖν δυνάμενον. Ἐν δὲ τῷ καιρῷ τοῦ περάματος τῶν Βραγμάνων πρὸς τὰς ἑαυτῶν γυναῖκας, οὐκ ὀπτάνεται ἐν τοῖς τόποις ἐκείνοις. *De Bragmanibus*, p. 10.

Cédrène et Glycas reproduisent, à peu de chose près, ce passage de Palladius. Voici ce qu'ils disent de l'ὁδοντοτύραννος, à l'occasion du Gange et des Brachmanes ;

Τὸν δὲ ποταμόν φασι δυσπερατώτατον εἶναι, διὰ τὸν λεγόμενον ὁδοντοτύραννον. Ζῷον γάρ ἐστιν ἀμφίβιον, μέγιστον λίαν, ἐν τῷ ποταμῷ διαιτώμενον, καὶ δυνάμενον ἐλέφαντα καταπιεῖν ὁλόκληρον. Ὁ ἐν ταῖς μὲν ἡμέραις τῆς περαιώσεως τῶν ἀνδρῶν ἐκείνων, ἀφανὲς γίνεται κατὰ θείαν πρόσταξιν. Georg. Cedreni *Historiarum compend.*, p. 153.

Ὁ μέντοι ποταμὸς ὢν δυσπέρατος διὰ τὸ ὁδοντοτύραννον ζῷον. Καὶ γὰρ οὗτος ἀμφίβιον μέγιστον, ὥστε καὶ ἐλέφαντες [*sic*, pro ἐλέφαντας] καταπίνειν, εἰ καὶ τοὺς ἄνδρας τούτους οὐ βλάπτει δυσπεραιουμένους. Mich. Glycæ *Annalium* part. II, p. 143.

M. Græfe, qui cite aussi ces trois derniers auteurs dans sa dissertation sur l'odontotyrannus, dont nous allons parler, y ajoute un passage d'Hamartolus, communiqué par M. Hase à

M. Krugh, de qui M. Græfe l'avait reçu. Voici ce passage :
Τὸν δὲ ποταμόν φασι δυσπεραιώτατον εἶναι, διὰ τὸν λεγόμενον
ὀδοντοτύραννον· ζῷον γάρ ἐστιν ἀμφίβιον, μέγιστον λίαν ἐν τῷ ποταμῷ διαιτώμενον, δυνάμενον ἐλέφαντα καταπιεῖν ὁλόκληρον, διὰ
τὴν ὑπερβολὴν τοῦ μεγέθους· ὃς ἐν τοῖς τεσσαράκοντα ἡμέραις τῆς
περαιώσεως τῶν ἀνδρῶν ἐκείνων ἀφανὴς γίνεται κατὰ θείαν πρόσταξιν.

La nature amphibie que tous ces auteurs attribuent à l'o-
dontotyrannus avait fait penser à Schneider que cet animal
était le ver monstrueux de l'Indus, dont parlent Ctésias, *Indic.*, c. xxvii, et Élien, *De Animal.*, l. V, c. iii. « Non dubito,
dit-il, e fabula Ctesiæ prognatam aliam de Gangis fluvii animali ὀδοντοτυράννῳ vocato. » Cette opinion nous semble devoir
être réfutée. Voici d'abord le passage de Ctésias d'après la
traduction de Larcher : « Il y a dans le fleuve Indus un ver
qui ressemble à celui que l'on trouve communément sur les
figuiers. Il a sept coudées de long, quelques-uns plus, quelques-uns moins. Il est si gros qu'un enfant de dix ans pourroit à peine l'enfermer dans ses bras. Ces vers n'ont que deux
dents, l'une à la mâchoire supérieure, l'autre à l'inférieure.
Tout ce qu'ils peuvent saisir avec ces dents, ils le dé-
vorent. Le jour, ils se tiennent dans la vase du fleuve; la
nuit, ils en sortent, et tout ce qu'ils rencontrent sur leur
route, bœuf ou chameau, ils le saisissent avec ces dents, l'en-
traînent dans le fleuve, et le dévorent en entier, excepté les
intestins. On les prend avec un grand hameçon recouvert
d'un agneau ou d'un chevreau. Cet hameçon tient à une
chaîne de fer. Lorsqu'on a pris ce ver, on le tient suspendu
pendant trente jours sur des vases de terre. Il s'en distille environ dix cotyles attiques d'une huile épaisse. Les trente jours
passés, on jette l'animal; on scelle ensuite les vases d'huile
et on les porte au roi de l'Inde. Il n'est permis à nul autre
d'avoir de cette huile. Toutes les choses sur lesquelles on la

verse, bois ou animal, s'enflamment. Ce feu ne s'éteint qu'en l'étouffant avec une grande quantité de boue épaisse. »

Quoique le récit d'Élien soit plus long, toute la substance en est dans celui de Ctésias, qu'il développe à sa manière. Seulement, au lieu de comparer ce ver à celui du figuier, comme Ctésias, il le compare au ver qui naît dans le bois et s'y nourrit. Du reste ce sont tous les mêmes détails.

Les dimensions que ces deux auteurs donnent au ver de l'Indus, et le genre de proie qu'ils lui attribuent, pourraient se rapporter au grand serpent devin (*boa constrictor*), si ce n'était pas un animal d'Amérique. « Il est très-souvent, dit M. Cuvier, long de quinze ou vingt pieds, et en acquiert quelquefois jusqu'à quarante. Il se nourrit des grands quadrupèdes, les embrasse de ses contours, leur brise les os et les avale par degrés. Il passe le temps de la digestion dans une torpeur singulière. Plusieurs peuples lui ont élevé des autels. » *Tableau élém. de l'hist. nat. des anim.*, l. IV, c. III, S II, p. 299.

L'huile dans laquelle se résout, suivant Ctésias, le corps du ver de l'Indus offre un rapprochement singulier avec une lettre du P. Lebat, citée dans un article de la *Revue britannique*, qui va appeler dans un instant toute notre attention. Le navire où se trouvait le P. Lebat prit un serpent de mer qui avait quatre pieds de long : « Nous l'attachâmes, dit ce religieux, au mât du vaisseau, après l'avoir assommé, pour voir quelle figure il aurait le lendemain. Nous connûmes combien notre bonheur avait été grand de n'avoir point touché à ce poisson, qui, sans doute, nous aurait tous empoisonnés. Car nous trouvâmes, le matin, qu'il s'était entièrement dissous en une eau verdâtre et puante, qui avait coulé sur le pont, sans qu'il restât presque autre chose que la peau, quoiqu'il nous eût paru, le soir, très-ferme et fort bon. Nous conclûmes ou que ce poisson était empoisonné, ou que, de sa nature, il n'était qu'un composé de venin. » *Nouv. Vayag. aux îles franç. de l'Amér.*, t. V, c. xiv, p. 335.

On a vu que le principal rapport entre le ver de l'Indus et l'odontotyrannus est que le premier est représenté avec deux dents terribles, et que l'autre doit également son nom à la force de ses dents. Notre auteur lui donne trois cornes sur le front. Il est naturel que l'animal le plus effrayant dont les traditions et les livres fassent mention, ait été encore amplifié de mille manières par l'esprit d'exagération; car cet esprit est insatiable. Il faut examiner cependant si le concours des traditions n'a pas ici assez de poids pour faire reconnaître des faits réels quoique fort extraordinaires. La distinction en est difficile : les récits des différents peuples sur un animal immense sont venus se confondre, surtout dans les recueils d'histoire, où l'on a admis et réuni plusieurs récits d'origines très-diverses. Or, si les peuples à qui sont dues ces descriptions primitives les ont réellement faites d'après nature, le plus gros animal vu par les uns pourra avoir été très-différent de celui qu'auront vu les autres. Il en résultera beaucoup d'incohérence dans les descriptions de seconde main, composées de ces éléments hétérogènes.

Ce qui différencie le plus l'ὀδοντοτύραννος d'avec le σκώληξ de Ctésias, c'est la dimension. Nous avons vu que celle de ce dernier n'a rien d'extraordinaire, et n'atteint même pas les proportions que toutes les observations de la science s'accordent à donner au grand serpent devin. Il s'en faut, du reste, que l'on ait de l'odontotyrannus une description aussi détaillée que du ver de l'Indus; aussi le champ des explications reçoit-il, pour le premier, bien plus de vague et d'étendue. On peut le comparer, sous plusieurs rapports, au ver de l'Indus, et sous celui de la grandeur, au serpent de mer, au sujet duquel nous trouvons des notions très-intéressantes dans un article de la *Revue britannique*, que nous avons déjà cité, qui est traduit de la *Re-*

trospective review, et qui, sous le titre de *Histoire naturelle des animaux apocryphes,* contient des explications très-remarquables sur des animaux trop légèrement considérés comme fabuleux. *Rev. brit.,* III° série, III° année, n° 3o. — Juin 1835. Les preuves rapportées au sujet du grand serpent de mer offrent les conditions d'authenticité les plus satisfaisantes.

« Dans les temps modernes, dit l'auteur de cet article, le serpent marin a les mers du nord pour demeure. Pontoppidan dit que l'on croit si fermement à l'existence du grand serpent marin, en Norwège, que, toutes les fois que dans le manoir du Norland il s'avisait d'en parler dubitativement, il faisait sourire, comme s'il eût douté de l'existence de l'anguille ou de tout autre poisson vulgaire. » — « Les écrivains scandinaves lui attribuent cent toises, ou six cents pieds de long, avec une tête qui ressemble beaucoup à celle du cheval, des yeux noirs et une espèce de crinière blanche. On ne le rencontre que dans l'Océan où il se dresse tout à coup comme un mât de vaisseau de ligne, et pousse des sifflements qui effraient comme le cri d'une tempête. » Nous allons voir par divers témoignages authentiques ce qu'il y a de vrai dans cette description, beaucoup moins exagérée qu'elle ne le paraît au premier abord.

Paul Egède, dans son second voyage au Groenland, cité dans le même article, rapporte ce qui suit : « Le 6 juillet, nous aperçumes un monstre hideux qui se dressa si haut sur les vagues, que sa tête atteignait la voile de notre grand mât; il avait un long museau pointu, et rejetait l'eau en gerbe comme une baleine. Au lieu de nageoires, il avait de grandes oreilles pendantes comme des ailes; des écailles lui couvraient tout le corps, qui se terminait comme celui d'un serpent. Lorsqu'il se reployait dans l'eau, il s'y jetait en arrière, et dans cette sorte de culbute il relevait sa queue de toute la longueur du navire. »

L'auteur, après d'autres détails intéressants sur les moyens

18.

employés par les matelots norwégiens pour échapper à ce serpent, cite plusieurs relations attestées par les marins qui les ont rédigées et signées. L'une, datée de Bergen, 21 février 1751, et signée par le capitaine Laurent de Ferry, termine ainsi la description de ce serpent : « Sa tête, qui s'élevait au-dessus des vagues les plus hautes, ressemblait à celle d'un cheval. Il était de couleur grise, avec la bouche très-brune, les yeux noirs et une longue crinière qui flottait sur son cou. Outre la tête de ce reptile, nous pûmes distinguer sept à huit de ses replis, qui étaient très-gros, et renaissaient à une toise l'un de l'autre. Ayant raconté cette aventure devant une personne qui en désira une relation authentique, je la rédigeai et la lui remis avec les signatures des deux matelots, témoins oculaires, Nicolas Peverson Kopper, et Nicolas Nicolson Angleweven, qui sont prêts à attester sous serment la description que j'en ai faite. » Signé LAURENT DE FERRY.

Une relation du même genre, écrite en 1826, par le révérend M. Donald Maklean, des îles Hébrides, au secrétaire de la société Wernérienne d'histoire naturelle, est rapportée ensuite. C'est en juin 1808 qu'il avait vu le serpent marin dont il donne la description : « Sa tête était grosse et d'une forme ovale, portée sur un cou plus effilé que le reste du corps. Ses *épaules*, si je puis les appeler ainsi, n'avaient aucune nageoire ; et le corps allait en s'amincissant jusqu'à la queue, dont il était difficile de bien voir la forme, parce qu'il la tenait continuellement basse... Sa longueur pouvait être de soixante-dix à quatre-vingts pieds. »

Les deux témoignages les plus précis au sujet du serpent de mer sont les deux suivants. Dans la même année 1808, « le corps monstrueux d'un serpent mort échoua sur la plage de Stronsa, une des îles Orcades. Il avait cinquante-cinq pieds de longueur, et environ dix pieds de circonférence. Une sorte de crinière hérissée s'étendait depuis le renflement qui succédait

au cou, jusqu'à trois pieds environ de la queue. Ces soies, lorsqu'elles étaient humides, devenaient lumineuses dans l'obscu-
rité. Il était pourvu de nageoires qui mesuraient quatre pieds
et demi de longueur et ne ressemblaient pas mal aux ailes dé-
plumées d'une oie. Ce monstre, vu et examiné par un grand
nombre de personnes, a été décrit dans des rapports constatés
par les juges de paix du pays, et des savants tels que le docteur
Barclay. » — Le dernier témoignage se rapporte au mois d'août
1817. Dans la baie de Glocester, au cap Anne, à environ
trente milles de Boston, le serpent marin fut vu neuf fois par
différentes personnes, qui dressèrent chacune une espèce de
procès-verbal : d'où, à quelques variations près dans les détails,
variations tenant à la difficulté du genre d'observation, il résulte la description du même animal que dans les citations précédentes. « Le bruit de cette apparition, ajoute l'auteur, la publicité donnée à l'enquête et aux rapports qui en furent la suite
réveillèrent les souvenirs de plusieurs personnes qui attestèrent
avoir vu un monstre semblable, quelques années auparavant.
Elkannah Finey de Plymouth assura avoir vu un serpent marin à Warren's-Cove, en 1815; et le révérend M. Abraham Cum-
mings déclara qu'un serpent marin s'était fréquemment montré
pendant trente ans dans la baie de Penobscot, etc. »

L'auteur de ces intéressantes recherches a réuni aussi plusieurs notions sur le serpent amphibie; nous nous bornerons à
cette citation du célèbre archevêque d'Upsal, Olaüs Magnus ;
« Ceux qui visitent les côtes de Norwège ont pu y être témoins
d'un phénomène étrange. Il existe dans ces parages un serpent
de deux cents pieds de long, et de vingt pieds de circonférence,
qui vit dans les creux des rochers, aux environs de Bergen,
et sort de son repaire la nuit, au clair de la lune, pour dévorer
les veaux, les moutons, les porcs, ou se rend à la mer pour s'y
nourrir de crabes. Ce serpent a une crinière de deux pieds de
long; il est couvert d'écailles, et ses yeux brillent comme deux

flammes; il attaque quelquefois un navire, dressant sa tête comme un mât, et saisissant les matelots sur le tillac. »

Un autre récit d'un gros serpent d'eau, qui, après avoir vécu longtemps dans les rivières Mios et Banz, en sortit le 6 janvier 1656, pour se rendre à la mer, renversant tout sur son passage, nous ramène naturellement au ver de l'Indus et à l'odontotyrannus du Gange. Il peut d'autant mieux se comparer à ce dernier que « sa tête était aussi grosse qu'un tonneau, et son corps, taillé en proportion, s'élevait au dessus des ondes, à une hauteur considérable. » Car il fut revu dans la mer à la fin de l'automne de cette même année.

Il est remarquable que plusieurs des détails que nous venons de citer se trouvent déjà, avec quelques-uns de ceux des anciens sur le ver de l'Indus, dans la description qu'Albert-le-Grand donne du dragon, d'après Avicenne : « ... In India sunt maximi. Facies autem habent citrinas et nigras, et habent ora vehementis amplitudinis, et supercilia cooperiunt oculos eorum, et super collum eorum sunt squamæ. Et visus est unus ab Avicenna, in cujus collo, secundum latitudinem colli, erant pili descendentes longi et grossi ad modum jubarum equi. Et habent tres dentes in mandibula superiori, et totidem in inferiori longos et prominentes. » T. VI, p. 668. *De animalib.*, lib. XXV.

A côté des faits modernes que nous venons de rapporter, l'antiquité en offre quelques-uns d'analogues; le plus célèbre est le combat livré par Régulus, près de Carthage, sur les bords du fleuve Bagrada, à un serpent de cent vingt pieds de long, qui causait de grands ravages dans son armée, et contre lequel ce général fut obligé de diriger les balistes et les catapultes, jusqu'à ce qu'une pierre énorme, lancée par une de ces machines, l'écrasa. Régulus, pour prouver au peuple Romain la nécessité où il avait été d'employer son armée à cette expédition extraordinaire, envoya à Rome la peau du monstre; et on la suspendit dans un temple où elle resta jusqu'à la guerre de

Numance. Mais la dissolution du corps causa une telle infection, qu'elle força l'armée à déloger, ce qui fait dire à Freinshemius : « Exercitum certe romanum, imperatore M. Regulo,
terra marique victorem unus anguis et vivus exercuit et interfectus submovit. » On a mal à propos cité Tite-Live au sujet de
cet événement, car la partie de son histoire où il était raconté
est perdue. On sait seulement par le sommaire général qui nous
en est parvenu, et qui se joint à l'abrégé de Florus, auquel
on l'attribue, que ce récit faisait partie du XVIIIe livre de
Tite-Live. Voici les expressions du sommaire : « Attilius Regulus consul, victis navali prælio Pœnis, in Africam trajecit. Ibi
serpentem portentosæ magnitudinis cum magna militum clade
occidit. » Freinshemius a donc été suffisamment autorisé à
placer cet événement dans la partie de ses suppléments qui
répond à ce XVIIIe livre, et il a puisé les détails du récit, d'a-
bord dans l'histoire de Florus, où il se trouve en peu de mots,
l. II, c. II, puis dans Aulu-Gelle, qui rapporte le fait plus au
long d'après Tubéron, *Noct. att.*, l. VI, c. III; dans Valère
Maxime qui détaille encore plus, l. I, c. VIII, part. 2, § 19;
dans Pline; *Hist. nat.*, l. VIII, c. XIV; et dans Julius Obsequens,
cap. XXIX.

M. Cuvier, qui a révoqué en doute le passage de Pline, dit
pourtant, à la suite de sa description du grand serpent devin
que nous avons citée : « Il est probable que les voyageurs et les
naturalistes n'ont pas suffisamment désigné tous les grands serpents, et qu'il y en a plusieurs espèces différentes. » Nous savons combien une opinion s'expose, en différant de celle d'un
homme que la science regarde comme un de ses plus sûrs oracles; cependant, il nous semble apercevoir ici dans M. Cuvier
quelque apparence de contradiction. Nous nous croyons autorisé par les rapprochements précédents à considérer ce récit
comme un fait historique, et à le rapporter au serpent amphibie dont nous venons de parler. Au même animal, on rappor-

tera peut-être la tarasque du Rhône domptée par sainte Marthe,
et le reptile des marécages de Rhodes, qui dévastait l'île jusqu'au jour où le chevalier Gozon eut dressé ses chiens à le
combattre, en les familiarisant avec la forme horrible du
monstre, par un mannequin de carton fait à sa ressemblance.
Car on n'est pas suffisamment autorisé à admettre, avec l'article de la *Retrospective review*, que ces deux monstres aient
été le megalosaurus fossile de M. Cuvier. L'existence des animaux connus seulement à l'état fossile n'est prouvée que
comme antérieure aux grands cataclysmes du globe et par
conséquent à l'histoire, antérieure même à l'existence de
l'homme. « Il est certain, dit M. Cuvier, qu'on n'a pas encore
trouvé d'os humains parmi les fossiles *. » *Ossem. foss.*, 3ᵉ édition, t. I, p. 62. Remarquons à cette occasion que le mot *an-
tédiluvien* appliqué aux fossiles doit être une source d'erreurs,
puisque dans ce mot il entre l'idée du déluge ou grand cata-
clysme raconté dans l'Écriture comme postérieur à l'existence
de races humaines. Une de ces erreurs est le rapport que
l'auteur de l'article en question a cru pouvoir signaler entre
les recompositions fossiles et les souvenirs fidèles d'anciennes
traditions.

M. Græfe, en prétendant reconnaître le mastodonte dans
l'odontotyrannus, a admis aussi les fossiles dans son explication, mais par un raisonnement plus légitime. Selon lui, le
vague des expressions des anciens à ce sujet peut faire supposer que ce récit merveilleux a pris son origine dans la connaissance qu'ils ont pu avoir des os fossiles du mammouth.
« Sufficit monstrare rumorem et obscuram de tali bestia famam

---

* Cette observation n'est pas inconciliable avec la Genèse. Des
théologiens savants et très-orthodoxes voient dans les six jours de
la création autant de grandes époques cosmogoniques. Le fait cons-
taté par M. Cuvier confirme la création de l'homme à la dernière
époque, ou, selon le style de l'Écriture, le sixième jour.

et veluti imaginis umbram apud veteres extitisse, unde auctor noster colorem narrationis suæ mutuaret. Certe ossa mamontica jam veteres effodere potuerunt. » Puis, après avoir cité les passages de Palladius, de Cédrène, de Glycas et d'Hamartolus, il ajoute encore : « Missis criticis minutiis, palam est, nos in quatuor his locis odontotyrannum rursus tenere, sed imagine admodum incerta et obscura, ut ex his quidem descriptionibus, qualis tandem fuerit, definiri non possit; nihil tamen insit, quod cognitæ pleniori imagini omnino adversetur. » M. Græfe s'est donc cru en droit d'établir que cet animal, auquel sa force donnait un pouvoir tyrannique sur les autres animaux, était le mammouth, et critiquant cette dénomination impropre, il propose d'y substituer définitivement celle d'odontotyrannus :

« Ingens illud animal, quod natura elephantorum agminibus præposuit, *Mammont,* cujus nomen, mutata forte littera, Mammut audire jussit usus, tanquam pristinæ Rossiæ septemtrionalis incola, propiore quodam jure pertinere videtur ad nos, quibus osseam ejus compagem altissimam, sub nostro tecto stantem, quotidie admirari conceditur. Igitur non parum lætatus sum, cum animal hoc, quod non illepide *regnum in reliquas bestias tenere* dici potuit, apud antiquum scriptorem Odontotyranni nomine non obscure descriptum reperisse mihi viderer..... Et cum naturalis historiæ cultores sæpe in procudendis, quibus inventa sua designent, nominibus græcis et latinis, frustra laborare et desudare videamus, licebit hic, nisi me mea prorsus fefellerunt, antiquum iis et bene græcum nomen odontotyrannus offerre, fortasse eo magis desiderandum quo minus nomen *mostodon* id clare exprimit quod ejus auctor illo indicari voluit. »

Pour tous les développements dont l'auteur a savamment appuyé son système, nous renvoyons nos lecteurs à sa dissertation, insérée dans les *Mémoires de l'Académie impériale des sciences de Saint-Pétersbourg,* VI° série, t. I, 1832, page 74 et suiv., et intitulée *Sub Mammonte nostro fabulosum antiquorum odonto-tyrannum latere conjicitur*; additis observationibus criticis in Jul. Valerium. Auctore FRID. GRÆFE. — Convent. exhib. die 13 sept. 1826. — Toutefois, après avoir lu attentivement cette explication de M. Græfe, nous trouvons qu'elle laisse beaucoup à désirer. Il nous semble peu naturel de supposer que l'idée d'inventer un animal comme l'odontotyrannus ait pris sa source dans l'observation des ossements fossiles; les anciens, comme nous l'avons vu, *De Monstris*, c. LVII, p. 192, étaient portés à donner une interprétation différente à ces ossements. Une cir-constance qui contrarie encore le système de M. Græfe est la nature aquatique ou du moins amphibie de l'odontotyrannus. Or, aucune des espèces d'éléphants, vivantes ou fossiles, ne présente cette organisation; il ne suffit pas, pour qu'un animal soit amphibie, qu'il se plaise dans l'eau et nage facilement. Enfin, M. Græfe a négligé, ou du moins interprété d'une ma-nière indirecte, par un faux-fuyant étymologique, la circons-tance d'une taille assez énorme pour avoir fait dire aux auteurs que l'odontotyrannus pouvait avaler un éléphant tout entier.

Il est facile de supposer que M. Græfe aura rejeté sans scru-pule cette partie de leur description comme une exagération très-ridicule. Néanmoins, si les historiens anciens avaient placé l'odontotyrannus dans la mer, au lieu de le mettre dans le Gange, nous aurions été tenté d'y voir le kraken, ce monstre ultra-gigantesque des traditions du Nord. L'intéressant article auquel nous avons déjà fait de si larges emprunts dans cette note donne sur cet animal des détails dont nous allons encore citer quelques-uns.

« Les pêcheurs norwégiens, dit Pontoppidan, affirment tous, et sans la moindre contradiction dans leurs récits, que, lors-qu'ils poussent au large à plusieurs milles, particulièrement pendant les jours les plus chauds de l'été, la mer semble tout à coup diminuer sous leurs barques; et s'ils jettent la sonde, au

lieu de trouver quatre-vingts ou cent brasses de profondeur, il
arrive souvent qu'ils en mesurent à peine trente : c'est un kraken qui s'interpose entre les bas-fonds et l'onde supérieure.
Accoutumés à ce phénomène, les pêcheurs disposent leurs
lignes, certains que là abonde le poisson, surtout la morue et la
lingue, et ils les retirent richement chargées. Mais si la profondeur de l'eau va toujours en diminuant, si ce bas fond acci-
dentel et mobile remonte, les pêcheurs n'ont pas de temps à
perdre, c'est le kraken qui se réveille, qui se meut, qui vient
respirer l'air et étendre ses larges bras au soleil. Les pêcheurs
font alors force de rames, et quand à une distance raisonnable
ils peuvent enfin se reposer en sécurité, ils voient en effet le
monstre qui couvre un espace d'un mille et demi de la partie
supérieure de son dos. Les poissons surpris par son ascension,
sautillent un moment dans les creux humides formés par les
protubérances inégales de son enveloppe extérieure ; puis de
cette masse flottante sortent des espèces de pointes ou de cornes
luisantes qui se déploient et se dressent, semblables à des mâts
armés de leurs vergues ; ce sont les bras du kraken, et telle est
leur vigueur que, s'ils saisissaient les cordages d'un vaisseau de
ligne, ils le feraient infailliblement sombrer. Après être de-
meuré quelques instants sur les flots, le kraken redescend
avec la même lenteur, et le danger n'est guère moindre pour
le navire qui serait à sa portée : car en s'affaissant, il déplace un
tel volume d'eau, qu'il occasionne des tourbillons et des cou-
rants aussi terribles que ceux de la fameuse rivière Male. »

« C'est évidemment du kraken que parle Olaüs Wormius,
sous le nom de *Hafgufe*. Cet auteur dit, lui aussi, que son apparition sur l'eau ressemble plutôt à celle d'une île qu'à celle
d'un animal, « Similiorem insulæ quam bestiæ, » et il ajoute
qu'on n'a jamais trouvé son cadavre. »

« Cependant, en 1680, on trouva enfin le cadavre d'un de
ces monstres, échoué sur la côte de Norwège ; c'était un jeune

kraken qui vint étourdiment s'égarer dans les eaux qui courent entre les récifs d'Hastahong. Ses longs bras ou antennes s'engagèrent dans quelques arbres qui croissaient sur le rivage; il aurait pu facilement les déraciner; mais il se trouva pris, en même temps, par les extrémités inférieures dans les rochers, et il périt malheureusement. Quand la putréfaction s'empara de ce corps immense qui remplissait à peu près tout le chenal, ce fut une telle infection, qu'on craignit longtemps que la peste s'ensuivît. Les flots finirent par le dépécer et l'engloutir lambeau par lambeau. Le rapport de cet événement fut dressé par M. Friis, assesseur consistorial de Bodoen dans le Norland, et vicaire du collége institué pour la propagation du christianisme. »

M. Denys de Montfort, dans son *Histoire naturelle des Mollusques*, citée dans le même article, rapporte deux rencontres de krakens, faites, l'une par le capitaine Jean Magnus Dens, qui perdit trois hommes de son équipage, saisis par un des bras du monstre, et l'autre rencontre, faite par un navire de Saint-Malo. L'équipage, de retour dans cette ville, consacra, à ce sujet, un *ex voto* à saint Thomas, son patron, car c'était à l'intercession de ce saint qu'ils avaient attribué leur miraculeuse délivrance d'un si grand danger. «C'est à cette ferveur et à cette fidélité religieuse, ajoute l'auteur, que nous devons la tradition et la représentation de ce fait, dont nous nous emparons à notre tour, parce que, offrant une chose constatée, il rentre dans les attributions de l'histoire naturelle, qui se sert de tous les matériaux dont on ne peut contester l'authenticité et l'évidence; et certes, les naturalistes seraient trop heureux, si tous les faits qu'ils consignent dans leurs écrits pouvaient tous être constatés par une cinquantaine de témoins oculaires, tous compagnons de la même fortune, qui viendraient unanimement attester et déclarer que ce qu'ils ont vu est conforme à la plus sévère véracité. »

Nous terminerons ces citations par l'explication suivante :
« Maintenant, si, en rabattant quelque chose de l'exagération
des auteurs, l'existence du kraken était enfin prouvée, il reste-
rait à le classer dans la famille d'animaux à laquelle il appartient par sa conformation générale. Le kraken de la mer du
Nord et celui de la mer des Indes sont étroitement liés à ces
mollusques appelés poulpes et polypes, qui, comme eux, sont
armés de longs bras avec des appendices tentaculaires très-con-
sidérables, garnis d'un ou deux rangs de ventouses. Les
poulpes ordinaires, parvenus à leur entier développement, ne
sont pas déjà des ennemis à dédaigner. Ces animaux ont la vie
très-dure et résistent à des blessures extrêmement graves, pouvant être traversés plusieurs fois par le fer sans mourir, doués
d'ailleurs d'une vertu de reproduction dans chacune de leurs
tentacules, comme l'hydre de Lerne, qui n'était peut-être
qu'une variété du kraken. On a dit que les bras des poulpes
leurs servaient pour sortir de l'eau, venir à terre et grimper sur
les arbres. L'action la plus commune de ces grapins est aisée à
concevoir : c'est une arme terrible pour enlacer une proie... Les
poulpes sont des animaux extrêmement carnassiers, dit M. de
Blainville, et qui vivent surtout dans les anfractuosités des rochers où ils se mettent en embuscade, cachant leurs corps et ne
laissant que leurs bras pour atteindre leur proie au passage. »

Nous avons vu, au chapitre XVII de la Iʳᵉ partie, page 48,
que M. Salverte avait expliqué, par un poulpe colossal collé
contre l'écueil, la fable de Scylla, et nous avons relevé une erreur légère dans la citation qu'il fait à ce sujet d'un passage
d'Aristote. Mais nous devons ajouter ici que, d'après ces dernières autorités, qui ne nous étaient pas connues lors de l'impression de la première partie, nous trouvons beaucoup plus
de vraisemblance à son explication, qui seulement, au lieu de
s'appuyer sur Aristote, aurait à s'appuyer sur ces observations
récentes de la science.

Peut-être nous reprochera-t-on d'avoir passé en revue un si grand nombre d'animaux au sujet de l'odontotyrannus, et jugera-t-on qu'il aurait mieux valu renvoyer le kraken au chapitre de Scylla, le mastodonte à l'éléphant, le serpent devin et le serpent de mer au dragon et aux serpents dont parlent les extraits en vieux français, le ver de l'Indus et le serpent amphibie au *colotes,* nom que nous avons donné, *De Monstris,* c. III, p. 15, à un lézard monstrueux, d'après le sens de lézard ou de scorpion que donnent à ce mot Aristote, *De Animalib.* l. IX, c. I, Pline. *Hist. natur.,* l. IX, c. XLVI, et l. XXIX, c. XXVIII, ainsi que Jules Scaliger, *De Subilit. ad Cardan.* exercit. CLXXXV, p. 611. Mais à cela nous répondrons que le plan d'un livre tératologique n'est pas celui d'un ouvrage de zoologie pure. Nous devons suivre, non pas la classification de la science, mais les caractères dominants de monstruosité. Or ici, il s'agissait de l'animal le plus terrible et le plus énorme dont fassent mention les traditions de l'antiquité, puisque c'était celui qui avait fait le plus de ravages dans l'armée d'Alexandre, et en même temps puisqu'il était représenté comme pouvant avaler un éléphant tout entier. Nous avons dû, par conséquent, puiser nos rapprochements dans ce que les autres traditions présentaient de plus énorme et de plus effrayant, et nous avons pu passer ainsi du grand serpent devin au serpent de mer et au kraken, en nous plaçant entre le ver de Schneider et le mastodonte de M. Græfe.

XVII.

HIPPOPOTAMI FUGACES.

Cum his incredibilibus fingunt execrandæ formæ [a]
hippopotamos [b], quos ferunt triplicem habere colorem (1) : qui oris latitudine vanno (2) comparantur.
Sunt autem tam fugaces (3), ut, si quis insequitur,
fugiant quousque sanguine sudant.

Ms. [a] Forme. — [b] Ipotamos [*sic*].

NOTES.

(1) « Lorsque les hippopotames sortent de l'eau, ils ont le
dessus du corps d'un brun bleuâtre qui s'éclaircit en descen-
dant sur les côtés, et se termine par une légère teinte de couleur de chair; le dessous du ventre est blanchâtre; mais ces
différentes couleurs deviennent plus foncées lorsque leur peau
se sèche. » Addition à l'article de l'*hippopotame*, par M. le docteur Klokner d'Amsterdam. Œuvres de Buffon, éd. de M. le
comte de Lacépède. Paris, 1818, t. VII, p. 523.

(2) « J'ai vu, dit un voyageur, l'hippopotame ouvrir la gueule,
planter une dent sur le bord d'un bateau, et une autre au second bordage depuis la quille, c'est-à-dire à quatre pieds de distance l'une de l'autre. » Buffon, *Hist. nat. de l'hippopotame.*

(3) Quant à cette dernière assertion, nous ne pourrions la

justifier comme les deux précédentes. Au contraire, les voyageurs s'accordent à représenter l'hippopotame comme très-hardi, et ne fuyant qu'au bruit des armes à feu, quand il a une fois l'expérience de leurs effets. M. Salt dit d'un hippopotame dont il essaya la chasse dans le fleuve Tacazze : « Trois des nôtres lui tirèrent leur coup de fusil, et il fut atteint au front. Il retourna la tête avec courroux, et plongea jusqu'au fond, en poussant un cri qui tenait le milieu entre le rugissement et le grognement. Nous espérâmes pendant quelque temps qu'il était tué ou blessé grièvement, et, à chaque instant, nous nous attendions à voir flotter son corps à la surface de l'eau. Nous jugeâmes bientôt qu'il n'est pas si facile de frapper à mort un hippopotame; car le nôtre ne tarda pas à reparaître presqu'à la même place, quoique avec plus de précaution qu'auparavant, mais sans paraître fort déconcerté. » *Voyage en Abyssinie*, t. II, c. VIII, p. 114.

On a beaucoup loué la description de l'hippopotame par Diodore, *Biblioth.*, l. I, p. 38; mais M. Cuvier la regarde seulement comme un peu moins défectueuse que les autres descriptions des anciens. « Solus Diodorus aliquid novum et verum de hoc animale dixit.....; in cæteris Herodotum secutus est. » Not. ad Plin., *Hist. nat.*, l. VIII, c. xxxix. — Cosmas Indicopleutes, p. 336, éd. Montfauc., est donc le premier qui ait donné une bonne description de l'hippopotame. Voyez aussi les *Mémoires géographiques et historiques sur l'Égypte*, par M. Ét. Quatremère, t. II, p. 14.

XVIII.

LEOPARDI.

Leopardi feri ac terribiles sunt, qui atrocissima-
rum binæ* formæ ferarum permixtam, habent horrendi corporis formam ; quia et leonibus et pardis (1)
generantur. Quos ferunt juxta Rubrum mare, et in
quibusdam aliis regionibus nasci.

Ms. *Bine.

NOTES.

(1) « Il est très-probable, dit Buffon, que la petite panthère
s'est appelée simplement *pard* ou *pardus*, et qu'on est venu ensuite à nommer la grande panthère *léopard* ou *leopardus*, parce
qu'on a imaginé que c'était une espèce métive qui s'était agran-
die par le secours et le mélange de celle du lion ; mais ce préjugé n'est nullement fondé. »

Isidore de Séville, *Orig.*, l. XII, c. ii : « Leopardus ex adulteriis
leænæ et pardi nascitur, et tertiam originem efficit : sicut et
Plinius in naturali historia dicit, leonem cum parda, aut par-
dum cum leæna concumbere, et ex utroque coitu degeneres
partus creari, ut mulus ex equa et asino. »

On pourrait croire, d'après ce passage, que Pline emploie le
mot *leopardus*, ce qui n'est pas. Il dit simplement, l. VIII,

19

c. xvi, que tous les lions ont une crinière, excepté les femelles,
et ceux qui proviennent d'une panthère, dont l'odeur, ajoute-
t-il, met le lion en rut. Voyez les notes des chapitres vi et vii
de cette seconde partie, et, dans les extraits en vieux français,
la propriete du leopard.

Solin dit, en parlant des lions d'Afrique : « At hi quos creant
pardi in plebe remanent, jubarum inopes. » *Polyhist.* cap. xvii,
p. 5o, A.

XIX.

CANES CÆRULEI IN MARI TYRRHENO.

Fingunt quoque poetæ in mari Tyrrheno [a] (1) cæ-
ruleos [b] esse canes (2), qui posteriorem corporis partem cum piscibus habent communem. Ipsis quoque
Scylla [c] ratem Ulyxis [d] lacerans, marinis succincta
canibus describitur (3).

Ms. [a] Terreno. — [b] Ceruleos. — [c] Scilla. — [d] Ulixes.

NOTES.

(1) La même faute revient cinq fois dans cette partie du
manuscrit. Cela pourrait faire supposer que le copiste (dont
nous avons prouvé l'ignorance par le texte des fables de Phèdre)
aurait substitué au mot *Tyrrhenum* le mot *terrenum*, comme
employé de son temps dans le langage vulgaire.

(2) Præstat.............................
   Quam semel informem vasto vidisse sub antro
   Scyllam, et cæruleis canibus resonantia saxa.
                VIRGIL., *Æneid.* l. III, v. 432.

(3) Voyez ci-dessus, pages 55 et 58.

XX.

DE QUIBUSDAM BESTIIS NOCTURNIS.

Et dicunt bestias esse nocturnas, et non tam bestias, quam dira prodigia : quia nequaquam in luce,
sed in tenebris cernuntur nocturnis. Quas ferunt (1)
in omnium bestiarum formas se vertere ª posse, dum
insequentium timore perturbantur.

Ms. ª Verti.

NOTES.

(1) Il y a une connexité entre la tradition consignée dans ce
chapitre et la superstition encore existante du *loup-garou*. En
effet, les personnes en butte à cette étrange accusation ne passent pas toujours pour se transformer seulement en loups,
mais aussi en d'autres bêtes. « Delancre, *Tableau de l'inconstance
des mauvais anges,* etc., l. IV, p. 304, propose comme un bel et
très-juste exemple, un trait qu'il a pris, je ne sais où, d'un duc
de Russie, lequel, averti qu'un sien sujet se changeait en toute
sorte de bêtes, l'envoya chercher, et après l'avoir enchaîné,
lui commanda de faire une expérience de son art : ce qu'il fit,
se changeant aussitôt en loup ; mais ce duc ayant préparé deux
dogues, les fit lancer contre ce misérable qui aussitôt fut mis
en pièces. » Collin de Plancy, *Dictionnaire infernal*, au mot *loup-
garou*.

« Avec l'aide du diable, qu'il adorait, dit-on, au sabbat, et par le moyen de certaine graisse infernale, M. Maréchal se changeait toutes les nuits en loup ou en ours, et faisait de grandes peurs aux bonnes gens. » *Id.*, au mot *Lycanthropie.*

« Il se transforma donc alternativement en sanglier, en ours, en loup, et alla toutes les nuits faire son sabat, pendant deux ou trois heures, devant la porte de la belle. » *Ibid.*

XXI.

DE NILO.

Fluvius autem Nilus, qui, in septem (1) ostia [a]
decurrens, mari Tyrrheno [b] absumitur, omnia monstra, ferarum similia, gignit, eo gurgite quo se ad
ortum dirigit, et quo item flexus a mari Rubro ad
occasum refundit (2).

Ms. [a] Hostia. — [b] Terreno.

NOTES.

(1) « Hérodote, Pomponius Méla, Diodore de Sicile, Strabon et Ptolémée prétendent que le Nil a neuf embouchures,
tant naturelles que fausses, par lesquelles il se décharge dans
la mer; mais tous ces auteurs ne conviennent point ensemble
sur le nom de ces neuf embouchures; et ce serait une peine
inutile que de chercher à les concilier. Les poëtes ont pris
plaisir à ne donner au Nil que sept bouches, et en conséquence Virgile le surnomme *septemgeminus* :

Et septemgemini turbant trepida ostia Nili.

« Ovide l'appelle aussi *septemfluus* :

Perque papyriferi septemflua flumina Nili.

« Ce nombre sept convenait à la poésie. Les voyageurs modernes ne connaissent que deux bras du Nil, qui tombent dans la Méditerranée, celui de Damiette et celui de Rosette. » *Encyclopédie*, article *Nil*.

(2) Cette assertion de notre auteur a un rapport frappant avec un passage d'Abdaïlah ben Ahmed ben Solaïm de la ville d'Asouan, dans son ouvrage intitulé : *Histoire de la Nubie, du Makorrah, d'Alouah, du Bedjah et du Nil*, dont M. Ét. Quatremère a traduit un extrait, *Mém. géogr. et histor. sur l'Égypte*, t. II, p. 14. L'auteur arabe dit de la province comprise entre Donkolah et la ville d'Asouan : « On y voit de grandes îles qui ont plusieurs journées d'étendue, et qui renferment des montagnes, des animaux sauvages et féroces, et des déserts dépourvus d'eau. Le Nil, dans l'espace de plusieurs journées, y fait, vers l'orient et vers l'occident, plusieurs circuits qui allongent extrêmement la route. »

M. Walckenaer, que nous avons consulté sur cette position et sur le fleuve Brixontes (voyez ci-après le chapitre xxx de cette seconde partie), nous a fait l'honneur de nous répondre au sujet du présent passage ; « De tous les fleuves ou grands cours d'eau qui, en Abyssinie, servent à former le Nil, c'est le plus oriental qu'il faut prendre pour avoir en Éthiopie le Nil de votre anonyme. Cela est évident d'après sa description : .... *Eo gurgite quo se ad ortum dirigit, et quo item flexus a mari Rubro ad occasum refundit*. Le Tagazzé, prenant sa source dans les montagnes de Samen, semble d'abord couler vers le nord-est, puis se retourne subitement à l'ouest en s'éloignant de la mer Rouge. Le Nil de l'anonyme est donc le Tagazzé, nommé, plus au nord, Atbarah, l'*Astaboras* des anciens. » Lettre du 27 juin 1834.

XXII.

DE QUADAM BESTIA INDIÆ, INTER OMNES BELLUAS DIRISSIMA.

Ferunt et in India belluam fuisse quæ habuit bina capita, alterum lunæ[a] bicornis ut putei *marginem* [b], alterum crocodili[c] gerebat. Et tergo ferrato et sævis armata dentibus quondam in Alexandri[d] milites prosiliens, duos occidisse describitur (1).

Bestia autem illa inter omnes belluas dirissimas tantam veneni copiam [habere[e]] adfirmant, ut eam sibi leones, quamvis invalidioris feram corporis, timeant; et tantam vim ejus venenum habere arbitrantur, ut licet ferri acies intincta liquescat.

Ms. [a] Lune. — [b] Maginem. — [c] Corcodrili. — [d] Alaxandri. — [e] Ce mot manque dans le manuscrit.

NOTES.

(1) « Palus erat sicca, cœno abundans, per quam cum transitum tentarem, bellua novi generis, ferrato tergo, duo capita habens, alterum lunæ simile, hippopotami pectore, crocodili alterum simillimum, duris munitum dentibus, quod caput duos milites repentino occidit ictu : quam ferreis vix unquam comminuimus malleis, et hastis non valebamus transfigere. Admirati sumus diu novitatem ejus. » *De Mirab. Indiæ Epist.*, fol. 11, recto.

« Après ce, Alixandre entra en un lieu devers la senestre partie d'Inde, qui estoit palu et plain de ronces. Et quand il voulut parmy passer, il en yssit une beste si merveilleuse que oncques n'en fust veue la pareille, fors qu'elle avoit les piedz comme cocodrille, et avoit les dens longues et agües; mais à celle heure estoit elle urtue comme une lymace. Et tantost courut sur eulx, et occist deux chevaliers; et ne la pouvoit nul navrer de la lance, tant avoit la peau dure. Neantmoins avecq autres glaives fut tuee. » *Hystoire du noble roy Alixandre.* Voyez à la suite de ce Traité comment la même aventure est racontée au chapitre xxx, dans l'extrait du manuscrit français 7518.

Peut-être serait-ce ici la place de dire un mot de ces composés bizarres d'animaux, sans doute imaginaires, formés de la réunion de parties d'autres animaux, et de rechercher l'origine de ces fictions. D'abord il est naturel à celui qui voit un objet nouveau d'en faire la description, par la comparaison de ses parties avec des objets déjà connus. M. Cuvier dit des anciens voyageurs : «Comparationibus nunquam non utuntur, undecumque deductis; exscripserunt mox compilatores. » In lib. VIII Plinii, *excurs.* iv. Ce qui a pu donner ensuite un caractère tout à fait merveilleux à ces descriptions formées d'un assemblage de comparaisons, c'est que certains rapports indiquant des qualités ont été appliqués ensuite matériellement aux parties du corps. Ctésias dit de l'animal appelé crocottas, qu'il a le courage du lion, la vitesse du cheval, la force du taureau, et que le fer ne peut le dompter : Ἔχει δὲ τὸ θηρίον ἀλκὴν λέοντος, ταχύτητα ἵππου, ῥώμην ταύρου, σιδήρου δὲ ὑπεῖκον. *Indic.,* c. xxxii, p. 257, ed. Baehr. Or Pline dit de l'animal qu'il nomme leucrocotas : «Leucrocotam pernicissimam feram, asini fere magnitudine, cruribus cervinis : collo, cauda, pectore leonis, capite melium. » *Hist. nat.,* l. VIII, c. xxx. Les commentateurs ont indiqué le rapprochement entre ces deux passages; mais je m'étonne qu'ils n'aient pas remarqué que Pline transporte à la figure même de son leucrocotas les comparaisons que Ctésias applique aux qualités du crocotas. C'est probablement à ces deux descriptions .de Pline et de Ctésias qu'Albert le Grand a emprunté celle· de l'animal qu'il nomme Leutrococha : « Leutrococham dicunt quidam bestiam esse ex multis compositam; nam corpus habet velut asini', clunes .ut cervi, pectus et crura ut leonis, caput ut cameli, sed oris hiatum usque ad aures, bifidas habet ungule°. dentes ut leo, et voces hominum imitatur, et universas bestias præcedit velocitate. » *De Animalib.*, l. XXII, c. ı, t. VI, p. 601. Ces derniers détails sont empruntés à la partie que nous n'avons pas citée dans les descriptions de Pline et de Ctésias.

Les Arabes ont beaucoup enchéri sur les Grecs et sur les Latins dans la composition fantastique de certains animaux imaginaires : témoin l'animal appelé en arabe *aksar,* et que Mahomet prétendit avoir vu. Il est représenté comme ayant soixante coudées de long, la tête d'un bœuf, les yeux d'un porc, les oreilles d'un éléphant, les cornes d'un cerf, le cou d'une autruche, la poitrine d'un lion, la couleur d'un léopard, le ventre d'un chat, la queue d'un belier et les pieds d'un chameau. Mahomet en fut si effrayé, qu'il pria Dieu de faire rentrer ce monstre dans l'antre d'où il venait de sortir. Voyez Bochart, *Hierozoïc.*, l. VI, c. xiii, p. 848.

« En examinant les descriptions de ces êtres inconnus, dit M. Cuvier, et en remontant à leur origine, les plus nombreux ont une source purement mythologique, et leurs descriptions en portent l'empreinte irrécusable; car on ne voit dans presque toutes que des parties d'animaux connus, réunies par une imagination sans frein et contre toutes les lois de la nature. » *Ossem. foss.*, t. I; *Disc. sur les révol. du globe*, p. 39.

XXIII.

ANTHOLOPS.

Et juxta Euphraten flumen scribunt esse animal, quod nuncupatur *Antholops* ᵃ (1) : quod longis cornibus quæ serræ figuram habent ingentia robora præcidens (2) ad terram depromit.

Ms. ᵃ Autulaps.

NOTES.

(1) Nous avons corrigé ainsi la leçon du manuscrit *autulaps*, mot corrompu, dû sans doute à l'ignorance du copiste. L'antholops est nommé par le seul Eustathe, qui donne à cet animal les mêmes caractères que notre auteur. Voici le passage : Ἔστι δὲ ζῶον ἀνθολόψ σφόδρα δριμύτατον, καὶ δυσθήρατον, ἔχον δὲ μακρὰ κέρατα, ὅμοια πρίοσιν. Δένδρα μετήορα καὶ μεγάλα πρίζει. *Hexaëmer.* page 36. « L'antholops est un animal excessivement impétueux, et dont la chasse est très-difficile. Il a de grandes cornes, semblables à des scies, et avec lesquelles il scie les arbres les plus gros et les plus élevés. » Eustathe ajoute d'autres détails sur l'antholops; et saint Épiphane, *Physiolog.* cap. XXXI, applique toute la même description encore plus détaillée à l'*urus*. Mais cette explication est évidemment erronée, comme le remarque Bochart, à qui nous empruntons ces témoignages, *Hierozoïc.* part. II, l. III, c. XXII, p. 913. En effet l'urus, que ce

soit le buffle ou le bison, nous est assez connu, et il n'a rien de
semblable. L'antholops a paru à Bochart le même animal qui
est nommé en hébreu *jachamur*, et en arabe *jachmur* ou *jamur*.
Outre les passages de l'Écriture où il est question de celui-ci,
Bochart a cité plusieurs auteurs arabes ou hébreux, qui en
donnent des descriptions tout à fait analogues à celle de l'antholops d'Eustathe. Il voit l'étymologie de ce nom dans un
mot copte (*Pantolops*), par suppression de la première lettre
qui représente l'article masculin, quoique le dictionnaire copte-
arabe rende ce mot par unicorne. Enfin, il conclut d'un assez
grand nombre de rapprochements que ce doit être, non un
bœuf sauvage, mais une espèce de cerf.

Il est probable qu'il y a quelque rapport étymologique entre
ce nom, *antholops*, et celui de l'*antilope* que Buffon applique à
une variété de la gazelle, et que M. Cuvier donne comme nom
générique au cinquième genre des ruminants. Mais ce genre
a pour caractère distinct, « des cornes dont le contour est rond,
et qui se portent d'abord en haut; » celles de l'antilope proprement dite (*Antilope cervicapra*, Cuv.) représentent, comme
on sait, les branches d'une lyre. Ce sont d'ailleurs des animaux
gracieux, puisque la gazelle (*Antilope dorcas*), une des espèces
les plus voisines, est « d'un regard si doux, dit M. Cuvier, que
les Arabes comparent les beaux yeux de femme à ceux de la
gazelle. » *Tabl. élément. de l'hist. nat. des anim.*, p. 163.

C'est dans le troisième genre des ruminants, *cervi*, que
nous trouverions l'animal qui nous paraît se rapprocher le plus
et de notre petit chapitre, et de la description d'Eustathe. C'est
l'élan (*cervus alces*). « Ses bois, dit M. Cuvier, forment deux
grandes lames aplaties, ovales, dentelées au bord externe. Il y
en a d'énormes : sa taille égale celle du cheval. Son pelage est
gris et son port ignoble, à cause de la brièveté de son cou, de la
grosseur de sa tête et de la hauteur de ses jambes. » P. 161. Il
est vrai que les naturalistes modernes n'ont parlé de l'élan que

comme d'un animal des pays très-septentrionaux, tandis que notre auteur le place près de l'Euphrate, ainsi qu'Eustathe : Διψῆσαν δ᾽ ἔρχεται ἐπὶ τὸν Εὐφράτην ποταμόν. Ces deux témoignages, joints à ceux de tous les auteurs orientaux cités par Bochart, ne permettent guère de douter qu'il y eut autrefois dans ces pays de l'Orient, sinon des élans, au moins des animaux d'une espèce extrêmement voisine. Pour peu que l'on ait étudié l'histoire du règne animal, on sait qu'il est fréquent de voir des espèces qui ont disparu de certains pays où elles étaient autrefois. Buffon rapporte même des observations de ce genre, au sujet des bois de l'élan : « Un de ces bois fossiles, composé de deux perches, avoit cinq pieds cinq pouces de longueur, depuis son insertion dans le crâne jusqu'à la pointe ; les andouillers avoient onze pouces de longueur ; l'empaumure dix-huit pouces de largeur, et la distance entre les deux extrémités étoit de sept pieds neuf pouces : mais cet énorme bois étoit cependant très-petit, en comparaison des autres qui ont été trouvés également en Irlande. M. Wright a donné la figure d'un de ces bois qui avoit huit pieds de long, et dont les deux extrémités étoient distantes de quatorze pieds. Ces très-grands bois fossiles ont peut-être appartenu à une espèce qui ne subsiste plus depuis longtemps, ni dans l'ancien, ni dans le nouveau monde : mais s'il existe encore des individus semblables à ceux qui portoient ces énormes bois, l'on peut croire que ce sont les élans que les Indiens ont nommés *Waskesser*. » *Hist. nat. de l'élan et du renne.*

(2) La circonstance des arbres sciés par l'antholops peut s'expliquer par une habitude naturelle à tous les animaux du genre *cervi*, habitude bien connue, et qui consiste à frotter leur bois contre les arbres, quand leur *tête* de l'année a pris son entier accroissement, afin de dépouiller ce bois de la peau qui le couvre encore. C'est ce que les cerfs font dans nos contrées vers la fin d'août. Or, l'on conçoit qu'un aussi grand animal

que l'élan des Indiens, couronné d'un aussi immense bois, devait le frotter de préférence contre de très-gros arbres; et la partie supérieure de ce bois, qu'on peut se représenter à peu près comme deux énormes éventails recourbés et dentelés en haut (sans compter les deux appendices du devant, qui sont à andouillers), doit faire supposer à celui qui verrait pour la première fois un tel spectacle, sans avoir de notion sur la vénerie ou sur l'histoire naturelle, que l'élan est occupé à scier l'arbre contre lequel il frotte sa tête.

XXIV.

FLUMINIS EUPHRATIS CROCODILI.

In illo flumine (1) ferunt esse crocodilos[a], belluas non modicæ staturæ[b], qui ad solis æstum per littus[c] se sternunt, et humani generis sunt rapaces (2), si quos a somno excitati sibi vicinos persenserunt. Quæ bestiæ maxime in aquis et oris littorum[d] demorantur (3).

Ms. [a] Corcodrilos. — [b] Stature. — [c] Litus. — [d] Litorum.

NOTES.

(1) L'auteur paraît avoir confondu ici l'Euphrate avec le Gange ou avec l'Hydaspe. Le crocodile du Gange ou gavial (*lacerta gangetica,* Cuv.) est connu; c'est une espèce différente de celle du Nil. Quant à l'Hydaspe, « Alexandre, dit Ameilhon, s'imaginoit avoir trouvé les sources du Nil dans les Indes, parce qu'il avoit vu sur les bords de l'Hydaspe des crocodiles, et sur ceux de l'Acésine des fèves semblables aux fèves d'Égypte. (Strabon, l. XV, p. 696). » *Commerce des Égyptiens,* p. 214.

(2) « Crocodili humani corporis avidissimi. » Plin. *Hist. nat.,* l. VI, c. XX (ou XXIII). Κροκοδείλου δὲ κακουργία καὶ ἐκείνη εἰς ἀνθρώπου τε θήραν καὶ ζώου ἑτέρου ἐτράπη. Ælian. *De animal.* l. XII, c. XV.

(3) « Communes mari, terræ, amni hippopotami, crocodili. »
Plin., *Hist. nat.* 1. XXXII, c. xxi (ou liii).

« Noctibus in aqua degit, per diem humi acquiescit. » Solin.,
Polyhist. c. XXXII, « Crocodilus, malum quadrupes, et in terra
et in flumine pariter valet. » *Ibid.*

XXV.

BELLINA.

Bellina (1) quoque, fera intolerabilis [a], in India nascitur, ubi plurima prope totius orbis prodigia leguntur. De quarum pellibus bellinarum sibi gens quædam apud Indos vestimentorum tegmina componit.

Ms. [a] Intollerabilis.

NOTES.

(1) Je n'ai trouvé nulle part ailleurs ce mot, même en supposant une leçon corrompue qui donnerait ici *bellina* pour *belina* ou *vellina,* ou *velina,* ou *pellina.* Quant à la *Mustela Zibellina,* marte zibeline, bien qu'elle ait de commun avec l'animal de ce chapitre l'emploi qu'on fait de sa précieuse fourrure; néanmoins, par la petitesse de sa taille et par les lieux qu'elle habite (la Sibérie), il n'est guère possible d'établir aucun rapprochement.

XXVI.

DE GANGE.

Fluvius Indiæ^a *Ganges* ^b, qui aurum (1) cum lapidibus profért pretiosis (2), mira monstrosæ ^c
feritatis genera (3) gignit. Quarum scriptores belluarum se de his tacuisse (4), pro incredibilibus
testantur formatis figuris.

Ms. ^a Indie. — ^b Gandes. — ^c Monstrose.

NOTES.

(1) Pline, l. XXXIII, c. xxi (ou iv), met le Gange au
nombre des cinq fleuves aurifères connus de son temps : le
Tage en Espagne, le Pô en Italie, l'Hèbre en Thrace, le Pac-
tole en Asie, le Gange dans l'Inde.

(2) «Gemmiferi amnes sunt Acesines et Gangos : terrarum
autem omnium maxime India.» Plin., *Hist. nat.*, l. XXXVII,
c. LXXVI (ou XIII).

(3) Le Gange, étant à peu près le terme des notions géographiques des anciens à l'orient, devait avoir ce privilége de
passer pour le réceptacle des êtres les plus extraordinaires. Au
reste, les animaux les plus terribles abondent encore dans les
îles de ce fleuve. M. Jomard dit, d'après les notes de M. Lamare
Picquot, dans son rapport sur la collection ethnographique de

ce voyageur : « Ces îles sont infestées comme les bouches du fleuve par les crocodiles, les requins et les dauphins. La végétation y est très-riche, et le sol garni de beaucoup d'arbres et arbustes particuliers qui se plaisent sur ces rives inondées Peu d'Européens ont pénétré dans ces solitudes. » Pag. 4 et 5. Et plus loin, dans le même rapport, en parlant des figures relatives au culte de Brahma qui sont dans cette collection : « On distingue, dit le rapporteur, le *dieu forestier*, divinité inférieure, protecteur des bûcherons et des pêcheurs contre la fureur des tigres et des crocodiles. Cette figure a été trouvée dans l'île de la partie la plus méridionale des bouches du Gange. » Page 6.

(4) C'est Alexandre qui paraît désigné ici. En effet, on lit dans le texte latin de la lettre à Aristote : « In Gange flumine erant admirabilia portenta : de quibus, ne tibi fabulosus viderer, scribendum non putavi. » Fol. 18 verso. — Cette réflexion ne se trouve pas dans le double texte grec de cette lettre, que nous publions ci-après. Il paraît toutefois que cet endroit de la lettre latine est emprunté à un texte qui existait déjà du temps de Strabon. Ce géographe ne rapporte pas précisément qu'Alexandre garda le silence sur les merveilles du Gange pour ne pas paraître rapporter des choses incroyables, mais qu'il dit avoir vu dans ce fleuve des cétacés dont les proportions énormes allaient au delà de toute croyance : Καὶ δὴ καὶ τὸ μέχρι τοῦ Γάγγου προελθεῖν τὸν Ἀλέξανδρον· αὐτός τέ φησιν ἰδεῖν τὸν ποταμὸν, καὶ κήτη τὰ ἐπ᾽ αὐτῷ, καὶ μεγέθους, καὶ πλάτους, καὶ βάθους πόῤῥω πίστεως μᾶλλον, ἢ ἐγγύς. Geogr., l. XV, p. 702.

XXVII.

BIPEDES EQUI IN MARI TYRRHENO.

Et scribunt Romani cum Græcis, per ipsas poeticas incredibilium rerum fabulas, bipedes equos (1) in mari esse Tyrrheno ª, qui majore parte corporis priore, equorum figuras, et posteriore, piscium habeant.

Ms. ª Terreno.

––––––––––

NOTES.

(1) Cette fable, si incroyable selon notre auteur, paraît devoir s'appliquer simplement à une espèce de phoques, genre très-nombreux; car « on trouve des phoques dans toutes les mers, » dit M. Cuvier. *Tabl. élém. de l'hist. nat. des anim.*, l. II, c. x, § 1, p. 171.

XXVIII.

MURES VULPIUM STATURA.

Alexander [a] macedo in India mures, vulpium statura, vidisse ad Aristotelem [b] descripsit (1), qui morsibus pestiferis (2) homines et jumenta lacerabant.

Ms. [a] Alaxander. — [b] Aristotilem.

NOTES.

(1) « Ante lucanum [sic] deinde tempus, a cœlo pestes venere, candido visæ colore, ad modum ranarum : cum quibus mures indici in castra pergebant, vulpibus similes, quarum morsu vulnerata quadrupedia statim exspirabant. Hominibus idem morsus non usque ad interitum nocebat. » *De mirab. Indiæ Epist.*, fol. 9 verso.

Ce récit n'est pas aussi invraisemblable qu'il paraît être au premier abord. Il faut premièrement se rappeler une chose dont on a rarement tenu compte : c'est que le rat était inconnu aux anciens. Voici, à ce sujet, le témoignage de M. Cuvier : « *Le rat ordinaire (mus rattus)*, de couleur noirâtre, originaire des Indes, inconnu aux anciens, et transporté dans ces derniers temps sur nos vaisseaux en Amérique où il a beaucoup pullulé. Tout le monde connaît cette bête nuisible. »

Tableau élémentaire de l'histoire naturelle des animaux, l. II, c. IV, § VII, p. 138.

Les mots μῦς et *mus* ne doivent s'entendre que des petites espèces de rats, comme la *souris*, le *mulot*, le *campagnol*, le *muscardin*. C'est d'une souris et d'un mulot qu'il est question dans Horace, *Sermon.*, l. II, sat. VI :

> Rusticus urbanum murem mus paupere fertur
> Accepisse cavo, etc.
>
> v. 80, sqq.

Or il y a une très-grande différence entre la taille de ces petits animaux et celle de nos plus gros rats, surtout de l'espèce si commune aujourd'hui du *surmulot* (*mus decumanus*, Cuvier); espèce encore plus récente. « Ce n'est, dit Buffon, que depuis environ trente ans que cette espèce est répandue dans les environs de Paris. L'on ne sait d'où ces animaux sont venus, mais ils ont prodigieusement multiplié; et l'on n'en sera pas étonné, lorsqu'on saura qu'ils produisent ordinairement douze ou quinze petits, souvent seize, dix-sept, dix-huit, et même jusqu'à dix-neuf.» Buffon paraît n'avoir pas eu connaissance d'une tradition conservée encore aujourd'hui à Versailles (ville qui en est principalement infestée). D'après cette tradition ces animaux proviendraient d'un couple que M. de la Condamine aurait eu l'imprudence de rapporter de ses voyages, et qui, placé comme curiosité à la ménagerie de Versailles, s'en serait échappé en creusant un trou. M. Cuvier (lieu cité) dit positivement qu'ils sont originaires de Perse. Il n'est donc pas étonnant que les Grecs, lors de l'expédition d'Alexandre, aient vu pour la première fois, soit à l'extrémité de la Perse, soit à l'entrée de l'Inde, des *rats* ou des *surmulots*, et qu'ils aient été frappés de leur grosseur en les comparant aux μῦς (*souris*) de la Grèce. Il n'est pas étonnant non plus que ces animaux ne soient passés dans nos pays que dans les temps modernes. Car ils ne peuvent arriver dans des pays très-élei-gnés que par le moyen des vaisseaux, partant des lieux où ils se trouvent. Or, avant que l'on eût doublé le cap de Bonne-Espérance, la seule communication maritime de la Perse avec l'Europe étant la Méditerranée, l'éloignement des côtes ren-dait impossible le transport de cette bête malfaisante.

Il y a sans doute de l'exagération à dire que ces rats avaient la taille d'un renard ; mais à la porte de Paris, dans la vallée de Montfaucon où l'on abat les chevaux, il y en a une grande quantité qui sont presque aussi gros que des lapins. Étant sur les hauteurs de Saint-Chaumont qui dominent le clos d'équarris-sage, j'en ai vu un de cette taille passer devant mes pieds, traî-nant avec une grande rapidité un morceau de chair de cheval aussi gros que son corps ; et toutes les personnes qui ont eu le courage de pénétrer dans ces lieux infects en ont vu beau-coup de semblables. Ils se jettent sur les restes des chevaux écorchés, et ne tardent pas à mettre les os à nu. S'il y a, pendant quelques jours, moins de chevaux à abattre, ils dé-vorent un certain nombre d'entre eux pour suppléer à ce manque de vivres.

(2) Il est certain que la morsure de ces grands rats est venimeuse ; Buffon dit des surmulots : « Leur morsure est non-seulement cruelle, mais dangereuse ; elle est prompte-ment suivie d'une enflure assez considérable, et la plaie, quoique petite, est longtemps à se refermer. » On peut dire en outre que ce sont les plus féroces de tous les animaux, puisque rien n'est plus commun parmi eux que de se dévo-rer les uns les autres. Quant à la hardiesse nécessaire pour attaquer l'homme et le cheval, voici ce que dit l'éditeur hol-landais de Buffon, dans son addition à l'article sur le hams-ter, ce rat qui est le fléau d'une partie de l'Allemagne, où même on a mis sa tête à prix. « La vie du hamster est par-tagée entre les soins de satisfaire aux besoins naturels et la

fureur de se battre. Il paraît n'avoir d'autre passion que celle de la colère, qui le porte à attaquer tout ce qui se trouve sur son chemin, sans faire attention à la supériorité des forces de l'ennemi. Ignorant absolument l'art de sauver sa vie en se retirant du combat, il se laisse plutôt assommer de coups de bâton que de céder. S'il trouve le moyen de saisir la main d'un homme, il faut le tuer pour se débarrasser de lui. La grandeur du cheval l'effraie aussi peu que l'adresse du chien. »

XXIX.

DE MONTE ALTISSIMO FERIS FECUNDO.

Et in vicino *Armeniæ* [a] (1) montis loco, ubi margaritæ nasci *perhibentur* [b], leones, tigres, lynces [c] et leopardos, et cuncta genera ferarum horribilium mons quidam altissimus gignit.

Ms. [a] Armonie. — [b] Perhibent. — [c] Linces.

NOTES.

(1) Faut-il lire *Armenii?* Le mont *Armenius* est une chaîne de l'Arménie que l'on regarde comme un prolongement du Taurus. Ce qui motive cette correction ou du moins celle de *Armeniæ*, que nous avons introduite dans le texte, comme plus près de la leçon *Armonie*, c'est le rôle que joue ailleurs l'Euphrate dans ce petit traité. (Voyez les chapitres XXIII et XXIV.)

Dans la première conjecture, ce serait le mont Armenius, dans la seconde, une montagne de l'Arménie. Cette expression vague l'est encore moins que la suivante : *Mons quidam altissimus*. Le caractère qu'il donne à cette dernière peut s'appliquer à beaucoup d'autres montagnes, dans les escarpements desquels on pourrait rencontrer des bêtes féroces. Au contraire, ce qu'il dit de la première montagne ne s'applique pas plus à celle-là qu'à toute autre, et prouve seulement l'ignorance d'un auteur qui paraît avoir cru que les perles se trouvaient dans la terre.

XXX.

CELESTICES.

In Brixonte (1) quoque bestiæ quædam non magnæ, sed prope omnibus nationibus ignotæ, gigni
perhibentur, quas celestices (2) vocant. Quem fluvium in quo nascuntur, Nilo vicinum, descripsimus (3), cujusque plurimis ignoratur initium (4).
Qui apud Ægyptios Anchoboleta (5), quod est aqua
magna, vocatur.

NOTES.

(1) N'ayant trouvé nulle part ce nom de *Brixons* ou *Brixontes*, nous avons pensé ne pouvoir mieux faire que de nous
adresser directement à M. le baron Walckenaer, qui a eu la
bonté de nous répondre avec détails. Nous avons déjà cité,
au chapitre XXI de cette seconde partie, l'endroit de sa
lettre qui concerne le Nil de notre auteur : il y trouve le Tagazzé des modernes ; ce qui s'accorde parfaitement avec cette
remarque de M. Heeren : « Les peuples qui habitaient le long
de l'Astapus, à l'occident de Meroë, c'est-à-dire les pères des
Agows et des Gallas actuels, visitèrent l'Égypte. Ils y parlèrent
du fleuve qui arrosait leur pays et prétendaient que c'était le
Nil. » *Idées sur les relations polit. et commerc. des anciens peuples de
l'Afrique*, trad. de l'allem., t. II, p. 103 (Paris, 1800). Voici

maintenant les conjectures de M. Walckenaer au sujet du fleuve Brixontes : « Il est une rivière qui forme une presqu'île du pays qu'elle enserre avec le Tagazzé, c'est le *Mareb*. Les divers affluents qui servent à le former ont leurs sources près du fleuve *Bixan o*, de la ville de *Dixan* et de celle d'*Axum*. Le Mareb, qui traverse d'épaisses forêts et un pays sauvage (quoique peu éloigné d'Axum), le Mareb, dont le cours entier est loin d'être connu encore aujourd'hui, est, suivant moi, le *Brixontes fluvius* de votre anonyme. Sur les bords de cette rivière, entre elle et le Tagazzé (c'est-à-dire le Nil de l'anonyme), Salt, Bruce et tous les voyageurs en Abyssinie signalent sur leurs cartes des *forêts très-épaisses, où abondent, plus qu'en aucun lieu de l'Abyssinie, des lions et des éléphants.*

« Je trouve que cette conjecture satisfait à tout. Ces forêts devaient être fort connues, parce qu'elles se trouvaient à peu de distance d'Axum et des ports de la mer Rouge les plus fréquentés, près des *Alalæi insulæ* (l'île d'Halae et les petites îles voisines), près d'un port nommé *Adulis* et de *Ptolemaïs-Thyron*. Pourtant on n'osait franchir cette forêt; et aujourd'hui encore le pays des sauvages *Schangallas*, qui habitent ces contrées, est en blanc sur nos cartes, tandis que l'Abyssinie méridionale, où sont cependant de bien plus hautes montagnes, a été partout reconnue. Ce pays du *Brixontes fluvius* était donc très-convenable pour y placer les hommes sans tête [*De Monstris*, c. xxvii], et tous les monstres imaginables. Remarquez qu'on ne pouvait donner au Mareb un nom ancien, puisque les anciens géographes et Ptolémée n'en font pas mention et ne le connaissaient pas. »

D'après ces considérations, déduites avec tant de vraisemblance, il nous semble que le mot *Brixontes* pourrait enrichir la géographie comme le plus ancien nom connu du fleuve Mareb, vers le vɪᵉ siècle.

(2) L'auteur ne donnant absolument aucun autre rensei-

gnement sur ces bêtes que leur nom, et ce nom ne se trouvant que là, toute explication devient impossible.

(3) Voyez le chapitre xxiii de la première partie (*De Monstris*) et le ii⁰ de cette seconde partie, où l'auteur représente en effet le Nil et le Brixontes comme voisins. C'est là ce qu'il faut entendre par cette phrase du présent chapitre : *Quem fluvium..... Nilo vicinum descripsimus.*

(4) Une note de M. Étienne Quatremère expliquerait cette incertitude sur la source du Brixontes ou Mareb. «Le patriarche Mendez, cité par Legrand (*Relation histor. d'Abyssinie*, du P. Lobo, p. 212, 213), rapporte que le fleuve Mareb, après avoir arrosé une étendue de pays considérable, se perd sous terre.» *Mémoires géogr. et hist. sur l'Égypte*, etc., t. II, p. 18. Or, comme le Mareb se jette dans le Tagazzé ou Tacazze, il faut qu'il reparaisse quelque part comme le Rhône, ce qui a pu augmenter encore l'indécision de ceux qui, comme notre auteur, paraissent l'avoir connu surtout vers son embouchure.

(5) M. Étienne Quatremère, que nous avons eu l'honneur de consulter sur ce prétendu mot égyptien, nous a répondu qu'il n'y avait rien de pareil dans la langue égyptienne, les mots qui expriment l'idée de grande eau n'ayant aucun rapport de ressemblance avec la leçon *Anchoboleta*, donnée ici comme présentant cette signification composée. Il faut donc voir en cet endroit une leçon tout à fait corrompue.

XXXI.

DE GENERE QUODAM MARITIMO AB HOMINIBUS AC FERIS GENITO.

Fingunt enim fabulæ Græcorum [a] bestias omnes
et terrena animalia cum variis monstrorum et belluarum gentibus in mari Tyrrheno [b] : et quod binis tantum pedibus, eo quod a pectore usque ad
caudas squamosa corpora habent. Et per quamdam picturam Græci operis (1) didicimus quod homines quos cærulei canes laceratione non devo-
raverunt, in dorso supradicti generis belluarum
vecti, sine læsione [c], fuissent, postquam Scylla [d], iisdem [e] circumdata monstris, ratem Ulyxis [f] spoliave-
rat nautis; et ita cum marinis leonibus, tigribus,
pantheris, onagris, lyncibus [g], et omni genere ferarum *atque* [h] animalium per proprias sui maris
regiones transierint. Et fingunt ideo his non nocuisse
hominibus, quia seminis humanam commixtionem
quærebant : et inde natum genus formæ triplicis (2)
perhibetur. Et in ejusdem modi fictis cernebam
vanitatibus [i] infantes his hominibus ac feris in mari
progenitos (3), [qui [j]] lactis mulgendi gratia [k] cum

Ms. [a] Gregorum. — [b] Terreno. — [c] Lesione. — [d] Scilla. — [e] Hisdem. — [f] Uluxis. — [g] Lincibus. — [h] Adquo. — [i] Là se trouve le mot
quæ. — [j] Ce mot n'est pas dans le manuscrit. — [k] Gracia.

conchis[a] natare per undas putabant, ut a suis sibi cibum exciperent parentibus.

Ms. [a] Concis.

NOTES.

(1) L'auteur ayant vu, comme il le dit ici, quelque peinture, ou plutôt quelque bas-relief antique, représentant des groupes de dieux marins, cherche à l'expliquer à sa manière.

(2) Les mots *genus formæ triplicis* signifient qu'il y avait d'une part mélange de l'homme avec la bête, et d'autre part mélange d'un être terrestre avec un être marin. Or un de ces deux mélanges constituerait *genus formæ duplicis,* comme celui que cite l'historien Duris : « Indorum quosdam cum feris coire, mistosque et semiferos esse partus. » Plin., *Hist. nat.,* VII, 1.

(3) Les Grecs ne sont pas les seuls qui aient goûté ce genre de fictions, fondées sans doute sur la physionomie de plusieurs grands phoques. Bochart, dans son *Hierozoïcon,* part. II, l. VI, c. xv, p. 857, sqq., a rapporté plusieurs traditions arabes du même genre, dont il donne le texte et la traduction latine. La comparaison de ces récits avec ceux de l'Occident nous a paru intéressante. Il cite d'abord la description que fait Alkazuin d'un monstre marin à figure humaine, appelé en arabe Abou-Muzaina, c'est-à-dire *père de la belle.* Il passe pour se montrer quelquefois aux environs d'Alexandrie et de Rosette. Sa peau est velue; il est, du reste, très-bien conformé. On en a même rencontré plus d'une fois qui étaient sortis de la mer et qui se promenaient sur le rivage. Mais ceux qui alors ont été

prispar des chasseurs ont su les attendrir par leurs larmes et leurs gé...ssements, au point de se faire relâcher.

Un autre monstre marin à figure humaine, cité par le même Alkazuin, dans son traité des prodiges de la création, et par l'Espagnol Abou-Hamed, est nommé le *Vieux-Juif*. Il a le visage d'un homme, une barbe blanche, le poil d'un bœuf, la taille d'un veau. Il sort à la surface de la mer la nuit qui précède le samedi, et on le voit errer jusqu'au coucher du soleil, sautant comme une grenouille, puis replongeant et suivant ainsi les vaisseaux.

Alkazuin en cite un troisième sous le nom d'*Homme* ou *Vieillard marin*. Celui-ci se montre sur la mer de Damas, où sa vue est le présage d'une abondante récolte en Syrie. Il a aussi une barbe blanche et est semblable à un homme, excepté qu'il a une queue. Un roi de ces pays, à qui on en amena un, lui fit donner une femme; et l'homme marin en eut un fils qui comprenait le langage de son père et celui de sa mère. Un jour qu'on demandait à ce fils ce que lui avait dit son père, il répondit qu'il lui avait exprimé son étonnement de ce que tous les animaux avaient la queue par derrière, et les hommes τὰς κέρκους εἰς τὸ ἔμπροσθεν.

Bochart cite encore un auteur arabe nommé Ibnolabialsaths, qui parle de *filles aquatiques*, dans la mer de Grèce. Leur teint est foncé; elles sont toutes semblables à des femmes, ont de longs cheveux épars, des yeux charmants et pleins d'éclat. Les différents organes où est l'indication du sexe ont chez elles un grand développement; elles parlent un langage inintelligible, tout entremêlé d'éclats de rire immodérés. Quand les matelots en prennent quelquefois, ils en jouissent, et ensuite les rejettent à la mer.

Bochart fait observer qu'il peut y avoir un fonds de vérité dans ces récits des Arabes, non-seulement par la ressemblance de figure qu'ont avec l'homme certains monstres marins, mais

encore par la complaisance avec laquelle ils suivent les vaisseaux, et par l'habitude qu'ils ont de se promener sur le rivage,
où quelques-uns même, à ce qu'il rapporte, ont cherché à faire
violence à des femmes. Il cite aussi un monstre marin femelle,
ressemblant à une femme, et que l'on garda longtemps dans
une ville de la Poméranie; son ardeur lubrique aurait été, non-
seulement observée, mais expérimentée. C'est à des faits de ce
genre qu'on doit sans doute rapporter, remarque-t-il, l'origine
des fables antiques sur les tritons et les néréides.

Alexandre d'Alexandre, *Genial. dierum* l. III, c. VIII, rapporte trois récits sur des êtres de ce genre. Le premier lui avait
été fait plusieurs fois par Boniface Draconetti, gentilhomme
napolitain, qui avait vu en Espagne, pendant qu'il y faisait la
guerre, le corps d'un homme marin conservé dans du miel, et
apporté comme un prodige aux petits princes à la solde desquels se trouvait ce gentilhomme. Le monstre avait la face d'un
vieillard, avec des cheveux et une barbe hérissée, un teint vert,
une taille plus haute que la taille humaine, des nageoires formées de cartilages réunis par des membranes. Mais nous devons être très-portés à la défiance sur toutes ces monstruosités
zoologiques, qui se voyaient dans les anciens cabinets d'histoire
naturelle, où, d'après une observation de M. Cuvier, on montrait souvent des corps composés de parties hétérogènes, pour
exciter l'étonnement au détriment de la vérité.

Les deux autres exemples que rapporte Alexandre d'Alexandre
sont d'une réfutation moins facile. L'un s'appuyait sur le témoignage presque contemporain de Théodore Gaza, qui racontait
avoir vu dans le Péloponèse, après une violente tempête, plusieurs monstres marins rejetés sur le rivage, et, entre autres,
ce qu'il appelait une néréide. «Inter cætera vidisse nereidem
in littore, fluctibus expositam, viventem jam et spirantem,
vultu haud absimili humano, facie quoque decora, neque inve-
nusta specie, corpore squamis hirto ad pubem usque, nisi

quod cætera in locustæ caudam desinebant. Ad quam propere
visendam cum frequens concursus fieret, ipseque et nonnulli
e propinquis oppidis vicini affinesque eo se contulissent, illam
frequenti turba circumdatam, mœstam et animo consternatam,
ut ex vultu conjectari erat, in littore jacentem, crebroque sus-
pirio fatigatam conspexisse; mox cum a tam frequenti corona
conspiceretur, seque in sicco destitutam videret, præ dolore ge-
mitus spirantes et lacrymas uberes dedisse; cujus misericordia
motus ipse, ut erat mitis placidusque, cum turbam decedere
de via jussisset, ipsam interim brachiis et cauda, quo maxime
modo poterat, humi reptantem, paulatim ad aquas pervenisse.
Cumque se præcipitem magno nixu in mare dedisset, ingenti
impetu fluctus secare cœpisse, momentoque temporis elapsam
ex oculis, nusquam apparuisse. » L'autre exemple était fourni
par Georges de Trébizonde, qui rapportait avoir vu, dans un
voyage où il s'était reposé au bord de la mer, près d'une fontaine, une belle figure de femme sortant des eaux jusqu'à la
ceinture, et plongeant et replongeant dans la mer.

Alexandre d'Alexandre ajoute le fait d'un triton ou homme
marin, en Épire, qui se tenait caché dans une grotte; et de là
il guettait les femmes qui venaient puiser de l'eau à une fontaine voisine. Quand elles étaient seules, il les suivait tout doucement, et se jetait tout à coup sur elles pour leur faire violence.
On tendit des filets, dans lesquels il finit par se prendre. Une
fois retenu hors de la mer, il refusa toute nourriture et mourut
au bout de peu de temps. Mais ses méfaits avaient donné l'éveil
aux habitants de la ville voisine, où l'on défendit, par un édit,
qu'aucune femme allât désormais à cette fontaine sans être
accompagnée.

Jules-César Scaliger, dans ses commentaires sur l'histoire des
animaux d'Aristote, l. II, c. cxviii, p. 252, éd. Maussac, où il
cite sommairement les faits ci-dessus, sans en indiquer la source,
en ajoute plusieurs autres. Deux gentilshommes de la maison

de son père, tous deux Épirotes, l'un nommé Georges Mala-
cassa et l'autre Sébastien Gadaro, lui avaient raconté avoir vu
chacun un triton sur les côtes d'Épire. Il cite encore le père
d'un nommé Constantin Palæocapus comme ayant vu un triton
dans le golfe d'Eubée. Enfin, un gentilhomme de Valence,
nommé Valerio Tesira, avait raconté au père de Jules Scaliger,
avoir vu un homme marin qui, pris dans des filets et déjà ga-
rotté pour être mis à mort, avait été sauvé à la prière d'un ambassadeur, et, aussitôt qu'il s'était trouvé débarrassé de ses liens,
s'était précipité dans la mer.

Scaliger rapporte encore, d'après Gyllius, qu'on prend quelquefois des hommes marins sur les côtes de Dalmatie, et que
telle est la dureté de leur peau, qu'on en fait des semelles de
souliers que ne peuvent user les plus longues routes. Cette circonstance nous a rappelé ce que M. Cuvier dit du morse (*triche-
cus rosmarus* Linn.) : « On emploie son cuir pour faire des sou-
pentes de carrosses. »

XXXII.

ÆETÆ REGIS TAURI FLAMMANTES.

Fuit rex *Æeta* ª qui regnavit in Colchide, quem scribunt tauros ignem flantes habuisse, et pellem auream, propter quam Iason Thessalus ad Colchos navigavit. Cui rex tauros flammantes domare, ut pellem mereretur, tribuit (1).

Ms. ª Eta.

NOTES.

(1) L'expédition des Argonautes a été traitée complétement ou touchée accessoirement par tant de poëtes et de mythographes de l'antiquité, qu'il serait difficile de dire à quelle source notre auteur a puisé son petit chapitre sur les taureaux *ignivomes* du roi Æeta. Sans parler d'Orphée, d'Apollonius de Rhodes, de Valerius Flaccus, dont nous avons des poëmes entiers sur les Argonautes, de Pindare qui leur a consacré toute sa quatrième Pythique, etc., on pourrait en trouver de fréquentes allusions, pour ainsi dire dans tous les poëtes de l'antiquité. Le roi Æeta spécialement est nommé dans Virgile, *Georg.*, l. II, v. 140, où il faut voir Servius; dans Ovide, *Metam.*, l. VII, v. 104, sqq.; dans le scoliaste de Stace, sur le vers 281 du livre II de la Thébaïde, et sur le vers 65 du

livre I de l'Achilléide, dans la xiv° fable d'Hygin, dans le
II° livre de l'Astronomique du même, dans le I° livre de la
Bibliothèque d'Apollodore, dans les chapitres xxiii, xxv et
cciv du premier mythographe du Vatican, dans les chapitres
.cxxxiv et suivants du second, etc.

XXXIII.

DE INDORUM BELLUIS QUIBUS CAUDA DUPLEX.

Et cum belluis Indorum, quoddam genus duplicibus fertur fuisse caudis, quæ *duplicata*ª ad sex
pedum mensuram in latitudine cum binis patebat
*unguibus*ᵇ quibus homines verberabat pungens (1).

Ms. ª Duplicatas. — ᵇ Ungibus.

NOTES.

(1) «Deinde amoto exercitu venit ad quemdam locum in
quo erant bestiæ habentes ungulas duas, latas pedibus tribus, cum quibus ferebant ad milites Alexandri. Similiter
habebant capita sicut porci, caudas sicut leones.» *Liber
Alexandri Magni Macedonis, de Præliis,* capitulo 90.

XXXIV.

DE LERNÆO ANGUE.

Lernæum autem anguem poetarum fabulæ fingunt dirum fuisse spiramine, et tanta re nocivum, veneno et linguis triplicibus terribilem. Cui de media fronte turba ingens monstrorum ac serpentium pullulabat [a], generisque, velut viperei Eumenidum crines, circa ejusdem anguis faciem globorum innumerabilibus nodis horrenda scatebant prodigia (1). Qui quondam fertur Herculem hac turba (2) serpentium et sibilantibus circumstetisse capitibus, atque in eo sibi proditus nihil profecisse perhibetur (3).

Ms. [a] Pululabat.

NOTES.

(1) Cette description n'est pas conforme à ce que la plupart des auteurs ont écrit de l'Hydre de Lerne. Ici elle est représentée comme n'ayant qu'une tête avec une énorme chevelure de serpents, tandis qu'on la représente ordinairement avec un grand nombre de têtes qui étaient des têtes de serpents, parce que l'Hydre était un serpent. De là ces vers de Sénèque le Tragique :

Quas manus, orbis miser, invocabis,
Si qua sub Lerna numerosa pestis
Sparget in centum rabiem dracones ?

Herc. OEt., act. V, sc. IV.

(2) L'expression *turba* ainsi que celle de *Lernæum anguem*,
au commencement du chapitre, sont prises de Virgile :

Lernæus turba capitum circumstetit anguis.

Æneid. l. VIII, v. 300.

Ovide donne à ce monstre cent têtes :

Vulneribus fœcunda suis erat illa : nec ullum
De centum numero caput est impune recisum.

Metam., l. IX, v. 70, sq.

Hygin, dans sa xxxii⁰ fable, et Apollodore, dans le II⁰ livre
de sa Bibliothèque, ne lui en donnent que neuf. Aratus dit
simplement, en parlant de la constellation qui tirait son nom
de ce monstre de la fable :

Ἀντέλλει δ' Ὕδρης κεφαλή.

Phænom., v. 2547.

Pausanias, vers la fin de ses Corinthiaques, p. 80, l. 3,
ed. Francof., dit avoir vu, près de la fontaine d'Amymone,
le platane sous lequel on prétendait que l'Hydre avait été
nourrie. A la même occasion, il examine cette ancienne tradition, dont il ne rejette pas la partie qui a rapport à la
grandeur de cette bête merveilleuse et à la force de son venin. Quant à la multiplicité des têtes, il regarde cela comme
une invention de Pisandre de Camira pour augmenter le merveilleux dans son poëme de l'Héracléide. En effet, il n'en est
pas question dans Hésiode. Ce poëte fait l'Hydre fille du géant
Typhon et de la nymphe Échidna, et sœur des chiens Cer-

bère et Orthus, de la Chimère, du Sphinx et du lion de Némée; elle était le troisième enfant de cette monstrueuse famille et elle fut élevée par Junon, en haine d'Hercule. Mais ce
fils de Jupiter, dirigé par Minerve et secondé par le martial
Iolaüs, en triompha. Voici tout ce qu'Hésiode en dit :

Τὸ τρίτον, Ὕδρην αὖτις ἐγείνατο, λυγρ' εἰδυῖαν,
Λερναίην, ἣν θρέψε θεὰ λευκώλενος Ἥρη ,
Ἄπλητον κοτέουσα βίῃ Ἡρακληείῃ.
Καὶ τὴν μὲν Διὸς υἱὸς ἐνήρατο νηλέϊ χαλκῷ
Ἀμφιτρυωνιάδης, σὺν ἀρηϊφίλῳ Ἰολάῳ,
Ἡρακλέης, βουλῇσιν Ἀθηναίης ἀγελείης.

Theog., v. 313, sqq.

Platon, dans l'Euthydême, suppose plaisamment que cette
Hydre n'était qu'un sophiste, appelé Cancrus, qui, débarquant
dans un port où se trouvait Hercule, se mit à le tourmenter
de ses sophismes inextricables. Hercule, ne sachant comment
s'y reconnaître, appela à son aide son neveu Iolaüs, meilleur
dialecticien que lui.

Servius, sur le vers 287 du VI° livre de l'Énéide, a expliqué
sérieusement la tradition d'après laquelle, à la place de chaque
tête coupée, il en renaissait trois : «Latine *excetra* dicitur,
quod uno cæso tria capita excrescebant. Cum sæpe amputata
triplarentur, summoto ab Hercule incendio consumpta narratur : cujus felle Hercules sagittas suas tinxisse dicitur. Sed
constat Hydram locum fuisse evomentem aquas vastantes vicinam civitatem : in quo, uno meatu clauso, multi erumpebant. Quod Hercules videns, loca ipse exussit; quibus siccis
clausit meatus. Nam Hydra ab aqua dicta est, id est ἀπὸ τοῦ
ὕδατος. » — Isidore de Séville a reproduit deux fois ce passage
de Servius, *Origin.* l. XI, c. III, et l. XII, c. IV. Dans ce dernier
endroit, au lieu de *locum*, des éditions donnent *lacum.* Ce qui
reste assez obscur, c'est l'expression *loca ipse exussit.* Cela veut-il

dire qu'Hercule, ayant donné un autre écoulement aux eaux, mit à sec ces lieux que le soleil dessécha tout à fait ? Enfin, saint Isidore cite, au sujet de l'hydre, cette belle comparaison de saint Ambroise, si souvent imitée depuis : « Hæresis enim, velut quædam hydra fabularum, vulneribus suis crevit : et dum sæpe reciditur, pullulat, igni debita, incendioque peritura. » Je m'étonnerais fort qu'aux époques de persécutions religieuses, on n'eût pas pris à la lettre cette expression de saint Ambroise, pour lui donner une cruelle application.

Mon savant ami M. Floquet, dans son excellente histoire du privilége de saint Romain, la monographie historique peut-être la plus complète et la plus curieuse qui ait paru en France, nous apprend que Louis de Sacy s'était servi du passage d'Isidore de Séville pour essayer d'expliquer par analogie cette légende fabuleuse de la gargouille, si célèbre à Rouen, et dont l'origine était restée une énigme pour tous les savants qui en avaient abordé successivement l'investigation. « A ses yeux, dit M. Floquet, cette légende fabuleuse n'était qu'une version populaire et dénaturée d'un autre miracle très-vrai. Du temps de saint Romain, la Seine s'étant débordée et menaçant de submerger une partie de la ville, le saint, par ses prières, avait fait rentrer le fleuve dans son lit, et Rouen avait été préservé d'une inondation imminente. Cette inondation, disait Sacy, avait dû être appelée *gargouille*, ce mot signifiant autrefois, dans notre langue, irruption, bouillonnement de l'eau. Les savants l'avaient traduit par le mot *hydra*, « de *udor*, aqua »; puis étaient venus les ignorants, qui avaient traduit *hydra* par hydre, serpent, dragon; et, en définitive, saint Romain s'était trouvé avoir dompté, non la Seine débordée, mais une hydre, un dragon furieux. Et pour donner un exemple de ces travestissements de faits certains en des fables où paraissent encore quelques traces de l'action primitive, qu'était-ce en réalité que cette hydre de Lerne qu'Hercule avait su dompter ? Isidore de Sé-

ville nous l'avait appris. C'était un lac dont les eaux inondaient
et ruinaient la campagne. Hercule avait élevé les bords de ce
lac, et étant parvenu, par ce moyen, à le contenir dans ses
rives, avait mérité ainsi la reconnaissance des peuples. Dans la
suite, de ce lac si redouté, qui naguère s'épandant par plusieurs
bouches allait inonder et dévaster les campagnes, ils avaient
fait un serpent monstrueux, armé de cent têtes, qui dévorait
les hommes. La fable de l'hydre d'Hercule et la fable du dragon de saint Romain, à peu près semblables, avaient la même
origine. Sacy interprétait ainsi la légende de la gargouille, et
certes, cette explication avait quelque chose d'ingénieux. » T. I,
p. 54 et suiv. Pour les raisons sans réplique par lesquelles
M. Floquet la réfute néanmoins, et pour la véritable explication
qu'il y substitue, nous rendrons un véritable service aux personnes qui aiment à étudier l'histoire dans ses sources les plus
pures, en les renvoyant à cet ouvrage si remarquable. Il est intitulé : *Histoire du privilége de saint Romain, en vertu duquel le
chapitre de la cathédrale de Rouen délivrait anciennement un meur-
trier tous les ans, le jour de l'Ascension,* par A. Floquet. Rouen,
1833, 2 vol. in-8°.

(3) Ici se termine le manuscrit de M. de Rosanbo.

II.

LETTRE

D'ALEXANDRE LE GRAND

A OLYMPIAS ET A ARISTOTE

SUR LES PRODIGES DE L'INDE.

D'APRÈS LES MANUSCRITS GRECS DE LA BIBLIOTHÈQUE DU ROI
N°⁸ 113 DU SUPPLÉMENT ET 1685 DE L'ANCIEN FONDS;

AVEC LA TRADUCTION FRANÇAISE.

EXTRAIT

DU MANUSCRIT GREC DE LA BIBLIOTHÈQUE DU ROI
N° CXIII DU SUPPLÉMENT.

DU FOLIO 148 VERSO AU FOLIO 151 RECTO.

ΕΠΙΣΤΟΛΗ

ΑΛΕΞΑΝΔΡΟΥ

ΠΡΟΣ

ΟΛΥΜΠΙΑΔΑ ΚΑΙ ΑΡΙΣΤΟΤΕΛΗΝ.

―――――

Ἀλέξανδρος βασιλεὺς Ὀλυμπιάδι τῇ μητρί μου, κὴ Ἀριϛοτέλει τῷ καθηγητῇ, χαίρειν (1).

Χρόνος ἤδη παρῳχήκει πολὺς [a], ὦ μῆτερ ἐμὴ, τὰ περὶ ἡμῶν τῇ σῇ μὴ ἀναδιδαχθήσεσθαι ϛοργῇ. Ἐπὶ τούτῳ γινώσκω ἀδημονεῖν σε κὴ φροντίζειν περὶ ἐμοῦ· κὴ ἀσθενεῖν σε τῇ ψυχῇ πλείϛοις λογισμοῖς, ὥσπερ χειμαζομένη ναῦς· κὴ ταῖς νυξὶ συνιέναι κὴ τὰ περὶ ἐμοῦ μελετᾶν. Πολλάκις δὲ κὴ δυϛυχοῦντά με ὁ ὄνειρος παραδείκνυσιν. Οἶδά σε τοιγαροῦν ποτὲ μὲν τῇ δυϛυχίᾳ θλιβομένην ἐν τῷ ὀνείρῳ, διεγερθεῖσαν δὲ ἐξ αὐτοῦ, χαρῆναι τῷ τοῦ ψεύδους φαντάσματι· λυπηθῆναι δὲ κὴ τῷ τῆς ἀποδημίας ϛερήματι. Τῷ αὐτῷ δὲ κὴ ἐπὶ τοῦ ἐναντίου, ἐν τῷ ὀνείρῳ συνοῦσα χαίρεις [b] ὅσης εὐτυχίας κὴ θεω-

Ms. [a] Πολλύς. — [b] Χαίρειν.

LETTRE
D'ALEXANDRE

A

OLYMPIAS ET A ARISTOTE.

Alexandre, roi, à Olympias, ma mère, et à Aristote, mon précepteur, salut.

Bien du temps s'est déjà écoulé, ô ma mère, sans que ton amour maternel ait rien appris de nouveau sur mon compte. Aussi, je sens bien que tu es dans la tristesse et dans les inquiétudes, et que ton esprit, comme un vaisseau battu par la tempête, est balotté par mille et mille pensées. La nuit, tu t'occupes encore de moi : souvent un songe te montre ton fils malheureux. C'est ainsi, je le sais, que tu es souvent tourmentée par des rêves tristes ; et, en t'éveillant, tu te réjouis de voir que c'est un fantôme mensonger. Mais alors tu t'affliges de mon absence. D'autres fois, au contraire, un songe t'offre une occasion de te réjouir : la vue de ton fils te rem-

είας τοῦ υἱοῦ ἐμπιπλαμένη· τοῦ δὲ ὀνείρου
ἀναςᾶσα, οὐ μετρίως λελυπῆσαι, ἐν τῇ αὐτῇ
οὖσα χαρᾷ τοῦ ὀνείρου. Ἐπίςαμαι γὰρ ςοργὴν
μητρὸς εἰς ἀποδημοῦντα υἱόν. Ταυτὰ δὲ κ̣ ἐμοὶ
πολλάκις ἐμφαίνεται· ἐξ ἐμαυτοῦ γὰρ κ̣ τὰ σὰ
ἐπίςαμαι, μῆτερ ἐμή. Ἐν τούτοις δὲ πᾶσιν ἵλεως
ἔσο μου τοῖς ἀγνοήμασιν· κ̣ τὰ ἐμοὶ συμβεβη-
κότα διὰ τῆσδέ μου ἀνάγνωθι τῆς ἐπιςολῆς.

Καθὼς γὰρ πρώην [a] σοὶ ἀνεδίδαξα τὰ περὶ
Δαρείου, ὡς αὐτὸν συμβολαῖς ἡττήσαμεν τρισί·
μετὰ δὲ τὸ ἡττηθῆναι αὐτὸν, ἐγκρατὴς γενόμενος πάσης Περσίδος, τὴν ἑαυτοῦ θυγατέρα (ὡς
περέφην) γυναῖκα εἱλόμην [b], κ̣ ὁμόνοιαν Πέρ-
σαις κ̣ Μακεδόσιν ἐκ τούτου πεποίηκα τοῦ
δράματος. Τοὺς δὲ πάντας ἀναλαβόμενος [c], τὴν
κατ᾽ Αἴγυπτον ἐποιησάμην ὁδόν. Καὶ δὴ χώρας
πλείςας κ̣ πόλεις ὑποτάξας, τὴν Ἰουδαίαν,
παρήμην [d] γῆν. Οἵτινες οἱ ἐκεῖσε ζῶντι Θεῷ ἔδο-
ξαν λατρεύειν· ὃς ἐμοὶ ἐποίησε πρὸς αὐτοὺς
ἀγαθὴν ἔχειν γνώμην. Καὶ ὅλη μου ψυχὴ πρὸς
αὐτὸν ἦν (2). Τούτους δὲ ἐχαρισάμην τά τε
δῶρα κ̣ τοὺς ἐτησίους φόρους· οὐ μὴν ἀλλὰ κ̣
ἐκ τῶν Περσικῶν λαφύρων πλεῖςα τούτοις

Mβ. [a] Ιζρών [sic]. — [b] Ἡλώμην. — [c] Ἀναλλαβόμενος. — [d] Cu

plit de bonheur. Puis, lorsque tu t'éveilles dans la joie d'un si beau rêve, tu ressens une vive affliction. Je comprends ce qu'est la tendresse d'une mère pour un fils absent; car j'éprouve souvent les mêmes effets; et par mes sentiments, ma mère, je juge des tiens. Sois donc indulgente sur toutes les fautes que je puis commettre par ignorance, et lis dans cette lettre ce qui m'est arrivé.

Comme je te l'ai mandé précédemment, j'ai vaincu Darius dans trois batailles; devenu, par sa défaite, maître de toute la Perse, j'ai (ainsi que je te l'ai annoncé) épousé sa fille, et, par là, établi l'union entre les Perses et les Macédoniens. Alors, les assemblant tous, je fis route vers l'Égypte, où je soumis un grand nombre de villes et un vaste territoire, et j'arrivai en Judée. Les habitants de ce pays paraissent adorer le Dieu vivant, qui m'inspira pour eux de très-bonnes dispositions. Toute mon âme se tourna vers lui. Je fis grâce aux habitants de tout présent et de tout tribut annuel, et même je leur donnai une bonne part du butin fait sur les Perses. Ils me proclamèrent roi maître

mot doit être pour παρῆν, à moins qu'il ne faille lire παρῆμεν au pluriel, comme dans la phrase précédente.

ἐδωρησάμην. Παρ' αὐτῶν δὲ βασιλεὺς Κοσμο-
κράτωρ ἀνηγορεύθην· κ) διελθὼν τὴν αὐτῶν χώραν, δι' ἡμερῶν ἱκανῶν τὴν Αἰγυπτίων κατέλαβον
γῆν. Ἐν ᾗ διατρίψας καιρὸν ὀλίγον (3), πᾶσά μοι
ἡ χώρα ὑπετάγη. Εἰσελθὼν δὲ εἰς τὴν αὐτῶν πόλιν (4), βασιλέα με κ) αὐτοὶ Κοσμοκράτορα
ἀνηγόρευσαν. Διὰ δὲ τὸν χρησμὸν αὐτῶν, πόλιν
ἐμαυτοῦ τὴν Αἰγύπτου ᵃ (5) ὠνόμασα· ταύτην
ἐκ βάθρων οἰκοδομήσας κ) παμποικίλοις κίοσι κ)
ἀνδριάσι κατακοσμήσας ᵇ αὐτήν. Κἀκεῖσε πάντας
τοὺς θεοὺς ἐξουθένισα, ὡς οὐκ ὄντας θεούς· τὸν δὲ
ἐπὶ τῶν σεραφὶμ (6) θεὸν ἀνεκήρυξα, ϛήλην δὲ
ἐμὴν κ) τῶν ἐμῶν φίλων (7) ἐν αὐτῇ ἵδρυσα· τῇ
πόλει· ἤγουν ᶜ Σελεύκου, Φιλίππου κ) Ἀντιόχου.

Ταῦτα οὖν ποιήσας, ἔδοξέ μοι τὴν ἄκραν τῆς
γῆς καταλαβεῖν. Καὶ τὸ ἐννόημα ἔργον (8)
ἦν. Ἐπὰν δὲ τὴν ὑφήλιον οἰκουμένην διῆλθον,
εἰς τόπους δυσβάτους κ) ἀγείους κατηντήσα-
μεν. Ὡς οὖν τοὺς δυσβάτους ἐκείνους τόπους
διήλθομεν δι' ἡμερῶν τριάκοντα, εἰς πεδίον κα-
τηντήσαμεν πάνυ λεῖον. Ἐν αὐτῷ δὲ ἀγείους
ἀνθρώπους εὕρομεν, κ) τούτους ἐτερπώσαμεν. Ὡς
δὲ ἐνδότερον εἰσελθόντες τὰς Ἡρακλέους εὔ-

Ms. ᵃ Τὴν Αἴγυπ7ον. — ᵇ Καταμήσας. — ᶜ Ἤως.

du monde; puis, traversant leur pays, j'arrivai en Égypte après un certain nombre de jours. Là je n'employai que peu de temps à soumettre à ma puissance toute cette contrée. A mon entrée dans leur capitale, les Égyptiens aussi me saluèrent roi maître du monde. D'après la réponse de l'oracle du pays, je donnai mon nom à une ville d'Égypte. Je la fis construire en entier depuis les fondements, et l'ornai d'une quantité de colonnes et de statues. Je ne témoignai que du mépris à tous leurs dieux, comme n'étant pas des dieux; mais je proclamai le dieu porté sur les séraphins. Je fis ensuite élever, dans ma ville, ma statue et celle de mes amis, Séleucus, Philippe et Antiochus.

Après cela, je résolus de pénétrer jusqu'aux extrémités de la terre. Cette résolution fut aussitôt exécutée que prise. Lorsque nous eûmes parcouru la partie de la terre qui est sous le soleil, nous rencontrâmes des lieux affreux et impraticables. Après avoir mis trente jours à traverser ces lieux si difficiles, nous arrivâmes dans une plaine toute unie. Nous y trouvâmes des hommes sauvages, et les mîmes en fuite. Puis, pénétrant plus avant, nous trouvons les colonnes d'Hercule et les palais de Sémiramis.

ϱμεν ϛήλας κ̀ τὰ μέλαθϱα Σεμιϱάμεως ᵃ· κ̀
ἐκεῖ ἀναπαυσάμενοι ἡμέϱας τινὰς, διελθόντες
εὔϱμεν ἀνθρώπους ἑξάχειϱας κ̀ ἑξάποδας· οὓς
κ̀ τεϱπωσάμενοι, τῶν ἐνδοτέρων διήλθομεν, κ̀
κατελάβομεν τόπον παϱάλιον. Ἐκεῖσε οὖν ἀναπαυσάμενοι, καρκῖνος θαλάσσιος ἐκβὰς, ἵππον
νεκϱὸν ἀναλαβόμενος (9), τὴν θάλασσαν εἰσέδυ.
Ἐπέϛησαν δὲ ἡμῖν πλῆθος ἐναλίων θηϱίων, ὡς
μὴ ἱκανοὺς ἡμᾶς ἑνὸς καρκίνου πεϱιγενέσθαι.
Πυϱὸς δὲ φλόγα ἀνάψαντες, τῶν ἐκεῖσε διεσώ-
θημεν.

Ἐκεῖθεν οὖν διελθόντες, ἕτεϱον κατελάβομεν
τόπον, κ̀ αὐτὸς παϱάλιος ἦν· κ̀ νῆσος ἐφαίνετο
κατὰ τὴν θάλασσαν. Ναῦν δὲ κατασκευάσας,
τὴν νῆσον εἰσῆλθον· κἀκεῖσε εὖϱον ἀνθρώπους
ὁμοίους τῇ ἡμῶν διαλέκτῳ, σοφοὺς μὲν, γυμνοὺς
δὲ πάντας ᵇ ὡς ἐκ κοιλίας μητϱὸς αὐτῶν.

Καὶ δὴ τῶν ἐκεῖθεν ἐξελθόντες, κ̀ διελθόντες
ἡμέϱας τινὰς, εὔϱμεν ἀνθρώπους ἑξάποδας κ̀
τελοφθάλμους· κ̀ τούτους διελθόντες, εὔϱμεν
ἀνθρώπους κυνοκεφάλους (10), μόλις δὲ κ̀ τούτους διεκφυγόντες, κατελάβομεν ἐν πεδίῳ παμ-
μεγέθει. Κατὰ μέσον δὲ τῆς πεδιάδος φάϱαγξ

Ms. ᵃ Σεμιράμεως. — ᵇ Πάντες.

Là, nous nous reposâmes quelques jours; puis, nous étant remis en marche, nous rencontrons des hommes qui ont six mains et six pieds. Après les avoir mis en fuite, nous continuâmes notre route jusqu'à un lieu situé au bord de la mer. Y ayant fait une halte, nous vîmes sortir des flots un cancre qui emporta un cheval mort, et rentra dans la mer. Bientôt une foule de monstres marins vint fondre sur nous, de sorte que nous ne fûmes pas en force pour nous emparer d'un seul cancre. La flamme d'un feu que nous allumâmes nous en délivra.

Nous quittâmes ce lieu et arrivâmes dans un autre également sur le bord de la mer, d'où l'on apercevait une île. Je fis préparer une embarcation et m'y rendis. J'y trouvai des hommes qui parlaient la même langue que nous, qui étaient sages, et nus comme sortant du ventre de leur mère.

En quittant ces lieux, nous marchons encore quelques jours, et rencontrons des hommes qui ont six pieds et trois yeux; plus loin, des hommes à tête de chien, que nous eûmes beaucoup de peine à mettre en fuite. Enfin, nous nous trouvons dans une plaine immense; au milieu était un gouffre. J'y fis jeter un pont sur lequel toute l'armée passa.

ἐςήειχτο· χ̀ ταύτην γεφυρώσας χ̀ περάσαντες παντρατὶ, διήλθομεν ἐκεῖθεν.

Ἔκτοτε δὲ οὐκ ἔτι εἴχομεν τὸ τῆς ἡμέρας φῶς· χ̀, ὡς ἔθος ἦν, ἐμπεριπατήσαντες ἡμέρας τινὰς κατελάβομεν ἐν τῇ παννυχίῳ[a] γη. Ἔνθα ἐςὶν ἡ τῶν μακάρων χώρα. Καταλαβόντα δὲ πρὸς μὲ δύο ὄρνεα ἀνθρωπόμορφα (11), ἱπτά-μενα, συνεβουλεύσαντό μοι· « Οὐκ ἔξεςί σοι, Ἀλέξανδρε, τῶν ὧδε διέρχεσθαι. » Ἐκεῖθεν οὖν ὑποστρέψαντες, τοῖς πᾶσι παρεκελευσάμην μετὰ χεῖρας λαβεῖν τινα τῶν ἐκεῖσε· ὀλίγοι δὲ τὸ προςαχθὲν ἐξετέλεσαν. Ὁπηνίκα οὖν τῷ φωτὶ κατελάβομεν, ἅπαντες μετενόησαν οἱ μὴ ἄραντες. Καὶ δὴ τῶν ἐκεῖθεν ἐξήλθομεν, δεξιοῖς μέρεσι τὴν ὑποςροφὴν ποιούμενοι.

Διελθόντες δὲ ἡμέρας τινὰς, τοὺς ἱπποχεν-ταύρους ἐπολεμίσαμεν· χ̀ τούτους τρεπωσάμε-νοι, δι᾽ ἡμερῶν πεντήκοντα τὴν οἰκουμένην κατε-λάβομεν, πολλοὺς κινδύνους διελθόντες. Τανῦν δὲ πρὸς Πῶρον τὸν τῶν Ἰνδῶν βασιλέα εὐτρεπιζό-μεθα πολεμίσαι· χ̀ ὅσα περὶ ἡμῶν ἡ θεία εὐο-δώσειεν[b] πρόνοια, ταῦτα γενέσθω ! Τὴν δὲ ἀπογραφὴν τῶν θεαθέντων πραγμάτων ἔνδον

Μв. [a] Παννυχίῳ. — [b] Εὐωδώσειεν.

A partir de là, nous fûmes privés de la lumière du jour; et continuant, selon notre habitude, à marcher pendant quelques journées, nous arrivâmes dans une contrée entièrement ténébreuse. C'est la terre des heureux. Alors deux oiseaux à figure humaine s'approchèrent de moi en volant, et me dirent : « Il ne t'est pas permis, Alexandre, d'aller plus loin. » Nous retournâmes donc, et j'ordonnai à tous mes gens d'emporter avec eux quelque objet du pays. Un petit nombre obéit à cet ordre; et quand nous revîmes la lumière, ceux qui n'avaient rien pris s'en repentirent. Nous quittâmes donc ces lieux, en nous dirigeant, pour revenir, vers la droite.

Après quelques jours de marche, nous eûmes à combattre les hippocentaures, qui furent mis en fuite; et au bout de cinquante jours, nous atteignîmes la terre habitable, à travers toute sorte de dangers. Maintenant nous voici revenus pour combattre Porus, roi des Indes. Puissent les succès que nous réserve la divine Providence nous arriver! Quant à la description de ce que nous avons vu, vous la trouverez dans cette lettre : en

344 ΕΠΙΣΤΟΛΗ ΑΛΕΞΑΝΔΡΟΥ.

εὑρήσετε* τῆς ἐπιϛολῆς· ἥνπερ ἐντυχόντες (12) τὰ ἡμῶν καθ᾽ ὅπως ἀναδιδαχθήσεσθε.

Ἔῤῥωσο, μῆτερ, σὺν τῷ καθηγητῇ μου, ὑπὲρ ἡμῶν τὸ Θεῖον ἐξιλεούμενοι.

Ms. * Εὑρήσητε.

NOTES.

(1) Ceci ne s'accorde pas avec ce que Plutarque rapporte, d'après les historiens Duris et Charès, qu'après la défaite de Darius, Alexandre n'employa plus le mot χαίρειν dans ses lettres, qu'en écrivant à Phocion et à Antipater. Mais on peut supposer qu'Olympias et Aristote sont là des exceptions naturellement sous-entendues. Voici le passage de Plutarque, vie de Phocion : Ὅγ᾽ οὖν Δοῦρις εἴρηκεν, ὡς μέγας γενόμενος καὶ Δαρείου κρατήσας, ἀφεῖλε τῶν ἐπιστολῶν τὸ Χαίρειν, πλὴν ἐν ὅσαις ἔγραφε Φωκίωνι· τοῦτον δὲ μόνον, ὥσπερ Ἀντίπατρον, μετὰ τοῦ Χαίρειν προσηγόρευε· τοῦτο δὲ καὶ Χάρης ἱστόρηκε. Page 1375 de l'éd. de H. Estienne. — Élien rapporte le même fait, Var. histor. l. I, c. xxv.

(2) Chez l'auteur grec moderne, Alexandre s'explique d'une manière encore plus formelle : «En vérité, dit ce prince, vous êtes les serviteurs du Dieu très-haut. Et moi aussi je crois en ce Dieu, et je l'adore; je vous remets les présents et le karatch que je devais recevoir de vous.» Voici le passage en entier : Τότε Ἀλέξανδρος εἰσέβη, καὶ ἐπροσκύνησε τὴν Ἁγίαν Σιών· καὶ ἔδειξάν του πῶς τὴν ἔκτισεν ὁ Σολομὼν ὁ σοφὸς καὶ βασιλεύς. Καὶ αὐτὸς ἐρώτησέ τους, ποίου Θεοῦ εἶναι; Καὶ ὁ προφήτης τοῦ εἶπεν· «Ἡμεῖς ἕνα Θεὸν προσκυνοῦμεν, καὶ ὁμολογοῦμεν, ὁποῦ

la lisant, vous serez instruits de tout ce qui nous
touche.

Adieu, ma mère et mon précepteur; implorez pour
moi la Divinité.

ἔκαμε τὸν οὐρανὸν καὶ τὴν γῆν. » Ὡς ἤκουσεν ὁ Ἀλέξανδρος, εἶπεν·
« Ἐπ᾽ ἀληθείας Θεοῦ καὶ ὑψίστου δοῦλοι εἶσθε. Καὶ πιστεύω καὶ
ἐγὼ εἰς αὐτὸν τὸν Θεὸν, καὶ τὸν προσκυνῶ· καὶ χαρίζω σας καὶ τὰ
δῶρα, καὶ τὸ χαράτζιον, ὁποῦ ἤθελα νὰ πάρω ἀπὸ ἐσᾶς. Καὶ ἄμπο-
τες αὐτὸς ὁ Θεὸς νὰ εἶναι μετ᾽ ἐμένα καὶ νὰ μὲ βοηθῇ εἰς ὅτι καὶ
ἂν ἤθελα ἐπιχειρισθῇ ! » Καὶ ὁ προφήτης Ἱερεμίας ἐπῆρε τοὺς ἄρχον-
τας ὅλους, καὶ δῶρα πολλὰ, καὶ ἐπῆγαν καὶ ἐπροσκύνησαν τὸν
Ἀλέξανδρον· καὶ αὐτὸς δὲν ἠθέλησε νὰ τὰ πάρῃ καὶ εἶπεν· « Ἀς εἶναι
δωρήματα εἰς τὸν Θεὸν Σαβαώθ. » Ἱστορία Ἀλεξάνδρου τοῦ
Μακεδόνος, σελ. 91.

(3) Les nominatifs absolus ne sont pas sans exemple dans
la bonne littérature grecque, même en prose, témoin, entre
autres, ce passage de Lucien : Ἀναμίξαντες δὲ τὰ στρατεύματα
ὁ Εὔβιοτος καὶ ὁ Ἀδύρμαχος, ἐννέα μυριάδες ἅπαντες ἐγένοντο....
καὶ τὰ λ. Toxar., c. LIV. Toutefois celui qu'emploie ici notre
auteur offre l'incorrection d'un style de décadence; car le sujet
étant le même dans la première partie de la phrase et dans la
seconde, il emploie dans l'un le nominatif διατρίψας et dans
l'autre le datif μοι. Une syntaxe régulière demandait le datif
dans les deux endroits, sans suspension. C'est donc le cas d'appliquer ici cette remarque de M. Hase sur l'auteur anonyme
du morceau historique intitulé De Velitatione bellica, qu'il a
publié, comme on sait, à la suite de Léon le Diacre : « Hujus
autem auctoris, quisquis fuit, dicendi genus caret omnibus

ornamentis, horridiusque est ac præfractius. Sermonem vulga-
rem quem frequentat, sæc. x, jam plurimum a syntaxi elegan-
tiore abfuisse demonstrant nominativi absoluti, 125, D. πλῆθος γὰρ — 130, A. ὁρῶν — contra quam oportebat positi. » In
Leonem Diac. præfat. Voici le premier des deux passages indiqués par notre illustre maître : Πλῆθος γὰρ χόρτου ἐρημίας
ὑπάρχον, καὶ τοῖς ποσὶ τῶν ἀλόγων καταπατούμενον, οἱ τῶν ἀνδρῶν
ἐμπιρότατοι δύνανται ἐκ τούτου τὴν τοῦ λαοῦ ποσότητα, εἰ καὶ
μὴ ἀκριϐῶς, καταστοχάζεσθαι.

(4) On doit supposer que τὴν πόλιν est pris ici κατ' ἐξοχὴν
pour *la capitale :* c'est dans ce sens que j'ai traduit.

(5) J'ai corrigé la leçon du manuscrit τὴν Αἴγυπτον en τὴν
Αἰγύπ*lου*, l'*Alexandrie d'Égypte.* On sait qu'Alexandre donna
son nom à un grand nombre de villes. On en compte douze
dans une liste qui est à la fin de ce manuscrit, fol. 204 recto.
La voici :

Ἔκτισε δὲ πόλεις δώδεκα ταύτας·

Ἀλεξάνδρειαν τὴν κατ' Αἴγυπτον·	α
Ἀλεξάνδρειαν τὴν ἐν Ὄρπη οὖσαν·	ϛ
Ἀλεξάνδρειαν τὴν εἰς Κράτιστον·	γ
Ἀλεξάνδρειαν τὴν ἐν Σκυθίᾳ τῇ γῇ·	δ
Ἀλεξάνδρειαν τὴν ἐπὶ Κρηπίδος ποταμοῦ·	ε
Ἀλεξάνδρειαν τὴν ἐπὶ Τρωάδος·	ϛ
Ἀλεξάνδρειαν τὴν ἐν Βαϐυλῶνι·	ζ
Ἀλεξάνδρειαν τὴν εἰς Περσίαν·	η
Ἀλεξάνδρειαν τὴν ἐπὶ Κεφάλων ἵππων [sic]	θ
Ἀλεξάνδρειαν τὴν ἐπὶ τοῦ Πώρου·	ι
Ἀλεξάνδρειαν τὴν ἐπὶ Τίγριδος ποταμοῦ·	ια
Ἀλεξάνδρειαν τὴν ἐπὶ Μεσόγγιστα.	ιϐ

. Sur toutes ces villes, dont plusieurs sont indiquées là d'une manière fautive, voyez l'*Histoire crit. de l'établiss. des colonies gr.* par M. Raoul Rochette, t. IV, 1. VII.

(6) C'est une phrase biblique.

(7) Il paraît qu'à la cour de Macédoine ce titre de φίλος τοῦ βασιλέως était une dignité. C'est ce que l'on voit dans les papyrus grecs du temps des Ptolémées. Ces princes, qui avaient transporté en Égypte tous les usages des rois de Macédoine, avaient même ajouté à cette dignité celle de συγγενὴς τοῦ βασιλέως, *parent du roi*, à peu près comme nos rois appelaient les ducs et pairs *mon cousin*. M. Letronne (*Recherches pour servir à l'histoire de l'Égypte pendant la domination des Grecs et des Romains,* c. III, *temple d'Antæopolis,* p. 58, suiv.) entre dans des détails circonstanciés sur ce titre d'*ami,* qu'il croit pouvoir rendre à peu près par celui de *conseiller intime;* il cite plusieurs passages où ce titre est donné à des dignitaires chargés aussi d'autres fonctions, et qualifiés en outre τῶν πρώτων φίλων ou πρῶτος τῶν φίλων, à peu près « comme chez nous, dit M. Letronne, les préfets ou les commandants de divisions militaires, qui sont en même temps conseillers d'état, n'oublient point de se donner ce dernier titre. » M. Letronne pense qu'Alexandre avait pris cette institution des Perses; elle lui paraît répondre à la classe des ὁμότιμοι, qui remplissaient près de ces monarques les fonctions de gardes du corps, d'introducteurs, de conseillers.

(8) Le véritable sens de cette locution nous est indiqué par deux notes de M. Boissonade; l'une au sujet de cette phrase de Nicétas Eugénianus, t. II, p. 8 : Ἴδε οὖν ὡς ἅμα ἔπος ἅμα ἔργον ὅπερ ᾔτησας; l'autre au sujet de cette phrase d'Aristénète, 1. II, ep. VII, p. 150 : Ὁ δ' οὖν νέος, ἅμα ἔπος ἅμα ἔργον, ἄσμενος αὐτίκα μάλα τὴν αἴτησιν τῆς κόρης ἐπλήρου. La note de M. Boissonade est à la page 668. Cette locution répond exactement à notre *aussitôt dit, aussitôt fait.*

(9) Dans le texte grec moderne, ce sont des fourmis qui

emportent un cheval : Καὶ ἦλθαν εἰς ἕνα τόπον, ὅπου εἶχαν σπή- λαια μεγάλα, καὶ ἐκατοικοῦσαν μύρμιγκες, ὅπου ἔπερναν εἰς τὸ χῶος τοῦ σπηλαίου ἕνα ἄλογον. Ἱστορ. Ἀλεξάνδρου τοῦ Μακε- δόν., σελ. 140. Serait-ce une réminiscence des fourmis in- diennes? Voyez ci-dessus,. *De Belluis*, c. xv.

(10) La version grecque moderne les appelle σκυλοκεφάλους : Καὶ ἦλθεν εἰς ἕνα τόπον ὅπου ἦτον οἱ Σκυλοκέφαλοι, καὶ τὸ κορμί τους ἦτον ἀνθρώπινον, καὶ τὸ κεφάλι τους ἦτον σκύλινον, καὶ ἡ φωνή τους ἀνθρωπίνη· καὶ ἐπεριπατοῦσαν ὡσὰν σκυλία. Ἱστορία Ἀλε- ξάνδρου τοῦ Μακεδόνος, περιγράφουσα τὰς ὁδοιπορίας αὐ- τοῦ, τούς τε πολέμους, καὶ τὰ κατορθώματα, καὶ ἄλλα πλεῖστα πάνυ περίεργα. Ἐν Βενετίᾳ, 1810, ἐν 12. σελ. 146.

(11) Dans le texte de la vieille version française, tel que l'offre le manuscrit n° 7518, au lieu de ces oiseaux, Alexandre rencontre le phénix. « Lors s'en entrerent plus parfont en la forest; si trouverent ung arbre durement hault, qui n'avoit ne feuilles ne fruit, sus lequel arbre se seoit un moult grant oysel, qui avoit sus sa tête une creste semblable à ung paon, et avoit les plumes du col resplendissans comme de fin or, et si estoit de couleur de pourpre onde comme couleur de rose. Quand Alixandre et ses barons virent cel oysel, si de- manderent au prœdome qui les menoit, que de sa grace il leur volsist dire quel oysel c'estoit sus cet arbre. Adont leur dist le prœdome; Chilz oisiaulx est appellez fenix. » XLIV° ca- pitle. Puis vient la fable connue de l'existence du phénix.

(12) Dans les bons auteurs, comme Platon, c'est ordinaire- ment avec le datif que se trouve construit le verbe ἐντυγχά- νειν, employé souvent dans le sens de *lire*. Voyez une longue et savante remarque de M. Boissonade sur Eunape, p. 126. Au reste, M. Boissonade lui-même a bien voulu nous faire observer que la leçon ἥνπερ du manuscrit pourrait fort bien provenir de la leçon primitive ᾗπερ écrit avec l'ἰῶτα *adscrip- tum*, lequel a été souvent changé en ν par les copistes.

EXTRAIT

DU MANUSCRIT GREC DE LA BIBLIOTHÈQUE DU ROI,
N° MDCLXXXV.

DU FOLIO 35 VERSO AU FOLIO 38 VERSO.

ΕΠΙΣΤΟΛΗ

ΑΛΕΞΑΝΔΡΟΥ.

(1) Μετὰ ταῦτα γεάφει [a] Ἀλέξανδρος Ὀλυμπιάδι τῇ αὑτοῦ μητεὶ οὕτως·

Βασιλεὺς Ἀλέξανδρος Ὀλυμπιάδι τῇ γλυκυ-
τάτῃ [b] μου μητεὶ, κ̀ Ἀεισοτέλει [c] τῷ τιμιωτάτῳ
μου καθηγητῇ, χαίρειν. Ἀναγκαῖον ἡγησάμην γεά-
ψαι ὑμῖν πεεὶ τῆς συςάσεώς μου τῆς γενομένης
πεὸς Δάρειον. Ἀκούσας αὐτὸν μετὰ πολλῶν ὄντα
βασιλέων κ̀ σατεαπῶν πεεὶ τῶν Ἰσσιακῶν [d] (2)
κόλπων, συλλαβὼν αἶγας πλείςας, συνδήσας λαμ-
πάδας εἰς τὰ κέεατα αὐτῶν, ἐξῆλθον νυκτός· οἱ
δὲ ἰδόντες ἡμᾶς, εἰς φυγὴν ἐτεάπησαν, δόξαντες
πολὺ εἶναι τὸ ςεατόπεδον· κ̀ οὕτως τὴν κατ' αὐτῶν νίκην ἐτεοπωσάμην. Ἐφ' ᾧ τὴν πόλιν ἔκτισα
Αἶγας πεοσονομάσας· κ̀ ἐν τῷ Ἰσσιακῷ [e] (3) κόλ-

Μβ. [a] Γράφη. — [b] Γλυκητάτη. — [c] Ἀριστοτέλη. — [d] Τῶν Νησιακῶν. — [e] Νησιακῷ.

LETTRE

D'ALEXANDRE.

Après cela, Alexandre écrit en ces termes à sa mère Olympias :

Alexandre, roi, à Olympias, ma mère chérie, et à Aristote, mon très-honoré précepteur, salut.

J'ai cru devoir vous écrire au sujet de ma lutte avec Darius. Ayant appris qu'il se trouvait, avec un grand nombre de rois et de satrapes, aux environs du golfe d'Issus, je réunis une quantité de chèvres, leur attachai des flambeaux aux cornes, et m'avançai ainsi de nuit. Les ennemis, en nous voyant, prirent la fuite, pensant que c'était une armée très-nombreuse : je remportai ainsi la victoire. A cette occasion, je bâtis une ville que je nommai Ægæ*. Je bâtis aussi, sur le golfe d'Issus, la ville

---

* C'est-à-dire *les chèvres.*

πω ἔκτισα πόλιν Ἀλεξάνδρειαν τὴν κατὰ Ἰσ-
σόν[a] (4). Κἀκεῖθεν ὁδεύσαντες μέχρι τῆς ὁδοῦ τῶν
Ἀρμενίων χώρας, οὗ ἐς'ι κὶ τοῦ Εὐφράτου κὶ Τί-
γριδος[b] ποταμοῦ ἡ πηγὴ, περικατάληπτος γενόμενος Δάρειος ἀναιρεῖται ὑπὸ τοῦ Βήσσου[c] κὶ
Ἀριοβαρζὰν, τῶν Μηδίας[d] σατραπῶν. Ἐγὼ δὲ λίαν
ἐλυπήθην περὶ τούτου· νικήσας γὰρ αὐτὸν, οὐκ
ἐβουλόμην φονεῦσαι, ἀλλ' ἔχειν αὐτὸν ὑπὸ τὰ
ἐμὰ σκῆπτρα. Ἔμπνουν δὲ τοῦτον κατέλαβον·
περιελόμενος (5) τὴν ἑαυτοῦ (6) χλαμύδα, ἐσκέ-
πασα. Εἶτα περιβλεψάμενος τὰ τῆς ἀδήλου
τύχης ὑπὸ τὸ προκείμενον ὑπόδειγμα, κηδεύσας
Δάρειον, κὶ τιμὴν ποιήσας τῆς ἐξόδου τοῦ βίου, ἐκέλευσα ἀποτμηθῆναι ῥῖνα κὶ ὦτα τῶν φυλασσόν-
των αὐτοῦ τὸ μνῆμα, κατὰ τὴν συνήθειαν τῶν
Περσῶν. Καὶ ἐκέλευσα δόγματα, ὑποτάξας τὴν
Βήσσου[e] κὶ Ἀριοβαρζάνου κὶ Μαλάκου βασίλειαν,
κὶ Μηδίαν[f], κὶ Ἀρμενίαν, κὶ Βερρίαν (7), κὶ πᾶσαν τὴν
Περσικὴν χώραν, ἧς ἐβασίλευσεν Δάρειος ὁ Πέρσης.

(8) Ἐκεῖθεν οὖν παραλαβὼν τοὺς πλείονας
ὁδηγοὺς, ἠθέλησα εἰσελθεῖν εἰς τὰ ὀπίσω μέρη
τῆς ἐρήμου, κατὰ τὴν ἅμαξαν τοῦ πόλου[g]. Οἱ

Μθ. [a] Ἰσσῶν — [b] Τίγρητος. — [c] Βύσσου. — [d] Μηδίας. — [e] Βύσσου. — [f] Μηδίαν. — [g] Πώλου.

d'Alexandrie-près-Issus. Nous marchâmes ensuite jusqu'au pays des Arméniens, où sont les sources de l'Euphrate et du Tigre. Là, Darius, cerné de toutes parts, est assassiné par Bessus et Ariobarzane, satrapes de Médie. Cet événement me causa une vive affliction : en vainquant Darius, je ne voulais pas le tuer, mais régner sur lui. Je le trouvai qui respirait encore ; j'ôtai ma chlamyde et l'en couvris ; puis, considérant dans l'exemple présent l'incertitude de la fortune, je lui rendis les derniers devoirs ; et, pour honorer sa sortie de la vie, je fis couper le nez et les oreilles aux gardiens de son tombeau, selon l'usage des Perses. Je rendis ensuite un arrêt qui soumettait à ma puissance les provinces de Bessus, d'Ariobarzane et de Malacus, la Médie, l'Arménie, le plat pays, et tout le pays persique sur lequel régnait Darius le Perse.

De là, prenant un grand nombre de guides, je voulus pénétrer jusqu'aux dernières parties du désert, dans la direction du nord. Les gens du pays nous disaient qu'il y a dans ces lieux des hommes sauvages et des bêtes terribles et prodigieuses. Cela augmenta mon

δὲ ἐντόπιοι ἔλεγον ἐν ἐκείνοις τόποις ἀνθρώπους ἀγρίους εἶναι κ πονηρὰ θηρία κ τερατώδη. Ἐγὼ οὖν ἤθελον μᾶλλον τοὺς τόπους ἐκείνους κ τοὺς ἀνθρώπους θεάσασθαι. Ἤλθομεν εἰς τινὰ τόπον φαραγγώδη, οὗ ἦν ὁδὸς Φάραγξ[a] λίαν βαθυτάτη· ἣν ὡδεύσαμεν ἡμερῶν ὀκτὼ, θεω-ρ|ροῦντες ἐρήμους τόπους, κ θηρία κ ἄλλα γένη. Ἐλθόντες οὖν εἰς τινὰ τόπον, περὶ ὥραν ἐννάτην τῆς ἡμέρας, εὕρομεν ὕλην πολλῶν δένδρων, κα-λουμένην Ἀνάφαντον, καρπὸν ἐχόντων μήλοις παρεμφερῆ. Ἦσαν δὲ ἐν τῇ ὕλῃ ἄνθρωποι παμ-μεγέθεις, ἔχοντες ἀνὰ πηχῶν εἴκοσι τεσσάρων, μακροὺς τραχήλους ἔχοντες[b], κ τὰς χεῖρας κ τοὺς ἀγκῶνας[c] πρίωσι παρεμφερεῖς· οἵτινες ἐπῆλ-θον ἡμῖν. Ἐγὼ δὲ λίαν ἐλυπήθην ἰδὼν τοιαῦτα ζῷα· ἐκέλευσα οὖν συλληφθῆναι ἐξ αὐτῶν. Ὁρμησάντων δὲ ἡμῶν πρὸς αὐτοὺς μετὰ κραυγῆς κ σαλπίγ-γων, ἰδόντες ἡμᾶς, εἰς φυγὴν ὥρμησαν. Ἐφόνευσα δὲ ἐξ αὐτῶν τριακοσίους τριάκοντα δύο· ἐκ δὲ τῶν ἡμετέρων στρατιωτῶν ἔθανον ἑκατὸν ἑξήκοντα κ τρεῖς. Ἐμείναμεν ἐκεῖ τρώγοντες[d] (9) τοὺς καρ-πούς· αὐτοὺς[e] γὰρ εἴχομεν κ μόνους τροφήν[f] (10).

Ms. [a] Φάραξ. — [b] Ἔχοντας. — [c] Ἀκῶνας. — [d] Τρόγοντας. — [e] Αὐτῶν. — [f] Τροφῆ.

désir de voir ces lieux et ces hommes-là. Nous arrivâmes donc dans un lieu plein de précipices, et dont
le chemin était un gouffre excessivement profond.
Nous mîmes huit jours à le traverser, apercevant des
lieux déserts, des bêtes farouches et autres objets
semblables. Enfin nous arrivâmes, vers la neuvième
heure du jour, dans un lieu où nous trouvâmes une
forêt, appelée Anaphantus, remplie d'un grand nombre d'arbres qui portent des fruits semblables aux
pommes. Il y avait aussi dans cette forêt des hommes
très-grands, ayant vingt-quatre coudées de haut, des
cous larges, et les mains et les coudes semblables à
des scies; ils s'avancèrent sur nous. Je fus très-affligé
de voir de pareils êtres, et j'ordonnai qu'on en saisît
quelques-uns. Nous les chargeâmes avec des cris et au
son des trompettes; à cette vue ils prirent la fuite.
J'en tuai trois cent trente-deux, et il périt cent soixante-
trois de nos soldats. Nous restâmes là à manger des
fruits, car nous n'avions que cela pour toute nourriture.

Καὶ ἐκεῖθεν ἀναχωρήσαντες, ἤλθομεν εἰς τὴν χλοϊκὴν χώραν, οὗ ἦσαν ἄνθρωποι γίγασι[a] παρεμφερεῖς τῷ μεγέθει, ϛρογγύλοι, δασεῖς, πυῤῥοὶ, ὄψεις ἔχοντες ὡς λέοντες· κὴ ἄλλοι λεγόμενοι Ὀχλωτοὶ, τείχας[b] μὴ ἔχοντες[c], τὸ μῆκος ἔχοντές πήχεις τέσσαρας, τὸ δὲ πλάτος ὡσεὶ λόγχη. Ἦλθον δὲ πρὸς ἡμᾶς, ζώματα περιεζωσμένοι, ἰσχυροὶ λίαν, ἑτοιμότατοι[d] πολεμῆσαι· ἄνευ λογχῶν κὴ βελῶν, ἀλλὰ ξύλοις μόνοις ἔτυπτον τὸ ϛρατόπεδον, κὴ ἀνεῖλον πολλούς. Τῶν δὲ ϛρατιωτῶν ἀπολλυμένων, ἐκέλευσα πυρὰν ἀνάψαι, κὴ τῷ πυρὶ αὐτοὺς μάχεσθαι· κὴ οὕτως ἀνεχώρησαν οἱ ἀλκιμώτατοι ἄνδρες. Στρατιώτας δὲ ἀπώλοντο ἑβδομήκοντα δύο[e]· κὴ ἐκέλευσα πλοίοις ἀναθεῖναι[f] κὴ τὰ περιλειφθέντα[g] αὐτῶν ὀϛέα εἰς τὰς πατρίδας αὐτῶν πεμφθῆναι. Ἐκεῖνοι δὲ ἀφανεῖς ἐγένοντο.

Τῇ δὲ ἐπιούσῃ ἡμέρᾳ ἠθελήσαμεν ἀπελθεῖν εἰς τὰ σπήλαια αὐτῶν· κὴ εὕρομεν θηρία προσδεδεμένα ταῖς θύραις τῶν εἰσόδων. Ἦσαν δὲ ὡς κύνες μεγάλοι, οἱ παρ' ἡμῖν καλούμενοι δάνδη-

Ms. [a] Γήγασι. — [b] Τρήχας. — [c] Ἔχοντας. — [d] Ἐτοιμώτατοι. — [e] Ὀϛ. — [f] Ἀναθῆναι. — [g] Περιληφθέντα.

En quittant ces lieux, nous arrivâmes dans un pays plein de verdure, et qu'habitaient des hommes semblables aux géants par leur taille, gros, velus, roux, ayant les yeux comme des lions. Il y en avait d'autres, nommés Ochlotes, qui n'avaient pas de cheveux, qui étaient hauts de quatre coudées et larges de la longueur d'une lance. Ils vinrent vers nous ne portant sur eux qu'un tablier; ils étaient très-forts et très-disposés à se battre, n'ayant ni lances ni traits, mais seulement des bâtons dont ils frappaient mes troupes : ils tuèrent ainsi beaucoup de monde. Voyant tuer les soldats, je fis allumer un grand feu, et nous combattîmes avec des flammes ces hommes d'une force prodigieuse, que nous forçâmes ainsi à la retraite. Je perdis, en cette rencontre, soixante-douze hommes, dont je fis placer les restes sur des vaisseaux pour être envoyés dans leur patrie. Quant aux ennemis, ils étaient devenus invisibles.

Le jour suivant, nous voulûmes aller voir leurs cavernes; nous trouvâmes, à leur entrée, des bêtes enchaînées aux portes. Ces bêtes étaient hautes comme les chiens qu'on appelle chez nous *dandex;* elles avaient quatre coudées de long, trois yeux, et étaient toutes semblables. Nous y vîmes

κες, τὸ μῆκος ἔχοντες πήχεις τέσσαρας, τει-
όφθαλμοι, πανόμοιοι [a]. Εἴδομεν δὲ ἐκεῖ ψύλλας
ὡς τοὺς παρ' ἡμῖν βατράχους πηδώσας [b].

Ἐκεῖθεν δὲ ἀναχωρήσαντες, ἤλθομεν εἴς τινα
τόπον, ὅθεν ἐξέβαινε πηγὴ πλουσιωτάτη κρα-
τίςη. κ̈ ἐκέλευσα παρεμβολὴν γενέσθαι, κ̈ τά-
φρους [c] γενέσθαι, κ̈ σκοτοτάφρους [d] (11) περιτε-
θῆναι [e], ἵνα ἀβλαβῶς τὰ ςρατόπεδα διαμένη.
Καὶ ἤλθομεν ἕως τῶν Μηλοφάγων· εἶτα ἐφάνη
ἡμῖν, περὶ ὥρας ἐννάτης, ἀνὴρ δασὺς [f] ὥσπερ
χοῖρος· κ̈ ἐφοβήθημεν ἰδόντες τοιαῦτα ζῶα. Καὶ
κελεύω αὐτὸν συλληφθῆναι· ὁ δὲ συλληφθείς,
ἀναιδῶς ἡμᾶς κατόπλευσε [g]· κ̈ κελεύω ἐκδυθῆ-
ναι γυναῖκα, κ̈ προσενεχθῆναι αὐτῷ, ἵνα ἐν
ἐπιθυμίᾳ [h] αὐτῆς γένηται. Ὁ δὲ ἁρπάσας αὐτὴν
κ̈ δρομαίως [i] ταύτην κατήσθιεν. Συνδραμόντων
δὲ αὐτῷ [j] τῶν ςρατιωτῶν καταλαβεῖν αὐτὸν,
ἐγαργάρισεν [k] (12) ἐν τῇ γλώτῃ αὐτοῦ· κ̈
ἀκούσαντες οἱ λοιποὶ πάροικοι [l] (13) αὐτοῦ
ἐξῆλθον ἐκ τοῦ ἕλους ἄνδρες ὡσεὶ μύριοι· ἡμεῖς
μὲν ἤμεθα μυριάδες τέσσαρες. Καὶ κελεύω
καυθῆναι τὸ ἕλος· κ̈ θεασάμενοι τὸ πῦρ, ἔφυγον.
Καὶ αὐτοὶ διώξαντες αὐτούς, ἐδήσαμεν ἐξ αὐ-

Μθ. [a] Πανόμιοι. — [b] Πηδῶντας. — [c] Τάφους. — [d] Σκοτοτάφους.

aussi des puces qui sautaient comme nos gre-
nouilles.

En partant de là, nous arrivâmes dans un lieu d'où
sortait une source très-bonne et très-abondante. Je fis
camper en cet endroit; on creusa des fossés, et on les
entoura de tranchées couvertes, pour que l'armée pût
y séjourner sans danger. Nous allâmes ensuite jusque
chez les Mélophages : bientôt nous vîmes paraître,
vers la neuvième heure, un homme velu comme un
porc. La vue d'un être pareil nous effraya; j'ordonnai
qu'on s'emparât de lui. Quand il fut pris, il nous regarda avec impudence; alors je fis déshabiller une
femme et la lui fis présenter, pour en exciter chez lui
le désir. Aussitôt il la saisit et se mit à la dévorer très-
vite. Les soldats s'étant précipités sur lui pour l'arrêter,
il fit entendre un son guttural en sa langue. A ce bruit,
tous ses compagnons sortirent de leur marais, au
nombre d'environ dix mille. Pour nous, nous étions
quarante mille. Je fis mettre le feu au marais; en
voyant le feu, ils s'enfuirent. En les poursuivant, nous
en fîmes prisonniers quatre cents. Ils se refusèrent

— ᵉ Περιτιθῆναι. — ᶠ Δασὴς. — ᵍ Καθόπτευσε. — ʰ Εὐθυμία. —
ⁱ Δρομέως. —ʲ Αὐτῶν. —ᵏ Ἐταρτάρησεν. — ˡ Πάντοκοι.

τῶν ἄνδρας τετρακοσίους· οἱ κỳ ἀποκρατήσαντες τῆς τροφῆς διεφθάρησαν· οὐ γὰρ ἐλάλουν, ἀλλ' ὡς κύνες ὑλάκτουν.

Ἐκεῖθεν δὲ ἀναχωρήσαντες, ἤλθομεν εἰς τινὰ ποταμόν· ἐκέλευσα οὖν παρεμβολὴν[a] γενέσθαι κỳ καθοπλισθῆναι[b] τὰ συνήθη ςρατεύματα. Ἦν δὲ ἐν τῷ ποταμῷ δένδρα, κỳ ἅμα τῷ ἡλίῳ ἀνατέλλοντα[c] κỳ ηὔξανον μέχρις ὥρας ἕκτης· ἀπὸ ὥρας ἑβδόμης ἐξέλιπον ὥςε μὴ φαίνεσθαι. Δάκρυα δὲ εἶχον ὥσπερ συκῆς ςακτῆς, ϖνοὴν δὲ πάνυ ἡδυτάτην κỳ χρηςήν. Ἐκέλευσα οὖν κόπτεσθαι τὰ δένδρα, κỳ σπόγγοις ἐκλέγεσθαι τὸ δάκρυον. Αἰφνίδιον δὲ οἱ ἐκλέγοντες ἐμαςιγοῦντο ὑπὸ δαιμόνων ἀοράτων· κỳ τῶν μὲν μαςιγούντων τὸν ψόφον ἠκούομεν, κỳ τὰς πληγὰς ἐπὶ τῶν νώτων ἐρχομένας ἐβλέπομεν· τοὺς δὲ τύπλοντας οὐκ ἐθεωροῦμεν. Φωνὴ δέ τις ἤρχετο λέγουσα μηδὲ κόπλειν μηδὲ συλλέγειν· « Εἰ δὲ μὴ παύσῃ, γενήσεται ἄφωνον τὸ ςρατόπεδον. » Ἐγὼ οὖν φοβηθεὶς, ἐκέλευσα μὴ ἐκκόπλειν[d] μήτε συλλέγειν τινὰ ἐξ αὐτῶν. Ἦσαν δὲ ἐν τῷ ποταμῷ λίθοι μέλανες· ὅσοι οὖν ἥπλοντο τῶν λίθων ἐκεῖ-

Ms. [a] Παραβολήν. — [b] Καθοπλισθῆναι. — [c] Ἀνατέλλοντες. — [d] Ἐκκόπλην.

à prendre aucune nourriture et moururent : ils ne
parlaient pas, mais ils aboyaient comme des chiens.

Ayant quitté ces lieux, nous arrivâmes sur le bord
d'un fleuve. Je fis camper, et j'ordonnai aux troupes
de rester armées comme à l'ordinaire. Il y avait dans
ce fleuve des arbres qui s'élevaient avec le soleil, et
croissaient jusqu'à la sixième heure. A partir de la
septième heure, ils allaient en décroissant jusqu'au
point de disparaître. Ils avaient des larmes comme
une figue qui pleure, et l'odeur la plus douce et la
plus exquise. Je donnai ordre qu'on coupât les arbres
et qu'on recueillît les larmes avec des éponges. Ceux
qui se mirent à cet ouvrage furent à l'instant fouettés
par des génies invisibles. Nous entendions le bruit des
fouets, et nous voyions les marques des coups se former sur le dos, mais nous n'apercevions pas ceux qui
frappaient. Alors une voix se mit à dire : « Ne coupez
et ne recueillez rien. Si vous ne cessez, toute l'armée va devenir muette. » Plein d'effroi, je défendis
aussitôt de rien couper ni recueillir. Il y avait encore
dans ce fleuve des pierres noires qui avaient la propriété de communiquer leur couleur à tous ceux qui
les touchaient. Il y avait aussi un grand nombre de

νων, τὴν ἴσην χρόαν [a] ἐλάμβανον τοῖς λίθοις.
Ἦσαν δὲ κὴ δράκοντες ποτάμιοι πολλοὶ, κὴ ἰχθύων
πολλὰ γένη· ἅτινα πυρὶ οὐκ ἥψαντο [b], ἀλλ᾽
ἐν ὕδατι ψυχρῷ πηγμαίῳ [c] (14). Εἷς οὖν τῶν
ςρατιωτῶν λαβὼν ἰχθὺν, κὴ πλύνας, κὴ βαλὼν
εἰς ἅλας [d], ἀφῆκε, κὴ εὗρε τὸν ἰχθὺν ἐψημένον.
Ἦσαν δὲ ἐν τῷ ποταμῷ ὄρνεα παρεμφερῆ τοῖς
παρ᾽ ἡμῖν ὀρνέοις. Εἴ τις οὖν ἤσθιεν [e] ἐξ αὐτῶν,
πῦρ ἐξέβαινεν ἐξ αὐτοῦ.

Τῇ δὲ ἐπιούσῃ ἡμέρᾳ ὡδεύσαμεν πλανώμε-
νοι· ἔλεγον δέ μοι οἱ ὁδηγοί· « Οὐκ οἴδαμεν ποῦ
ὑπάγομεν, βασιλεῦ Ἀλέξανδρε· ἐπιςρέψωμεν. »
Ἐγὼ δὲ οὐκ ἠβουλήθην ἐπιςρέψαι. Ὑπήντα δὲ
ἡμῖν θηρία πολλὰ ἑξάποδα κὴ τριόφθαλμα, τὸ
μῆκος ἔχοντα πήχεις δέκα, κὴ ἄλλα πολλὰ γένη
θηρίων· κὴ τὰ μὲν ἀνεχώρουν φεύγοντα, τὰ δὲ
ἐφήλλοντο [f] ἡμῖν. Ἤλθομεν δὲ εἰς ἀμμώδη [g]
τινὰ τόπον, ὅθεν ἐξῆλθον θηρία ὅμοια ὀνάγροις [h],
ἔχοντα ἀνὰ πήχεις [i] εἴκοσι [j]· οὐκ εἶχον δὲ ἀνὰ
δύο ὀφθαλμοὺς, ἀλλὰ ἀνὰ ἕξ [k]· τοῖς δὲ δυσὶν
μόνοις ἔβλεπον· οὐκ ἦσαν δὲ μάχιμα [l], ἀλλ᾽ ἤπια.

Ms. [a] Χρώαν. — [b] Ἡψῶντο. — [c] Πιγημαίῳ. — [d] Ἅλος. — [e] Ἴσθιεν.
— [f] Ἐφήλοντο. — [g] Ἀμμώδι. — [h] Ἀνάγροις. — [i] Πιχῶν. — [j] κ. —
[k] ς. — [l] Μάχημα.

serpents de rivière, et mainte espèce de poissons qui
ne cuisaient pas au feu, mais dans de l'eau de source
froide. Or, un soldat, ayant pris un de ces poissons,
voulut le laver; puis, le jetant dans du sel, l'y laissa :
il le retrouva cuit. On trouvait encore sur ce fleuve
des oiseaux semblables aux nôtres; mais, si quelqu'un
en mangeait, on voyait du feu sortir de son corps.

Le jour suivant, nous nous trouvâmes égarés, et
les guides me dirent : « Nous ne savons plus où nous
allons, roi Alexandre; retournons. » Mais je ne voulus pas retourner. Nous rencontrâmes beaucoup de
bêtes qui avaient six pieds, trois yeux, étaient longues
de dix coudées, et quantité de bêtes d'autres espèces.
Les unes prenaient la fuite, les autres se jetaient sur
nous. En arrivant dans un endroit très-sablonneux,
nous en vîmes sortir des animaux semblables à des
onagres, et de vingt coudées de long; au lieu de deux
yeux, ils en avaient six, mais ne voyaient que de deux.
Ils étaient fort doux, et ne cherchaient pas à nous attaquer. Les soldats rencontraient encore bien d'autres
bêtes auxquelles ils lançaient des traits.

Καὶ ἄλλα δὲ πολλὰ κατέβαλλον τόξοις οἱ ϛρατιῶται.

Ἐκεῖθεν δὲ ἀναχωρήσαντες, ἤλθομεν εἴς τινὰ
τόπον ἔνθα ἦσαν ἄνθρωποι ἀκέφαλοι, λαλοῦντες
δὲ ἀνθρωπίνως, δασεῖς, δερματοφόροι, ἰχθυοφάγοι, θαλασσίους ἰχθύας ἀγρεύοντες· ἐκόμιζον
ἡμῖν ἐκ τῆς παρακειμένης αὐτοῖς θαλάσσης.
Ἄλλοι δὲ ἐκ τῆς γῆς ὕδνα ἔχοντες ἀνὰ λίτρας
εἴκοσι πέντε [a] τὸν ϛαθμόν. Φώκας δὲ πλείϛας
κ̣ μεγάλας εἴδομεν ἐρχομένας ἐπὶ τῆς γῆς.
Πολλὰ δὲ οἱ φίλοι μου συνεβουλεύσαντο [b] ὑπο-
ϛρέψαι· ἐγὼ οὐκ ἠβουλήθην, θέλων ἰδεῖν τὸ
τέλος τῆς γῆς (15).

Ἐκεῖθεν οὖν ἀναλαβόντες ἔρημον, ὡδεύσαμεν
ἐπὶ τὴν θάλασσαν, μηκέτι μηδὲν θεωροῦντες,
μήτε πετεινὸν, μήτε θηρίον, εἰ μὴ τὸν οὐρανὸν κ̣ τὴν γῆν· τὸν δὲ οὐρανὸν οὐκέτι ἐθεωροῦμεν,
ἀλλὰ μελανὸν τὸν ἀέρα, ἐπὶ ἡμερῶν δέκα.
Ἐλθόντες δὲ εἴς τινὰ τόπον παραθαλάσσιον, κ̣
τὰς σκηνὰς ἡμῶν κ̣ τὴν παρεμβολὴν διαθέντες,
ἀνήλθομεν εἰς πλοιάρια, κ̣ κατεπλεύσαμεν
εἴς τινὰ νῆσον τῆς θαλάσσης, οὐ μακρὰν δὲ
οὖσαν τῆς γῆς· ἐφ᾽ ἧς ἠκούσαμεν λαλιὰν ἀνθρώ-

Μβ. [a] Λύτρας κε. — [b] Συνεβολεύσαντο.

De là, en avançant toujours, nous arrivâmes dans un pays où il y avait des hommes sans tête, mais ayant une voix humaine; ils étaient velus, se couvraient de peaux, et se nourrissaient de poissons qu'ils pêchaient dans la mer. Ils nous en apportèrent de la mer près de laquelle ils habitent. D'autres trouvaient dans la terre des truffes qui pesaient jusqu'à vingt-cinq livres. Nous vîmes aussi venir sur le rivage une quantité de grands phoques. Mes amis m'engageaient beaucoup à retourner; mais je ne voulais pas, car je souhaitais de voir le bout de la terre.

Au sortir de ces lieux, nous rencontrâmes un désert. Nous fîmes route le long de la mer, n'apercevant plus ni bêtes, ni oiseaux; ne voyant rien que le ciel et la terre; et encore, au lieu du ciel, nous ne vîmes qu'une vapeur noire pendant dix jours. Ayant dressé nos tentes sur un endroit de la côte, pour y camper, nous montâmes sur des vaisseaux et fîmes voile vers une île que l'on apercevait dans la mer, à peu de distance du rivage. Nous y entendîmes des voix humaines parler en grec; mais nous n'apercevions pas ceux qui parlaient. Quelques soldats eurent la malheureuse idée

πων ἑλληνικῇ διαλέκτῳ· τοὺς δὲ λαλοῦντας οὐκ ἐθεωροῦμεν. Τινὲς δὲ ϛρατιῶται παραβουλευσάμενοι, κολύμβῳ[a] διῆλθον ἀπὸ τοῦ πλοιαρίου εἰς τὴν νῆσον· κỳ εὐθέως καρκῖνοι ἐξελθόντες εἵλκυσαν αὐτοὺς εἰς τὸ ὕδωρ· φοβηθέντες δὲ ὑπεϛρέψαμεν[b] (16) εἰς τὴν γῆν.

Καὶ πάλιν ἤλθομεν διὰ δύο ἡμερῶν εἰς τόπους ὅπου ὁ ἥλιος οὐ λάμπει. Ἐκεῖ οὖν ἐϛὶν ἡ καλουμένη μακάρων χώρα. Καὶ θέλοντός μου ἱϛορῆσαι κỳ ἰδεῖν τόπους ἐκείνους, ἐπεχείρησα λαβεῖν τοὺς ἰδίους μου δούλους κỳ εἰσελθεῖν παρ' αὐτούς. Καλλισθένης δὲ ὁ ἐμὸς φίλος συνεβούλευσέ μοι εἰσελθεῖν σὺν φίλοις[c] (17) τεσσαράκοντα κỳ παισὶν ἑκατὸν κỳ ϛρατιώταις ἐκλέκτοις χιλίοις διακοσίοις.

Ἑξῆς[d] δὲ μετὰ τὴν ὁδὸν ἐπενοήσαμεν ὄνους θηλείας[e], ἐχούσας πωλάρια εἰς τὴν παρεμβολὴν τοῦ φωσάτου (18), κρατηθῆναι. Καὶ οὕτως εἰσερχόμεθα ὁδὸν σκοτεινὴν ἐπὶ σχοίνους δεκαπέντε· κỳ εἴδομέν τινα τόπον, κỳ ἦν ἐν αὐτῷ πηγὴ διαυγής, ἧς τὸ ὕδωρ ἤϛραπτεν[f] ὡς ἀϛραπήν. Περίσπινος ἐγενόμην, ἠθέλησα δέξασθαι ἄρτον· κỳ καλέσας

Μα. [a] Κολύμβου. — [b] Ὑπέστρεψαν. — [c] Συμφίλοις. — [d] Ἔξω. — [e] Θηλύας. — [f] Ἤστράπτην.

de passer à la nage du vaisseau dans l'île. Aussitôt sortirent des cancres qui les entraînèrent au fond de l'eau. Nous regagnâmes la terre tout effrayés.

Au bout de deux jours, nous arrivâmes dans des lieux privés de la clarté du soleil. C'est là qu'est la terre dite des heureux. Voulant parcourir et examiner ce pays, je pensai à prendre avec moi, pour y pénétrer, mes serviteurs particuliers. Callisthène, mon ami, me conseilla d'y pénétrer avec quarante de mes amis, cent pages, et douze cents soldats d'élite.

En nous mettant en route, nous eûmes l'idée de prendre avec nous des ânesses, dont les ânons restèrent dans le camp de l'armée. Nous entrâmes ainsi dans une route obscure, que nous suivîmes pendant quinze schœnes *. Enfin, nous vîmes un endroit où il y avait une source limpide, dont l'eau jetait comme des éclairs. J'avais faim, et voulant prendre quelque chose, j'appelai mon cuisinier et lui dis : « Prépare-

* Mesure itinéraire des Perses, répondant à soixante stades.

τὸν μάγειρον, εἶπον αὐτῷ· « Εὐτρέπισον ἡμῖν
προσφάγιον. » Ὁ δὲ τάριχον λαβὼν, ἐπορεύθη ἐπὶ
τὸ διαυγὲς ὕδωρ τῆς πηγῆς πλύναι τὸ ἔδεσμα.
Εὐθέως δὲ βρέχων [a], τὸ ἔδεσμα ἐψυχώθη κ̣ ἔφυγε
τὰς χεῖρας τοῦ μαγείρου (19). Ἦσαν δὲ πάντες
οἱ τόποι ἐκεῖνοι ἔνυγροι. Ὁ δὲ μάγειρος οὐδὲν
ἐδήλωσε τῶν γινομένων [b] (20).

Πάλιν οὖν ὁδεύσαντες [c] σχοίνους τριάκοντα,
εἴδομεν λοιπὸν [d] (21) αὐγὴν, ἄνευ ἡλίου κ̣ σελή-
νης κ̣ ἄστρων· κ̣ εἶδον δύο ὄρνεα πετόμενα, κ̣
μόνον ἔχοντα ὄψεις ἀνθρωπίνας. Ἑλληνικῇ δὲ
διαλέκτῳ ἐξ ὕψους ἐκραύγαζον· « Ποίαν χώραν
πατεῖς, Ἀλέξανδρε; τὴν Θεοῦ μόνου· ἀνάστραφε [e],
δείλαιε. Μακάρων γῆν συνάπτειν οὐ δύνασαι.
Ἀνάστρεφον, ἄνθρωπε, κ̣ τὴν διδομένην σοι γῆν
πάτει· κ̣ μὴ κόπους παρέχῃς [f] σεαυτῷ κ̣ τοῖς σὺν
σοί. » Σύντρομος γενόμενος τάχιστα [g] ὑπήκουσα
τῆς φωνῆς τῆς ὑπὸ τῶν ὀρνέων μοι διδομένης. Τὸ
δ᾽ ἕτερον ὄρνεον πάλιν ἐφθέγξατο ἑλληνικῇ δια-
λέκτῳ· « Ἐκκαλεῖ σε [h], φησὶν, ἡ ἀνατολὴ, κ̣
τοῦ Πώρου βασιλεία νίκῃ ὑποτάσσεταί σοι. »

Καὶ ταῦτα· εἰπόντα τὰ ὄρνεα ἀνέπτησαν.

Ms. [a] Βρεχώς. — [b] Γηνομένων. — [c] Ὠδεύσαντες. — [d] λ̄. —
[e] Ἀνέστραφε. — [f] Παρέχεις. — [g] Κάλλιστα. — [h] Ἐκκαλεῖται.

nous à manger. » Il prit un poisson salé * et alla pour le laver à l'eau limpide de cette fontaine. Aussitôt qu'il l'eut mouillé, le morceau s'anima et échappa aux mains du cuisinier. Il y avait de l'eau de tous côtés. Le cuisinier ne fit rien connaître de ce qui lui était arrivé.

Ayant encore fait une marche de trente schœnes, nous vîmes enfin le jour, mais sans le secours du so-leil, de la lune ni des astres. Alors j'aperçus deux oi-seaux qui volaient, et qui n'avaient de particulier que des yeux d'homme. Ils me crièrent en grec du haut des airs : « Quelle terre foules-tu, Alexandre? Celle qui n'appartient qu'à Dieu. Retourne, misérable : tu ne peux approcher de la terre des heureux! Retourne, mortel! va fouler la terre qui t'est donnée, et ne prépare pas des peines pour toi et pour tes compa-gnons. » L'autre oiseau me parla aussi à son tour en grec : « L'orient, dit-il, t'appelle à lui, et la victoire soumet à ta puissance le royaume de Porus. »

Les oiseaux, après avoir ainsi parlé, s'envolèrent.

---

* Le texte dit, *de la salaison,* mais ce qui arriva à ce morceau de sa-laison ne peut s'appliquer qu'à un poisson.

24

Ἐγὼ δὲ ἐξιλεωσάμενος κ̣ κρατῶν τοὺς ὁδηγοὺς τῶν ὄνων ἔμπροσθεν βάλλοντας πάλιν, κατὰ τὴν ἅμαξαν ἀςέρων, δι᾽ ἡμερῶν εἴκοσι δυο ἐξήλθομεν πρὸς τὴν φωνὴν τῶν πώλων κ̣ τῶν μητέρων αὐτῶν. Πολλοὶ οὖν τῶν ςρατιωτῶν ἐβάςασαν ὃ εὗρον· κ̣ ἐξελθόντων [a] ἡμῶν πρὸς τὸ φῶς, εὑρέθησαν χρυσίον δόκιμον λαβόντες. Τότε οὖν κ̣ ὁ μάγειρος διηγήσατο πῶς ἐψυχώθη τὸ ἔδεσμα· ἐγὼ δὲ ὀργισθεὶς [b] ἐκόλασα [c] αὐτόν (21). Ἔῤῥωσθε.

Ms. [a] Ἐξελθόντα. — [b] Ὠργεσθεὶς. — [c] Ἐκώλασα.

NOTES.

(1) Le manuscrit d'où est tiré cet extrait n'est point divisé, comme l'autre, par chapitres précédés de titres.

(2) Il s'agit évidemment ici du golfe d'Issus. De plus, notre correction s'explique par l'identité absolue de prononciation entre τῶν Νησιακῶν et τῶν Ἰσσιακῶν. En effet, les consonnes redoublées ne se font jamais sentir dans la prononciation grecque, ni au milieu d'un mot ni dans le passage de deux mots, dont l'un finit et l'autre commence par la même consonne. On prononce Ἕλληνες comme s'il était écrit Ἕληνες (éliness), et τὴν ναῦν, comme s'il y avait τὶ ναῦν (ti navn). Ceci explique d'une part l'insertion du ν, et de l'autre, le retranchement d'un σ. Quant au changemnet de l'ι en η, on sait que rien n'est plus fréquent

Je les apaisai aussitôt, par l'ordre donné aux conducteurs des ânesses de se mettre en avant pour
revenir; et, nous dirigeant toujours d'après le nord
des astres, au bout de vingt-deux jours nous entendîmes la voix des ânons répondre à celle de
leurs mères. Or, beaucoup de soldats s'étaient chargés de ce qu'ils avaient rencontré; et, quand nous
revînmes à la lumière, ils se trouvèrent avoir pris
tous objets de fin or. Alors le cuisinier raconta comment son morceau de salaison s'était animé. Je fus
irrité contre lui, et le fis punir.

Portez-vous bien.

que la confusion de ces deux voyelles, dont la prononciation
est identique.

(3) La fausse leçon Νησιακῷ pour Ἰσσιακῷ est la conséquence
de la faute précédente.

(4) Cette Ἀλεξάνδρεια κατὰ Ἰσσὸν est aujourd'hui Alexan-
drette, l'échelle de la ville d'Alep. On retrouve encore
la trace du nom de son fondateur dans le nom que lui
donnent les Orientaux, *Skandéeroun.* La désignation KAT.
ICCON se trouve sur les médailles antiques de cette Alexandrie. Voyez Eckhel, *Doctr. numorum veter.*, part. I, t. III, p. 40.
M. Camille Callier, capitaine d'état-major, a décrit la situation
du champ de bataille d'Issus dans une note sur son voyage en
Orient, lue à la Société de géographie le 2 mars 1835.

(5) Entre autres défectuosités, le style du Pseudo-Callisthène,
tel que nous l'offre ce second manuscrit, nous paraît avoir

des phrases trop courtes, et manquer de ces particules conjonc-
tives, si nécessaires à l'harmonieux tissu de la prose grecque.

(6) Le mot ἑαυτοῦ est ici pour ἐμαυτοῦ, d'après l'emploi
que, depuis Démosthène, les Grecs font de ce mot à la seconde et même à la première personne. Les Byzantins af-
fectaient cette espèce d'anomalie, qu'ils regardaient probablement comme une élégance de style. — Au reste, le fait rapporté
en cet endroit est historique : « Il détacha d'abord sa cotte
d'armes, dit Rollin, la jeta sur le corps de Darius. » *Hist. anc.*,
l. XV, c. x. Nous remarquerons en passant que, si c'est le mot
χλαμύς, que Rollin a voulu rendre par *cotte d'armes*, il ne s'accorde pas sur le sens de ce mot avec les auteurs qui ont écrit
sur l'art et le costume des anciens. Ceux-ci établissent que la
chlamyde était un manteau court, tel que celui de l'Apollon
du Belvédère. Et en effet ici il est plus naturel qu'Alexandre
ait couvert le corps de Darius de son manteau de guerre que
de sa cotte d'armes. Cet emploi solennel du manteau de guerre
se retrouve de nos jours, après tant de siècles, dans les derniers moments du héros qu'on peut le mieux comparer à
Alexandre. Napoléon mourant ordonne que le manteau qu'il
portait à Marengo soit placé sur son cercueil.

(7) Dans un exemplaire du *Trésor des recherches et antiquités gauloises* de Borel, provenant de la Bibliothèque de Huet,
et appartenant aujourd'hui à celle du Roi, le savant évêque,
qui avait l'habitude d'enrichir de sa main les marges de la
plupart de ses livres, a écrit à la page 47 un petit article sur
le mot *Berrie*, à intercaler entre les mots *Berne* et *Bersault*.
Voici cette note : « BERRIE. Joinville, Hist. de S. Louys, p. 90.
Nez et concreez d'une berrie de sablon. M. Du Cange, p. 89 de
ses observat., l'explique *une campagne plate*, et prétend que
de là est venu [sic] la terminaison angloise de plusieurs lieux,
Sarisbery, Cantorbery. » — Ne trouvant donc aucun pays ainsi
nommé, nous appliquons à ce mot Βερρίαν de notre manuscrit

l'explication de Du Cange, d'autant plus convenablement que Joinville applique son mot *berrie* à des contrées d'Asie. Nous croyons devoir donner ce passage de Joinville indiqué par Huet : « Et les Tartarins leur disdrent [aux messagiers de S. Loys] la maniere et premierement de leur naissance. Et disoient qu'ilz estoient venus, nez et concreez d'une grant berrie de sablon, là où il ne croissoit nul bien. Et commençoit celle berrie de sable à une rosche, qui estoit si grande et si merveilleusement haute, que nul homme vivant ne la povoit jamais passer, et venoit de devers Orient..... Et de celle berrie venoit le peuple des Tartarins, qui estoient subgetz à Prebstre Jehan d'une part, et à l'empereur de Perse d'autre part. » *Histoyre de saint Loys, IX du nom*, par Jehan sire de Joinville, grand seneschal de Champagne. Tome II de la *Collect. compl. des Mémoires relat. à l'hist. de France*, p. 333.

(8) Ce n'est qu'à partir d'ici que cette lettre rentre dans le sujet du Traité *De Monstris*, et peut être comparée avec la lettre précédente extraite du manuscrit 113 suppl. Mais nous avons voulu donner ces deux lettres en entier, comme échantillons complets des deux manuscrits. Quant aux détails tératologiques de cette lettre-ci, qui ne sont pas dans la première, son manuscrit les donne avec plus de développements dans le corps du récit.

(9) On sait que cette terminaison en ταϛ, donnée par le manuscrit, est la forme inflexible du participe dans le grec moderne vulgaire.

(10) La confusion de l'*ἰῶτα adscriptum* avec le ν se présente ici sous une forme inverse de celle que nous avons signalée à la fin de la lettre précédente. Ici (τροφῆ pour τροφήν) le ν a été pris pour cet *ἰῶτα* et supprimé comme tel.

(11) La correction σκοτοτάφρουϛ est évidente ; ce sont les *scrobes* dont César, *De Bello Gall.*, l. VII, c. LXXIII, couvrit son camp devant Alise. Mais ce mot très-étymologiquement com-

posé ne se trouve pas dans les dictionnaires; il pourrait être admis dans la nouvelle édition du *Trésor* de Henri Estienne que publie M. Didot.

(12) La grande ressemblance du γ et du τ dans plusieurs manuscrits, notamment dans celui-ci, motive facilement notre correction de ἑταρτάρησιν en ἑγαργάρησιν. Le sens que nous donnons ici au verbe γαργαρίζω n'est appuyé, autant que nous sachions, sur aucune autorité; mais le style de cet auteur a bien d'autres irrégularités. Cette conjecture d'ailleurs s'accorderait bien avec la manière dont la même aventure est rapportée dans la vieille version française (la lettre latine n'en fait pas mention). Voyez ci-après au chapitre xxxvii dans le récit des prodiges de l'Inde, d'après le manuscrit français 7518.

(13) Ne pouvant trouver la véritable leçon cachée sous le mot ϖάντοκοι, nous avions d'abord conjecturé ϖάνδοκοι, en supposant que l'auteur avait pu attribuer à ce mot le sens de *contubernalis*, qui se rapproche un peu du sens d'*hôte* que lui donnent les anciens et les modernes. Au reste, la prononciation en est presque la même, puisque le τ précédé d'un ν a le son de notre *d*, dont le δ ne diffère que par une très-légère aspiration. Voyez notre Traité de prononciation grecque moderne, c. 1, § iii, p. 27.

Mais la conjecture ϖάροικοι, qui nous est venue plus tard, nous a paru offrir un bien plus haut degré de vraisemblance. D'abord il ne faut nullement forcer le·sens du mot pour lui donner l'acception la plus convenable au reste de la phrase; ensuite, sous le rapport graphique, ce mot présente avec la leçon ϖάντοκοι les points de ressemblance les plus marqués. Car le ρ peut facilement se confondre dans l'onciale avec le ν [μ, ρ], le τ se confond aussi avec l'ι, et ces deux fautes, dont les manuscrits présentent plus d'un exemple, une fois commises [ϖάνοτκόι], la transposition de l'ο et du τ en aura été une suite naturelle, comme donnant quelque chose qui ressemble davantage à un mot grec. Ainsi, pour revenir à la vraie leçon, de *πάντοκοι* nous remontons à *πάνοτκοι*, puis à *πάνοικοι*, enfin à *πάροικοι*.

(14) Au lieu de *πηγαίῳ*, nous avons corrigé plus simplement *πηγιμαίῳ* qui est un mot des Byzantins, et se trouve ainsi plus approprié au style de cet auteur.

(15) Les anciens plaçaient immédiatement après l'embouchure du Gange l'extrémité orientale de l'Asie, qu'ils regardaient comme le terme de la terre habitable.

(16) Le manuscrit porte ici *ὑπέστρεψαν*, ce qui fait un sens différent, mais qui nous paraît inadmissible. En effet, ce mot indiquerait seulement le retour des soldats qui nageaient. Mais ils avaient été entraînés par les cancres, car l'aoriste *εἵλκυσαν* indique une action accomplie : ils avaient donc péri. Ajoutez qu'avec cette leçon il ne serait fait aucune mention du retour d'Alexandre à terre.

(17) Voyez sur le mot *φίλος* ce que nous avons dit, note 6 de la lettre précédente, p. 346.

(18) Ce mot *φώσσατον*, très-fréquemment employé jusqu'à la fin du siècle dernier dans la langue moderne des Grecs, n'est plus guère usité aujourd'hui. Comme la plupart des termes militaires en grec moderne, il vient du latin, et est dérivé de *fossatum* qui, dans la moyenne latinité, signifie un retranchement. Il semble donc qu'il faudrait l'écrire avec deux *σ*, et c'est aussi l'orthographe adoptée par plusieurs auteurs; mais le *σ* ayant toujours, même seul entre deux voyelles, un son sifflant très-prononcé, suffit pour rendre les deux *s* du latin, d'où l'orthographe que nous avons suivie d'après Coray.

(19) Ce cuisinier se nommait *Ἀνδρέας*, d'après le manuscrit grec n° 113 du supplément, fol. 142 recto.

L'ancienne version française du roman d'Alexandre, dont nous publions ci-après un extrait, entre à cet endroit dans des détails dont la naïveté n'est pas sans intérêt : « Quant ce vint ensi que vers le vespre, il trouverent ung petiot ruyssel d'yauwe moult clere, et pensserent bien que c'estoit yauwe de fontaine. Sy comenchierent à aller contre-mont l'yauwe, tant que il trouverent une tres-belle fontaine, moult belle et moult clere. Si se logerent pour l'amour de la belle yauwe en celle plache. Quant toutes les gens de l'ost furent herbighiet, et que on heubt aparillie le soupper, il avint que les coex avoient cuit plain une caudiere de poisson, et l'avoient mis assez près de ladicte fontaine, enssi que d'aventure. Mais ung chien qui veoit ce poisson, vint au caudron; si en cuida happer sa part pour s'en soupper. Le coex, qui chou avisoit, le comencha à estriier; et lors le chien qui ot paour sailly à l'autre leis du caudron. Dont il advint que, en saillant, il fist tinner le caudron; et le poisson quy ens estoit tous cuis, quey en la fontaine, au mains une partie. Le coex, qui aprocha pour son poisson rescouvre, vint à la fontaine, et vit que son poisson neoit aval l'yauwe. Tantos que il le vit, comme tous esbahis s'enfuy devers le roy, et se getta à ung genoul et lui dist : «Tres grans empereurs, il plaise à vostre mageste venir veoir merveilles; car je le vous monstreray telle que je croy que oncques en vostre vie ne veistes la pareille : ensi et enssi est.» Et quant le roy oyt ce, lui et ses barons s'en vinrent vistement à la fontaynne, et regarderent le poisson qui ens estoit tout en vie, mais nullement ilz ne pooient croire que aultreffoix il euwt este cuis. Adont le coex prist de l'autre poisson qui estoit demourez au cauderon, et le mist de requief en la fontaine; lequel, tantos que il y fu, commencha à noer comme l'autre. » — Manuscrit n° 7518, XLII° capitle.

(20) Le mot λοιπόν est pris ici dans l'acception moderne, adverbialement et avec la signification de *enfin*.

(21) Cette lettre finit bien brusquement. En général le texte de ce manuscrit est plus mal rédigé que celui du manuscrit n° 113; supplément.

III.

MERVEILLES D'INDE,

PAR JEHAN WAUQUELIN.

D'APRÈS LE MANUSCRIT FRANÇAIS DE LA BIBLIOTHÈQUE
DU ROI, N° VIIMDXVIII.

i

MERVEILLES D'INDE.

EXTRAIT DU MANUSCRIT FRANÇAIS DE LA BIBLIOTHÈQUE DU ROI,
N° 7518, CONTENANT :

(1) L'HISTORE LAQUELLE REMONSTRE LES NOBLES EM-
PRISES (2), FAIS D'ARMES ET CONQUESTES DU HAULT,
NOBLE ET VAILLANT CONQUERANT LE ROY ALIXANDRE,
PAR LUI FAITTES ET ACHEVEES, EN CONQUERANT LE
MONDE.

(1) Outre la ponctuation et la distinction des lettres majuscules au commencement des phrases et des noms propres,
nous avons introduit dans cette transcription, pour faciliter la
lecture, deux signes étrangers à l'écriture de ce temps, l'apostrophe, et l'accent grave sur *a* préposition et sur *là* et *où* adverbes. Quant aux trois accents destinés à modifier la prononciation de l'*e*, outre que l'emploi en serait arbitraire dans
beaucoup de mots, il ne convient pas de les introduire dans ces
ouvrages en vieux français, puisque, même jusque vers la fin
du siècle dernier, l'usage n'en était pas général dans l'écriture
et dans l'imprimerie.

(2) *Entreprises.* Il est bien entendu que nous n'expliquons
qu'une fois chaque mot inusité aujourd'hui. Si, dans la suite
du texte, on ne se rappelait pas l'explication donnée au premier
endroit où le mot s'est présenté, on trouvera dans la *Table des
matières* l'indication de la page où est l'explication.

Quant aux mots qui ne diffèrent que légèrement du terme
actuel, comme *histore* pour *histoire*, l'explication est inutile ; à
plus forte raison pour ceux où il n'y a qu'une simple différence
d'orthographe, comme *grant cantite* pour *grande quantité*.

SECONDE PARTIE.

XXIᵉ CAPITLE (1).

(2) COMMENT ALIXANDRE SE MIT AU SIEUWRE (3) PORUS QUI
S'ESTOIT RETRAIX ES (4) DESERS.

En ceste partie dist nostre histore que quant la
roynne (5) de Amazonne (6) se fu departie du roy

(1) Le manuscrit n'a pas de pagination, et les numéros des
chapitres ne se trouvent pas dans le corps du texte, mais seulement dans la table générale, qui est au commencement, et où
les titres des chapitres se trouvent répétés avec leurs numéros.

(2) Les titres sont à l'encre rouge.

(3) *Suivre.* Il est toujours écrit de même dans ce manuscrit.
Borel ne fait pas mention de cette forme.

(4) Ce mot que l'usage a conservé seulement dans quelques
locutions spéciales, comme *maître-ès-arts, bachelier-ès-lettres,*
s'emploie toujours dans le français de cette époque avec le sens
de *dans.*

(5) Contre l'ordinaire, le mot moderne *reine* se rapproche
plus de l'étymologie *regina,* que le mot de cette époque,
roynne, qui est le mot *roy* mis au féminin.

(6) Nous remarquerons ici, une fois pour toutes, que la
lettre *s* ne se mettait pas encore régulièrement à la fin des
mots, comme signe du pluriel. D'après l'étymologie latine, un
mot la reçoit indifféremment au pluriel ou au singulier. Ainsi,

Alixandre, il ledit Alixandre entendi que Porus, le roy d'Inde, s'en estoit fuys à-tout (1) grant gent ens (2) es desers d'Inde, et là assambloit tout son pooir (3) pour de requief combattre contre ledit roy Alixandre. Laquelle chose entendans, ledit Alixandre prit aveucq lui XL chevaliers du pays, pour lui conduire ens es

quelques mots plus loin, il est régulier d'écrire : *Le roy d'Inde s'en estoit fuys* et non pas *fuy*, parce que le mot *fuys* est censé représenter ici un participe passé terminé en *us*. Et à l'inverse, ce serait une faute d'écrire, *ilz* ou *ils estoient;* il faut *il estoient*, parce que *il* vient de *illi* où il n'y a pas d'*s*. On peut remarquer que le peuple, qui, dans ses fautes de prononciation, a une tendance à mettre ordinairement des liaisons de trop entre les mots, a conservé ici l'ancienne forme étymologique, et dit encore, *il étaient*.

(1) « *A tout*, dit Nicot, est une préposition qui vaut autant que *avecques*. » *Thrésor de la langue Françoyse tant ancienne que moderne*. Paris, 1606, in-fol. in voce.

(2) *Ens* de *intus*, que Borel croit s'être écrit primitivement, *ents*, signifie *dedans*, *à l'intérieur*. C'est un adverbe; par conséquent il ne dispense pas de la préposition, quand on veut désigner le lieu dans lequel on est. C'est pour cela qu'on le voit si souvent, comme ici, suivi de la préposition *es*, *dans*, ce qui n'est pas un pléonasme : c'est comme en latin *intus in*, qui est de la meilleure latinité. Cicéron : « Deus omnia animalia intus in mundo inclusit. » *De Universit*. 201 *a*.

(3) *Pouvoir*. « Ils ostoient les *u* de plusieurs mots, dit Borel, pour les prononcer en *o*, disant *porce* et *pooir* pour *pource* et *pouvoir*. » *Trésor des recherches et antiquités gauloises et françoises*. Paris, 1655, in-4°. Préface sans pagination.

desers, et puis s'en yssi (1) à-tout son ost (2) as (3)
champs, et se mist à la voie. Et alerent et chemi-
nerent tant que, à l'entrée du moix d'aoust, que le
soleil est moult chault, il entrerent en une terre de-
serte et moult savelonneuse (4), là où il rechurent (5)
moult de travaulx, meisment pour la caleur du soleil, et pour ce ossi que il ne trouverent point
d'yauwe (6) doulce; mais trouvoient grant cantite de

(1) *En sortit*, de *exiit*.

(2) *Armée.* Il vient de *hostis*, d'où Ménage l'écrit *host;* mais
on le trouve bien plus souvent, comme ici, sans *h*. La Fontaine
est un des dernier sauteurs qui aient employé ce mot, dont la
prononciation difficile, quand le mot suivant commence par
une consonne, explique la désuétude :

> L'*ost* du peuple bélant crut voir cinquante loups.
> Liv. XII, fable IX, v. 65.

(3) Ce mot, que l'auteur emploie fréquemment, me paraît
une syncope ou syllepse réunissant la préposition *à* et l'article
les, comme on le fait dans le mot *aux;* mais ici la tmèse est
plus facile à apercevoir. Borel ne fait pas mention de ce mot,
mais il remarque dans sa préface « qu'en général la langue
françoise a fort affecté l'abréviation des mots, » ce qu'il appelle
improprement *laconisme*.

(4) *Sablonneuse.*

(5) « Ils mettoient des *h* après le *c*, dit Borel, là où nous n'en
mettons point, et au contraire les ostoient des lieux où nous
les mettons. » Nous trouvons ici dans la même phrase deux
exemples pour cette double observation, *rechurent* et *caleur*,
qu'on écrit aujourd'hui *reçurent* et *chaleur*.

(6) Le mot moderne *eau* est plus loin du diminutif latin

serpens, d'escorpions (1) et d'aultre bestes merveilleuses et venimeuses qui leur couroient sus. Pour laquelle cause il les convenoit aller tous armez, car ces
bestes leur faisoient tant de mal souffrir (2) que à merveilles. Sy (3) estoient si escauffes tant par la calleur

aquella, dont on le dérive, que ce vieux terme *yauwe*. Je ne sais
pas, il est vrai, d'où lui vient l'Y, mais le *w* et le *g* dur ont,
comme l'on sait, de grands rapports étymologiques, témoins
garder, de l'allemand *waren*; *guerre*, du tudesque *werra*; *gas-*
con, de *vasco*; *Walter* et *Gaultier*, *Guillaume* et *William*, etc.
Or, l'on avait fait d'abord de *aqua* le mot *aigue*, qui est encore
provençal, de même que l'espagnol dit *agua*. Il paraît que ce
mot *yauwe* aura servi d'intermédiaire entre *aqua*, *aigue* et *eau*.
Les dérivés actuels sont tirés ou d'*aigue*, comme *aiguière*, *aigue-*
marine; ou d'*aqua*, comme *aqueux*, *aquatique*. On peut donc
remarquer ici, outre le rapport entre le *w* et le *g*, l'autre rapport
entre le *g* et le *q*; ce qui explique la manière dont est exprimé
le verbe *suivre* dans cet auteur, *siewore* ou *siewwir*, de *sequi*.

(1) C'est ainsi qu'il faut séparer les deux mots. On disait
alors un *escorpion*, et non pas un *scorpion*. Il en était de même
des mots commençant maintenant par *st*. Ainsi, dans les or-
donnances : « Et que ce soit chose ferme et *establé* », pour
stable; « par grace *especiale* », etc.

(2) *Tant de mal souffrir*, inversion à la latine, dont on peut
regretter l'élégance.

(3) Ce mot si usité dans nos anciens auteurs est une de ces
particules comme la langue grecque les affectionnait tant, et qui
servent à donner du nombre aux phrases, de la force aux affirma-
tions. On peut la rendre, selon la manière dont elle est placée,
par les locutions *certes*, *il est vrai que*, *aussi*, *or*, et *en vérité*, etc.
Il n'est plus d'usage que pour l'affirmation contradictoire.

devant ditte come pour ce qu'il les convenoit aller
et cheminer armez, que li (1) pluiseurs (2) estoient
tellement martiriset de soif, que il leur convenoit
souventefoix boire leur escloit (3); et là, ly pluiseurs
par destresse souvent mettoient en leurs bouches
aulcunes pieces de fer, pour leur grant et terible
soif estancquier.

En ce martir là où estoient, le roy et tout son ost
vinrent seloncq la ryve d'une riviere, laquelle riviere
il sieuwirent tant que il vinrent jusques à une petitte
ille, qui en laditte riviere estoit. Et en cest ille avoit
ung castel fais de chaisnes ou cresnes (4), come on
feroit ung bollvercq (5), lequel estoit avironnez de la

(1) *Li* pour *les*; c'est le reste du latin *illi*.

(2) M. Roquefort, *Glossaire de la langue Romane*, Paris,
1808, in-8°, donne *pluis* signifiant *plus*, et qu'il dérive avec
raison de *amplius* par la transposition des lettres *i* et *u*. De là
le mot *pluiseurs*, constamment employé dans ce manuscrit pour
plusieurs.

(3) Nicot écrit ce mot, *escloy* et *ecloy*, le donne comme du
dialecte picard, et le traduit par *urina*, *lotium*. Ceci s'accorde
avec ce passage du manuscrit latin n° 8519 : « Vidimus etiam
plerosque, pudore amisso, suam ipsius urinam vexatos ulti-
mis necessitatibus haurientes. » Fol. 35, verso.

(4) Ce mot me paraît être ici pour *créneaux*.

(5) M. Roquefort écrit ce mot *bollewerque*, et le traduit par
boulevard. Il n'y a rien à ajouter à l'excellent article de Ménage
sur l'étymologie du mot *boulévart*, qui s'éloignerait plus que
le vieux mot *bollvercq* de l'étymologie teutonique à laquelle il
donne la préférence.

riviere, qui bien avoit IV estages (1) de large, c'est à
dire ung quart de lieuwe; et à celle heure estoit il
environ VIII heures du matin. Quant Alixandre fu
aprochiez de ce castel, si getta sa veuwe celle part,
et vit qu'il y avoit pluiseurs gens dedens. Dont comanda Alixandre que on leur demandast en langaige
indiien où il polroient trouver yauwe doulce; car de
l'yauwe de ce fleuve ne pooient il boire, pour la grant
amertume d'elle (2). Tantos que ceux qui là estoient
ainsi que sus les barbacanes (3) dudit castel oyrent la

(1) M. Roquefort donne pour une des significations de l'ancien
mot *estage* celle de *chemin public*. Mais ici ce mot indique évidemment une mesure itinéraire, et l'explication dont il est suivi me
ferait croire que le vieil auteur français a traduit en cet endroit
quelque passage du roman latin où il était question du stade. Le
calcul comparatif qu'il établit ici et un peu plus loin entre l'*estage*
et la *lieue* n'offre pas, il est vrai, le rapport du stade à la lieue,
puisque quatre stades équivalent non pas à un quart, mais à un
demi-quart de lieue. On ne doit pas, au reste, attendre une
grande précision archéologique d'un auteur de ce temps ; et
l'on pourrait ajouter surabondamment que le stade a varié chez
les anciens et la lieue encore plus chez nos aïeux.

(2) « Ipse sitim levigare cupiens, amariorem elleboro aquam
gustavi, quam neque homo bibere, nec ullum pecus haurire
sine tormento posset. » Ms. lat. 8519. Fol. 35, recto.

(3) Ce mot, qui, en style de fortification, est une meurtrière,
a pour sens primitif, suivant Ménage, la signification d'*avant-
mur* ; et, d'après M. Roquefort, il a aussi celle de *parapet* ou
partie la plus élevée d'un mur ; c'est le sens qu'il faut lui donner ici.

voix de ceulx qui parloient à eulx, il se muchierent (1) et ne respondirent point. Alixandre et les siens ce veant·furent moult esbahiz; et pourceque sus laditte riviere il ne veoit pont, ne plancque pour aller audit castel, ne nul quelconques labourage dedens l'isle, dont gens se peuissent deffendre ou soustenir, comme tous esmerveilliez de coy il vivoient, commanda à aucuns de ses chevaliers que il entrassent en l'yauwe, et au no (2) allaissent savoir jusques au castel le maintieng d'icelui.

(1) *Se cachèrent.* On écrit plus communément *musser*; mais le dictionnaire de l'Académie donne aussi *mucher*, dans cette vieille locution : à *muche-pot.* Ce mot est encore usité chez le bas peuple, même des villes, avec cette prononciation du *ch.* La langue correcte l'a conservé en composition dans le mot *cligne-musette*, nom du jeu appelé aussi *colin-maillard.* Nicod dérive ce verbe, selon toute vraisemblance, de μύσω, futur de μύω. La rue de Paris appelée aujourd'hui *rue du Petit-Musc* se nommait autrefois *rue Pute y musse*, sans doute à cause de quelque mauvais lieu qu'elle avait anciennement recélé. Il y en a une autre étymologie qui fait venir ce nom par corruption du mot *petimus*, par lequel commençaient les pétitions, attendu que, cette rue étant voisine de l'hôtel Saint-Pol où demeurait le roi, les solliciteurs y abondaient avec leurs placets; de là cette rue aurait pris alors le nom de *rue Petimus* : mais la première étymologie est plus vraisemblable.

(2) *A la nage.*

XXIIe CAPITLE.

COMMENT ALIXANDRE PARDI PLUISEURS DE SES CHEVALIERS PAR
LES DRAGONS, SERPENS, ESCORPIONS, AVECQ AULTRES BESTES
MERVEILLEUSES.

Tantos que Alixandre ot ce commande, se des-
pouillierent environ de XL chevaliers, lesquelx, leurs
espees en leur poing, saillirent en laditte riviere et
comenchierent à noer pour aller vers le castel. Mais
comme il venissent (1) enssi que au quart de la riviere, lors saillirent de la riviere une maniere de
poissons qui s'appellent ypotames (2), et les devo-
rerent tous, excepte III qui n'estoient mie si hastez
que les aultres. Lesquelx veans la desollation de leur
compaignons, retournerent au plus hastivement que
ils polrent. Et quand Alixandre vit ce, il fu moult
esbahiz, et encore plus dollans de ses bons chevaliers
que il avoit perdus. Sy se party de là à tout son ost,
et fist tant que environ XI heures du jour meisme,
il vint d'allez (3) ung (4) estancq, qui avoit bien de

(1) C'est le mot latin sans aucun changement.

(2) Pour *Hippopotames*.

(3) *Auprès de.* Ce mot *d'allez* est composé de trois autres, *de, à*
ou *al*, et *lez* qui signifie *près*, et qui est encore usité dans certains
noms de localités, comme *le Plessis-lès-Tours, Villeneuve-lès-Avi-
gnon.* M. Roquefort semblerait n'avoir pas fait attention à la composition si naturelle de ce mot, quand il le dérive de *latus, lateris.*

(4) L'observation que nous avons faite, page 383, sur le

loncq xxiv estages, c'est à dire lieuwe et demie. Et
pource que le roy vit l'yauwe clerc, doulce et saine,
il fist son ost arester pour reprendre refection. Mais,
ainchoix (1) que il se mesissent à leur repos, il fist
coper pluiseurs leaisnes (2) et aultres arbres qui là
estoient environ (3), et mettre tout autour de son ost;
et puis quant ce vint au nuit, il fist boutter le feu dedens. Adont fist il alumer plus de iii milles lampes;
et quant tout fu bien aparillie, il comanda que on
appelast le soupper : si en fu ensi fait. Et lors se com-
menchierent al asseoir et à mengier.

Mais ainsi comme il prendoient (4) leur reffection,
comenchierent à venir une tres grant cantite d'escorpions, pour boire à cel estang, ains que d'usage il
avoient. Après ces escorpions vindrent une maniere
d'aultres bestes que on nomme wivres (5), grandes et

rapport étymologique du *g* avec le *q*, pourrait s'appliquer à cette
ancienne orthographe *ung*, qui semble ainsi dérivé non pas de
unus, mais de *unicus*.

(1) Parmi les anciens mots français de ce temps, celui-ci
est un de ceux qui s'écrivent du plus grand nombre de manières et qui ont le plus de significations , comme on peut le
voir dans le glossaire de M. Roquefort; ici il signifie *avant*. Une
autre signification très-usitée qu'il a encore, est celle de *malgré*.

(2) Je suppose que ce mot est le même que *laigne, bois,*
de *lignum*.

(3) *Tout autour.*

(4) Ancienne forme, régulière.

(5) La *wivre, vivre* ou *guivre* joue un assez grand rôle dans

teribles, et puis après, grans et oribles dragons (1),
tachiez de diverses coulleurs; lesquelx dragons ou serpens avoient crestes sour leur testes trenchans come
rasoirs, et en venoient sifflant tres oriblement. Tellement gettoient leur alaine que sy tres puant et in-

ces récits du moyen âge. C'est le nom d'une espèce de serpent, comme l'indique le mot *guivre* conservé avec ce sens dans
le vocabulaire du blason. Ce nom paraît avoir été plus spécialement appliqué à certains reptiles malfaisants à qui les popu-
lations avaient à reprocher des ravages analogues à ceux de la
Gargouille dans les environs de Rouen. « La vivre de Larré, dit
La Monnoye, étoit un serpent caché près d'une fontaine, dans
le voisinage d'un prieuré de l'ordre de saint Benoît, et qui,
par ses ravages, fut longtemps l'objet de la terreur publique. »
Noëls bourguignons, 1720, in-8°, p. 399. M. de Salverte, qui
cite ce passage (*Des Sciences occultes,* t. II, p. 313), fait aussi
mention de plusieurs noms de lieux dans les montagnes de
Neufchâtel, dans lesquels s'est conservé le mot *vuivra,* en
souvenir d'un serpent qui en faisait la désolation : *Roche à la
vuivra, Combe à la vuivra, Fontaine à la vuivra.* (*Ibid.* p. 320.)

(1) Ce qui est dit de ces dragons après les wivres offre un
singulier rapprochement. M. Cuvier donne, comme second
genre des poissons jugulaires, les *vives,* dont un des caractères
est une nageoire à quatre rayons sur la nuque. Il en indique
une espèce, la *vive* ou *dragon de mer (trachinus draco).* « Sa première nageoire dorsale, dit-il, est de couleur noire, et les pi-
qûres de ses rayons passent chez les pêcheurs pour dange-
reuses. » *Tabl. élém. de l'hist. nat. des anim,* l. V, c. v, p. 314.
Ainsi voilà des faits, dénaturés et confondus sans doute, mais
enfin dont on retrouve la trace dans ces récits qui, au premier
abord, paraissent de pures fictions.

fecqme estoit, que à painne le pooient porter ceulx de l'ost : et de fait il en y ot (1) pluiseurs qui en morurent. Et à ceste heure cuiderent bien morir tous ceulx de l'ost. Là estoit Alixandre, qui moult doucement les reconfortoit en disant : « O mes tres vaillans compaignons et chevaliers, ne vous desconfortez de rien, mais faittes ainsi que je feray. » Et quant il ot ce dit, il prist un dard et ung escut, et s'en vint baudement (2) contre ces teribles bestes, et se comencha à combattre à elles merveilleusement. Et quant li chevaliers virent la vaillandise de lui, si prirent leurs armes, si coururent à la battaille, là où il en ochirent grant foizon, de leur lanches; et là ly pluiseurs de ces bestes s'ardirent ou feu devant dit. Car elles avoient si grant destreche de soif, que elle ne s'espargnoient point, pour feu, ne pour glave, ne pour aultre chose; mais finablement Alixandre et ses

(1) *Ot* est pour *eut*, dans le style de ce temps, et quelquefois pour *avait*, comme on le voit dans ces vers de Guillaume Guiart, d'Orléans :

> Ce qu'ils orent fait depecierent,
> Tout ramenerent à neant.
> Simon de Montfort, ce veant,
> Dist que pour la mort endurer,
> L'on ne le verroit parjurer,
> Et quiex coutees qu'il tiendroit,
> Ce qu'il ot jure sustiendroit.

(2) *Hardiment, de bonne grâce.*

chevaliers les desconfirent, et en ochirent moult grant
nombrc, non ostant (1) ce que l'istore dist, que
Alixandre y pardi vint chevaliers et trente (2) ses
gardes.

Apres ceste battaille, ainsi que les Grigoix (3) se cui-
doient reposer, revint une aultre maniere de bestes,
qui avoient les dos si durs, que il sambloit quant on
frapoit sus que ce fuissent englumes, ne nullement
les chevaliers ne leur pooient perchier les piaulz (4),

(1) Au lieu de *non obstant*. Si l'on admet que *non ostant* ici ne
soit pas une faute, cela confirmerait l'étymologie que Du
Cange donne à *ôter* qu'il fait venir d'*obstare*, tandis que Henri
Estienne et Nicot le dérivent de ὠθεῖν, et Ménage de *haurire*
par *haustare*.

(2) « Il ne faut pas oublier à remarquer, dit Borel, qu'on
sous-entendoit souvent la particule *de*, et disoit, *le fils Yvain*
pour d'*Yvain*, *la Bible Guyot*, *le testament Pathelin*.

Je mourray de la mort Roland. »
Préface de son *Trésor*.

Peut-être même dans la manière dont est écrit le mot *gardes*,
où l's (ainsi que nous l'avons dit, p. 381) ne doit pas être
considérée comme signe du pluriel, devra-t-on appliquer cette
autre observation du même auteur : « Ce langage romant venant du latin l'imita en beaucoup de choses, et entre autres à
ne mettre pas les articles, et à finir divers génitifs en *s* : comme
pour dire le livre de César, ils eussent dit *le livre Cesars*, prenant cela du latin, *liber Cœsaris*. » Ibid.

(3) *Les Grecs.*

(4) Dans le langage populaire, on dit encore *la piau* pour
la peau.

dont il estoient moult dollans et moult esbahis. Nient-
mains, en y ot tant d'arses, que le remanant ne greva
riens à ceulx de l'ost; car tantost que elle venoient
ou povoyent venir à l'yauwe, elles se bouttoient ens,
et là demoroient, comme se che fuissent poissons.

XXIIIᵉ CAPITLE.

COMMENT ALIXANDRE SE COMBATI AS LYONS BLANS ET GRANS COMME
CORPS DE TORIAUX, PUIS AS PORS QUI AVOIENT GRANS DENS
COMME D'UN COUTE (1) DE LONC, A HOMMES ET AS FAMMES
SAUVAIGES QUI AVOIENT VI MAINS, ET A UNE AULTRE TERIBLE
BESTE QUY AVOIT III CORNES.

Quant ces bestes à ces durs dos furent despeschies,
lesquelles bestes il appelloient cancres, et que l'ost se
cuidoit reposer, pour boire a cel estang vinrent une
maniere de blans lyons, grans et oribles come toriaux; lesquelx par tres grant crudelite coururent sus
à ceulx de l'ost. Adont saillirent sus toutes manieres de
gens d'armes, qui se mirent au devant; si se comenchierent à combattre. Si furent tantos ces bestes des-
confites; car les gens Alixandre et Alixandre meismes
les perchoient de leurs glaves. Mais veritablement il
ne furent point si tos despechies de ces oribles lyons,
que il leur ressailly une maniere de pors sauvaiges,
tres teribles, lesquels avoient dens qui leur sailloient
hors de le gheulle, moult lons et moult trenchans, et,
comme dist l'istore, il avoient une couste de long.
Aveucq lesquelx bestes avoit hommes et femmes
sauvaiges, qui avoient chacun et chacune VI mains.

(1) Ce mot signifie *coude* et une *coudée*, sens qu'il a ici, et
est plus près de l'étymologie latine *cubitus* que le mot moderne.

Toutes lesquelles choses se comenchierent tellement à sevir en l'ost, à ochir (1) et à deffouller (2)
les chevaulx et les bestes de l'ost, et ossi les hommes
d'armes, que il convint l'ost reculler; car c'estoit une
amirable hideur de la crudelite de ces pors et crea-
tures sauvaiges. Adont Alixandre, comme homme
plains de toutte proesche, en escryant à ses hommes,
se mist au devant, la targe embrachie, tellement que
notre histore tesmoingne que par sa valleur ses gens
reprinrent ung tel coer que ces teribles monstres
furent desconfittes. Dont il en y ot tant d'occises, que
sans nombre. Et ossi y cult il pluiseurs hommes mors
et ochis, et sans nombre de navrez (3).

Tantos apres ces II tres cruelles battailles, revint pour l'ost une tres orible beste, de merveilleusc
grandeur, plus grande et plus forte que ung oliffant;
laquelle beste avoit la teste noire comme poye; cl
sus sa teste avoit III cornes ensi que devant le froncq,
trenchans comme feroient espees. Et ceste beste appelloient les Indoix Armez (4) hayant le tirant. La-

(1) Pour *occir.* Ici le *ch* est au lieu de deux *c.*
(2) *Fouler aux pieds, jeter par terre.* Roquefort.
(3) *Blessés.*
(4) La vieille version française, imprimée sous le titre de
Hystoire du noble et vaillant roy Alixandre, dit simplement : « Et
avoit nom, selon la langue indien, arme. » Quant aux mots qui
suivent ici, *hayant le tirant,* je suppose qu'ils sont dus à quelque
faute de copiste qui n'aura pas compris les mots *la dent tyrans,*

quelle venoit à l'yauwe pour boire; mais tantos qu'elle perchupt l'ost des Gregois, elle se feuy ens comme une chose dervee (1), et là fit ung tel espixelis (2) d'ommes d'armes abatus, dont les uns avoient les ghambes brisies, les aultres les bras, les aultres le col, et les aultres gettoit elle mors par terre. Et là estoit ce une tres grant admiration du destourbier (3) que ceste beste faisoit. Car l'istore nous tesmoingne que ainchois qu'elle fust mise affin (4), elle ochit XXVII hommes d'armes et si en navra LII. Au darrain (5) ce tant vaillant chevalier nommez Emendus, le duc d'Arcade, le ochist. Dont Alixandre fu moult joyeux et ossi furent tous ceulx de l'ost.

qui étaient probablement dans l'original comme traduction du nom de cette bête appelée *odontotyrannus*, mais dont le nom a été fort souvent estropié. Voyez la note du chapitre XVI, *de Bellais.*

(1) L'adjectif *dervé*, qui se traduit ordinairement par *fou, extravagant*, me paraît emporter ici une idée de fureur qu'on pourrait même voir dans ces vers d'un poëte anonyme cité par Borel :

> Femme, dit-il, es tu dervée?
> Quel rage t'a la amenée?

(2) Ce mot, que je n'ai trouvé nulle part, me semble venir du verbe *espinguer* qui signifie *trépigner*.

(3) *Embarras, trouble.*

(4) Lisez *à fin.*

(5) *Darrain* signifie *dernier; au darrain, à la fin.*

. Apres la mort de laquelle beste, yssirent du savelon, ensi que dedens terre, là où l'ost estoit hebergie, une maniere de bestes que les Indoix appelloient couplis (1), lesquelz mengoient les gens mortes et les bestes mortes. Et touttes les bestes que elles mordoient moroient soudainement, mais as hommes elles ne faisoient nul mal. Aveuc ces bestes revinrent cauves-soris, ensi grandes comme on diroit coullons (2), et avoient dens (3)

(1) J'ignore d'où peut venir ce nom, et à quel animal pourrait se rapporter ce qui est dit ici. Le goût pour la chair morte s'appliquerait fort bien à l'hyène, mais non pas le reste.

(2) *Pigeons.*

(3) Observation fort juste, et propre à intéresser les naturalistes dans un auteur du xive ou du xve siècle. M. Geoffroy Saint-Hilaire, après avoir parlé des erreurs des anciens au sujet de la chauve-souris, passant aux premiers progrès de l'histoire naturelle au siècle dernier, dit : « Cependant l'on venait d'inventer l'art des méthodes en histoire naturelle, et l'on s'en occupait exclusivement. Quant à la classification des quadrupèdes vivipares, les dents avaient paru un caractère important. On s'en servit pour mettre ensemble tous les animaux qui en avaient de semblables ; en sorte que, sans se rappeler, ou même en se rappelant les anciennes opinions sur les chauve-souris, on crut suffisant qu'elles fussent pourvues de dents, pour qu'elles arrivassent où les appelait le principe... Le principe de la classification fit encore découvrir au-delà de ce résultat ; car on connaissait alors des chauve-souris de deux sortes : de plus grandes venues de l'Inde, qui avaient leurs dents en même nombre et dans la même position que les singes ; et de fort petites en nos contrées, qui reproduisaient le

comme on djroit dens d'omme. Lesquciles soris-

caractère dentaire des makis... La méthode inventée obtint
seule, sous l'inspiration de son essence philosophique, ce brillant succès ; c'est que l'élément qu'elle s'était donné, formant
un caractère d'une haute valeur, portait à des inductions d'une
grande probabilité. » *Cours de l'histoire naturelle des mammifères*;
XII° leçon, p. 7 et 8. La remarque de notre vieil auteur remonte évidemment par la tradition à une observation réelle
faite avec simplicité et exactitude, et qui se trouve ainsi plus
près des connaissances précises des modernes que des erreurs
des anciens, sur un sujet dont cette dernière citation de
M. Geoffroy Saint-Hilaire fera apercevoir l'importance. Le savant professeur, après avoir exposé les principaux traits de
conformité entre l'homme et la chauve-souris, vérifiés par suite
de cette première vue sur les dents, ajoute : « Voilà à peu près
ce qui était connu au temps de Linné. Ce grand maître alla
plus loin : comme il conçoit alors les affinités de la chauve-
souris, il se détermine à la placer dans un même groupe avec
l'homme et les quadrumanes, dans le groupe qu'il nomme les
êtres à visage humain, parmi ceux qu'il tient pour les plus
élevés des mammifères, qu'en premier lieu il a nommés *anthro-
pomorphes*, et qu'en second lieu il connaît sous le nom presque
équivalent de *primates*. » *Ibid.*, p. 9 et 10.

Le degré de perfection extraordinaire de la chauve-souris
paraît avoir frappé tous les observateurs de la nature. Les
Arabes ont à ce sujet une tradition religieuse que nous devons
rapporter ici. Ils croient que cet animal fut créé par Jésus-
Christ, tandis que tous les autres durent leur création à Dieu.
On peut voir, dans l'*Hierozoïcon* de Bochart, part. II, l. II,
c. XXXII, p. 352, les textes arabes où est consignée cette bizarre
croyance et leur traduction latine. Alkazuin, un des auteurs cités, donne pour raison que la chauve-souris est un animal d'une

cauves (1) frapoient les gens de l'ost parmy le visage (2), et leur firent moult de paine. Et quant ce

haute perfection par ses dents, ses oreilles et ses mamelles. Il
a semblé qu'un animal d'un composé si parfait ne pouvait appartenir à la création primitive. Au reste, Bochart remarque la
contradiction d'une telle croyance chez les Mahométans, qui
nient la divinité de Jésus-Christ, et attribuent ainsi au fils de
Marie, né l'an Ier de notre ère, la création d'un animal connu
de toute l'antiquité.

(1) La Fontaine, qui était très-familier avec nos vieux auteurs français, s'est servi de cette variété d'expression, en donnant, comme ici, deux formes au mot chauve-souris, dans la
fable VII du livre XII, où il dit d'abord, vers 1 :

> Le buisson, le canard et la chauve-souris...

Puis, vers 38 :

> Je connois maint détteur qui n'est, ni souris-chauve,
> Ni buisson...

M. Ch. Nodier, commentateur si exact et si fin de La Fontaine, y avait vu pourtant « une métathèse inusitée qui n'est
excusée ici que par la nécessité de la rime. » T. II, p. 291 de
son édition.

(2) Au milieu de tant de contes, il est impossible de ne pas
reconnaître ici une description assez exacte de la roussette (vespertilio-vampyrus). « Ce sont, dit M. Cuvier, de très-grandes
chauve-souris des Indes et de l'Afrique; elles égalent la taille
de nos poules. On prétend qu'elles sucent le sang des hommes
et des animaux endormis. » Tableau élément. de l'hist. nat. des
anim.. l. II, ch. III, § 1, p. 104. Les dernières observations
ont démontré l'erreur de ces récits. « Les roussettes vivent de

vint vers l'aubbe du jour, vint encore une maniere d'oisiaulx, grans ensi comme on diroit voutours. Lesquels oisiaulx estoient de rouge coulour et avoient les becqs et les piez noirs. Sy s'assirent tout autour de cel estang et comenchierent à prendre les poissons (1) et les mengoient; ne nul mal ne firent à ceulx de l'ost (2).

fruits, dit M. Geoffroy Saint-Hilaire. On a été longtemps à s'accorder sur leur caractère de douceur, et elles ont au contraire été un sujet d'effroi, en raison de leur taille, du bruit de leur vol, de leur apparition la nuit, et de leur arrivée en troupe. » XIII° leçon, p. 20. « Elles se défendent quand on les excite, en cherchant à mordre ou en égratignant avec leurs crochets. » Ibid., p. 22. — Voyez ci-dessus *De Monstris.* c. XLVII.

(1) En admettant ici quelque confusion dans l'indication de la couleur, on pourrait reconnaître à cet endroit le grand oiseau pêcheur appelé la frégate (*pelecanus aquilas*), dont M. Cuvier donne cette description : « Noir uniforme, la peau de la tête bleue et rouge. C'est de tous les oiseaux de mer celui qui vole le mieux. Il a jusqu'à quatorze pieds d'envergure. » Ibid., l. III, c. VII, A, § 1.

(2) Entre ce chapitre et le suivant, il y en a dans le manuscrit six autres, que je ne mets pas dans cet extrait, comme n'ayant pas rapport aux merveilles de l'Inde, mais traitant de l'histoire de Porus. En voici les titres :

XXIV. Comment Alixandre yssi des desers pour en venir vers le roy Porus, qui faisoit sbn amas de gens d'armes, pour combattre le roy Alixandre.

XXV. Comment le roy Alixandre alla vers le roy Porus, in-

XXXᵉ CAPITLE.

COMMENT ALIXANDRE TROUVA DES GRANS MERVEILLES, QUANT
IL VINT ENS ES DESERS D'INDE.

..... Alixandre comencha à chevauchier avant. Sy
n'ot mie (1) granment allet, que il trouva une maniere de grandes pieres, que les gens du pays appelloient les bonnes Hercules (2); et pourceque il voloit
le fait de Hercules sourmonter, il pensa (3) maintenant que il passeroit les bonnes. Si comencha à chevauchier oultre, toudis (4) son ost aveuc luy. Et là,
trouva une maniere de gent que il sousmist à son

(1) Ce mot, qui répond tout à fait à notre négation *point*,
est employé par La Fontaine dans le dicton picard qui termine
la fable du *Loup, la Mère et l'Enfant.*

> Biaux chires leups, n'écoutez mie
> Meres tenchent chen fieux qui crie.
> > Livre IV, fable XVI.

(2) Pour *les bornes d'Hercule.* Voyez *De Monstris*, c. XIV.

(3) Ce mot a ici le sens de *se décider, prendre la résolution.*

(4) *Toujours.* L'étymologie latine est bien plus claire dans
toudis. Il signifie encore plus souvent *tous les jours*, comme le
prouve cette note manuscrite de Huet. Au mot *toudis* rendu
simplement par *tousiours* dans Borel, il ajoute : «Monstrelet,
vol. I, c. II, p. 3, 2, tousdy, omni die, quotidie; c. IX, p. 14,

26

obeissanche assez ligierement; car c'estoient gent
foibles et non armez. En apres il entra en la terre des
Hovasmes et des Desques, que pareillement ossi il sumist (1) à lui; car c'estoient enssi des gent sans vi-
gheur qui s'appelloient Aristiens, Cancestriens et
Gaigatriens. Tous lesquelx, en passant les fores et
desers où ces gens habittoient (qui n'estoient aultre
gens, fors vivans des chars (2) des bestes, du fruit
des arbes et aultres erbes), il subjuga et mist à son
obeissance. Et non (3) mies de merveilles; car il n'a-
voient aultres armeures deffensives, que de piaulx de
bestes ou d'escorche d'arbres, dont il se couvroient
et armoient; et leur armures minassives (4) n'estoient
aultres, fors brancques d'arbres, que il esrachoient
des arbres, ou pieres et caillaux, et telles manieres
de choses.

Apres les conquestes de ces gens, yssi Alixandre
par ung coste des desers, et entra en ung royalme
moult grant et moult large, et là où il y avoit de moult

1; c. LII, p. 86; 1; c. CXXXV, p. 211, 2; c. CLIX, p. 232, 2;
c. CLXXVIII, p. 250, 2. »

(1) Nous avons vu quelques lignes plus haut *sourmonter* au
lieu de *surmonter*. Ici voilà *sumist* pour *soubmist*. Il paraîtrait que
la valeur de la prononciation de la lettre *u* n'était pas encore
bien fixée.

(2) *Chair.* L'ancienne forme est plus près du latin *caro*.

(3) Le verbe est sous-entendu entre ces deux négations.

(4) Nous disons aujourd'hui *armes offensives*.

belles citez, lequel realme (1) s'appelloit Confite (2).
Mais quant ceux du pays seurent la venue d'Alixandre,
il se mirent tous enssamble et s'en vinrent contre luy
à cc mille hommes d'armes; mais il furent tous desconffiz et la plus grant partie en demoura mort sur le
camp (3). Et la raison pourquoy il furent si tos mis
à desconffiture fu pour ce que bien paul (4) y savoient
de tel mestier. Quant Alixandre les ot desconffiz, et
que il ot touttes les citez à sa volente, il se remist
au chemin et entra en la terre de Parapomenos. De
laquelle terre ossi il ot tantos soubmis les paysans et
touttes les villes; car il se rendirent sans cop ferir.
De ceste terre se party le roy, et entra en une terre,
là où il faisoit moult froit, et n'y habitoit ne bestes,
ne gens, pour la desertine (5) du lieu, et du froit. Et
ossi il y faisoit si tres obscur que à tres grant painne
s^ pooient choisir (6) les chevaliers li ung l'autre. Et
en ce desert à tres grand painne et à tres grant mes-

---

(1) *Royaulme*, écrit, un instant avant, *royalme*. La seconde
forme est plus étymologique.

(2) Il est quéstion, dans la version française imprimée, d'un
peuple de l'Inde appelé *Consides*.

(3) C'est-à-dire *sur le champ du combat*.

(4) *Peu*. C'est le latin *paulo*, dont il n'y a de retranché que
la voyelle finale.

(5) Je n'ai pas trouvé d'autre exemple de ce mot, qui, au
reste, se comprend facilement.

(6) *Distinguer*.

chief furent il vii jours; et droit (1) au viii° jour il widerent (2) : dont il furent moult joyeux. Car il se trouverent d'allez une riviere qui estoit tres caude.

Selon laquelle riviere, qui plaine estoit de serpens moult teribles, et bien largues, avoit aulez (3) par delà, où Alixandre n'estoit mie, femmes qui merveilleusement (4) laidement et ordement (5) estoient parees et vestues; et toutteffoix, à ce que il pooyent choisir, elles estoient tres belles femmes; ne aveuc elles il ne veoient nulz hommes. Ces femmes ychy tenoient, comme advis leur estoit (6), en leur mains espees et haches qui estoient d'or et d'argent, et non de fer. Car comme ceux d'environ disoient, elles n'avoient en leurs terres nulz fers. Alixandre veullans passer le fleuve pour aller à elles ne poelt (7), pour

(1) *Juste, justement.* C'est le même que *drès* qui _st encore usité parmi le bas peuple.

(2) Forme toute latine, pour *ils virent.*

(3) Nous avons déjà expliqué ces composés de la préposition *lez.* Ici *aulez par delà* signifie *le long de l'autre rive.*

(4) Ce mot *merveilleusement* est à remarquer comme signe du superlatif, n'importe avec quel adjectif. Il exprime non pas l'idée d'admiration, mais d'étonnement. On emploie vulgairement aujourd'hui le mot *joliment* de cette manière, et dans un style familier, moins trivial, les mots *extrêmement* et *excessivement.*

(5) *Salement.*

(6) *Autant qu'ils en pouvaient juger.* On dit encore en style familier ou vulgaire : *m'est avis,* c'est-à-dire *je crois.*

(7) *Put.*

la challeur du fleuve et meisment pour les graus et oribles serpens qui se tenoient oudit (1) fleuve. Et quant il vit ce, il les laissa; à tant et se parti d'illeuc (2).

Sy s'en vint en ung lieu devers la senestre partie d'Inde, laquelle partie estoit enssi que palus et plains de ronsses et d'espines moult ponians (3). Sy luy advint que en passant parmy, il en yssi une moult merveilleuse beste appelee ypotame (4), nomme propprement ypotame (5), mais elle le ressambloit en aucune fachon; car ladite beste avoit le pilz (6) d'un cocodrille, et si avoit les dens moult longs et moult

(1) *Audit.* On trouve ainsi souvent *ou* pour *au*.

(2) *De là;* du latin *illinc.*

(3) Pour *poignant, piquant.*

(4) C'est ainsi qu'est écrit toujours le mot *hippopotame.*

(5) On ne peut se rendre compte de cette répétition immédiate de la même idée et du même mot, qu'en supposant qu'il y aurait là quelque trace d'un texte grec donnant à peu près ces mots: Ὀνομασμένοι ἱπποπόταμοι, τουτέστι ἵππος ποταμοῦ, ἀλλ' οὐδὲν ὁμοιάζει αὐτόν.....

(6) Ce mot, qui reparaît un peu plus loin, signifie, je crois, *le poil.* Je n'en ai pas d'exemple d'ailleurs. Dans la version française imprimée, dont j'ai cité le passage correspondant au chapitre xxii *De Belluis,* on donne à cette même bête les pieds d'un crocodile, ce qui pourrait faire croire qu'il faut lire également ici *piez* par un très-léger changement. Mais cette correction serait inadmissible au chapitre lxiv de la présente histoire, où Alexandre voit des hommes qui *avoient les yeux et la bouche enmy le pilz.* Il est vrai que le crocodile n'a pas de

agus, et trenchans comme rasoirs. Mais ellé alloit
comme ung limechon (1), tardievement. Tantos que
elle perchupt (2) les hommes d'armes, elle leur courut
sus, et tellement que elle ochist n chevaliers; car
nullement il ne la pooient perchier de lanche ne d'espee, si dure estoit sa piaul. Et pour ce, ils prinrent
bastons, par lesquelx il le battirent tant que il le
ochirent. Apres la mort de laquelle beste, il se mirent
ens es darraines fores d'Inde, et là se reposerent sus
une riviere qui s'appelloit Benmar. Car il n'estoient
reposez depuis avoit ja (3) bien ung moix, que il n'a-
voient fait que cheminer.

poil, et l'hippopotame non plus. Mais on peut tenir compte de
l'ignorance de l'auteur.

(1) *Un limaçon.*

(2) Le copiste avait d'abord écrit *parchupt,* mais il a ensuite
corrigé l'*a* en *e.* La même faute et la même correction se retrouvent dans tous les endroits où est ce verbe, ainsi que quelques autres mots commençant par la syllabe *per,* où le copiste avait écrit *par;* peut-être par quelque habitude du dialecte
de sa province. Un grand nombre de corrections, de la même
main, prouvent que ce manuscrit a été relu en entier avec
soin, et donnent ainsi plus d'autorité à ses leçons.

(3) Dè *jam;* signifie *déjà* ou *maintenant.*

XXXIe CAPITLE.

COMMENT ALIXANDRE DESCONFY PLUISEURS OLIFANS (1) GRANS ET
ORIBLES. ITEM FEMMES VELUES, CORNUES, ET MOULT D'AULTRES
CHOSES EFFRAYABLES.

Ensi comme Alixandre à-tout son ost se reposoit
en la place devant ditte, il avint une foix ensi comme
il estoient assiz au disner que il yssi de la forest devant ditte une tres grant cantite d'olifans, qui s'en
venoient pour boire au fleuve, ainsi que de coustume
il avoient (2). Lesquelx oliffans, tantos que il perchurent l'ost des Grigoix, et que il virent la multitude des chevaux et des hommes, il getterent ung
tel cry, que tous ceulx de l'ost en orent si grand paour
que il ne savoient que faire, et appaines (3) que ly
pluiseurs ne s'enfuyoient. Alixandre qui seioit au
mengier, oans le terible cry de ces bestes, veans la
desordonnance de ses gens, se leva tos et hastivement, et sally sus son cheval Bucifal, et en vint l'espee traitte ou poing, là où ses gens, et par especial
si plus prive chevalier estoient en grant freur (4). Sy

(1) Il nomme toujours ainsi les *éléphants*, comme font la
plupart des vieux auteurs français.
(2) Notre auteur ne varie pas beaucoup ses moyens.
(3) Pour *à paine*, c'est-à-dire *peu s'en fallait*.
(4) *Frayeur*.

leur dist en telle maniere : « O my tres chier amy et compaignon, vaillant chevalier, ne vous veuilliez esbahir, pour ces bestes, ja soit ce que elles soient grant quantite. Car ossi ligierement (1) les vainquerons nous, que nous vaincquesimes les chiens d'Albanie. Faites tos venir tous les pors de l'ost, et les faittes battre, si que il s'escrient, et si faittes declicqnier (2) trompettes et clarons, et aveucq (3) gettez chacun ung cry au plus hault que faire se polra; et j'espoir que vous les verrez tantos tourner en fuyes, si me sieuwez et faittes comme vous me verez faire. » Tantos le commandement fait et acomply, ces oliffans oans (4) ce terible cry que ceulx de l'ost faisoient, se mirent tous au retour et à la fuite. Et le roy Alixandre se mist tantos en la cache (5) et ses chevaliers aveucque lui; si en ochirent pluiseurs, et pluiseurs en escaperent. Apres laquelle desconfitture, Alixandre as

---

(1) *Facilement.*

(2) Ce verbe, qui signifie évidemment *sonner*, me paraît venir de *clangor, clangoris.* Je ne le trouve pas ailleurs, car il ne peut être confondu avec *deoliquer*, qui signifie, selon M. Roquefort, *caquoter*, et, selon Borel, *lâcher une parole mal à propos.*

(3) Cette préposition est employée ici adverbialement, pour *en même temps.*

(4) *Oyant, entendant.*

(5) *Chasse.* C'est la forme italienne. Ce mot *cache* est encore usité en ce sens dans le langage des paysans de la Haute-Normandie.

bestes mortes fist oster les dens (1), pour le amour
que c'estoit ly plus biaulx yvoires que il eiust encores
oncques veus.

Quant Alixandre se fu reposez, et que il lui plot (2),
il se rachemina, et tant que il entra en une fores,
en laquelle il trouva fames par grans tropiaulx, quy
avoient cornes sus leur chiefz et barbes jusques à
leur mamelles; si estoient vestues de piaulx de bestes.
Si y avoit aveuc ces fames une maniere de bestes,
qu'elles nourissoient ainsi comme chiens; et ces bestes
ichy aprendoient il à cacher (3) as bestes sauvaiges.
Desquelles bestes sauvaiges elles se nourissoient et
vivoient. Mais quant ces femes ychy perchurent ces
chevaulx et ces hommes d'armes, elles se tapperent (4)
en ces fores plus parfont. Sy que quant Alixandre vit
chou, il fist comandement à aulcuns de ses chevaliers qui les sieuwissent. Il le firent ensi tant que il
en prinrent iii, que il amenerent par devant le roy
Alixandre. Lequel leur fist demander en langaige indiien coment elles vivoient en ces fores, là où il n'a-
voit nulle queconques (5) habitation. A ces mots elles

(1) Inversion très-élégante.
(2) *Plut.*
(3) *Chasser.* Même observation pour *cacher* en ce sens que
pour *cacho*, dans le sens de *chasse*. M. Roquefort rapporte comme
étymologie de ce mot *calcaro* ou *capturo.*
(4) *Tapirent.*
(5) Latin *quæcumque.*

respondirent que elles demouroient tousjours ens es forez et si vivoient de venison, que elles prendoient à leurs chiens. Sy les laissa le roy aller en paix.

Et delà se departy à tant et wida de la forest, et entra en un camp (1) assez plaisant, fors ce que rien n'y habitoit. Mais il n'orent mies grant foison (2) allet, quant il trouverent ung fleuve qui couroit parmi le devant du camp, ouquel fleuve avoit pluiseurs rosiaulx. Entre lesquelx rosiaulx il perchurent une grant cantite de femmes touttes nues et touttes velues. Mais ainsy que le roy aprochoit, qui toudis en aloit devant, elle, veans venir ce grant peuple, se ferirent (3) touttes en l'yauwe, comme se ce fuissent (4) poissons, ne oncques puis ne s'amonstrerent (5), tant que l'ost fuist là. Quant le roy Alixandre vit que point ne se remonstroient, il comencha à chevauchier avant, seloncq ledit fleuve. Sy retrouva une aultre maniere de femmes, qui merveilleusement avoient les dens lons, et leurs cheveux jusques as talons, et tout le remanant du corps velut tout ensi comme on diroit ung

(1) *Champ.*

(2) Ici *grant foison* est pris adverbialement pour *beaucoup.*

(3). Ce mot qui signifie ordinairement *frapper, heurter, choquer,* veut dire ici *précipiter,* sans doute à cause du choc que produit l'eau quand on s'y précipite.

(4) C'est le mot latin sans aucune altération.

(5) Ce verbe est fort bien composé. Suivi, quelques mots plus loin, de l'autre composé *remonstrer,* il donne de la richesse au style.

camel (1) ou d'un yrechon (2). Et si avoit à l'endroit
du nombril cornes comme une vache (3). Et pooient
bien avoir xii piez de hault. Et ces femmes ichy se
boutterent en le riviere, comme avoient fait les aultres. Adont Alixandre laissa le fleuve, et rentra en
une aultre forest.

Mais en passant parmy la forest, il trouverent femmes que il appelloient en la marche (4) Janitres (5),
belles à merveilles; lesquelles avoient leurs cheveux de couleur d'or, et lons comme jusques à leur
piez, lesquelx piez estoient comme piez de cheval. Et
si avoient environ vii piez de hault. Quant les Ma-
cedonnoix et Gregoix les virent, il les comenchierent
fort à cacher, et tant que il en prinrent pluiseurs,
et les amenerent devant le roi Alixandre, qui moult
se esmervelloit de leur biaulte et par especial de la
greve (6) de leur chief qui tant estoit belle et bien
faitte (7), que c'estoit ung plaisir du veoir. Adont
Alixandre leur fist demander de leur estat en langaige

(1) *Chameau.*

(2) *Hérisson.*

(3) La version française imprimée leur met au nombril une
queue de bœuf.

(4) *Dans le pays.*

(5) La version française imprimée confond ces femmes avec
les précédentes, en réunissant les caractères sur une même espèce de femmes qu'il nomme *jantrea.*

(6) *Jambe.*

(7) Le conteur semble oublier que cette jambe était termi-

indiien. Si respondirent enssi : « Nous ne yssons
oncques nulle foix de la forest, ne nous ne mengons
autre chose fors (1) fleurs, et si ne buvons autre
chose que la rousee qui chiet (2) sus les fleurs des
roses et sus les viollettes. Ne oncques heure, nous
n'avons ne trop froit ne trop chault. Finablement
oncques ne perdons nostre biaute par le envieillisse-
ment de nature, ne aultrement. » A tant les laissa aller Alixandre qui se parti de laditte forest et entra
en un biaul plain, pour ce qu'il se volloit reposer,
et son ost faire reffociller (3).

née par un pied de cheval, ce qui devait en altérer un peu
la beauté.

(1) *Excepté.*

(2) *Tombe;* de *cheoir.*

(3) Du latin *refocillare,* restaurer, réconforter.

Viennent ensuite quatre chapitres qui n'ont pas rapport à
notre objet, et dont voici les titres :

XXXVI⁰ CAPITLE.

Entour du camp là où Alixandre et son ost estoit
logiez, avoit une fores de moult haulx arbres merveilleusement. Lesquelx arbres portoyent fruyt, dont
vivoient une maniere de gent qui en celle forest habittoient. Lesquelles gens estoient à merveilles grans
et gros de corps, et s'appelloient Ghayans. Lesquelx
ghayans estoient vestus de piaulx de bestes sauvages,
que il prenoient entre eulx en laditte forest. Or advint que ceul ghayans qui en ce bos estoient perchurent l'ost du roy Alixandre. Incontinent il s'assam-
blerent tellement, que il furent bien sus le nombre
de III mille. Et quant il furent assamblez au mieulx
que il polrent, et habilliez de leurs pliches (2) et de
leurs escorches, et ossi de bonnes pierres dont il
ruoient si fort, que il en abattoient ung cheval ou
ung camel (3) à chacun cop, il yssirent de celle forest, et s'en vinrent de tres-grant pousse assalir l'ost.

(1) *Géants.*
(2) *Pelisses.*
(3) Le manuscrit porte *camen.*

Tantos que les chevaliers et escargaites (1) de l'ost
les virent venir, il se mirent au devant. Sy comenchierent à traire (2) et à lanchier leurs dars vers eulx;
et ces ghayans vous comenchierent à getter des pierres
alentour. Sy vous dich que là se comenchia une tres
mortelle occision; car ces ghayans gettoient si horribles cops, que il abattoient et chevaulx et chevaliers tout en ung mont. Et quant il vinrent as bras (3),
adont (4) l'orent (5) pardu (6) les Gregoix; car il les
abattoient par terre comme on faucheroit en aoust
bled ou avaine. Et tellement se combattirent à ces
premiers que il les en convint fuir (7). Quant le roy
Alixandre vit que ses gens s'enfuyoient, il les fist tous

(1) *Sentinelles.* Ce subsantif *escargaites* répond au verbe *es-
cargaiter*, guetter, être en sentinelle.

(2) *Tirer.* Ce verbe *traire* se trouve souvent joint, comme
ici, au verbe *lancer*, soit que l'un s'applique plus particulièrement aux flèches, et l'autre aux traits lancés à la main, soit,
ce qui est plus probable, qu'il y ait ici cette sorte d'expolition
qu'affectionnent quelques bons auteurs grecs et latins, et par
laquelle certains mots ne vont jamais seuls, mais sont toujours
accompagnés de tel autre mot à peu près synonyme.

(3) Nous disons aujourd'hui *en venir aux mains.*

(4) Ou *adonc*, alors.

(5) C'est le pluriel de *ot*, *eurent.*

(6) Le peuple des campagnes prononce ainsi le mot *perdu*,
perdre, dans la plupart des provinces du Nord.

(7) *Il les en convint fuir*, offrirait une tmèse à la manière
grecque, si *s'en fuir* ne formait pas alors deux mots.

ralliier autour de lui, et lors leur dit que cascuns (1)
à ung fais il s'escriassent au plus hault que il peuissent (2) et le sieuwissent : il le firent ensi. Quant ces
ghayans oirent ces voix humaines, que point n'avoient
apris, de la grant hideur (3) que il en orent, il s'en
comenchierent tous à fuir vers la forest, et adont
Alixandre, ce veant, tantos fery cheval de l'esperon
apres, et ses chevaliers aveucq lui. Si en ochirent
une tres grant quantite. Et comme dist nostre histore, il en y ot bien d'ochis DC (4). Mais une aultre
histore n'en met que cent et XLIV. Et des chevaliers
Alixandre y ot ochiz, comme dist nostre histore,
CCC (5), sans les sergans; et l'autre histore n'en met
que cent et XXVI. Sy m'en rapporte à ce qui en est,
et en la discretion des lisans.

En ceste plache demoura Alixandre aveucq son ost
III jours, et en ces III jours ceulx de l'ost queillirent
grand foizon de fruis de ces arbres, pour eux mengier. Car il estoient à merveilles savoureux; et dist
l'istore qu'il en vescurent grand pieche (6) et longhe.

(1) *Chacun.*
(2) C'était en effet un usage des Grecs de crier ainsi en
chargeant l'ennemi dans une bataille. Ce cri se nommait
ἀλαλή.
(3) Borel traduit ce mot par *chose estrange et horrible.*
(4) Ms. VI^c.
(5) Ms. III^c.
(6) Il faut sous-entendre *de temps.*

Apres ces ⅲ jours, se departi Alixandre et s'en vint logier sus un fleuve qui estoit oultre celle fores devant ditte. Mais ensy comme il se logoient et que il drechoient leur tentes, leur vint sus eulx ung merveilleusement grant homme, et sembloit sauvaiges, et ossi estoit il tout velus, comme on diroit un porcq sauvaiges.

XXXVII° CAPITLE.

COMMENT ALIXANDRE FIST ARDIR (1) LE SAUVAIGE HOMME... (2)

Quant ceulx de l'ost virent venir cest homme vers
eulx, il prinrent lanches et glaves, et s'en allerent
contre lui; mais quant chilz les vit venir, il se tint
come une estatue. Et comenchierent à parler à lui;
mais en nulle maniere il ne les respondoit, et ossi il n'a-
voit oyt oncques parler home. Alixandre à qui ceste
chose fut nonchie, vint tantost celle part, et comanda
à ses chevaliers qu'il le presissent. Adont s'elan-
chierent il à tout ung fais vers luy. Mais pour chose
que il fesissent, il ne se mua (3) en rien, ains se tint
tous coix. Et affin que il ne fesist ce par aucuns ma-
lisse, Alixandre lui fist loyer (4) et les piez, et les
mains (les piez ensi que on loye ung cheval en piege).
Et puis si le menerent en leur ost. Quant ce vint que
Alixandre ot prinse sa reffection, il comanda que on
amenast cest home sauvaige devant luy. Si le firent
ainsi; et adont Alixandre lui fist demander, et en

(1) *Bruuer*, de *ardere*.
(2) La fin du titre est : et puis comment il entra au val pa-
rilleux.
(3) *Se changea*, sous-entendu *de place*, c'est-à-dire se remua.
(4) *Lier*.

pluiseurs langaiges, moult de choses; mais à nulle riens il ne respondit. Alixandre veans que a nulle riens il ne respondoit, ne ung seul mot ne disoit pour chose que on lui feist, il lui fist donner à mengier telles viandes comme gens menguent comunement de raison. Mais de nulles il ne menga, fors aulcuns fruis que on lui mist devant et d'aventure. Item encore, pour le mieulx examiner, Alixandre fist desvestir une puchelle toutte nue, et la fist mettre devant lui. Mais tantos que il le (1) vit, il le aherdy (2) à ses II bras, et s'en comencha à tourner à tout la pucelle d'une part. Adont Alixandre comanda que on luy ostast la pucelle. Si le firent ensi; mais sachiez que, comme dist le histore, à tres-grant paine lui polrent il oster (3); et là gettoit il tres-oribles cris, que chascun en avoit paour. Et ce fasoit il en urlant comme feroit une beste mue (4), qui seroit hors de son naturel sens yssue. Et quant Alixandre veist ce, qui merveilleusement s'esbahissoit de sa figure, et encore

(1) *La*.

(2) *Il la saisit*, par métathèse du latin *adhærere*. M. Roquefort cite un passage du sixième sermon de saint Bernard, où se trouve ce mot dans un sens figuré. « Li hom lairat son père et sa mere, et si *s'aherderat* à sa femme, et dui seront en une char. »

(3) Voyez ci-dessus la lettre grecque d'Alexandre, d'après le manuscrit 1685, p. 358 et 359.

(4) *Muette*.

plus de sa nature, penssans que en luy n'avoit point
de raison ne d'entendement, comanda que tantos on
fesist là drechier une bonne forte estaque (1), à laquelle il fuist incontinent loyez et ars en ung feu : sy
le firent enssi ly chevalier. Mais sachiez que, quant
il senty le feu, il menoit ung tres mervilleux tour-
ment. Apres la mort de ce tant terible monstre, se
desloga le vaillant roy Alixandre à tout son ost... (2).

(1) Un *poteau*.
(2) La fin du chapitre traite du val périlleux. Nous la passons, ainsi que les dix-sept chapitres suivants, dont voici les
titres :

27.

LIV. Comment Alixandre parla aux dieux de la cave, et comment il revint à son ost.

De ces dix-sept chapitres les uns sont, comme l'on voit, sur des sujets de féerie, les autres sur des sujets plus naturels, mais également controuvés. En comparant les titres des chapitres XLII., XLIV et XLV, avec la lettre grecque d'Alexandre, p. 342, 358 et 368, on verra qu'il y est question des mêmes choses : de cette fontaine où le poisson cuit revient en vie et des arbres du soleil et de la lune qui, dans le manuscrit français, rendent des oracles, comme les oiseaux à visage humain du texte grec. Mais la loquacité du vieil auteur français a donné un tel développement à cette partie de sa matière, que nous nous serions écarté de l'objet de ces rapprochements en transcrivant ici tout au long ces trois chapitres. Nous avons préféré extraire l'endroit qui répond le plus directement au texte grec, et nous l'en avons rapproché en note. Voyez p. 3/6.

LVe CAPITLE.

COMMENT ALIXANDRE SE COMBATI AS SERPENS, QUY AVOIENT UNE
ESMERAULDE OU FRONCQ, ET AULTRES BESTES QUI AVOIENT
TESTES DE PORCS SENGLERS (1) ET PIAULX DE LYON.

Alixandre dont revenus en son ost (2), fut son
peuple moult resjoys. A lendemain comanda que
chascun se partesist et apparillast, car il volloit chevauchier. Si le firent ensi, et se comenchierent à dé-
losgier et à cheminer tant que il yssirent de la terre
de Tradiacque. Si leur advint que à l'issue de ceste
terre devant ditte, il avalerent (3) en une vallee, en
laquelle avoit de serpens sans nombre. Et lesquels
serpens avoient en leur froncq une pierre precieuse
nommee esmeraulde. Et dist l'istore que celle maniere de serpens vivoient d'une maniere de poivre
blanc et de commin (4) qui croissoit en laditte vallée; et dist encore qu'il sont d'une telle nature que
tous les ans une foix il se combattent les uns as
aultres, et en celle bataille en mueurt une tres-
grant foizon. Quant Alixandre comencha à avaler

---

(1) *Sangliers.*
(2) *Phraséologie toute latine.*
(3) *Descendirent, composé de ad vallem.*
(4) *Probablement cumin.*

en laditte vallee, tantos que ces serpens le par-
churent, il lui coururent sus moult vigoureusement,
et navrerent et affollèrent (1) grant foizon de ses
gens. Alixandre, ce veans, aveuc aucuns de ses barons, se mirent tantos au devant et les comenchierent
tellement al envair (2) et à assallir de leurs espees,
par lesquelles il les decoppoient, si que il les mirent
à desconfiture, et là en celle bataille il en ochirent la
plus grant partie; et le remanant s'enfuyrent parmi le
desert, ne oneques puis n'oserent homme assallir.

Quant Alixandre se vit quittes et delivres de ces
serpens, il comanda que on chevauchat avant. Si
le firent ensi; et tant chevaucerent que il vinrent
en ung lieu où il trouverent une merveilleuse maniere de bestes sauvaiges, qui avoient ii ongles
moult trenchant en leur piez, à la maniere que ung
porcq sauvaige avoit; et avoient ces ongles bien iv
piez de large. Item ces bestes avoient unes testes
moult grandes et grosses à la maniere de le testé
d'un sengler, et leur piaul estoient comme de lyon.
Et si y avoit aveuc ces merveilleuses bestes une maniere de grands oisiaulx qui s'appelloient grif. Quant
ces manieres de bestes et d'oisiaulx virent venir et

_____

(1) Ce mot parait signifier ici *tuèrent*. M. Roquefort traduit
le verbe *affoler* par *détruire*, *perdre*, et il donne cet exemple :
«Qui navre autrui ou *affole*, il lui doit rendre ses dangers.»
Coutume de Beauvoisis, c. xxx.

(2) Borel rend le mot *envahie* par *attaque*.

aprochier l'ost le roy Alixandre, comme touttes es-
ragies, leur coururent sus : et ces bestes de leur
pattes frapoient tellement les hommes d'armes, que,
à cascun cop, elle gettoient ung homme par terre;
pareillement chil grif s'atacquoient à ces chevaliers et
as chevaulx tellement que il ne les laissoient aller; si
les avoient estranglet. Adont le roy Alixandre, veant
la grant pestillence, en reconfortant ses hommes fist
tous les archers et abalestriers de l'ost venir avant,
et traire sus ces bestes et sus ces oisiaulx. Sy le firent
ensi. Adont sambloit il que ce fuist ung enffondre (1)
de veir ces bestes comment elles se demenoient quant
elles sentirent le trait; car elles se touilloient (2) les
unes es aultres, et les chevaliers les detrenchoient à
leurs glaves et à leurs espees, tellement que en brief
elles furent desconffittes. Et ja soit ce que (3) elles
fuissent desconffittes, toutteffoix y perdi le roy Alixandre cent et vIII hommes d'armes, dont il fu moult dollans; mais souffrir luy estoit, pour ce que aultrement
amender ne le poet. Adont recomenchierent il à cheminer et à eulx partir de la devant dite place. Si firent
tant que il vinrent jusques à une riviere, qui mer-

(1) M. Roquefort donne le mot *enfondure* avec sens de *destruction*, d'*effingere*.

(2) « *Toueller*, salir, gâter, rouler dans un bourbier. » Roquefort.

(3) *Ja soit ce que*. Nous rendons aujourd'hui ces quatre mots
avec beaucoup plus de précision par le seul mot *quoique*.

veilleusement estoit grande et large; et dist nostre histore que elle avoit une lieuwe et un quart de large. Sy se logierent seloncq laditte riviere pour eulx reposer et remettre à leur aise.

LVIᵉ CAPITLE.

COMMENT ALIXANDRE TROUVA FAMMES QUI FONT TANT GESIR (1)
LES HOMMES A ELLES QUE L'AME LEUR YST DU CORPS; ET PUIS
COMMENT IL TROUVA LES COULOMBES (2) ERCULES.

Quant Alixandre fu logiez d'allez la riviere dessus
ditte, il fist cergnier (3) amont et aval s'il y avoit
pons ne plancques par ou il peuissent passer, mais
il trouverent que non : dont il fu moult dollans, car
il avoit tres grand deswier (4) de passer oultre. Or y
avoit il seloncq celle riviere et dedans la riviere
moult de roziaulx a merveilles grant et gros. Si en fist
Alixandre prendre, et de ces rosiaulx fist il faire nacelles, par lesquelles nacelles il passerent tout oultre
laditte riviere. Mais à oublier ne fait point la merveilleuse aventure qui leur advint en passant ledit
fleuve. Car les histores dient que en celle riviere

(1) *Coucher;* le mot *gesir* exprime de même l'idée du verbe
latin *coire.*

(2) *Coulombe* signifie une colonne. On trouve souvent dans
des manuscrits latins le mot *columna* écrit *columpna,* d'où
pourrait être venu ce *b* du mot *coulombe,* par adoucissement
du *p.*

(3) *Regarder;* de *cernere.*

(4) *Désir.*

entre les roziaulz habittoient les plus belles femmes
que homme du monde peuist veir en touttes manieres; et venoient as hommes Alixandre touttes nues,
ensi que elles estoient, et tellement s'abahdonnoient
à eulx, que ly pluiseurs, par esmouvement de char,
se delittoient (1) tellement, en elles regardant, pour
la belle forme de nature que elles avoient, que il
se despouilloient et se couchoient avec elles entre les
roziaulx. Mais la nature de ces femmes estoit telle
que elles tenoient tant les hommes ou delit (2) de la
char que il moroient sus elles et d'allez d'elles. Dont
il advint que quant ceulx de l'ost s'en perchurent, et
que il orent perdu de leurs hommes grant foizon, il
le nonchierent au roy Alixandre, auquel on en fist
present de ii. Et alors comanda le roy que, sus paine
de mort, nul homme ne s'avanchast de plus exercer
la conclusion devant ditte (3). Ces femmes avoient
les cheveulx jusques as tallons, et sy estoient grandes
à merveilles. Car, comme on troeve, la nievre (4)
avoit plus de x piez de hault. Mais leur piez estoient
à la samblance des piez d'un chien.

Quant Alixandre fu oultre la riviere, et que tout son
ost fu passez, il se mist au chemin, et tant chemina,

(1) *Trouvaient de la volupté*; de *dilectum*, par métathèse de
l'*i* et de l'*e*.

(2) *A la jouissance.*

(3) Périphrase pudibonde assez curieuse.

(4) *La plus petite.*

que il vint jusques à la fin de la terre, joindant la
mer d'Ocean, laquelle mer par samblant joint au
chiel (1). Et là seloncq la rive de ceste mer trouverent
les coulonbes que jadis y avoit fait mettre Ercules
pour là demonstrer que c'estoit la fin de la terre.
Adont se trouva Alixandre en costiant la mer, en
alant par pluiseurs journees, et tant que il vinrent
en une ysle pres de la mer, en laquelle ysle habittoient hommes et fammes qui parloient parfaittement
gregoix. Et à ceulx parla Alixandre, en demandant
dont il venoient là. Si lui dirent que il estoient de le
nation de Gresse; mais il estoient là venus par l'or-
donnanche des Dieux, après la destruction de Troyes
la grant.

Quant Alixandre ot une pieche estet en ledicte ysle,
si s'en party et vint hors de leditte ysle, et tant que
en passant seloncq la mer, il vit une aultre ysle, en
laquelle habittoient gens. Mais à ceulx ne poet il aller pour les sauvaiges poissons qui estoient en la
mer, qui tuoient et reversoient tout en la mer. Dont
Alixandre fu si dollens, que il ne s'en savoit coment
conssillier; et de fait, se n'eussent este aucuns de ses
barons, il se fuist mis ou peril, pour ce que il y vit
morir ung chevalier que il amoit pour sa proesche.
Et là perdy Alixandre grant foizon de ses hommes,

(1) Je ne comprends pas ce qu'il entend par là; car tel est
toujours l'effet de l'horizon sur la mer.

par ceste malle aventure. Et dist notre histore que ces poissons avoient fourmes humaines (1); si trayoient les homes Alixandre ou plus profont de la mer (2).

(1) Voyez *De Belluis*, c. xxxi.

(2) Suivent cinq chapitres, dont voici seulement les titres :

LXIIe CAPITLE.

COMMENT ALIXANDRE DESCONFYT, BESTES QUI AVOIENT UNE CORNE AGÜE OU FRONC. COMMENT APREZ IL SE COMBATY AS DRAGONS QUI ONT CORNES DE MOUTON.

Apres la revenue du roy Alixandre de la mer, et que il ot à ses barons assez dit des merveilles d'icelles, lui reffocilliez en touttes manieres de sante et de paix, il se departy de la devant ditte plache, et à tout son ost se mist au chemin, toudis sieuwant le rivaige de la Rouge Mer, et tant allerent que il vinrent en ung lieu moult sauvaige. Car il y habittoit une maniere de bestes sauvaiges, quy avoient chascune une corne ou froncq come espees, et si trenchans estoit come d'une soxoire (1), c'est à dire ayans dens. Lesquelles bestes firent moult de damaige en l'ost du roy; car tantos que ces bestes ychy virent l'ost aprochier, comme rabiches (2), leur coururent sus et tellement, que ainchoix que ly chevalier de l'ost se fuissent rassamblez, il y ot une tres-dure occision. Et dist notre histore que ccz bestes devant dictes

(1) Je n'ai point trouvé d'autre exemple de ce mot *soxoire*. Faut-il le faire venir de *secare*, scier? Voyez ci-dessus, *De Belluis*, c. XXII.

(2) *Enragées*, de *rabidus*.

perchoient de leurs cornes les escus et les armes des Gregoix, de part en part. Car cés bestes en venoient courant ahurt (1) contre les Gregoix, comme feroient moutons, tellement que d'une empainte (2) il ruoyent II, III ou IV hommes d'armes par terre. Mais tantos que ly archiers comenchierent, au comandement Alixandre, à tirer sus ces bestes, elles se comenchierent à desconffir et tellement que enfin elles furent touttes desconfittes, et que il y en demoura en la plache de mortes VIII mille, IV cens et L. Tantos aprés laquelle desconfiture, le roy se party d'illeuc, et touttes manieres de gens ossi.

Si chevauchierent tant que il vinrent en ung lieu moult desert, ouquel lieu crissoit merveilleusement grant foizon de poivre, et là habitoient serpens ou dragons de merveilleuse grandeur, qui avaient cornes ou froncq comme cornes de mouton. Par lesquelles cornes il firent moult de damage en l'ost. Car tantost que il virent l'ost aprochier, il se ferirent ens tellement que il samblait que il deuwissent tout des-truire devant eulx. Adont ly chevalier, eulx couvrant de leurs targes (3), se comenchierent tellement à def-

(1) Du temps de Nicod l'adjectif *ahurté* ne se prenait plus qu'au figuré dans le sens d'*entêté*. M. Roquefort donne le verbe *ahurter* avec le sens de *heurter, choquer. Ahurt* paraît être ici une sorte d'adverbe venant de ce verbe et signifiant *avec choc.*

(2) *Attaque. choc.* Roquefort. — Peut-être du latin *impetus.*

(3) *Boucliers.*

fendre que il tournerent ces manieres de serpens à desconfiture, et tellement que il en ochirent tant qu'il n'en sorent oncques le nombre; et ossi le savoir ne leur faisoit point de preu (1).

(1) *Gain, profit;* de *profectus.* Roquefort.

LXIIIe CAPITLE.

COMMENT ALIXANDRE SE COMBATY AS GENS QUI AVOIENT TESTES
COME DE CHEVAL, ET GETTOIENT FUMIERE (1) PAR LA BOUCHE,
ET DEPUIS AS GHAYANS QUI N'AVOIENT QUE UNG ŒIL ENMY (2)
LE FRONCQ.

Pour la punaisie (3) des ordes bestes ne volt point
longhement soy arester Alixandre en ceste plache,
ains au plus tost que il poet, s'en party à tout son
ost et chevaucha tant que il se vinrent logier en ung
lieu assez pres d'une forest, en laquelle forest avoit
gens de merveilleuse forme. Car il avoient forme à la
samblance de nature humaine, excepte de le teste.
Mais en celle partie ce sambloient estre chevaulx.
Ces gens estoient mervilleusement grant, et si avoient
lons dens et moult trenchans; et d'autre chose ne
se combattoient que de leur dens. Tantos que ches
gens ichy virent l'ost logier, il yssirent hors de la
forest par grans tropiaux et en vinrent courir sus
ceulx de l'ost, là où il firent tres-grant domage. Et
dist notre histoire que il gettoient feu et flame par
leur gheulles; et de ce estoient ces Gregoix si espo-

(1) On voit dans le corps du chapitre qu'il faut entendre par
là *feu et flamme.*
(2) Ou *emmy, au milieu,* de in *medio.* Roquefort.
(3) *Puanteur.*

vantez que il ne savoient que faire. Mais la proesche et valeur de Alixandre, qui se mist tout au devant de ses chevaliers, l'espée enpugnie, valli tant à l'ost que ces bestes furent desconffittes et constraintes de refuir vers la forest, et y en ot ung tres-grant nombre d'ocises. Sy demoura là l'ost pour la nuit paisiblement.

Et quant ce vint à lendemain, que soleil fut levez, il se departirent de là, et firent tant que le ɪvᵉ jour apres il vinrent en une tres-grant ille, là où il se logierent et reposerent. Sy leur advint, ensi come il se reposoient, que d'aucunes montaignes, qui à l'environ de eulx estoient, yssirent une maniere de gent, merveillement grans et gros de touttes fachons, lesquelz ont une tres-grosse et rude voix (1) et si n'ont que ung œil qui leur est assiz ou milieu du froncq. Et en vinrent courir sus l'ost à grant forche; si ochirent grant foizon de ceulx de l'ost, et tant que il firent l'ost reculer et perdre plache. Alixandre, veans que ses hommes reculloient, fu tant dollant que plus ne poelt. Et pour ce, comme homme tres-hardit et tres-asseuré, come tous abandonnez (2) à l'aventure

_____

(1) Cette rude voix des Cyclopes est une tradition homérique :

Δεισάντων φθόγγον τε βαρὺν, αὐτόν τε πέλωρον.
Odyss. ɪ', v. 257.

(2) *Se livrant tout à fait.*

de fortune, acolla (1) la targe, et prist une roide glave en sa main, fery son cheval des esperons, tant que il fu tout au devant de ses chevaliers. Et lors comencha tellement à faire la besongne, que ces manieres de ghayans le comenchierent à fuir; et les barons de l'ost, veans la proesche de leur roy, reprinrent leur vertu et leur forche. Si ferirent à la force des chevaulx (2) sur ceulx, tellement que, volsissent ou non, il les contraindirent au fuir, et furent cachiez tous hors du camp, volsissent ou non : et tout par la proesche du roy Alixandre. En laquelle cache en ot depuis et d'ochis une grant quantite; et le remanant s'enfuy ens es montaignes, dont il estoient venus et yssus.

(1) *Embrassa.*
(2) C'est-à-dire, *firent une charge de toute la force de leurs chevaux.*

LXIV° CAPITLE.

COMMENT ALIXANDRE TROUVA UNE MANIERE DE GENT DE COULEUR
D'OR, ET AVOIENT LES YEULX ET LA BOUCHE ENMY LE PILZ (1),
ET PUIS COMENT IL SE COMBATY AS BESTES SAMBLABLES A CHE-
VAULX, FORS TANT QUE ELLES AVOIENT PIEZ DE LYON.

Quant les Gregoix se furent despeschiez de ces
gayans, il se mirent au chemin, tant que il passerent
par un moult grant fleuve, là ou ils rechuprent moult
de paine au passer. Et quand il furent oultre, il entrerent en une ille, en laquelle il trouverent gens de
tres mervilleuse fachon. Car premiierement il estoient gaunes et luisans come or, et avoient environ
vi piez de lonc, et si n'avoient point de teste, mais
avoient leurs yeulx, leurs nez et leur bouche ou millieu de leur poitrine. Et, par desoubz leur nombril,
leur croissoit leur barbe, laquelle barbe estoit si
longue, que elle leur couvroit jusques à genoulx (2).
Le roy Alixandre veuns ces manieres de gens, qui

(1) Le poil.
(2) Ctésias, Indic., c. xi, attribue une barbe encore plus
longue aux Pygmées : « Ils ont la barbe plus grande que tous
les autres hommes; quand elle a pris toute sa croissance, ils
ne se servent plus de vêtements, leurs cheveux et leur barbe
leur en tiennent lieu. Ils laissent descendre leurs cheveux par
derrière beaucoup au-dessous des genoux; leur barbe leur va

sambloient assez raisonnables (car oncques damage
ne firent en l'ost, mais leur offrirent des biens de
leur terre à grant habandon), en fist prendre xxx,
pour la merveille que c'estoit à regarder, envers les
aultres gens du monde, et les enmena aveuc son
ost, tant que il vescurent.

Apres ce fait, il entrerent en une forest, qui en
celle terre estoit, en laquelle il trouverent bestes qui
avoient xxx piez de loncq et vii piez de gros; et
sambloient parfaittement estre chevaulx, mais il
avoient piez à maniere de pattes de lyon. Ces
bestes firent moult de damage au roy et à son ost,
et lui ochirent grant foizon de ses chevaliers et de
ses homes d'armes; et par especial, des chevaulx de
l'ost ochirent il sans nombre (1). Car il estoient de
mervilleusement grant force, et plus fors sans comparison que oliffans. Finablement à tres-grant painne

aux pieds. Lorsqu'ils ont ainsi tout le corps couvert de poils,
ils se le ceignent d'une ceinture, et n'ont pas besoin par conséquent de vêtements. » Traduction de Larcher.

(1) Si l'animal décrit ici doit rappeler les griffons ou gry-
phons, leur haine contre les chevaux paraît avoir été une idée
de l'antiquité. Virgile, citant plusieurs choses impossibles, dit :

Jungentur jam gryphes equis.....
Ecl. viii, v. 27.

Voyez ci-dessus sur les grifs, p. 424, puis la *propriete de
griffons* dans les extraits suivants.

et traveil, et ossi à tres-grant damage de gens, elles
furent desconfittes; en laquelle desconfiture il y ot
sans comparison d'ocis et de mors. Et le remanant
se retapa (1) ens es fores.

(1) M. Roquefort explique le mot *retaper* par *reboucher, fermer une seconde fois.* Ici *se retapa* doit s'entendre comme *se renfonça, se tapit de nouveau.*

IV.

PROPRIETEZ DES BESTES,

QUI ONT MAGNITUDE, FORCE ET POUOIR EN LEURS BRUTALITEZ.

EXTRAITS DE L'ANCIEN MANUSCRIT DE SAINT-GERMAIN-DES-PRÉS, N° CXXXVIII.

EXTRAITS

DU NEUVIEME LIVRE DU ROMAN D'ALEXANDRE,

D'APRÈS L'ANCIEN MANUSCRIT DE SAINT-GERMAIN-DES-PRÉS, N° 138.

PROPRIETEZ DES BESTES,

QUI ONT MAGNITUDE, FORCE ET POUOIR [a] EN LEURS BRUTALITEZ (1).

LA PROPRIETE DES DRAGONS.

(Fol. 276 recto, 2ª col.)

Les dragons sont plus grans que toutes autres serpens, et les plus longs. Ainsi le dit Monseigneur sainct Isidore en son XIIe livre (2). Les dragons yssent souvant de leurs fousses et se lievent en vollant en aer. Adonc l'aer se trouble, par le desgorgement de leur punaizie de venyn qui ressemble feu et fumee entremeslez, tant est leur punaizie de venyn ardante. En la challeur du soleil ce semble feu; hors soleil ce semble fumee espesse, en façon de *chartreux* [b] (3)

---

[a] Ou *povoir*, puisqu'il n'y avait qu'un même caractère pour l'u et le v. — [b] Ms. Chasteaux.

entre blanc et noir. Ceux venyn est si mortel, que si une personne en estoit pollu ou ataint, il luy sembleroit estre en ung feu ardant, et lui enleveroit toute la peau à grosses vessies, comme si la personne estoit eschaudee (4). La mer par leur venyn s'en enfle. Ces dragons sont crestez (5) sur la teste, et n'ont pas si grant bouche comme le serpent cocodrille qui est fendu jusques aux oreilles (6). Quant ces dragons se enlievent en aer, ilz cifflent et lievent la langue en tirant le vent à eulx, pour admodderer l'ardeur de leur venyn. Ilz ont les dans serrees (7) et agües; touteffoiz la force du dragon n'est pas aux dans, mais en la queuhe.

Ilz n'ont pas tant de venyn comme les autres serpens, selon leur quantite. Et quant ilz veullent tuer une beste ou une personne qu'ilz tiennent en leur voie, ilz la tuent de leur queuhe, et non pas de leur venyn. Il n'est beste si grant au monde, qu'ilz ne tuent par celle guize.

LA GUERRE MORTELLE ENTRE L'ELEPHANT ET LE DRAGON (8).

Les deux plus contraires bestes et plus grant adversaires, c'est le dragon et l'elephant, qui à merveilles se heent* l'un l'autre, plus que bestes qui soient au monde, et ont guerre perpetuelle.

* *Haïssent.*

Le dragon desire la mort de l'elephant, parce que le sang de l'elephant, qui est froit (9), estanche la grant challeur et ardeur du venyn du dragon, en buvant son sang. Par ce, se met le dragon par espie es voyes où il scet que passent les elephans; et lye de sa queuhe la cuisse de l'elephant, et l'estraint par telle force, qu'il le fait cheoir à terre, et puis le tue.

Ces grands dragons naissent es Indes et en Ethioppye entre les grans ardeurs du soleil, et illec se treuvent.

Le docteur Plinius dit ou xiiie chapitre de son VIIIe livre (10);

Aussi fait Solynus (11), qui moult bien tractent de la propriete des bestes, et dient que en Ethyoppie ilz ont vingt couldees (12) de long en corps et en queuhe.

Quant le dragon fait son assault sur l'elephant, l'elephant frappe du pied, et l'escache b par sa grand pezanteur.

Quant l'elephant aussi veoit le dragon sur ung arbre, qui le guette au passer (13), il s'en va droit à l'arbre pour tuer le dragon; et le dragon sault sur le dos de l'elephant, et le mort entre les nages (14), puis lui creve les yeulx aucuneffoiz; apres, s'en retourne (15) à la playe qu'il luy a faite, et luy sugce le sang, tant que l'elephant en affoiblist (16) si fort qu'il se laisse

---

a Ms. VII. — b C'est-à-dire l'écrase.

cheoir. Et si le dragon n'est abille, quant l'elephant
chet, et ne se oste prestement (17), l'elephant tumbe
sur luy, qui le tue de sa pezanteur. Ainsi en mourant
il tue celuy qui le tue (18).

Monseigneur sainct Jéroisme dit que le dragon a
tousiours soif (19), et à paine se peult saouller d'eau,
quand il est dedans une rivière. Par ce, a il tousiours
la gueulle ouverte en vollant, pour tirer le vent à
soy pour reffroidir sa challeur et son ardeur qui l'esmeult à si grant soif.

Quant le dragon voit une nef en la mer, et le vent
est fort contre la voille, il se met sur le tref (20) de
la nef, pour cuillir le vent pour soy reffroidir. Et est
aucuneffoiz le dragon si pezant et si grant, qu'il fait
aucuneffoiz verser la nef par sa pezanteur. Mais quant
ceulx de la nef le voyent approucher (21), ilz ostent
la voille pour eschapper du dangier.

L'infection de ces dragons qui jettent ces fumees
desgorgees en aer rend [a] l'aer si corrompu que plusieurs maladies en adviennent aux gens, et aux bestes
non subgettes à venyn.

Ces dragons habitent en mer et en rivieres soubz
rocz, aussi bien en terre es grans fosses où ilz se
mussent.

Le dragon dort peu de sa nature, par la grant ardeur du venyn qui le tourmente. Il vit de ce qu'il

[a] Ms. Rendent.

puist ravir çà et là sur les bestes et aizeaux, aucuneffoiz sur gens, quant il les rencoutre en voye. Il ha
la veuhe tres aggube et penetrante, par laquelle il
veoit sa proye de loing. Il se combat en mordant,
quant il prend sa proye, soit beste, aizeaux ou gens
lesqueulx il prant par les yeulx et par le nez.

Aristote dit que le mords du dragon (22), qui est
coustumier de manger bestes venymeuzes, comme
escroppions et autres bestes envenymées, est si perilleux, que à paine y a il point de remedde. De re-
chief touttes bestes envenymees fuyent la greffe du
dragon. Quant il va en mer ou en rivieres, tous poissons lesqueulx il mord en meurent sans remedde.

NOTES.

(1) Ainsi que nous l'avons dit dans notre préface, ces extraits sont traduits, dans leur plus grande partie, du vaste
ouvrage intitulé *De rerum Proprietatibus,* par Barthélemy de
Glanvil, appelé aussi Barthélemy d'Angleterre, savant cordelier anglais qui florissait dans le milieu du XIII° siècle. Nous
remarquons dans les notes ci-après les passages étrangers à
cet auteur; on doit donc considérer tout le reste comme traduit à peu près littéralement du XVIII° livre de son ouvrage,
livre qui traite des propriétés des animaux. Les objets de
chaque livre y étant rangés par ordre alphabétique, il serait
facile aux personnes qui voudraient recourir à la source, de
retrouver les endroits allégués, quels que soient l'édition ou le
manuscrit qu'elles aient à leur disposition. D'après cela, nous

nous bornerons à nommer l'auteur ou l'ouvrage, sans autre indication.

(2) « Draco major cunctorum serpentium sive omnium animantium super terram. » *Origin.*, l. XII, c. IV.

(3) Je corrige ainsi le mot *chasteaux* que porte le manuscrit. La couleur énoncée immédiatement après est celle de la robe des chartreux; de là ce nom a été donné à plusieurs objets d'un gris-noir ; on dit encore à Paris un *chat chartreux*, pour désigner un chat de cette couleur. Nous avons été obligé ici de recourir à une conjecture; car, cette observation sur la couleur de la fumée du dragon n'étant pas empruntée à Barthélemy d'Angleterre, le texte français de son traducteur Corbichon n'a pu nous servir en cet endroit pour éclaircir le nôtre. Le P. Corbichon dit seulement : « Et aucune foiz il enflamme l'air par son venin, si que il semble que il gette feu de sa bouche; et en sifflant il gette une fumee dont l'air est corrompu, et en viennent moult de maladies. » — Albert le Grand donne une savante explication de ce récit sur le feu de la bouche du dragon ; il y voit la notion d'une espèce de trombes, qui portaient même le nom de *dracones* dans la science météorologique de son temps : « Quod autem dicitur videri dracones volantes in aere, qui exspirant ignem micantem, apud me impossibile est, nisi sicut de vaporibus quibusdam in libris meteororum est determinatus, qui dracones vocantur : illos enim expertum est in aere incendi, et moveri, et fumare, et aliquando conglobatos cadere in aquas, et stridere sicut candens ferrum, et aliquando iterum elevari ex aquis, quando vapor ventosus est, et erumpere in aerem, et comburere plantas et alia quæ contingunt : et propter hujusmodi ascensum et descensum, et fumum, qui ex utraque parte caliginosus diffunditur in modum alarum, credunt imperiti hoc esse animal volans et spirans ignem. » *De Animal.*, l. XXXV, tract. unic. p. 668.

(4) Ce détail n'est pas non plus dans Barthélemy de Glanvil.

(5) Le savant cordelier anglais place ce caractère le premier dans sa description du dragon : « Cristatus, etc. » Cette tradition paraît fort ancienne. Pline s'étonne que Juba y ait cru : « Id modo mirum unde cristatos [*dracones*] Juba crediderit. » *Hist. nat.*, l. VIII, c. XIII. Et ailleurs il dit qu'on ne peut alléguer aucun témoignage en faveur de cette opinion : « Draconum enim cristas qui viderit, non reperitur. » Lib. XI, c. XLIV (ou XXXVII). Ç'a été pourtant une des traditions les plus vivaces. Au reste, il faut distinguer cette crête, des cornes attribuées au céraste, autre espèce de serpent, mais petit, désigné déjà par Hérodote, *Euterpe*, ou l. II, c. LXXIV.

(6) Cette expression est empruntée d'Albert le Grand, qui dit du crocodile : « Rictus oris ejus est usque ad loca aurium, si aures haberet. » *De Animal.*, l. XXIV, tract. unic. p. 652. Notre bon auteur n'ajoute pas cette restriction. Quant à la bouche du dragon, Barthélemy de Glanvil, loin de faire entendre par une telle comparaison qu'elle soit grande, la représente petite, « parvo ore. » Solin dit même, c. xxx, p. 56 B, ed. Salmas., que cette bouche n'est pas assez grande pour mordre, et que c'est plutôt un petit trou par où ils dardent leur langue.

(7) Le texte de Barthélemy d'Angleterre porte : « Dentes habet acutos et serratos. » Le P. Corbichon a traduit aussi : « Et a les dens agües et serrees. » Ménage donne en effet pour étymologie au verbe *serrer* le substantif *serra*, scie. Quant au verbe *serrer* dans le sens de *renfermer*, Saumaise démontre qu'il vient de *sera*, serrure. *Plinian. exercitt.*, p. 809 E. Dans une bonne latinité le mot *serratus* ne peut signifier que *à la manière d'une scie, dentelé*.

(8) Ce titre n'indique pas une autre *propriété*, mais il appelle seulement l'attention sur l'épisode le plus remarquable de celle du dragon. Après cela, l'auteur recommence à s'occuper du dragon seul, sans plus parler de l'éléphant.

(9) Souvent on retrouve le fondement des traditions les plus

bizarres dans des vérités défigurées par l'ignorance qui les a successivement transmises. Mais d'autres fois ces opinions populaires sont tout à fait le contre-pied de la réalité; au point qu'elles sembleraient avoir été imaginées par une espèce de culte de l'erreur. Sur le passage de Pline auquel est empruntée cette assertion, M. Cuvier en fait ressortir l'absurdité, puisque l'éléphant a le sang chaud comme tous les quadrupèdes, et le dragon, au lieu de cette chaleur qui le consume sans cesse d'après les traditions merveilleuses, a le sang froid, si on le considère comme un serpent. Not. 12 ad *Hist. nat.* Plin. l. VIII, c. XLI. Or Albert le Grand, qui a cherché à écarter le merveilleux de l'histoire du dragon, autant que le lui permettaient ses moyens d'investigation et de contrôle, fait du dragon un serpent du troisième ordre, d'après la classification d'Avicenne et de Sémérion.

(10) « Generat eos et Æthiopia Indicis pares, vicenum cubitorum..... »

(11) Solin ne fixe pas la taille des dragons. Il dit, c. xxx, qu'ils naissent dans la partie en ignition d'une montagne volcanique de l'Éthiopie; et, c. LIII, il représente, non pas les dragons, mais les serpents de l'Inde, comme assez grands pour avaler en entier des cerfs et autres animaux de la même taille. Il ajoute que ces grands serpents entrent dans l'Océan indien et parviennent jusqu'à des îles très-éloignées du continent, pour y chercher leur pâture. On peut rapprocher ces assertions de ce que nous avons cité sur le grand serpent de mer, *De Bellais,* c. XVI, p. 279 et suivantes.

(12) Albert le Grand, d'après Avicenne et Sémérion, donne aux dragons de l'Inde trente coudées et plus.

(13) Saumaise distingue ainsi les mots *elephantiæ* et *chamædracontes* que Solin, c. XXVII, donne comme noms de deux espèces de serpents. « Chamædracontes humi tantum serpunt, cum dracontes elephantiæ arbores etiam inscendant, e quibus

speculati in elephantos prætereuntes se injiciunt. » *Plinian. exer-citt.*, p. 343. D.

(14) Il y a ici une confusion assez singulière. Le mot *nages* (par altération du latin *nates*) signifie les *fesses*. L'emploi de ce mot par notre auteur provient clairement de ce qu'il aura lu dans Barthélemy de Glanvil *nates* au lieu de *nares* : « Captat eum mordere inter nares. » Et ce mot *nares* semble provenir d'une autre erreur qui l'aura substitué dans Barthélemy au mot *aures* que donnent Pline et Solin. Ces auteurs ajoutent que le dragon s'attaque aux oreilles de l'éléphant, parce que c'est le seul endroit où il ne peut atteindre avec sa trompe. C'est encore là un de ces préjugés qu'il était bien facile de dissiper par la plus simple observation. Quant aux narines, leur ouverture extérieure dans l'éléphant n'est autre que l'ex-trémité de sa trompe; et ce n'est sans doute pas là ce qu'en-tendait Barthélemy de Glanvil, s'il a écrit effectivement *inter nares*. La trompe de l'éléphant, exprimée en latin par les mots *proboscis*, *promuscis* ou *manus*, l'est bien aussi par le mot *nasus*: il nous semble pourtant que, pour considérer en même temps comme organe olfactif cet organe du tact, il aurait fallu une explication. L'auteur des *Propriétés des choses* paraîtrait donc avoir cru que l'éléphant avait des narines, autres que sa trompe.

(15) Ces mots *s'en retourne*, employés après la circonstance des yeux crevés, sont motivés par la place que notre auteur a sup-posée mordue d'abord par le dragon. Voyez la note précédente.

(16) Pline dit que ces dragons sont si grands qu'ils absor-bent tout le sang d'un éléphant. *Hist. nat.*, l. VIII, c. XII.

(17) Cette restriction appartient à notre auteur. Les autres, c'est-à-dire Barthélemy de Glanvil, Solin, et Pline qui est la source première, présentent la mort du dragon comme suivant toujours celle de l'éléphant. Le dragon s'enivre dans la même proportion que l'éléphant s'affaiblit; en sorte que, lorsque ce-

lui-ci est entièrement exténué, celui-là est dans un état complet d'ivresse. : «... Itaque elephantos ab iis ebibi, siccatosque concidere : et dracones inebriatos opprimi, commorique. » Lieu cité. Pline dit ailleurs que du sang de l'éléphant, ainsi bu par le dragon et répandu quand le dragon est écrasé, provient le cinabre, dont on se sert dans la peinture. Liv. XXXIII, c. xxxviii.

(18) Pline, dans son style à effets, et dont la recherche brillante, opposée à la pure simplicité de Cicéron, de César, amène des rapprochements si naturels avec l'état de notre littérature, exprime ainsi cette idée : « Commoritur ea dimicatio. » Ibid. c. xi. Le P. Hardouin a blâmé Saumaise d'avoir voulu corriger cet endroit en *commorituris dimicatio*. Il nous semble en effet que la première forme est bien dans la manière de Pline.

Outre cette guerre avec l'éléphant, le dragon en a encore une avec l'aigle, suivant Aristote, *Hist. anim.*, l. IX, c. 1; et Pline, *Hist. nat.*, l. X, c. v.

(19) Cette remarque de saint Jérôme est sur le xiv° chapitre de Jérémie, verset 6. Le prophète termine ainsi une courte et poétique description du fléau de la sécheresse : « Et onagri steterunt in rupibus, traxerunt ventum quasi dracones ; defecerunt oculi eorum, quia non erat herba. »

(20) Villehardouin emploie ce mot dans le sens de *tente*. M. Roquefort donne ceux de *voile* de vaisseau ou de *poutre*. Cela s'accorde ici avec le texte de Barthélemy de Glanvil : « Unde cum videt naves in mari, et maximus est ventus contra velum, volat ad velum, ut ibi hauriat ventum frigidum. » Toutefois, pour avoir le sens précis du mot *tref* dans le présent passage, il faut joindre aux explications ci-dessus cette phrase du moine Aimé dans sa Chronique de Robert Viscart : « Et en cellui camp avoit une eglize de Saint-Nicholas, et moult de ceux qui fuyoient entrerent en l'eglize ; et li autre monterent sur l'eglize tant qu'il rompirent li tref et chairent. » *L'Ystoire de li Normant et la Chronique de Robert Viscart*, par Aimé, moine du Mont-Cassin ;

publiées par M. Champollion-Figeac (1835), p. 305. Là le mot
tref signifie nécessairement les *combles*. Il est donc très-probable que, dans·la phrase qui nous occupe, on doit y voir les
haubans ou les *vergues.* Ce mot *tref* semble venir, par une dérivation assez claire, du latin *trabes.*

(21) Barthélemy d'Angleterre ajoute qu'ils s'en aperçoivent
au soulèvement de la mer : « Quod percipiunt ex tumore aquæ. »
On peut rapprocher cette circonstance de l'explication d'Albert
le Grand que nous avons donnée ci-dessus.

(22) Notre auteur nous donne ici un exemple de la manière
dont s'est composée l'idée de plusieurs êtres imaginaires, en
empruntant à différents animaux telles et telles propriétés.
La remarque d'Aristote qu'il allègue ne s'applique pas au
dragon, mais à la vipère, donnée comme exemple d'un animal venimeux. Πάντων δὲ χαλεπώτερά ἐστι τὰ δήγματα τῶν
ἰοβόλων, ἐὰν τύχῃ ἀλλήλων ἐδηδοκότα, οἷον σκορπίων ἔχις. *De Hist.
animal.*, l. VIII, c. xxix. Il est certain que, si pour former le dragon on empruntait ainsi quelque trait à chacune des très-nom-
breuses espèces de serpents, on ferait avec des éléments vrais,
pris séparément, le composé le plus paradoxal.

Ce qui a facilité cette confusion principalement au sujet du
dragon, c'est que le mot grec δράκων et le latin *draco* signifient
proprement un serpent avec la seule idée d'un grand reptile.
Bochart, en réunissant et en discutant *ex professo* tout ce que
les anciens ont rapporté sur les *dragons* (*Hierozoic.*, part. II,
l. III, c. xiv, p. 428, sqq.), établit très-bien que tel est toujours
le sens de ce mot dans l'antiquité classique. Il voit dans les
imaginations des artistes et des poëtes l'origine des ailes que
lui ont déjà prêtées les anciens. Au reste, la mention expresse
de serpents ailés se trouve déjà dans Hérodote, *Euterpe*, c. lxxv;
mais ces animaux, dont il vit les os et les arêtes dans une
étroite vallée près de la ville de Butos, ne pouvaient être
de grande dimension, puisqu'on les disait tués par l'ibis, oi-

seau dont la taille ne va pas à deux pieds. On peut voir, au sujet de ce passage d'Hérodote, la dissertation de M. Cuvier sur l'ibis, *Recherch. sur les ossem. foss.*, 2ᵉ éd., t. I, p. 141 et suiv.

Albert le Grand a motivé judicieusement son incrédulité au sujet des grands dragons ailés : « Alas enim aliquod genus draconis dicunt habere : membranales has esse est probabile; nec illos esse maximos, sed de mediocribus : quia tam magna moles, ut sunt maximi, alis in aere suspendi et ferri non posset..... De sub terra etiam dicunt draconem tempore tempestatum erumpere, et evolare in aerem, late diffusis alis ejus pelliceis : et hoc magis esset credibile, si corpus magnum haberet et breve; sed quando longum est, propter elongationem ab alis non videtur alis posse suspendi. Nec viri experti aliquid de hoc philosophice loquuntur. »

Quant aux pattes du dragon, ce n'est pas une imagination de l'antiquité. Saint Augustin, cité par Bochart, dit clairement : « Dracones, *sine pedibus,* et in speluncis requiescere, et in aerem sustolli perhibentur. » Cette nouvelle addition n'a pas échappé davantage à la critique d'Albert le Grand : « Addunt etiam quod quoddam draconum genus pedes habet : et hoc est improbabile, quia tantæ longitudini pauci pedes non sufficerent. » Plusieurs savants du xviᵉ siècle n'ont pas eu la même critique que le grand philosophe du moyen-âge. Paul Jove nous raconte qu'au rapport des Géorgiens il y a dans les vallées de leur pays des dragons ailés qui ont des pattes d'oie, ce qui leur permet de marcher, au lieu de ramper, quand ils sont à terre. Jules Scaliger assure que tous les dragons ont des pattes; mais il ne cite ni autorités, ni témoins.

C'est d'après de semblables descriptions dans les féeries du moyen-âge, que le mot *dragon* a pris le sens qu'il a dans notre langue; et c'est pour cela que les naturalistes ont appliqué ce nom à un petit lézard ailé, qui, sinon par sa taille, du moins par sa forme, représente assez bien l'être terrible de ces contes merveilleux. Voici la description qu'en donne M. Cuvier, comme formant le troisième genre des quadrupèdes ovipares : « III. LE DRAGON (*draco*) est un petit lézard; à queue longue, grêle et ronde; à corps revêtu de petites écailles, et qui porte sur le dos deux espèces d'ailes membraneuses, triangulaires, soutenues par six rayons cartilagineux, articulés sur l'épine du dos. Sous la gorge est une longue poche. Il y en a deux autres plus petites aux deux côtés de la tête. Il les enfle à volonté. Cet animal innocent habite dans les grandes Indes, et y vit des mouches qu'il poursuit en voltigeant de branche en branche. » *Tabl. élém. de l'hist. nat. des anim.*, p. 293. — Pour le *draco* des anciens, quand les poëtes lui ont donné des ailes, ils ont exprimé par une épithète cette circonstance, ainsi que celle de la crête : caractère qui se trouve aussi, en réalité, dans quelques espèces de lézards. Mais si on voulait trouver un seul mot pour exprimer ce grand serpent avec ailes et crête, ce serait le mot *sirena*, que saint Jérôme, sur Isaïe, chap. XIII, vers. 22, emprunte à la langue hébraïque pour exprimer *dracones magnos qui cristati sunt et volantes.*

Il suit de là que, si un peintre désirait traiter avec une fidélité scrupuleuse le sujet de saint Michel, vainqueur du dragon, tel qu'il est rapporté au chapitre XII, verset 7. de l'Apocalypse, il aurait à représenter un grand serpent avec des ailes et une crête, mais sans pattes; car cette dernière combinaison ne paraît que plusieurs siècles après le Nouveau-Testament. Du reste, le vague des expressions figurées de l'Apocalypse laisse une grande latitude, puisqu'il est dit seulement qu'il se fit un grand combat dans le ciel entre Michel et ses anges d'une part, et de l'autre le dragon et ses anges; et ceux-ci furent vaincus, et leur place n'est plus au ciel : Καὶ ἐγένετο πόλεμος ἐν τῷ οὐρανῷ ὁ Μιχαὴλ καὶ οἱ ἄγγελοι αὐτοῦ ἐπολέμησαν μετὰ τοῦ δράκοντος, καὶ ὁ δράκων ἐπολέμησε καὶ οἱ ἄγγελοι αὐτοῦ. — Καὶ οὐκ ἴσχυσαν· οὔτε τόπος εὑρέθη αὐτῶν ἔτι ἐν τῷ οὐ-

παρῷ. Tout lemon de sait que Raphaël, dans le choix de ce sujet, a pris une liberté bien favorable à l'art, en donnant au dragon ces traits humains d'une horreur grandiose, sous lesquels les chefs-d'œuvre de l'art représentent le diable.

Albert le Grand rapporte la tradition d'après laquelle le dragon craint le tonnerre et en est souvent frappé, étant en cela le contraire de l'aigle parmi les oiseaux et du laurier parmi les arbres. Aussi dit-on, ajoute-t-il, que les enchanteurs ayant besoin des dragons pour instruments de leurs maléfices, leur font entendre un bruyant roulement de tambour, qu'ils prennent pour le tonnerre, et ils se laissent ainsi dompter. L'enchanteur monte alors le dragon, et parcourt sur son dos des espaces immenses. Mais souvent le dragon succombe de lassitude, et tombe dans la mer avec son cavalier.

A ces contes que la haute philosophie du XIIIe siècle ne dédaignait pas de recueillir, viennent se joindre, au sujet du dragon, les puérilités médicales si fréquentes dans Pline, qui indique, selon sa coutume, à quelles maladies les différentes parties de l'animal servent de remède. Barthélemy d'Angleterre allègue aussi Solin au sujet de l'usage que les Éthiopiens font du sang du dragon, mais je ne trouve rien de pareil dans le *Polyhistor*. Voici le passage du livre des *Propriétés*, d'après la traduction du P. Corbichon : « Derechief Solinus dit que ceulx d'Éthiope usent du sang du dragon contre la chaleur du temps et du pais, et en menguent la char contre plusieurs maladies. Car ilz scevent en oster le venin hors de sa char; car tout son venin est en sa langue et en son fiel; et ces deux choses ilz ostent, et usent du remanant en medicine et en viande. Et c'est ce que vouloit dire David en son psaultier, quand il parloit à Dieu en disant : Sire, tu as donnez les dragons pour viande au peuple d'Éthiope. »

Telles sont les principales traditions de l'Écriture, de l'antiquité classique et du moyen-âge, au sujet des dragons. Termi-

nons-en l'exposé par cette réflexion de Scheuchzer, cité par
Camus, *Notes sur l'Hist. des anim. d'Aristote,* t. II, p. 287, article
dragon : « Mirari satis nequeo quomodo omnes pene gentes draconum aliquam habeant ideam et reliquerint memoriam : et
tamen hujus generis animantium existentia a multis magnæ
autoritatis in re litteraria viris habeatur dubia. » *Itiner. per
Helvet. Alpin. regiones,* t. III, p. 377.

DE LA PROPRIETE DES SERPENS QUI FURENT TROUVEES OU FLEUVE GAGEY (1).

(Folio 278 recto, 2ᵉ col.)

Les bestes mortelles et venymeuses qui en ce fleuve furent trouvees, c'estoient troys ou quatres manieres de serpens, comme dragons, serpens ployans (2), et autres diverses sortes et figures moult venymeuzes.

De ces dragons vous en avez oy, seigneurs, leur propriete, en ung chapitre cy-dessus nagaires recite. Parquoy je m'en deports de plus en parler. Mais de serpens ployans, en avait en ce fleuve, de vingt piez de long, grosses comme bombardes et serpentynes canonieres (3), qui se trainent si habilement sur le ventre, que à paine ung cheval les sauroit suyvre quant elles se tournent à fuitte. Et sont nommees ypotames et monoceros (4); qui devorent à leur repas ung cerf ou ung bœuf. Uneffoiz on en print une à force d'engins et d'arbalestes, aupres d'une riviere (5). Et trouva on qu'elle avoit xxii piez de long de mesure. La peau en fut pendue à Rome devant ung temple, et dura jusques au temps de l'empereur Claudius (6).

En Ytalie pareillement fut tue un serpent ployant qui estoit si grant et si gros qu'on luy trouva ung enffant tout entier en son ventre.

En ce fleuve avoit aussi autres serpens nommees salemaddres qui sont de telle nature qu'elles vivent en feu, qui jamais ne les brusleroit, pour la grant froideur qui est en elles. Sainct Isidore dit que leur venyn est plus mortel que d'autres serpens (7); car les autres serpens ne tuent que une personne à la foiz, et la salemaddre en tue plusieurs à la foiz. Car si elle ramppe sur un arbre fructier, elle envenyme tout le fruit, dont plusieurs qui en mengenhent en meurent sans aucun remedde. Si elle va pareillement en aucune riviere, elle macule toute l'eau de son venyn. Parquoy ceulx qui en boyvent puis apres en meurent.

Ainsi advynt, seigneurs, aux Alixandriens ª qui de ce fleuve beurent, comme vous avez oy ci-devant reciter en ce livre, qui en morurent bien quatre milz, et bien deux milz, que chevaulx, que autres bestes de l'ost. Parquoy, seigneurs, si la salemaddre avoit donc infestee et envenymee l'eau du fleuve, ce n'est point de merveilles si les Alixandriens qui en avoient beu en morurent.

Il n'est beste au monde que le feu ne brusle, que ceste-ci nommee salemandre, qui tant plus est en feu, tant plus y vit, et plus se y rejouyst, et estainct le feu par sa froideur (8).

Le docteur Plynius dit au xlviiᵉ chapitre de son

ª C'est-à-dire *compaygnons d'Alexandre.*

X° livre, que la salemandre ressemble à une grant lizarde (9), qui ha le corps fait en la façon d'un grand
soufflet de la forge d'un mareschal (10), sans la
queuhe, qui est assez longue. Ce serpent cy n'est jamais veu par beau temps (11); senon quant il pleut
bien fort ou qu'il negge. Elle jette de sa queuhe une
ordure si infecte qu'elle fait cheoir le poil de celuy qui
en est ataint ou macule; et si est de tres laide couleur ce qui en est ataint et touche.

En ce fleuve ha aussi autre maniere de serpens
nommees celidros (12), qui vivent en terre et en eau.
Et quant ces serpens cy ne treuvent leurs proyes sur
terre, elles vont en eau querir gros poissons et autres
chouses que elles peuent prandre, et en vivent. Elles
nagent a travers l'eau, aussi fort que ung cheval sauroit courir, quand elles veullent prandre leurs proyes;
et quant elles vont sur terre, elles vont tousiours a
quatre piez la teste levee, et la gueulle bayhe*, tirant
la langue hors, comme ung levrier qui ha chault,
luy estant à la chasse (13). Et quant ce serpent veoit
de loing sa proye qui va ou qui vient, elle volle (14)
au devant par autre voye, et se va mettre à l'endroit,
puis se laisse cheoir sus et la tue.

* Béante.

NOTES.

(1) Il est évident qu'il veut désigner le *Gange*, dans lequel en effet les différentes versions du roman d'Alexandre placent beaucoup de bêtes monstrueuses. Voyez la note 3 du c. xxvi, *de Belluis*, p. 306.

(2) Il rend ainsi le mot *anguis* que le P. Corbichon traduit par *serpente qui s'entorteille*. Ces deux traductions sont fondées sur la définition que Barthélemy d'Angleterre donne du mot *anguis* : « Anguis vocatur omne serpentinum genus quod *tor-« queri* et *plicari* potest. »

(3) Si Barthélemy de Glanvil est du xiii° siècle, ainsi que l'établit M. Jourdain, l'artillerie n'était pas encore connue; il n'est donc pas étonnant que cette comparaison ne se trouve pas dans son chapitre *de angue*, d'où est tirée cette propriété. La comparaison des *serpentynes* est du crû de notre auteur et elle est assez ingénieuse, ne fût-ce que par le rapprochement étymologique.

(4) Ici notre auteur, en voulant mettre du sien, a prouvé sa profonde ignorance en regardant l'hippopotame et le monocéros comme des serpents.

(5) C'est l'aventure du grand serpent de Régulus, près du fleuve Bagrada. Voyez *de Belluis*, c. xvi, p. 279. Quant au nombre de pieds qu'il cite, il y a une erreur de chiffres, c'est cxx qu'il faut lire. Ce nombre de cent-vingt pieds se trouve exactement dans le livre des *Propriétés*.

(6) Pline dit seulement, jusqu'à la guerre de Numance; mais l'erreur que commet ici notre auteur provient d'une mauvaise disposition du texte de Barthélemy de Glanvil, à qui les copistes et même ses éditeurs typographes ont prêté une bévue qu'il n'a certainement pas commise. Voici ce qu'ils lui font dire à l'endroit où notre auteur a puisé cette phrase et la

suivante : «Cujus pellis et maxillæ fuerunt suspensæ ante
quoddam templum Romæ et duraverunt usque ad bellum Numantinum sub Claudio Cæsare. In Italia fuit quidam serpens
interfectus, in cujus alvo quidam puer integer est repertus.»
Il est évident qu'au lieu de cette ponctuation vicieuse il fallait
un point après *bellum Numantinum*, et ensuite : *Sub Claudio*
Cæsare in Italia. Ce n'est pas seulement parce que la première
disposition présente l'ignorance grossière d'un faux synchro-
nisme, mais c'est que ces deux traits sont évidemment empruntés à cet endroit de Pline : «Pellis ejus maxillæque usque
ad bellum Numantinum duravere Romæ in templo. Faciunt
his fidem in Italia appellatæ boæ : in tantam amplitudinem
exeuntes, ut, Divo Claudio principe, occisæ in Vaticano so-
lidus in alvo spectatus sit infans.» *Hist. nat.*, l. VIII, c. xiv.
Il paraît toutefois que l'idée si simple de couper ainsi la
phrase de Barthélemy n'était pas venue. Car le P. Corbichon,
s'étant sans doute aperçu de l'anachronisme que présentait la
première disposition, ne trouva pas d'autre moyen d'y remé-
dier que de rejeter une des deux dates. Il ne fait donc pas
mention de la guerre de Numance, et il traduit ainsi cet endroit : «Et en fu la pel pendue à Romme devant un temple,
et en dura la pel jusques au temps d'un empereur qui fu nommez Claudius.»

 (7) «Cujus inter omnia venenata vis maxima est. Cætera
enim singulos feriunt; hæc plurimos pariter interemit. Nam
si arbori irrepserit, omnia poma inficit veneno, et eos qui ea
ederint occidit; quæ etiam si in pateum cadat, vis veneni
ejus potantes interficit.» *Origin.* l. XII, c. iv. Ces détails sont
pris de Pline, *hist. nat.*, l. XIX, c. xviii.

(8) Aristote est le plus ancien auteur où nous trouvions la
trace de cette tradition merveilleuse si répandue au sujet de la
salamandre. Toutefois il est bien loin d'entrer à ce sujet dans
les détails tout à fait incroyables de Pline et de tous ses copistes.

Aristote cite seulement la salamandre comme une preuve qu'il
y a des animaux que le feu ne fait pas périr, puisqu'elle marche,
dit-on, à travers le feu et l'éteint sur son passage. Ὅτι δ' ἐνδέχε-
ται μὴ καίεσθαι συστάσεις τινῶν ζώων, ἡ σαλαμάνδρα ποιεῖ φανερόν.
Αὐτὴ γὰρ, ὥς φασι, διὰ τοῦ πυρὸς βαδίζουσα, κατασβίννυσι τὸ πῦρ.
Hist. animal., l. V, c. XIX. Ces notions-là, comme nous allons
le voir, ne seraient peut-être pas inconciliables avec la vérité.
Les nombreux observateurs qui ont brûlé des salamandres ont
répondu à Pline et à ceux qui l'ont copié. Pour réfuter l'*on dit*
rapporté par Aristote, il faudrait avoir vu une salamandre se
brûler en traversant le feu, ce qui est bien différent d'y séjourner. M. Cuvier dit de la salamandre terrestre (*lacerta salamandra*) : «On remarque à ses côtés des rangées de tubercules,
desquels suinte dans le danger une liqueur laiteuse; c'est peut-
être ce qui a donné lieu à la fable que la salamandre peut
vivre dans le feu. » *Tabl. élém. de l'hist. nat. des anim.*, p. 292.
— On a observé, dit Camus, que cette espèce de bave retarde
l'effet du feu, mais ne l'anéantit point. » *Notes sur l'hist. des
anim. d'Aristote*, p. 738, article *Salamandre*. Cela suffirait donc
pour traverser un feu de peu d'étendue; et en effet, Aëtius,
cité par le P. Hardouin, not. ad Plin. *Hist. nat.*, l. X, c. LXVII,
dit : «Penetrat autem hoc animal per ignem ardentem, nihil-
que læditur, dissecta et discedente ab ipso flamma. Si vero per
tempus aliquod in igne immoretur, consumpto frigido in eo
humore, exuritur. »

Albert le Grand réfute les disciples du philosophe Iorach,
qui prétendaient que la salamandre vit dans le feu. Il déclare
leur assertion fausse, non-seulement d'après l'autorité de Galien, mais par celle d'Iorach lui-même : « Et dicit Iorach, quod
si mediocris est ignis, extinguit eam : hoc autem non est quod
vita ejus sit in igne. » *De Animal.*, l. XXV; tract. unic., p. 670.
Mais Albert ne s'en tint pas là : ne pouvant sans doute se pro-
curer une salamandre, il fit les mêmes expériences sur de

grosses araignées. Une placée sur un fer rouge resta longtemps sans bouger et sans paraître sentir de chaleur; une autre approchée d'une petite lumière l'éteignit, comme si on eût soufflé dessus. *Ibid.*

Enfin le *Journal des Savants*, année 1667, p. 94, décrit les expériences décisives qui furent faites à Rome sur une salamandre apportée de l'Inde. Placée sur un feu ardent, elle se gonfla, et il sortit de son corps un liquide qui éteignit les charbons sur lesquels elle se trouvait placée; ces charbons successivement rallumés furent successivement éteints pendant deux heures, au bout desquelles la salamandre fut retirée des flammes et vécut encore neuf mois. Il est à regretter, comme le remarque le P. Hardouin, que ce même article n'ait pas donné une description détaillée de cette salamandre.

On voit donc que, de tout temps, il y a eu de bons esprits qui ont cherché à ramener à la vérité les récits exagérés, mais non dépourvus de fondement, sur la nature incombustible de la salamandre. D'autres, au contraire, se sont plu à caresser, pour ainsi dire, cette erreur, et à l'entourer de circonstances naturelles, propres à la faire croire comme une chose de notoriété vulgaire. Tel est le récit d'Élien au sujet des ouvriers dont le métier s'exerce sur le feu, les forgerons par exemple. Il prétend que, tant que leur feu va bien, ils ne pensent pas à la salamandre; mais dès que la force et l'éclat du feu commencent à diminuer, malgré l'excitation des soufflets, alors ils comprennent que cet animal leur oppose sa maligne influence. Ils le cherchent, le tuent, et le feu reprend comme auparavant. *De Animal.*, l. II, c. XXXI.

(9) « Salamandra, animal lacerti figura, stellatum, nunquam, nisi magnis imbribus, proveniens, et serenitate deficiens. Huic tantus rigor, ut ignem tactu restinguat, non alio modo quam glacies. Ejusdem sanie, quæ lactea ore vomitur, quacumque parte corporis humani contacta, toti defluunt pili:

idque quod contactum est, colorem in vitiliginem mutat. »
Cap. LXXXVI (ou LXVII). On voit que Pline ne dit pas, comme
le prétend notre auteur, que la salamandre ressemble « à une
grant lizarde. » Il dit seulement *animal lacerti figura.* Notre auteur ajoute encore à la ligne suivante qu'elle a la forme d'un
grand soufflet de forge. Cette comparaison n'est ni dans Pline,
ni dans Solin, ni dans Albert le Grand, ni dans Barthélemy
d'Angleterre. Il est certain que la salamandre arrive quelquefois à des proportions énormes. M. Cuvier n'a pas hésité à affirmer que le prétendu homme fossile ou anthropolithe d'OEnin-
gen était une salamandre aquatique d'une taille gigantesque.
Ossem. foss., 3ᵉ édit., t. V, part. II, p. 439, et la planche qui
s'y rapporte. C'est même cette empreinte du schiste d'OEnin-
gen qui a été l'objet d'une dissertation célèbre de Scheuchzer
sous le titre de *Homo diluvii testis.*

(10) Notre auteur paraît avoir ajouté cette comparaison pour
suppléer une lacune sur la forme de la salamandre, dans les
écrivains dont il s'est servi. La salamandre en effet a été inconnue à beaucoup de personnes qui auraient désiré la voir.
Nous avons dit (*De Monstris*, c. XIX, p. 75) que la fille d'Ange
Vergèce n'en put donner la figure dans le beau manuscrit de
Manuel Philé, écrit par son père, parce qu'elle n'avait pas de
modèle pour exécuter cette peinture. On s'est bien plus occupé
des propriétés pyriques de la salamandre que de sa description.
Le P. Hardouin, not. ad Plin. *Hist. nat.*, l. X, c. LXXI, en cite
pourtant une assez détaillée du scoliaste de Nicandre : Ζῷον
ὅμοιον τετράπουν, βραχύκερκον..... Οἱ δὲ, ὡς ἐστὶ ζῷον τετράπουν,
μήτε δέρμα, μήτε λεπίδας ἔχον, βραχὺ δὲ ὂν ὡς ἡ σαῦρα ἔοικε δὲ
τῷ χερσαίῳ κροκοδίλῳ. In *Theriac.*, p. 38.

(11) Théophraste, *De Signis pluviar.*, p. 418, cité également
par le P. Hardouin dans une autre note sur le même chapitre,
place la salamandre au nombre des signes de pluie : Ἡ σαῦρα
φαινομένη, ἣν καλοῦσι σαλαμάνδραν.

(12) Ce mot est évidemment le mot grec χέλυδρος. Barthélemy de Glanvil l'a pris dans Isidore de Séville, dont voici le
passage, assez nourri d'érudition : « Chelydros serpens qui et
chersydros dicitur, quia et in terris et in aquis moratur. Nam
χέρσον dicunt Græci terram, ὕδωρ aquam. Hic per aquam labi-
tur, terram fumare facit; quem sic Macer describit :

> Seu terga exspirant spumantia virus,
> Seu terram fumat qua teter labitur anguis.

Et Lucanus :

> Tractique via fumante chelydri.

Semper enim directus ambulat. Nam si torserit se dum currit,
statim crepat. » *Origin.*, l. XII, c. IV. — Un autre écrivain également connu de notre auteur, Solin, a employé aussi ce mot.
« Calabria chelydris frequentissima est. » *Polyhist.*, c. II, p. 15 B.
Saumaise s'est trompé en disant : « Editiones ante *Delrianam*
habent *chersydris*. Car je possède une édition de Solin de 1502
(Parrhisiis. Jehan Petit), où je trouve au feuillet VIII recto,
chapitre IX (car telle était alors la division des chapitres) : « Calabria chelindris frequentissima est. » Or il est évident que *chelindris* est ici pour *chelydris*. Ce mot chelydros est rare; on peut
compter les auteurs qui l'ont employé. Nous avons vu saint
Isidore citer Lucain et Emilius Macer. C'est un des nombreux
endroits où le savant évêque de Séville nous a laissé des échantillons de plusieurs trésors de sa bibliothèque, aujourd'hui perdus. A ces deux poëtes, il faut joindre Virgile, où l'on trouve ce
mot deux fois, *Georg.* l. II, v. 214, et l. III, v. 415. C'est d'après
la note de Servius sur ce dernier vers que saint Isidore a établir la synonymie entre *chelydros* et *chersydros*. Mais Saumaise,
et avant lui Henri Estienne, avait établi une différence entre
ces deux noms, en reproduisant en entier deux vers de Lucain,
dont Isidore n'avait cité qu'un hémistiche. Les voici :

Natus et ambiguæ coleret qui syrtidos arva
Chersydros, tractique via fumante chelydri.

Pharsal. l. IX, v. 710.

Pline emploie le mot chersydros, *Hist. nat.*, l. XXII, c. VIII
(ou VII), dans le sens de reptile venimeux. L'étymologie de ce
mot, qui paraît avoir été en latin un terme poétique, présente bien
évidemment le sens de tortue aquatique, que lui donne d'a-
bord Henri Estienne, mais sans alléguer de témoignage. Quant
à son autre sens, qui était peut-être le seul sen usuel, il est
attesté, en outre des passages précédents, par ces vers des Thé-
riaques de Nicandre, cités par Henri Estienne :

Κῆρα δέ τοι δρυίναο πιφάσκεο. Τὸν δὲ χέλυδρον
Ἐξέτεροι καλέουσιν. Ὃδ᾽ ἐν δρυσὶν οἰκία τεύξας,
Ἤ ὅγε που φηγοῖσιν ὀρεσκεύει περὶ βήσσας.
Ὕδρον μιν καλέουσι· μετεξέτεροι δὲ χέλυδρον.

V. 411, sqq.

Ces vers prouvent que le même animal était appelé χέλυδρος,
δρυΐνος et ὕδρος; de plus χέρσυδρος, d'après Servius et d'après le
scoliaste de Nicandre, lequel établit la synonymie de χέρσυδρος
avec ὕδρος, et nous venons de voir que son poëte a établi celle
de ce dernier avec χέλυδρος. Voici le passage du scoliaste cité
par Saumaise : Ὁ χέρσυδρος ὕδρος πρότερον ἐκαλεῖτο, ὕστερον δὲ
χέρσυδρος, διὰ τὸν ἐν ὕδατι καὶ ἐν χέρσῳ διατρίβειν.

(13) Cette jolie comparaison appartient à notre auteur.

(14) Ici il a réuni aux propriétés du chelydros ce que Barthélemy d'Angleterre dit du *jaculus* : « Serpens qui dicitur jaculus, volat ut jaculum; exilit enim de arboribus, et dum
aliquod animal obvium fuerit, jactat se super ipsum et perimit
illud. Unde et jaculi sunt dicti. »

LA PROPRIETE DU BUSGLE.

(Folio 279 verso, 2ᵉ col.)

Le busgle (1) est une beste semblable à ung beuf, lequel est si sauvaige qu'on ne le puist mettre en labeur. Il en y a moult es desers d'Affricque, en Germanye et es pays prouchains. Et ont aucuns si grans cornes et si larges qu'on en fait vaisseaux pour boire (2).

Monseigneur sainct Ysidore dit que le busgle est une si forte beste qu'on ne le puist gouverner (3), s'il n'a ung anneau de fer par les narynes (4).

Le busgle est une beste noire ou fauve qui ha le poil court; et sy en ha peu, mais cornes tres-fortes sur le fronc. La chair en est bonne à mangier, et vault contre espydymye (5), en diverses confitures de medicine qu'on fait es pays de par delà.

Le docteur Plynius dit en son XXVIIIᵉ ᵃ livre, xᵉ chapitre, que la chair de busgle rostie garist de morsure de chien enrage (6); et la mosle ᵇ de la cuisse destre garist du mal des yeulx (7). Son sang prins avec vinaigre (8) estanche le sang d'une personne esmehu (9) qu'on ne puist estanchier.

Le sang du busgle est bon à mytiger douleur d'une

Ms. ᵃ XVIII. — ᵇ *La moelle.*

playe quand elle en est estuvee (10). Son lait est bon
contre les trenchoisons (11) de ventre, contre flux,
contre mords de serpens et d'escroppions. Il trait hors
le venyn de la salemandre. Les busgles hayssent
toutes chouses rouges et rousses. Ceux qui les chassent se vestent de rouge, pour les faire esmouvoir à
courir apres eulx; et quant le veneur veoist la beste
roidement venir et approuchier de luy, il se musse
d'arriere ung arbre, contre lequel la beste frappe [de
sa corne (12)], pour cuidder occire l'homme, et l'a-
tache si fort dedans qu'il ne l'en puist puis apres tirer.
Adonc vient le veneur par d'arriere, et l'enferre de
son espieu, et la tue.

NOTES.

(1) C'est le *buffle*. Le mot *bubalus* sous lequel Barthélemy
d'Angleterre, Isidore de Séville et toute la moyenne latinité
désignent cet animal, était du temps de Pline, une expression
tout à fait vulgaire à la place du mot latin *urus* : « Uros quibus
imperitum vulgus bubalorum nomen imponit. » *Hist. nat.*
l. VIII, c. xv.

(2) Saint Isidore ajoute : à la table des rois, « regiis mensis. »

(3) « Adeo indomiti ut præ feritate jugum cervicibus non
recipiant. » *Origin.* l. XII, c. i.

(4) Ce détail n'est pas d'Isidore, mais de Barthélemy.

(5) Notre auteur, qui rapporte une partie des propriétés
prétendues médicales que Barthélemy d'Angleterre reconnaît

3o.

à la chair du buffle, a voulu en ajouter une de son crû par l'indication de ces *confitures* contre l'épidémie.

(6) Pline ne dit pas cela. Il cite l'usage où étaient quelques médecins de couper jusqu'au vif la partie mordue, d'y appliquer de la viande de veau, et de faire boire du jus de veau. «Canis rabiosi morsu facta vulnera circumcidunt ad vivas usque partes quidam, carnemque vituli admovent, et jus ex eodem carnis decoctæ dant potui.» *Hist. nat.* l. XXVIII, c. xliii (ou x). Il ajoute que, si c'est une morsure d'homme enragé, la viande de bœuf rôtie est préférable.

(7) «Pline qui, dit M. Letronne, croit tout, ou qui a l'air de tout croire» (*La stat. voc. de Memnon*, p. 68), donne effectivement ce remède de bonne femme : «Medulla bubula ex dextro crure priore trita cum fuligine, pilis et palpebrarum vitiis angulorumque occurit». Ibid. c. xlvii (ou vi). Mais il est à remarquer qu'il accorde au bœuf toutes ces propriétés médicales, lesquelles notre auteur, d'après Barthélemy de Glanvil, applique au buffle. Cette erreur provient de ce que le religieux anglais a fait de l'adjectif *bubulus*, de bœuf, soit le génitif *bubali* soit l'adjectif *bubalinus*, de buffle. Sans doute il aura cru ne pouvoir rapporter à un animal aussi bien connu que le bœuf tant de propriétés qui feraient de son corps une véritable panacée. Y avait-il dans ces préjugés des anciens une sorte de confiance mal entendue dans les bienfaits de la Providence? Et cherchaient-ils, par ce sentiment, les remèdes à leurs maux dans les êtres placés le plus près d'eux, et dont ils retiraient déjà tant d'autres biens réels? Ce genre de préjugés n'est pas indigne d'attention, car sur les autres questions, c'est ordinairement dans les régions lointaines et peu connues que l'imagination va placer le merveilleux.

(8) «Si sanguis rejiciatur, efficacem tradunt bubulum sanguinem modice et cum aceto sumptum.» *Ibid.* c. liii, (ou xii).

(9) Ou *esmeu*, du verbe *esmouvoir*. Nicot traduit ce mot par

citus, concitus, motus, commotus, incitatus, percitus. Ici il est appliqué au sang pour indiquer qu'il s'écoule avec force, ce qui est bien la traduction de l'expression de Pline citée ci-dessus : « Si sanguis rejiciatur. »

(10) Je ne trouve ce détail ni dans Barthélemy, ni dans Pline.

(11) Le manuscrit porte *contre tous achoisons.* Le mot *achoison,* très-usité dans le style de cette époque, a le sens de *faute, occasion, raison, accusation,* que donne M. Roquefort. La correction de *trenchoisons* que nous avons introduite dans le texte nous est fournie par le P. Corbichon, qui traduit cet endroit de Barthélemy : « Lac bubalinum valet contra viscerum torsiones, » par ces mots : « son lait vault contre les trenchoisons de ventre. » On peut donc regarder la leçon de notre manuscrit comme une faute du copiste.

(12) Ces mots ne sont pas dans le manuscrit; mais nous les avons suppléés pour l'intelligence de la phrase, d'après le texte de Corbichon qui porte : « Et quant le veneur le voit, il se met derrière un arbre, auquel la beste fiert si fort de ses cornes qu'elle ne se puet tirer hors. »

LA PROPRIETE DES SATIRES (1).

(Folio 280 recto, 2ᵉ col.)

Les satires sont bestes monstrueuzes et de diverses figures contrefaites, masles et femelles, qui ont vizaige d'hommes et de femmes, comme nous avons, mais non pas si fort sus usaige de raison; comme vous pourriez dire d'un singge (2), envers notre semblance de vizaige, qui tient de la figure d'homme, de face.

Ces bestes cy ne puist on aprandre à parler ne par art, ne par nature. Ilz ont fier couraige, tenant maniere bestialle, publiquement luxurieuses, comme chiens ou autres bestes courans apres leurs femelles. Non pas seullement les masles de ces satires, mais plusieurs autres bestes (3) vont apres, comme font levriers avec espagneux, et chiens levriers avec levriers et mastins, à qui en puist avoir. Dont viennent autres monstres de diverses sortes et figures monstrueuzes, et contrefaites, tant de leur nation que d'autre. Parquoy ne se fault esmerveiller s'ilz sont difformes, laiz et contreffaiz, et s'il y en a de divers par les desers.

Plusieurs monstres, par cas semblable, ont este au monde trouvez, pour avoir heu compaignie de bestes entre les humains (4). Mais parceque c'est contre usaige de raison, et chose de grant abhomynacion, justice y pourvoit qui les condampne au feu quant ilz sont afames (5) du cas qui est horreur devant Dieu et devant les hommes.

Quant ces bestes monstrueuzes que Alixandre trouva au desert veullent aller à la femelle, et la femelle s'en fuyt; ilz la lassent tant qu'elle demeure hors d'alayne, quasi comme morte (6). Par ce, sont ilz appelez satires, qui vient de *satur*, parce qu'ilz ne se peuvent saouller de luxure (7).

Combien que ces satires ne usent point de raison, si ensuyvent ilz humaine nature en semblance d'homme, de femme (8), en voix (9) et en autres de leurs façons de faire; mais ilz ont les narynes plus ouvertes et reversees (10). Aucuns ont cornes au front, selon la diversite des autres bestes cornues qui ont couvertes les femelles. Telle estoit celle que sainct Anthoyne trouva ou desert, quant il alla veoir sainct Paul le premier hermite. Et quant il luy demanda qui il estoit, il luy fit responce qu'il estoit mortel, habitant o desert, que les Juifz deceus appelloient satires (11).

Le souvrain et grant Aristote, ou v° chappitre de son livre des bestes contreffaites (12), aussi monseigneur sainct Ysidore dient qu'il y ha en ces desers aucuns satires sauvàiges nomme cenophales [*sic*], qui ont corps d'homme, teste de chien, et piez de chevre.

Aucuns y a qui ont corps d'homme, teste de san-

glier, mains et piez comme cynges (13). Ceulx cy
ayment à merveilles jeunes filles à marier; tant plus
sont belles, et plus en sont amoreux, comme nous
verrons, en contynuant ce livre, du grant satire que
Alixandre trouva o desert, auquel on presenta une
pucelle, et quelle myne il luy tint (14).

Les pellux (15) ou satires abbayent comme chiens,
comme pourceaux, comme thoreaux, comme asnes (16),
comme beufz, selon qu'ilz portent semblance par la
teste.

Aucuns y a, dit le souvrain Aristote (17), qui sont
appellez ciclopes, qui n'ont que ung œil au millieu
du front.

Autres satires sont qui n'ont point de testes; qui
ont les yeulx et la face en la poitrine entre les deux
espaulles.

Les autres ont visaige sans nees, et leur bouche
n'est que ung petit pertuis, par lequel ilz sugcent une
pomme rollee (18). Les aucuns vivent seullement de
l'odeur d'une pomme ou d'autre fruict, ou de quelque
bon odorement. Et si la chouse qu'ilz odorent leur
scent mal et contre cuer, ilz [viennent (19)] preste-
tement en dangier de mort; la pluspart en meurent.
mais ilz congnoissent seullement au veoir si ce qu'ilz
prennent leur est bon (20). Ceulx qui ont corps
d'hommes vont droiz comme hommes, branslans
leurs testes (21) telles qu'ilz les ont. Les autres vont
à quatre piez, quant ilz ont corps de bestes.

Il en y a tant de diverses sortes que trop long seroit à racompter de toutes, qui moult empescheroit
nostre matiere.

NOTES.

(1) Le‾chapitre de Barthélemy d'Angleterre qui a fourni la
matière de cet extrait est intitulé *de Faunis et Satyris,* et se
trouve ainsi à la lettre F.

(2) Voyez la note sur les cynocéphales, *de Monstris,* c. xix,
p. 67, sqq.

(3) Ce détail n'est pas dans les *Propriétés des choses.* Notre
auteur l'a peut-être jugé nécessaire comme explication du
singulier amalgame de Barthélemy, qui rapporte aux satyres
une partie des monstres énumérés par Isidore de Séville dans
son chapitre *de Portentis,* que nous avons donné en entier à la
suite du *de Monstris,* p. 208 et suiv.

(4) C'est sous ce point de vue que les Romains appelaient
les Faunes *Inui,* comme nous l'apprend Servius sur le vers
775 du livre VI de l'Énéide : « Dicitur autem Inuus ab ineundo
passim cum omnibus animalibus. » Saint Isidore a changé ce
mot *Inuus* qui est dans Virgile, en *Inivus.* Voyez *Orig.* l. VIII,
c. xi ; et il a été suivi par Barthélemy de Glanvil au mot
Pilosus. Quant aux fruits des accouplements hybrides, voyez
la remarque de M. Cuvier, citée plus haut, p. 36.

(5) Il est clair qu'ici *afames* signifie *ayant la réputation*
(de *fama*) ; mais je n'en trouve aucun autre exemple. Ce mot
n'est ni dans Roquefort, ni dans Borel, ni dans Nicot.

(6) Ce n'est pas là ce que dit Barthélemy de Glanvil, dont

voici la phrase : « Hujusmodi animalia sunt in venerem valde
prona, in tantum ut mulieres comprehendant. » Ce que le
P. Corbichon rend avec beaucoup de clarté : «.... Ont un ap-
petit bestial et par espécial quant à la luxure : en tant que
quant ilz peuent une femme trouver au bois, ilz la travaillent
tant de cellui fait que elle demeure toute morte. » Cela explique
beaucoup mieux que la version de notre auteur l'étymologie
suivante.

(7) Cette étymologie *a contrario* est donnée par le troisième
des mythographes publiés par monsignor Mai : « Subsequitur
libidinis expletio, quæ per capram designatur, quia hoc
animal in libidine promptissimum sit. Unde et satyri cum
caprinis cornibus pinguntur, quia numquam libidine satu-
rantur. » c. XIV, § 15, p. 252, ed. Bode. Barthélemy de Glanvil
l'admet aussi. « Ideo dicuntur satyri, quia non possunt libidine
satiari, ut dicit Isidorus. » Mais je n'ai pas trouvé dans les
Origines le passage indiqué par ces derniers mots. Seulement
Isidore, à la suite du passage que nous avons cité, page 159,
et où il parle, d'après saint Augustin, de l'impureté du faune,
ajoute : « Hunc alii satyrum vocant. » Casaubon, cité par le
R. P. de la Rue, sur l'argument de la sixième églogue de
Virgile, dérive le nom des satyres du verbe dorien σᾶταρ, se
jouer. Élien le fait venir ἀπὸ τοῦ σεσηρέναι, *Variar. histor.*
l. III, c. XL, « de ce qu'ils montrent les dents. » Ces étymologies s'appliquent au mot grec Σάτυρος, dont le *Satyrus*
des Latins paraît venir bien naturellement. Cependant une
étymologie latine n'est pas absolument dépourvue de toute
vraisemblance ; car cette famille de dieux inférieurs a dans la
religion des Latins un caractère particulier, distinct de celui
de la mythologie grecque qui fut admise plus tard par les
Romains. On peut regarder ces divinités comme d'origine
latine, et leurs noms sont peut-être au nombre des plus anciens mots conservés des langues italiques primitives. Nous

avons déjà remarqué ailleurs (*Lettre à M. Hase sur une ins-cription du second siècle*, p. 37) le caractère mystérieux et ef-frayant de plusieurs divinités italiennes, opposé au riant et brillant olympe de la Grèce. Ce contraste s'observe ici d'une manière saillante. Au lieu des pans et des satyres, dont la poésie grecque dépeint gaiement les exploits champêtres et les entreprises amoureuses, nous voyons, surtout dans le Faune des Latins, une divinité sombre et mystérieuse dont l'adoration et les oracles sont environnés d'un appareil effrayant. Non-seulement c'est à lui, comme les Grecs à Pan, que les Romains attribuaient ces terreurs soudaines et sans motif apparent de toute une multitude; mais Denys d'Halicarnasse nous apprend qu'il ne bornait pas là sa terrible influence. « Les Romains lui attribuent, dit-il, et les terreurs paniques et tous les fantômes qui, sous différentes formes, viennent porter l'épouvante parmi les hommes : Τούτῳ γὰρ ἀνατιθέασι τῷ δαίμονι Ῥωμαῖοι τὰ πα-νικὰ καὶ ὅσα φάσματα ἅ, ὅτε ἀλλοίας ἴσχοντα μορφάς, εἰς ὄψιν ἀν-θρώπων ἔρχονται, δείματα φέρονται. Antiquit., l. V, c. III.

Le grand nombre de noms sous lesquels ce dieu était in voqué ou redouté indique sans doute des subdivisions de son culte. Nous trouvons les noms suivants : Faunus, Fatuus, Fatuellus, Sylvanus, Satyrus, Pilosus, Ficarius, Inuus, In-cubo ou Incubus, Dusius, Fadus. On peut remarquer dans les étymologies de ces noms deux idées principales : celle d'une divinité des forêts, rendant des oracles mystérieux; et celle d'une divinité luxurieuse qui emploie divers moyens pour as-souvir sa lubricité. Nous allons voir comment cette croyance nous conduit des antiquités italiques les plus reculées jusqu'à des superstitions dont on peut encore apercevoir les traces.

On ne doit pas s'étonner de voir des peuples aborigènes réunir des idées sinistres à l'idée de forêts ; car les immenses forêts qui couvraient la terre dans le commencement des so-ciétés offraient quelque chose de redoutable. Les divinités *forestières* de l'antique Latium purent devoir à ce sentiment ce qu'il y a de nuisible dans leurs attributs, comme elles durent le caractère bienveillant dont on voulut ensuite.les revêtir au besoin qu'éprouvaient les hommes de recourir à leur protection. De là les sylvains, que leur nom rend inséparables des forêts, les faunes que notre traité *de Monstris,* c. VI, p. 20, fait naître de l'écorce même des arbres, sont pour ces peuples antiques les plus importantes divinités. Nous avons vu, pages 20 et 21, l'étymologie qui fait venir *Faunus* de *fando,* parce que les faunes rendaient leurs oracles par des voix qui se faisaient entendre sans qu'on aperçût aucun signe. La même étymologie pourrait être attribuée à Fatuus et à Fatuellus, autres noms des faunes que Servius, sur le vers 314 du VIIIᵉ livre de l'Énéide, dérive de l'adjectif *fatuus,* parce que l'effet de leurs oracles était de rendre comme hors de sens. Ce grammairien donne encore deux autres étymologies du mot *Faunus* : « Quidam Faunum appellatum volunt eum quem nos propitium dicimus. » *Ibid.* — « Quidam faunos putant dictos ab eo quod frugibus faveant. » In *Georgic.* l. I, v. 11.

Si l'on admet la dérivation expliquée par Saumaise (voyez ci-dessus page 22), en faisant de Faune le même dieu que Pan, on arrive à l'allégorie qui voyait dans ce dieu l'image de la nature entière, ainsi que l'indique le mot grec Πάν, de πᾶν, le grand tout.C'est sous le nom de Sylvain que les anciens grammairiens l'ont comparé à Pan, car n'ayant pas eu, comme Saumaise, l'idée de dériver Faunus de Πάν ou Πανός, ils voyaient dans Sylvanus ὕλη, la matière. L's serait une trace du digamma, remplacé plus tard par l'esprit rude. Voici comme saint Isidore expose les attributs symboliques de Pan et de Sylvain : « Pan dicunt Græci, Latini Sylvanum, deum rusticorum, quem in naturæ similitudinem formaverunt ; unde Pan dictus est, id est omne. Fingunt enim eum ex universali elementorum specie : habet enim cornua in similitudinem radiorum solis et

lunæ; distinctam maculis habet pellem, propter cœli sidera;
rubet ejus facies, ad similitudinem ætheris; fistulam septem
calamorum gestat, propter harmoniam cœli, in qua septem
sunt soni et septem discrimina vocum; villosus est, quia tellus
est convestita et agitur ventis; pars ejus inferior fœda est,
propter arbores et feras et pecudes; caprinas ungulas habet,
ut soliditatem terræ ostendat. Quem volunt rerum et totius
naturæ deum, unde et Pan, quasi omnia, dicunt. » *Origin.*
l. VIII, c. xi. Une partie de ces subtiles allégories peut bien
avoir été aperçue longtemps après l'établissement du culte de
Pan et de Sylvain; mais peut-être serait-il permis de supposer
que cette universalité de divinités auxquelles le polythéisme,
dans sa plus brillante période, n'assigne qu'un rang inférieur,
remonte jusqu'aux anciens hommes pour qui les forêts étaient
le monde.

Au reste, rien n'est plus embrouillé que ce mythe, qui,
outre ces contradictions mythologiques, s'entrelace encore
avec l'histoire. Sylvain, comme roi du Latium, est ou présenté
comme fils de Faune, ou confondu avec celui-ci, lequel a pour
père tantôt Saturne, tantôt son fils Picus.

Le nom de ce roi Picus, père de Faune, pourrait ne pas
être étranger à l'étymologie de *Ficarius.* (Voyez ci-dessus,
page 22, notre remarque sur la relation du *P* à l'*F.*) Le mot
Ficarius ne se trouve pas dans les auteurs avant saint Jérôme,
peut-être parce que, exprimant une superstition du bas peuple,
il était considéré comme vulgaire, et banni ainsi du style
écrit, comme bien d'autres mots. Quoi qu'il en soit, celui-ci est
employé fréquemment depuis saint Jérôme, qui l'a introduit
dans sa version de l'Écriture, au L° chapitre de Jérémie, verset 3g. Du Cange a donné place à ce mot dans son Glossaire,
et Bochart, *Hierozoic.* l. VI, c. vi, t. II, col. 226, sqq., en a
savamment discuté l'étymologie. Du Cange avait rapporté seulement l'opinion qui le dérive de *ficus,* figuier : « Ficarii di-

cuntur Fauni et Satyri, qui inter ficus et alias arbores mo-
rantur. » Bochart réfute cette étymologie, en prouvant que le
figuier était consacré à Bacchus, et non pas, à Faune, dont
l'arbre était le pin. Quant à la correction *sicarius* que l'on avait
voulu introduire dans le texte de saint Jérôme, Bochart la
rejette comme mal motivée. Toutefois je dois dire que Barthélemy de Glanvil, au temps duquel cette correction était déjà
proposée (si lui-même n'en est pas le premier auteur), fait,
pour la justifier, un raisonnement assez subtil. Suivant lui, on
pourrait lire *sicarius* (ou plutôt *sycarius*), en. donnant à ce mot
le sens de mangeur de figues; car il suffirait de le dériver du
grec συκῆ: « Posset tamen dici, quod ficarii sunt sicarii, nam
συκῆ græce, ficus dicitur latine, et secundum hoc reddit pri-
mam expositionem. »

Mais Bochart, qu'il ait connu ou non ce raisonnement, le
détruit par la base, en établissant que ficarius ne vient pas de
ficus, génitif *ficus*, une figue, mais de *ficus*, génitif *fici*, mot qui
paraît signifier ces petites excroissances ou verrues, pendantes
en forme de figues, qu'on remarque sur les chèvres, et que
l'art antique représente souvent sur les statues de *satyres*. Celse
emploie ce mot dans une acception nosologique, que donnent
au mot συκῆ Hippocrate, Aristote et Galien; et Martial en fait
un emploi très-obscène dans plusieurs épigrammes. Cette dernière considération n'était pas pour en éloigner l'application à
un surnom des faunes; car la luxure est leur constant caractère.

A leur habitude de ce vice se rapportent, comme nous
l'avons dit, non-seulement deux des étymologies de *satyrus*:
σάθη et *satur*, mais aussi celles des noms Inuus, Dusius, In-
cubo ou Incubus.

La superstition des incubi s'est perpétuée presque jusqu'à
nos jours, et le mot incube est entré avec le même sens dans
notre langue, puisque le dictionnaire de l'Académie le définit:

« sorte de démon qui, suivant une erreur populaire, abuse des femmes. » Jean de Gorris, cité par Henri Estienne, trouve l'origine de la croyance de l'incube dans la manière superstitieuse d'expliquer une espèce de cauchemar : ce qui fait répondre tout à fait le mot *incubus* au grec ἐφιάλτης. Dom Martin, qui reproduit cette explication, ajoute : « Nonobstant la vérité de tout cela, l'erreur des païens n'est pas encore bien dissipée : car le vulgaire croit que, quand ce mal prend à quelqu'un, les sorciers ou sorcières sont venus s'étendre sur lui et le suffoquer. » *Religion des Gaulois*, l. IV, c. xxv, t. II, p. 190. Les incubes jouent un rôle important dans une vieille tradition sur les origines de l'Angleterre, rapportée par le même Dom Martin : « L'Angleterre fut habitée pour la première fois par des filles qui y abordèrent seules sur une barque exposée à la merci des mers, et qui eurent des enfants de quelques incubes qu'elles ne virent pas, mais dont elles sentirent seulement les approches. (Nec feminæ eos viderunt, sed tantummodo virile opus senserunt. — Ex manusc. biblioth. Oxon. apud Keysler, *Antiq. select. septent.* p. 214.) » *Ibid.* p. 189. De même, Paul Diacre, cité par Bochart, rapporte que des femmes chassées du camp de Filmer, roi des Goths, se réfugièrent dans les déserts de la Scythie, où de leur commerce avec les *fauni ficarii* sortit la nation des Huns.

Les superstitions gauloises avaient accueilli et développé ces croyances en les modifiant. A leurs *dusii*, si nettement définis par saint Augustin (voyez ci-dessus, p. 159), nos ancêtres joignaient des lutins inoffensifs, *fadi*, appelés depuis en français fantiaux, farfadets, follets, ou follots; ces deux derniers noms me paraissent dériver évidemment de *fatuus* et *fatuellus*. Mais, malgré cette communauté d'origine, les follets n'étaient peut-être pas confondus avec les incubes, comme Dom Martin l'a présenté dans le passage suivant, puisé à différentes sources. « Les Gaulois s'accommodoient si bien de ces

Velus ou Satyres, comme ils les appeloient encore, que, pour
les attirer chez eux, ils faisoient de petites arbalètes et des
brayes d'enfants qu'ils mettoient dans leurs caves et leurs
greniers, afin qu'ils s'y pleussent, eussent de quoi s'y jouer,
et en conséquence vuidassent les greniers et les caves des
autres et remplissent les leurs. (Burchard. *De pœnit. decret.*
l. XIX, c. v : ut tibi aliorum bona comportarent et inde ditior
fieres.) Mais l'avarice des Gaulois tournoit à leur déshonneur;
car ces *Velus, Satyres* ou *Dusii* prenoient la forme des amants
de leurs femmes, et avoient bon marché de leurs faveurs.
(Quædam etiam feminæ a Dusiis in specie virorum quorum
amore ardebant, concubitum pertulisse inventæ sunt. — Hinc-
mar. *De divort. Lothar.* p. 454.) » Lieu cité, p. 188.

(8) Par une bizarre opposition, Fauna ou Fatua, femme de
Faune, était, en quelque sorte, la divinité de la pudeur conju-
gale. On l'appelait mystérieusement, comme Cybèle, la bonne
déesse. On nommait aussi *faunæ* ou *fatuæ* les femmes de tous
les faunes; et il est probable que ce nom n'est pas sans rapport
avec celui des *fées.* Je préférerais cette étymologie à celle de
Ménage, qui dérive le mot *fée* de *fata.*

Quant à l'être féminin qui, dans les superstitions du moyen
âge, répond le mieux aux dusii, ce sont les sylvatiques ou
sylphides. « Une sylphide, dit l'abbé de Villars, cité par Dom
Martin, devient immortelle et capable de cette béatitude à
laquelle nous aspirons, quand elle est assez heureuse pour se
marier à un sage de la terre. » Dom Martin ajoute : « De même,
les Gaulois tenoient qu'il y avoit des femmes champêtres qu'ils
appeloient *Sylvatiques,* qui avoient un corps, et se montroient
à ceux qui avoient su les toucher, et leur accordoient les
dernières faveurs; après quoi elles s'évanouissoient et se ren-
doient invisibles. (Quod sint agrestæ feminæ quas sylvaticas
vocant, quas dicunt esse corporeas, et quando voluerint os-
tendunt se suis amatoribus. Et cum eis dicunt se oblectasse.

et item quando voluerint abscondant se et evanescant.—Burchard. *Decret.* l. XIX, c. v). » Lieu cité, p. 178.

(9) *Voix* est ici pour la nature du son ; car il est dit plus haut qu'on ne peut leur apprendre à parler.

(10) Cette remarque paraît fournie par les ouvrages de l'art, qui représentent en effet les satyres avec le nez ainsi fait.

(11) Voyez *de Monstris,* c. XLIX, note 1, p. 157.

(12) Aristote n'a pas écrit de traité *des bêtes contrefaites.* Il y a ici quelque confusion. Quant aux passages de ce philosophe et d'Isidore de Séville sur les cynocéphales, voyez *de Monstris,* c. XIX, p. 68, sqq.

(13) Il paraît désigner clairement ici le *babouin* (Buffon), ou *cynocéphale* (Geoffroy Saint-Hilaire), *simia sphinx* (Cuvier). Voyez la note sur le c. XIX, *de Monstris,* p. 71.

(14) Il n'entre pas dans notre plan de faire figurer dans ces extraits cette partie du récit, que l'on peut voir dans la lettre d'Alexandre d'après le manuscrit 1685, p. 358, et dans le récit des prodiges de l'Inde, au XXXVII° chapitre du II° livre de l'histoire d'Alexandre d'après le manuscrit 7518, à la page 418.

(15) Ce mot *pellu* était mal formé, en ce qu'il semble venir de *pellis.* On y a substitué comme adjectif le mot *poilu.* Mais, comme substantif et synonyme de satyre, il était la traduction du substantif *pilosus,* qui prend le sens de satyre dans la moyenne latinité et se trouve avec cette acception dans saint Jérôme et les auteurs suivants. Il est deux fois dans le texte latin d'Isaïe, qui peint la désolation future des lieux les plus florissants, en les représentant comme la demeure des êtres bizarres, monstrueux ou terribles :

« Nec ponet ibi tentoria Arabs, nec pastores requiescent ibi ; sed requiescent ibi bestiæ, et replebuntur domus eorum draconibus ; et habitabunt ibi struthiones ; et pilosi saltabunt ibi. » c. XIII, v. 20 et 21.

« Et orientur in domibus ejus spinæ et urticæ, et paliurus

31

in munitionibus ejus : et erit cubile draconum, et pascua
struthionum..Et occurrent dæmonia onocentauris ; et pilosus
clamabit alter ad alterum ; ibi cubavit lamia et invenit sibi
requiem. » c. XXXIV, v. 13 et 14.

Bochart, dans la 'dernière partie de son *Hierozoïcon*, qu'il
a intitulée *De dubiis sive incertis animalibus*, a prouvé qu'il ne
faut pas chercher dans ces endroits des prophètes, l'indication
d'êtres existant corporellement, mais de fantômes dont l'idée
effrayante était de nature à produire sur les peuples l'effet
qu'ils attendaient de leurs menaces.

Albert le Grand a décrit le pilosus comme un animal réel :
« Pilosus animal est compositum ex homine et capra inferius ;
sed cornua habet in fronte, et est de genere simiarum : sed
multum monstruosum aliquoties incedit erectum et efficitur
domitum. » *De animal.* l. XXII, Tract. II, c. 1, t. VI, p. 606.

(16) Le mot *abbayent* ne peut servir pour ces différents
animaux. Il aurait fallu devant chacun le verbe exprimant
son cri, c'est-à-dire *grognent, beuglent* ou *mugissent*, et *braient*.

(17) Il n'est pas question des cyclopes dans Aristote. Je
soupçonne notre auteur d'avoir quelquefois cité ce grand philosophe, pour faire le savant.—Sur les divers monstres nommés
en cet endroit on peut consulter les chapitres du traité *de Monstris* où il en est spécialement question, et l'extrait de saint Isidore qui est à la page 208.

(18) M. Roquefort explique ce mot par *roulé, mis en rouleau*. Cela veut-il dire qu'ils donnent à cette pomme une forme
allongée, en manière de saucisse, pour la sucer plus facilement ?

(19) Ce mot n'est pas dans le manuscrit.

(20) Ces détails sont comme le complément ou la paraphrase du petit chapitre XXIV du traité *de Monstris;* voyez ci-
dessus. p. 98. La bizarre imagination de cette tradition fabuleuse, consignée dans les divers auteurs que nous avons cités

en cet endroit, a été agréablement traitée par Fénélon dans
ses *Fables pour l'instruction du duc de Bourgogne.* « On me
donna à déjeuner de la fleur-d'orange. A dîner ce fut une
nourriture plus forte : on me servit des tubéreuses et puis des
peaux d'Espagne. Je n'eus que des jonquilles à collation. Le
soir on me donna à souper de grandes corbeilles pleines de
toutes les fleurs odoriférantes, et on y ajouta des cassolettes de
toutes sortes de parfums. La nuit j'eus une indigestion pour
avoir trop senti tant d'odeurs nourrissantes. » Et un peu plus
loin : « Ils me menèrent dans une salle où il y eut une musique
de parfums. Ils assemblent les parfums comme nous assem-
blons les sons. Un certain assemblage de parfums, les uns
plus forts, les autres plus doux, fait une harmonie qui cha-
touille l'odorat, comme nos concerts flattent l'oreille par des
sons tantôt graves et tantôt aigus. » *Voyage dans l'île des plaisirs.*

(21) Ceci provient d'une observation exacte sur l'allure de
plusieurs grands singes.

A la suite de cette *propriété,* l'auteur ajoute :

« De ces bestes cy en fit prandre Alixandre v ou vi cens, que
jeunes, que vieulz, de moyen eage et de toutes sortes, masles
et femelles, et de petis, comme petiz enffans, qui grognoient
comme pourceaux, comme chiens, comme marmolz, qui avaient
petites mains comme cynges, qui sembloient à petis enffans
tant beaux que merveilles.

« De ces petis plusieurs en envoya Alixandre aux dames de
Perse, aux dames de Macedonne, singulierement à sa mere,
des plus beaux, pour la tenir toujours joyeuse, avec autres
satires grans et moyens, de diverses sortes et contreffaites. »

(Folio 282 recto, 1re col.)

Le griffon tient de beste et d'aizeau : de beste
quant au corps, car il ha le corps de lyon; d'aizeau
quant à la teste, car il ha teste d'aigle, esles d'aigle
et pareillement les grifz (1).

Le griffon est une beste à quatre piedz, qui ha
les grifz si grans et si amples qu'il en enlaxet ung
homme tout arme par le corps, comme ung espe-
ronnier(2) fait un petit ayzellet. Pareillement emporte
ung cheval (3), ung beuf ou autre beste en vollant
par l'aer, quant il puist mettre les grifz dessus. Le
griffon ha les esles si fortes, que, en son vol, du
seul vent qu'il envoye de ses esles il en abat ung
homme. Ces esles (4) sont si grandes et si estendues
quand il volle, que, s'il volloit par une ruhe, il tou-
cheroit de ses esles aux deux coustez des ouvroers *
et des maisons. S'il ha les grifz grans et amples, ce
n'est point de merveilles, veu qu'il ha les ongles grans
comme les cornes d'un beuf.

L'experiance en appart à la Saincte Chappelle à
Paris d'un grif d'un petit griffoneau, qui pend ou
millieu de la Saincte Chappelle, atache à une chaine;

* *Boutiques.*

que ung homme d'arme coupa à ung petit griffon, apres
ce que des grans griffons eut este presente à ses petiz griffons (5), pour le devorer, ou desert où il avait
este porte. Lequel trouva façon de eschapper, apres
ce qu'il eut fort combatu les petits, hors la presence
des grans griffons. Si se transporta par fuitte à ung
port de mer, où il trouva façon de passer la mer
avec ung nautonnyer auquel il compoza, en comptant sa fortune advenue. Et depuis a este apportee
ladite griffe au pays de France, et posee en ladite
Saincte Chappelle, comme plusieurs peuvent avoir
veu qui y ont este (6).

Cette Saincte Chappelle estoit le lieu où les roys
de France avoient messe et faisoient leurs oratoires,
eulx estant au palays de Paris, qui jadis souloit estre
leur logis et reffuge : lequel de present est estably
pour le principal conseil et grant parlement de toute
France.

NOTES.

(1) Bochart, *Hierozoïc.*, part. II, l. VI, c. II, col. 811, établit que les principaux auteurs anciens qui ont parlé du griffon, à savoir Hérodote, Pausanias, Arrien, Pline, ont en même
temps regardé son existence comme fabuleuse. Il explique ensuite que dans les deux passages de l'Écriture, *Lévitique*, c. XI,
v. 13, et *Deutéronome*, c. XIV, v. 12, où la loi défend de man-

ger d'un animal dont les septante ont traduit le nom par γρύψ
et la vulgate par *gryphes,* on ne doit pas entendre par le mot
hébreu *peres* l'animal fabuleux appelé griffon, mais un oiseau
à bec et ongles recourbés; car le mot hébreu, selon lui, rend
plutôt l'idée générique de ce double caractère, sens qui paraît
même appliqué au mot γρύψ par le scoliaste de Lycophron. Mais
avant cette interprétation de Bochart, les deux passages de l'Écriture mal entendus ont pu contribuer à accréditer la fiction des
griffons. En effet, Isidore de Séville nous les représente ainsi :
« Hoc genus ferarum in hyperboreis montibus nascitur. Omni
parte corporis leones sunt, alis et facie aquilis similes, equis
vehementer infesti. Nam et homines vivos discerpunt.« *Origin.,*
l. XII, c. II. Ce passage est évidemment emprunté à Servius
sur le vers 27 de l'églogue VIII. Le grammairien latin ajou-
tait un détail omis par le prélat espagnol, qui, en plaçant les
griffons parmi les animaux et non parmi les monstres ou les
êtres de la fable, a paru admettre la possibilité de leur existence. Ce détail est qu'ils étaient consacrés à Apollon. Probus,
sur le même endroit de Virgile, le dit également : « Gryphes,
feræ quæ habent capita aquilæ, cætera membra leonis, cum alis
ingentis magnitudinis, in tutela Apollinis. »

Pausanias, dans ses *Attiques,* décrivant la célèbre statue de
Minerve en ivoire et en or qui était au Parthénon, nous apprend
que son casque avait pour cimier un sphinx et que les côtés
étaient ornés de deux griffons : Καθ' ἑκάτερον δὲ τοῦ κράνους,
γρύπες εἰσὶν ἐπειργασμένοι. Τούτους τοὺς γρύπας ἐν τοῖς ἔπεσιν
Ἀριστέας ὁ Προχοννήσιος μάχεσθαι περὶ τοῦ χρυσοῦ φησιν Ἀριμα-
σποῖς ὑπὲρ Ἰσσηδόνων..... γρύπας δὲ θηρία λέουσιν εἰκασμένα, πτερὰ
δὲ ἔχειν καὶ στόμα ἀετοῦ. Pag. 22, ed. Francof., in-fol. Aristée
de Proconnèse, nommé dans ce passage, est le premier auteur
dont il soit fait mention comme ayant parlé des griffons.

Quant à leur plus ancienne description détaillée, elle se
trouve dans un ouvrage un peu postérieur à Pausanias; mais

qui ne mérite certainement pas plus de faire autorité que les
merveilleuses fictions du poëte proconnésien. C'est la vie d'A-
pollonius de Tyane. Cette description offre pourtant certains
détails qui peuvent n'être pas sans intérêt pour l'art et la symbolique, comme cette manière dont les artistes indiens figurent
le soleil sur un char attelé de quatre griffons. Du reste, Philostrate leur donne, comme ses devanciers, la taille et la forme
du lion, mais par l'avantage de leurs ailes il les fait triompher
de l'éléphant et du dragon, sur lesquels ils fondent en tour-
noyant. Le tigre seul leur échappe par sa rapidité : Τὰ γὰρ
θηρία ταῦτα [ἔφη], εἶναί τι ἐν Ἰνδοῖς, καὶ ἱεροὺς νομίζεσθαι τοῦ
Ἡλίου, τέθριππά τε αὐτῶν ὑποζευγνύναι τοῖς ἀγάλμασι τοὺς
τὸν Ἥλιον ἐν Ἰνδοῖς γράφοντας, μέγεθός τε καὶ ἀλκὴν εἰκάσθαι αὐτοὺς τοῖς λέουσιν, ὑπὸ δὲ πλεονεξίας τῶν πτερῶν αὐτοῖς τε ἐκείνοις
ἐπιτίθεσθαι, καὶ τῶν ἐλεφάντων τε καὶ δρακόντων ὑπερτέρους εἶναι.
Πέτονται δὲ οὔπω μέγα, ἀλλ' ὅσον οἱ βραχύποροι ὄρνιθες. Μὴ
γὰρ ἐπτιλῶσθαι σφᾶς, ὡς μὲν κυκλώσαντας πέτεσθαί τε, καὶ ἐκ
μετεώρου μάχεσθαι. Τὴν τίγριν δὲ αὐτοῖς ἀνάλωτον εἶναι μόνην,
ἐπειδὴ τὸ τάχος αὐτὴν ἐσποίει τοῖς ἀνέμοις. Philostr., vitæ Apollon.
Tyan.; l. III, c. xlvii, p. 134, ed. Olear. La partie de cette citation qui se rapporte à l'art indien soutient la conjecture de
M. Boettiger, que nous avons citée, p. 266, tout en ne croyant
pas devoir l'admettre pour les fourmis chercheuses d'or.

Ctésias est cité par Élien, qui donne une description du
griffon encore-plus détaillée que celle de Philostrate; mais dans
ce qui nous reste de l'ouvrage du médecin d'Artaxerxe, il n'y
a que quelques mots sur ce sujet. Toutefois il définit très-nettement les griffons. « Des oiseaux à quatre pieds, de la grandeur
du loup, dont les jambes et les griffes ressemblent à celles du
lion. Leurs plumes sont rouges sur la poitrine, et noires sur
le reste du corps. » Traduct. de Larcher. Γρύπες, ὄρνεα τετράποδα,
μέγεθος ὅσον λύκος· σκέλη καὶ ὄνυχες οἷά περ λέων· τὰ ἐν τῷ ἄλλῳ
σώματι πτερὰ μέλανα, ἐρυθρὰ δὲ τὰ ἐν τῷ στήθει. Indic., c. xii.

Hérodote en dit encore moins que Ctésias. En rapportant une traduction confuse qui plaçait au nord de l'Europe une grande quantité d'or, Hérodote rapporte que les Arimaspes passaient pour enlever de cet or aux griffons qu'on en disait être les gardiens : Λέγεται δὲ ὑπὲρ τῶν γρυπῶν ἁρπάζειν Ἀριμασπούς, ἄνδρας μονοφθάλμους· πείθομαι δὲ οὐδὲ τοῦτο. *Thaliæ*, sive l. III, c. CVI. Il n'y a pas là, comme on voit, de *description* du griffon, et l'on n'est pas autorisé à conclure de ce que cet auteur ne fait pas mention de certains caractères, comme des ailes, que ces caractères n'étaient pas admis de son temps dans la représentation de cet être imaginaire : car il ne fait que le nommer, et dire à quelle fonction il était préposé. L'induction fausse que nous venons de signaler a été commise par M. Cuvier, dont la vaste érudition est ordinairement si exacte. Dans un rapport sur un mémoire de M. Roulin, ayant pour objet la découverte d'une nouvelle espèce de tapir, il dit : « Des hommes peu instruits voyant le mé ou tapir oriental, de loin et dans l'état de repos, lorsque sa courte trompe infléchit son extrémité au devant de sa bouche, ont pu croire cet animal armé d'un bec crochu assez semblable à celui de l'aigle, tandis que ses pieds divisés en doigts arrondis ont dû leur offrir quelques rapports avec ceux du lion quand il tient ses ongles retirés; et de là, selon notre auteur, sera née la fable du griffon. En effet, lorsque le tapir est assis et en repos, il rappelle assez les figures qu'on donne du griffon, les ailes exceptées; mais les ailes même paraissent être une addition postérieure, et, comme le fait remarquer notre auteur, Hérodote n'en parle point encore dans sa description de cet animal mythologique. Ces idées sont ingénieuses et pourront être appréciées par les savants qui s'occupent de l'antiquité. » *Annal. des scienc. nat.* t. XVIII, mai 1829, p. 111.

La conjecture de M. Roulin pouvait s'appliquer d'une manière très-plausible à un auteur un peu plus ancien qu'Héro-

dote, à Eschyle qui représente « les gryphes à la gueule pointue, chiens muets de Jupiter. » Trad. de La Porte du Theil.

> Ὀξυστόμους γὰρ Ζηνὸς ἀκραγεῖς κύνας
> Γρύπας φυλάξαι.
>
> *Prometh.*, v. 802, sq.

Il ne faudrait pourtant pas se hâter de conclure de l'expression κύνας que le grand poëte ne leur donne pas d'ailes ;
car il applique aussi l'épithète de chien de Jupiter à l'aigle
qui doit se repaître du foie de Prométhée. Il est vrai qu'il
ajoute πτηνὸς, ailé :

> Διός δέ τοι
> Πτηνὸς κύων, δαφοινὸς αἰετός.....
>
> V. 1020, sq.

Quant aux autres explications naturelles proposées sur les
griffons, au sujet desquels on a écrit des ouvrages entiers,
comme nous l'avons dit, page 266, la plupart se rapportent à
leur fonction de gardiens de l'or. Comme notre auteur ne parle
plus de cette antique tradition, nous n'abordons pas ici cette
question que nous avons touchée, en ce qui concerne les fourmis indiennes. Voyez ci-dessus, *De belluis*, c. xv, p. 261 et
suivantes.

(2) Je ne trouve dans aucun des lexiques de l'ancien français ce mot qui est évidemment un terme de fauconnerie pour
exprimer un oiseau de leurre.

(3) Barthélemy de Glanvil dit qu'il enlève le cheval et son
cavalier : « Adeo autem infestat equum, quod equitem armatum cum eo rapiat in sublime. » Mais cela n'est rien à côté de la
fiction gigantesque des Arabes, qui a vraiment quelque chose
d'imposant par sa grandeur : « Le rhinocéros se bat avec l'éléphant, le perce de sa corne par dessous le ventre, l'enlève, et

le porte sur sa tête; mais comme le sang et la graisse de l'éléphant lui coulent sur les yeux et l'aveuglent, il tombe par terre ; et ce qui va vous étonner, le roc vient qui les enlève tous deux entre ses griffes, et les emporte pour nourrir ses petits. » *Les mille et une nuits*, trad. de Galland, LXXIV° nuit.

(4) Aux détails de Ctésias et de Philostrate, Élien ajoute, entre autres choses, que les ailes du griffon sont blanches : Καὶ τούτων τῶν πτερῶν τὴν χρόαν μέλαιναν ἄδουσι· τὰ δὲ πρόσθια ἐρυθρά φασι, τάς γε μὴν πτέρυγας αὐτὰς οὐκέτι τοιαύτας, ἀλλὰ λευκάς. *De Nat. animal.*, l. IV, c. XXVII.

(5) Cette phrase très-mal construite ne se rencontrerait pas dans le style plus ancien du manuscrit 8518, où la phraséologie est en général claire et bien coupée. Il y a même ici une telle inexpérience d'élocution, que je serais tenté de voir dans l'intercalation de ce fait contemporain une espèce de glose rédigée par le copiste, encore plus mauvais écrivain que son auteur. Voici la traduction de cet embrouillamini : «On en peut voir la preuve à Paris, à la Sainte-Chapelle, au milieu de laquelle est suspendue par une chaîne la griffe d'un petit griffonneau. Ce fut un homme d'armes qui, transporté par les griffons dans le désert et présenté pour pâture à leur petit, lui coupa cette griffe, et parvint à s'échapper, après un rude combat avec le griffonneau, hors la présence de ses parents. »

(6) Voilà toujours un petit fait, mais qui prouve seulement ici que le chapitre de la Sainte-Chapelle avait ajouté foi aux récits de cet *homme d'arme*, qui, mettant en pratique le proverbe : *A beau mentir qui vient de loin*, leur avait donné une corne de quelque grand animal comme la griffe de son griffonneau.

LA PROPRIETE DE L'ELEPHANT ET NATURE D'ICELUY.

(Fol. 306 recto, 1ʳᵉ col.)

L'elephant est la plus grant beste, la plus grosse
et la plus puissant qui soit sur terre. Par ce est elle
appellee en grec elphio (1), qui est à dire montaigne,
parce qu'il ha le corps si gros et si grant. Es pays
desers d'Ynde, où en ha grant multitude, on les appelle barro (2).

Ces elephans ont ung grant buyau à façon d'une
tromppette (3), mais ridde à façon d'un hozeau (4) et
gros comme une bombarde, car il englotist ung homme
en ce buyau. Autre bouche n'a il pour prandre sa
viande (5).

Cette beste est moult bonne en bataille, et vail-
lammant se combat contre ses ennemys, ainsi qu'elle
est instruite. C'est une beste si haulte et si grant
qu'elle ne puist mettre sa bouche à terre. On met sur
ces elephans grans bastilles et chasteaux de boys bien
lyez, et seurement atachez par le travers de leur
corps, qui puyent bien contenir xx ou xxv hommes
de trait, qui donnent grant empeschement et dom-
maige à leurs ennemys pour la grant force du trait
qu'ilz ont avec eux lassus* en ces chasteaux belli-

* *Là-dessus.*

queux. Et si ne les puist on grever* que premier le
elephant qui les porte ne soit vaincu. On ne les puist
assaillir que de trait, tant sont haulx montez comme
sur les carneaux d'une ville, ne aucunement les grever, que premier l'elephant ne soit abbatu et occiz.

Les elephans sont bestes de grant entendement.
Les gens qui les ont appryvoisez par signes les ont
aprins et aprennent à congnoistre leur roy (6).

Quant la femelle elephante (7) vieult faonner fans,
est avoir ses petiz, elle faonne (8) en lieu le plus
secret qu'elle puist, ou en riviere, soubz grans terriers et soubz rocz, de paeur du dragon qui les occist pour boire leur sang, qui estanche la grant ardeur de la challeur de leur venyn (9) qui les brusle
ou corps. Devant que la femelle elephante ait ses
petiz faons (10) à terme, elles les porte deux ans (11)
en son ventre.

Les elephans ont telle coustume, que s'ilz treuvent (12) ung homme fourvoye de son chemin es desers, ilz se mettent ung peu arriere hors de sa voye, à
ce que l'homme n'ayt paeur d'eulx, et puis vont devant
luy tout bellement, jusques à ce qu'ilz ayent mis en
sa voye, laquelle il doit sevir. Et s'ilz treuvent ung
dragon qui luy vueille faire mal, ilz se combattent
pour luy. Aussi font ilz pareillement quant ilz ont
leurs petiz.

---

* *Tourmenter, inquiéter.*

Quant ils veullent aller aux femelles privees, ilz rompent et brizent les maisons ou estables où ilz sont, pour aller à eulx. Et si sont si fors qu'ilz romppent les palmes ou les ployent jusques en terre, pour avoir le fruict qui y croist, qui sont dattes. En bataille il n'est riens qui puissent resister contre eulx de pres, sans grant dangier de mort, tant sont vaillans en leurs assaulx et deffences.

Quant l'elephant vieult mangier, il prant sa viande et son boire, par le grant buyau de sa bouche, lequel il tourne sà et là prandre ce qui luy est necessaire, ainssi que faisons de noz mains.

Quant il se vieult seoir, ou respouzer ses jambes, parce qu'il est pezant, il cline* les jambes de derriere, et non pas les quatre à la foiz, parce qu'il est trop grant et trop pezant, aussi qu'il n'ha point de joinctures pour les ployer (13), et ne se pourroit relever. Par ce luy convient de dormir tout droit, appuye contre ung arbre.

Ceulx qui les veuillent prandre espient les lieux et les arbres où ilz se appuyent pour dormir; puis couppent prestement tout l'arbre, mais qu'il se puisse seullement tenir sans cheoir. Et quant l'elephant vieult dormir contre l'arbre, l'arbre chet et l'elephant aussi, qui ne se puist relever, tant est grant et pezant, aussi parce qu'il n'ha point de joincture. Et quant il

* Il plie.

est cheu et ne se puist relever, il jette ung horrible cry. Adonc les veneurs viennent au cry, qui l'enferrent et le tuent (14).

Quant on en vieult prandre es grans desers sans les occire, pour les appryvoiser et secourir les roys es batailles, on fait grans fosses es chemyns où l'on scet qu'ilz passent, et en passant ils tumbent dedans. Adonc vient un des veneurs et le bat; puis apres vient l'autre veneur qui en chasse l'autre et le bat devant l'elephant. Et ainsi que le premier veneur fait semblant de battre l'elephant, le second veneur fait semblant de le deffendre et engarde pour qu'il ne le bate plus, puis luy donne à mengier de l'orge. Et quant ainsi l'a fait troys ou quatre foiz, l'elephant aime celuy qui l'a ainsi deffendu et qui luy a donne à mangier.

Aussi se apprivoise il quant on luy donne aussi à mengier aucuns vers nommez cameleons (15) qui ont le ventre mol et le dos dur.

Quant l'elephant se combat à la licorne, il luy tourne le dos et non pas le ventre.

Les elephans sont de leurs natures debonnaires et n'ont point de fiel (16); mais si sont ilz fiers par accident, savoir est quand on leur fait trop d'ennuy.

Aristote dit dans son VIII° livre des bestes, que * (17)

---

* Ms. Qui.

n'y a bestes sur terre de plus longue vie que l'elé-
phant. Quant il yst du ventre sa mère, il est aussi
grant que ung veau de deux ans (18); mais plus
grant est le masle que la femelle.

NOTES.

(1) Il n'y a rien de semblable en grec.

(2) « On appelait autrefois l'éléphant *barre* aux Indes-Orien-
tales ; et c'est vraisemblablement de ce mot qu'est dérivé le
nom *barras* que les Latins ont ensuite donné à l'éléphant. »
Buffon, *hist. nat.* de *l'éléphant.*

(3) Cette partie du corps de l'éléphant a en effet la forme
de ces grandes trompes toutes droites dont on sonnait en avant
des cortéges dans les solennités, et qui sont si souvent représentées dans les miniatures des manuscrits historiques. Il faut
seulement les supposer retournées ; la partie évasée représente
le haut du nez de l'éléphant, et l'embouchure en représente
le bout. Cette comparaison curieuse, comme indiquant l'étymologie du mot français *trompe*, n'est pas prise de Barthélemy
d'Angléterre ; mais nous la trouvons dans un auteur grec
inédit du x⁰ siècle, sur lequel nous allons donner tout à
l'heure plus de détails. : Κέχρηται δὲ τῇ ῥινὶ ὅσα καὶ χειρί· ἔστι
γάρ τὸ μῆκος αὐτῇ κατὰ σάλπιγγα.

(4) C'est le mot *houzeaux,* qui n'est pas encore complétement
hors d'usage ; il s'appliquait principalement à une espèce de
guêtres ou chaussure de dessus, qui était molle et plissée,
se fermant avec des boucles et des courroies. C'était, comme le
remarque M. Roquefort, la chaussure particulière des Pari-

siens. Ce mot avec le sens de *botte* est resté dans le surnom d'un duc de Normandie : *Robert Courte-Houze*.

(5) Cette erreur prouve que les éléphants étaient bien peu connus alors en France.

(6) Cette remarque se trouve dans Aristote : Καὶ προσκυνεῖν διδάσκονται τὸν βασιλέα. *De animal.*, l. IX, c. XLVI.

(7) On voit que le mot *éléphante*, employé par Buffon, a une date bien plus ancienne dans notre langue.

(8) *Faonner*, dit Nicot, retient le son de la voyelle *o* et signifie, quant aux bestes de ronge sauvages, délivrer du faon, *parere, fœtum edere.* Ainsi dit-on la biche avoir faonné, quand elle a rendu son faon, *catulum edidit,* et ne le prononce-t-on pas *fanner,* comme on fait *fan* pour *faon.* »

(9) Voyez ci-dessus, page 448.

(10) « Il pourroit venir, dit Nicot, de ce mot grec φάναοι qu'ils usurpent pour agneau. Ainsi dit-on, un faon de biche, jusqu'à ce qu'il soit chevreul. Mais on ne peut dire faon d'une beste mordant, comme laye, ourse, lyonne, elephante, ains ont autres noms particuliers. » Il paraît que cette règle n'existait pas du temps de notre auteur, ou qu'il l'ignorait. Car il applique le mot *faon* indistinctement aux petits de tous les animaux, même du scorpion.

(11) « La femelle porte deux ans, » dit Buffon. Et à propos d'observations qui lui avaient été envoyées sur l'accouplement et la durée de la gestation chez ces animaux, il ajoute : « Je crois qu'on doit suspendre son jugement sur la seconde observation, touchant la durée de la gestation, que M. Marcel Bles dit n'être que de neuf mois, tandis que tous les voyageurs assurent qu'il passe pour constant que la femelle de l'éléphant porte deux ans. » L'exactitude de cette observation semble avoir été définitivement reconnue. M. Cuvier ne se prononce pas à ce sujet dans son *Tableau du règne animal.* Mais il dit dans son discours sur les révolutions du globe :

« Les anciens connaissoient très-bien l'éléphant, et l'histoire
de ce quadrupède est plus exacte dans Aristote que dans
Buffon. » Page 34, Ossem. foss. t. I, troisième édition. Il ré-
pète la même assertion dans une note sur le x° chapitre du
VIII° liv. de Pline : « Et res in primis notabilis est historiam
elephantis esse circa omnia veriorem apud Aristotelem quam
in nostratis Buffonii libris. » Ici l'assertion d'Aristote se rapporte à la première assertion de Buffon. Car citant dans un endroit deux traditions qui fixent l'une à dix-huit mois, l'autre
à trois ans cette gestation (φέρει ἐν γαστρὶ, ὡς μὲν τινές φασιν,
ἐνιαυτὸν καὶ ἐξ μῆνας· ὡς δ' ἕτεροι, τρία ἔτη, De animal., l. IV,
c. XXVII), il établit ailleurs qu'elle est de deux ans (κύει δὲ ἔτη
δύο, ibid., l. V, c. XIV).

(12) *Treuvent* au lieu de *trouvent*. Cette forme a été encore
employée par La Fontaine et par Molière, notamment dans ces
deux vers du Misanthrope, que les comédiens français ont
l'habitude de changer, peut-être à tort, acte I, scène I :

> Non, l'amour que je sens pour cette jeune veuve
> Ne ferme point les yeux aux défauts qu'on lui treuve.

(13) Cette erreur était bien ancienne, car Aristote croit
devoir la réfuter en deux endroits, *De animal.* l. II, c. I, et
De animal. incessu, c. XIII.

(14) Barthélemy de Glanvil, avant de rapporter le fait que
notre auteur a reproduit dans cet alinéa, en indique ainsi la
source : « In libro autem Physiologi de elephante memini me
sic legisse. »

(15) Ici notre auteur a commis une grosse balourdise, pour
avoir lu trop rapidement le texte de Barthélemy. Celui-ci, après
avoir rapporté la manière d'apprivoiser l'éléphant qui vient
d'être exposée, passe à un autre détail, c'est que lorsque l'éléphant a avalé par mégarde un caméléon, il a recours à l'oli-

vier sauvage, comme contrepoison. Or, notre auteur a réuni
la première partie de cette dernière phrase au récit précédent.
C'est ce que fera comprendre la citation de tout le passage de
Barthélemy : « Quando capiuntur, pastu hordei mansuescunt.
Fit enim fovea subterranea in via elephantis, in quam incidit
ignoranter; ad quam veniens unus venatorum percutit et pungit ipsum, alter autem venatorum superveniens primum percutit venatorem, et amovet eum ne percutiat elephantem, et
dat ei comedere hordeum. Quod cum ter vel quater fecerit,
diligit se liberantem et ei deinceps obediens mansuescit. Si
casu aliquo voraverit vermem qui chameleon dicitur, sumpto
oleastro medetur pesti. » Il est évident que notre auteur a ainsi
lu ces deux dernières phrases : *Quod cum ter vel quater fecerit,
diligit se liberantem. Et ei deinceps obediens mansuescit, si casu
aliquo voraverit vermem qui chameleon dicitur.* Et il n'a pas tenu
compte des mots suivants.

(16) Camus dit dans ses *notes sur l'histoire des animaux
d'Aristote*, p. 298 : Aristote assure que l'éléphant n'a point de
vésicule du fiel, *De animal.* l. II, c. xv. MM. de l'Académie
et l'auteur de l'anatomie de l'éléphant qui est cité par Ray,
ont vérifié cette observation, et ils la confirment. *Mém. de
l'Acad.*, p. 130. Ray, p. 137. »

(17) Aristote n'affirme pas cela, mais il dit seulement que
l'éléphant vit, selon les uns trois cents ans, selon d'autres
deux cents : Τὸν δ' ἐλέφαντα ζῆν φασιν οἱ μὲν περὶ ἔτη τριαχόσια,
οἱ δὲ διαχόσια. *De Animal.*, l. VIII, c. xii ou ix. Camus, après
avoir traduit, par inadvertance, τριαχόσια par *cent*, t. I, p. 481,
reproduit cette erreur dans ses notes sur l'éléphant, t. II,
p. 302, pour avoir alors consulté sa traduction, au lieu de recourir au texte.

(18) Pline, *Hist. nat.* l. X, c. lxxiii, dit : un veau de trois
mois, ce que Barthélemy de Glanvil a cru devoir modifier
par cette alternative : *duorum aut trium mensium.* Notre auteur,

dans son exagération, n'a pas réfléchi qu'il n'y a plus de veaux
à deux ans.

Ce sont principalement Pline et Aristote qui ont fourni la
matière des trois chapitres de Barthélemy dont est extraite si
incorrectement cette propriété. Il est singulier que notre auteur n'y ait pas fait mention des défenses, une des parties
les plus caractéristiques de l'éléphant.

Une description plus courte, mais plus intéressante par la
naïveté mêlée d'emphase poétique d'un auteur qui voyait un
éléphant pour la première fois, est celle que donne Michel
Attaliote, auteur byzantin du xiᵉ siècle, encore inédit, et dont
l'histoire se trouve à la suite de Jean Scylitzes Curopalate, dans
le manuscrit de la Bibliothèque du Roi, n° 136 de Coislin.
Notre savant ami M. Wladimir Brunet, qui doit enrichir de
cette publication la collection byzantine, nous a communiqué ce
passage intéressant pour l'histoire de la zoologie. Après avoir
parlé de plusieurs spectacles très-curieux offerts aux habitants
de Constantinople par l'empereur Constantin Monomaque,
Attaliote continue ainsi :

Καὶ ζώων ἀσυνήθεις ἰδέας τοῖς ὑπηκόοις ἐξ ἀλλοδαπῆς παρε-
στήσατο γῆς. Μεθ᾽ ὧν καὶ τὸν μέγιστον ἐν τετραπόδοις ἐλέφαντα·
ὃς θαῦμα τοῖς Βυζαντίοις καὶ τοῖς ἄλλοις Ῥωμαίοις, ὧν εἰς ὄψιν
ἐλήλυθε διερχόμενος, ἐχρημάτισεν. Ἔστι γὰρ μεγέθει μὲν μέγιστος,
τοὺς πόδας ἔχων ἐμφερεῖς ἀτλαντικοῖς κίοσιν· ὦτα μηδὲν ἀσπίδος
πελταστικῆς ἀποδέοντα, κίνησιν ἄστατον διὰ παντὸς προβαλλό-
μενα, οὐκ ἀναιτίως μέντοι, ἀλλὰ φόβῳ τοῦ κώνωπος. Πάντων γὰρ
τῶν μεγίστων θηρίων κρατῶν ἐν ἰσχύϊ καὶ ἀλκιμότητι, παρὰ μόνου
τοῦ κώνωπος ἡττᾶσθαι ὁμολογεῖ καὶ ὡς θώρακα τὴν τῶν ὤτων κίνησιν
ἀντεπάγει αὐτῷ, τὴν προσβολὴν τούτου μακρόθεν ἀποσοβῶν. Εἰ γὰρ
λαθὼν κώνωψ ἐντὸς εἰσέλθοι τῆς ἀκοῆς αὐτοῦ, τιμωρίαν αὐτῷ με-
γίστην καὶ θάνατον ἐπιτίθησιν. Κέχρηται δὲ τῇ ῥινὶ ὅσα καὶ χειρί·
ἔστι γὰρ τὸ μῆκος αὐτῇ κατὰ σάλπιγγα· καὶ δι᾽ αὐτῆς ἅπαν ἐνερ-
γεῖ· τὸ διδόμενον καὶ τοῖς κατὰ νῶτα καθημένοις ἡνιόχουσιν αὐτὸν

ἀναδίδωσι· καὶ τὴν τροφὴν παραπέμπει τῷ στόματι· καὶ ὅπλον κατ᾽
ἐχθρῶν ἔχει καὶ ἀμυντήριον δύσμαχον. Δώροις δὲ παντοίοις ἢ χα-
λινοῖς οὐχ ὑπείκει, ἀλλ᾽ ἡ αἴσθησις αὐτῷ τοῦ ποιεῖν ὅσα τοῖς ἡνιο-
χοῦσι βεβούλευται, πέλεκύς ἐστι κατὰ κρανίου φερόμενος. Χρόνοις
δὲ πολλοῖς κυοφορούμενος, δέκα γὰρ ἐνιαυτοῖς τῇ μητρώᾳ νηδύϊ
καλύπτεται. Τὴν τῶν ὀστῶν ἁρμονίαν σκληρὰν καὶ ἄτεγκτον πρὸς
σύμπτυξιν ἀποδείκνυσι· διὰ τοῦτο καὶ εἰς γῆν κατακλιθῆναι ἀδύ-
ναται, μὴ οἷός τε ὢν τὰ ἄρθρα τῶν ποδῶν ταῖς ἁρμονίαις συνάξαι καὶ
περιαγαγεῖν· ἀντὶ δὲ κατακλίσεως, τὴν εἰς δένδρον ἢ χειροποίητον
ξύλον ἢ τοῖχον κατὰ μίαν πλευρὰν ποιεῖται ἐπίκλισιν, ὄρθιος τούτοις ἐπερειδόμενος μόνον. Fol. 176 recto et verso.

Nous essayons de traduire ainsi ce passage : « Il offrit aussi
à ses sujets le spectacle extraordinaire d'animaux des pays
étrangers. De ce nombre fut le plus grand des quadrupèdes,
l'éléphant, qui devint un sujet d'admiration pour les Byzantins
et pour les autres habitants de l'empire qui le virent dans le
trajet. Sa taille est immense, ses jambes sont comme des colonnes *atlantiques* ; ses oreilles, parfaitement semblables à un
bouclier d'infanterie légère, s'agitent incessamment, et il paraît
que ce n'est pas sans motif, mais par la crainte du cousin. En
effet, le plus grand des animaux, si puissant par sa force et
son courage, s'avoue vaincu par le cousin, et il lui oppose ce
mouvement des oreilles comme une cuirasse, écartant ainsi
ses atteintes. Car si un cousin parvient à se glisser dans son
oreille, il lui cause le plus grand supplice et la mort. L'éléphant se sert de son nez comme d'une main. Ce nez est de la
longueur d'une trompe ; avec cet organe, il n'est rien qu'il ne
fasse ; il transmet à ceux qui sont établis sur son dos et qui
le conduisent, tout ce qu'on leur donne, il porte sa nourriture
à sa bouche ; enfin c'est une arme terrible pour se défendre

---

* Cette expression, dans le grec, semble moins bizarre, au milieu du
style oriental que s'est choisi cet auteur, ainsi que d'autres byzantins.

de ses ennemis et les combattre. On ne l'assujettit à aucune espèce de bride ni de frein; mais son intelligence à exécuter tout ce que veulent ses conducteurs est pour lui une hache placée sur sa tête! Le temps de la gestation chez l'éléphant est de beaucoup d'années; car il est caché dix ans dans le ventre de sa mère. Ses os paraissent emboîtés avec une dureté inflexible; c'est pour cela qu'il ne peut se coucher par terre, n'ayant pas la faculté de contracter et de détendre les articulations de ses jambes. Aussi, au lieu de se coucher, il s'accote, soit contre un arbre, soit contre une barrière faite exprès, soit contre un mur, restant debout, et s'appuyant fortement sur un de ses flancs. »

LA PROPRIETE DU CHAMEAU.

(Fol. 3o7 verso, 2ᵉ col.)

Monseigneur sainct Ysidore dit (1) que le chameau
est une beste duitte * à porter cherges comme ung
cheval, non pas portant celle ne bast comme ung
cheval, car il ne le sauroit endurer par deux bosses
qu'il ha sur le dos en fasson d'une celle.

Le chameau tire sur la semblance d'un beuf, mais
plus hault et non pas du tout si gros. Il ha le coul
long et menu, assez long museau et courtes oreilles.
Aucuns y a qui n'ont que une bosse sur le dos, qui
ne sont pas si aizez comme ceux qui en ont deux,
parce qu'on ne les puist pas si bien cherger. Ilz n'ont
point de messelliers (2) dessus; et si rongent (3)
comme ung beuf. Ilz n'ont pas le pie fendu comme
ung beuf, mais bestes plus eveillees que le beuf et
plus abilles, bonnes en bataille (4), quant elles sont
aprivzes, et à porter marchandizes. Le chameau ne
va pas plus tost qu'il a acoustume d'aller, et si va
plus tost de son estendue que le cheval ne fait à
aller le pas (5). Il ne vieult estre plus cherge à une
foiz qu'à autre, et se humilie devant ceulx qui le
chergent. Il est aucuneffoix bien quatre jors sans

* Accoutumée.

boire, et ne s'en treuve point pire, qu'on s'en apper-
çoyve.

Ung chameau vit bien cinquante ans. Qui le vieult
apprandre à la bataille, il fault qu'ils soient chastrez,
car ilz en sont plus fors. Ils ont les piez fendus par
dessoubz comme les ours; par ce, leur chausse on
des soulliers (6). On trouve dans le cueur du chamel
ung os, ainsi comme au cueur d'un cerf. La femelle
ha quatre bibieres et mamelles, ainsi comme une
vache. Elle s'encline sur les genoulz quant elle est en
amours, et si mengenhe peu en ce temps la. La verge
du masle est moult dure : on en fait cordes d'arc et
d'arbalestres. Aristote dit que la femelle porte son
faon XII mois (7) en son ventre. On chastre les chameaux pour mieulx courir, et si en sont plus legiers
que chevaux et en ont plus grant pas.

Le chamel ne se coupple point naturellement à
sa mère. Et seroit celuy en dangier, quy les contrain-
droit à ce faire : comme il advynt en une cite à un
bon et riche marchant, qui pour la bonte d'une cha-
melle qu'il avoit, la fist couvrir à son filz chamel qui
estoit moult bon. Et à ce qu'il ne veist sa mere, la
couvrit de son menteau; et fut saillie. Mais apres ce
qu'il eut veu que c'estoit sa mere, apres qu'elle eust
este decouverte, il eut si grand ire en soy, qu'il alla
tuer son maistre qui les avoit coupplez (8).

Le chameau devyent chenu comme ung homme
en sa vieillesse et n'a point de fiel sur le foye. Par ce,

vit il longuement, car il, ha le sang bien doulx. Ce qui abrevie la vie de l'homme ou d'une beste, c'est le fiel, qui est cause de toutes generacions de maladies qui procedent entour le cueur, et qui met la mort en avant quant il va au poulmon; qui est cause de aguzer les maladies, par quoy la mort s'en ensuyt (9).

Le chamel leopard (10) est de double bastardize, savoir est d'un cheval sauvaige ou prive et d'un busgle. Par ce, se dit bastard leoppard : car il a col (11) et teste comme ung cheval, et corps comme ung busgle, à diverses taches comme ung leoppard.

Sainct Ysidore dist (12) que ceste beste est plus belle que fiere. Elle est doulce comme une brebiz, necte à merveilles, et bonne à mengier.

NOTES.

(1) « Camelis causa nomen dedit, sive quod quando onerantur, ut breviores et humiles fiant, accumbant, quia Græci χαμαι humile et breve dicunt : sive quia curvus est dorso, campter enim verbo graco curvum significat. » *Origin.* l. XII, c. 1.

(2) Ce mot *messeliers* serait-il une faute pour *messelerie*, qui signifie *lèpre?* Ce serait alors une assertion erronée ; car, il y a quelques années, tous les chameaux du Jardin des Plantes à Paris sont morts de la lèpre.

(3) *Rongent.* Ce mot paraît être là pour *ruminent.* Le substan-

tif *ronge* est encore employé dans ce sens, en termes de vénerie : *Le cerf fait le ronge.*

(4) Procope, décrivant l'ordre de bataille des Maures dans
l'affaire de Mamma, dit que leur front était formé par douze
rangs de chameaux, et il ajoute un peu après : quelques fan-
tassins armés de javelots et d'épées, combattaient retranchés
entre les jambes des chameaux. Voyez *Recherches sur l'histoire
de la partie de l'Afrique Septentrionale, connue sous le nom de
régence d'Alger,* etc., par une commission de l'Académie des
inscriptions et belles-lettres, Paris, 1835; p. 122.

(5) Il est probable qu'il faut lire ici *le trot*, et le mot *estendue*
qui précède est la traduction de cette expression de Barthélemy
passus amplitudinem. Ainsi l'auteur compare là probablement
le pas très-allongé du chameau au trot du cheval.

(6) Cette notion est donnée par Barthélemy de Glanvil
d'après Avicenne : « Habet pedes scissos, et in scissura habet
pellem ad modum pedis anserini, et illæ scissuræ sunt car-
nosæ, sicut scissuræ pedis ursi. Et ideo etiam faciunt eis
homines sotulares et abluunt eis pedes, ne pedum teneritudo
subtus lædatur. » — Aristote, *De animal.* l. II, c. 1, dit seulement que dans les armées, lorsque le pied leur devient dou-
loureux, on leur met des chaussures : Τὰς εἰς πόλεμον ἰούσας
ὑποδύουσι καρβατίναις, ὅταν ἀλγήσωσιν.

(7) *De animal.* l. V, c. XIV.

(8) Ce récit est emprunté d'Aristote, *De animal.* l. IX,
c. LXXIII, ou XLVII; *De mirabil. auscult.* c. 11. Dans son édition de ce dernier traité, p. 13, Beckmann interprète ainsi
ce récit, dont il ne conteste à Aristote que l'explication. « Cameli, quando coeunt, furore agitantur et mordent temere
appropinquantes.... Fortasse in furore venereo camelus hominem morsu confecit, non quia animal ad matrem admiserat,
sed quia incautus accesserat; unde, ut solent homines animalibus rationes tribuere, cognationum intellectum, ut loquitur

Plinius, in camelo esse suspicati sunt. » Ce savant commentateur a cité à la suite de cette note tous les auteurs anciens
qui ont reproduit le récit d'Aristote.

(9) Notre auteur n'a garde d'ajouter, avec le savant cordelier
anglais, que cette opinion est 'une vieille erreur, mise en circulation par Anaxagore et déjà réfutée par Aristote. Ce grand
philosophe donne même à l'appui de sa réfutation ce fait : que
le chameau, sans avoir de fiel, n'en est pas moins sujet à la
goutte et à la rage.

(10) Il ne présente pas là une description de la giraffe.

(11) Si l'auteur avait eu quelque idée de la giraffe, il n'aurait pas manqué de parler de la longueur de son cou, puisque
c'est le caractère extérieur le plus saillant et le plus distinctif
de cet animal.

(12) Notre auteur voulant faire de l'érudition a attribué ici
à Isidore cette remarque de Barthélemy de Glanvil, d'après
Pline : « Est autem bestia magis aspectu quam feritate cons-
picua. » Tout ce qu'Isidore de Séville dit du cameleopardus
se borne à ceci : « Cameleopardus dictus, quod dum sit, ut
pardus, albis maculis superaspersus, collo equo similis, pedibus bubalis, capite tamen camelo est similis : hunc Æthiopia gignit. » *Origin.* l. XII, c. II.

LA PROPRIETE DU DROMADAIRE.

(Folio 308 recto, 2ᵉ col.)

Le dromadaire est une beste bien grant, qui tient d'une espesse de chameau, mais corps plus long et coul plus long deux foiz demy, ploye. Si grant est le dromadaire et coul si long, que, en passant par une ville le long des ruhes, il puist veoir par les haultes fenestres des maisons ceulx qui sont à table. Ainsi en a autreffoiz este veu en ce pays, d'aucuns qui en ont admene d'oultre-mer. Les dromadaires ont grant barbe et longue, comme chyevres, et grant poil es genoulz (1), chemynent bien cent milz pour ung jour, qui sont cinquante lieuhes par jour, quant on le vieult diligenter à quelque exploict hastif. On chastre le dromadaire en jeunesse pour estre plus diligent à chemyner. Il va moult grant pas et legierement à grant estendue, parce qu'il est long, gresle, et bien plain de nerfz, qui le fait fort à son mouvement. Mais il est de petite vie (2); car il ne mengenhe que foin, escorce et noyaux de dattes.

NOTES.

(1) Toutes ces premières observations appartiennent à l'auteur. C'est seulement depuis là qu'il a eu recours pour le dromadaire au livre des Propriétés.

(2) C'est-à-dire, *il vit de peu*. L'auteur a rendu fidèlement le *victus paucitatem* de Barthélemy d'Angleterre.

LA PROPRIETE DU CAMALEON.

(Folio 3o8 recto, 2° col.)

Le camaleon est une beste de diverses coulleurs, et si se muhe* quant il vieult en la coulleur des chouses lesquelles il veoit (1); et n'est beste o monde, quequ'elle soit, si tost muhee en coulleurs opposites. Le camaleon est moult paoureux (2). C'est une beste à quatre piez, qui ha peu de sang. Il ha face humaine, tirant sur semblance de face de cinge. Si ha les ongles aguz et crocheuz, le corps dur et aspre de peau, ainsi comme ung cocodrille. Le souvrain Aristote dit que le camaleon a corps de lizarde à façon de souffletz de mareschal (3), et le dos et les coustes comme ung poisson, et si ha queuhe longue et bien gresle au bout. Il ha les piez divisez en deux parties comme une lizarde, et ses ongles comme un aizeau, et ha les yeulx parfons, grans et rontz. Il est de coulleur presque noire, tachee de diverses taches par le corps, et par especial es yeulx et à la queuhe. Selon la loi de Moyse, le camaleon est une beste nette (4); qui vit de l'aer seullement, ainsi comme la taupe de la terre (5).

* *Se change.*

NOTES.

(1) « Il change, à la vérité, assez considérablement en couleur, dit M. Cuvier, selon ses passions et ses besoins ; mais il
est faux qu'il prenne celle des corps sur lesquels il se trouve. »
Tabl. élém. du règn₂ animal, l. IV, c. 11, § 11, p. 191. Albert
le Grand avait déjà révoqué en doute cette propriété du caméléon : « Dicunt etiam quidam quod efficitur omnis coloris qui
objicitur ei, præter candidum et rubicundum, quod non puto
esse verum. » *De animal.* l. XXV, tract. unic. p. 671. Albert
a réuni les propriétés du caméléon à celles de la salamandre,
avec laquelle il l'a confondu.

(2) Cette remarque paraît bien triviale ; elle provient cependant d'une observation profonde d'Avicenne, qui découvrit
la principale cause des mutations de couleurs du caméléon.
Aristote, dont la description de cet animal peut être considérée
comme le chef-d'œuvre en ce genre, n'a pas cherché la cause
de cette propriété singulière qu'il s'est contenté de constater.
Camus en a proposé une explication ridicule en disant : « Peut-
être ce changement n'est-il chez lui qu'une espèce de maladie,
une sorte de jaunisse. » S'il avait vu, comme nous, le caméléon
vivant, il aurait su que cet animal, dans l'espace de quelques
minutes, change trois ou quatre fois de couleur, d'une manière
sensible. Voici l'explication d'Avicenne, telle que la rapporte
Barthélémy de Glanvil : « Immutat colores, quia est animal ti-
midum et pauci sanguinis. »

(3) Nous avons déjà vu notre auteur se servir de cette comparaison, qui n'est pas dans Aristote. L'endroit de ce philosophe
qu'il cite est le commencement de sa célèbre description du
caméléon, que voici : Ὁ δὲ χαμαιλέων, ὅλον μὲν τοῦ σώματος
ἔχει τὸ σχῆμα σαυροειδές, τὰ δὲ πλευρὰ κάτω καθήκει, συνα-

πτοντα πρὸς τὸ ὑπογάστριον, καθάπερ τοῖς ἰχθύσι, καὶ ἡ ῥάχις ἐπα-
νέστηκεν ὁμοίως τῇ τῶν ἰχθύων. Τὸ δὲ πρόσωπον ὁμοιότατον τῷ τοῦ
χοιροπιθήκου· κέρκον δ᾽ ἔχει μακρὰν σφόδρα, εἰς λεπτὸν καθήκουσαν,
καὶ συνελιττομένην ἐπὶ πολὺ, καθάπερ ἱμάντα. *De animal.*, l. II,
c. XI.

(4) C'est le contraire : Voici le passage du *Lévitique* auquel
cet endroit fait évidemment allusion : «Mygala et chamæleon,
et stellio et lacerta et talpa :—Omnia hæc immunda sunt. » c. XI,
vers. 30, sq.; mais Bochart établit que le mot hébreu où la
Vulgate a vu un caméléon signifie un pélican.

(5) Bien loin de ne vivre que de terre, la taupe, suivant
M. Geoffroy Saint-Hilaire, est le plus vorace de tous les animaux. «La taupe, dit-il, n'a pas faim comme tous les autres
animaux : ce besoin est chez elle exalté; c'est un épuisement
ressenti jusqu'au degré de la frénésie..... Sa gloutonnerie désor-
donne toutes ses facultés; rien ne lui coûte pour assouvir sa
faim : elle s'abandonne à sa voracité, quoi qu'il arrive...

«La taupe attaque ses ennemis par le ventre , elle entre
la tête entière dans le corps de sa victime, elle s'y plonge, elle
y délecte tous ses organes des sens, en sorte qu'il n'en est
plus pour veiller pour elle, sur elle; pas même l'oreille, qui
n'écoute que quand l'animal est au repos....

«La taupe est exposée à périr du soir au matin par défaut
de nourriture... » *Cours de l'Hist. nat. des Mammifères*, 19ᵉ leçon,
p. 7, *Voracité de la taupe.*

Ce rapprochement prouve la bizarrerie de certains préjugés
qui sont entièrement le contre-pied de la vérité.

Barthélemy de Glanvil, après le caméléon qui se nourrit
d'air et la taupe de terre, nomme les deux animaux qui ont
pour nourriture les deux autres éléments, à savoir : le hareng
l'eau, et la salamandre le feu; d'où ce quatrain assez incorrect :

Quattuor ex puris vitam ducunt elementis :
Chameleon, talpa, maris halec et salamandra.
Terra cibat talpam; flammæ pascunt salamandram;
Unda fit haleci cibus, aer chameleonti.

« Quant à ce qui a pu donner lieu au préjugé que le caméléon
se nourrit d'air, M. Cuvier l'explique ainsi : « Ses poumons
sont très-vastes; et lorsqu'il les enfle, son corps paraît trans-
parent : de là l'idée qu'il ne se nourrissait que d'air. » Lieu cité.

(Folio 309 recto, 2ᵉ col.)

Aristote le philozophe souvrain, instructeur du
grant roy Alixandre, recite en son VIIIᵉ (1) livre de
la propriete des bestes, et monseigneur sainct Ysidore (2) pareillement, que l'ourx forme ses faons à
la bouche en les lecheant (3). Le docteur Avycene
dit aussi que l'ourx met hors ses faons imparfaitz ainsi
comme une piece de chair (4), que la mere forme (5)
et ordonne en le lescheant de sa langue. La cause de
ceste imperfection est parce que la mere le porte trop
peu de temps; car elle faonne le xxxᵉ jour (6) apres
qu'elle l'a conceu, et met hors ses faons aussi petiz
comme une mutoille, que aucuns autrement nomment
bellette (7).

L'ourx ha la teste foible, les braz moult fors et
les rains aussi, et va aucunneffoiz tout droit sur ses
piez de derriere comme ung homme et assez longuement. Le docteur Plinius dit aussi en son VIIIᵉ livre
xxviiᵉ chapitre (8), que les ourx estraingnent moult fort
ce qu'ilz tiennent entre leurs braz. Et sont en amours
au commancement d'iver. Si ne se coupplent point
ensemble comme autres bestes, mais tous droitz (9)
et non point à quatre piez. Puis se departent l'un
de l'autre et entrent es cavernes et fousses sepparees

33

l'une de l'autre. Et xxx jours apres que la femelle a conceu, ha ses petiz faons; et n'en ha jamais plus de cinq à la foiz, qui sont comme ung loppin de chair blanche, quant ilz naiscent, et sans forme (10) ne semblance d'aucune figure qui soit en eulx. Mais l'ourx ou ourxe les forme en lecheant de sa langue. Quant ilz naiscent, ilz n'ont ne yeulx, ne poil, ne forme, mais bien ont les ongles. Quant les petiz faons ont froit, la mere les estraint entre sa poitraine et ses pattes velues pour les eschauffer.

Sur ce bestail dit le docteur Theophrastus une chouse merveilleuse (11) : c'est que la chair de l'ourx cuiste croist quand on la garde; et qui ouvriroit le ventre d'un ourx on n'y trouveroit aucun signe d'humeur, fors que ung peu de viande dedans ses buyaux.

Ou temps nouveau (12) ilz yssent hors de leurs cavernes où ilz ont este tout l'iver; et quant ilz se retirent hors au soleil, ilz lechent tant souvant leurs piez de devant que merveilles. Les ourx masles sont moult gras (13), et ne scet on la cause. Chacun se esmerveille comment ilz sont si gras, sans boire et sans manger tout l'iver en leurs taynyeres. Quant ilz yssent ou temps nouveau de leurs cavernes, ilz quyerent une herbe (14) et la mengenhent pour laschier leur ventre qui est trop estrainct par deffault de boire et de mengier. En ce temps nouveau qu'ilz yssent de leurs cavernes ilz ont les yeulx bien troubles par les tenebres où ilz ont este tout l'iver; et pour esclersir leur ve·he ils quierent mousches à myel et les mengenhent, et en les mangeant, les mousches les poignent et les font saignier. Et par ce sang qui yst à force, leur veuhe se clariffie. Les ourx ont le cerveau envenyme; par ce ne mangenhent on point de leurs testes.

L'ourx se combat contre le thoreau, et le prant aux dans par les narynnes, et aux cornes (15) de ses pattes, dont il prant toutes chouses comme ung homme, ainsi que fait ung cinge qui tire sur face humaine, tenant condiction de gens humains. Et l'ourx de sa pezanteur l'abbat à terre et le tue. Il n'est gaires beste plus malicieuze qu'est l'ours, et plus duyt à mal faire. Le grant Aristote dit (16) en son VIIIe a livre des bestes, que l'ourx mengenhe et devore toutes chouses, soient bonnes ou mauvaises. Et monte sur les arbres pour manger le fruict. Quant il se combat au cerf, au sanglier ou à autres bestes, il s'en va droit sur les piez comme ung homme, et les prant aux cornes ou par les oreilles, et souvant les surmonte et tue.

L'ourx est ireulx et impatient, qui se vieult vengier de chacun qui le touche. Et s'il fait son assault, il laisse premier sa prinze de celuy qu'il a assailly, puis l'assault au second coup si furieuzement que celuy

a Ms. VI.

lequel il assault crie moult hault. Quant l'ourx est prins, on met devant luy ung bassin ardant pour l'aveugler, puis on le lye de chaînes; et ainsi le fait on jouher. Touteffoiz, quelque jeu qu'on luy face, ne se puist apprivoizer que par force de batre; et va tousjours entour l'atache où il est atache, comme s'il dançoit. Et sucxe ses piez (17) par grant delice.

Les ourx montent es arbres où les mousches font le miel, par les desers ou autres lieux où ilz se tiennent, où ilz sauront que miel aura et residance de mousches. Et si l'ourx scent le miel, il fait ung pertuys en l'arbre à-tout ses ongles et en atrait hors le miel et le mengenhe; et par ce, quant le veneur scet que l'ourx y vient voulentiers, il fiche ses espieulz agutz et transcheans au pied de l'arbre, tous debout, la pointe contremont[a], puis met ung gros maillet au pertuys, atache par le hault, en façon qu'il retourne tousjours à l'endroit, en estouppant[b] le pertuis du miel. Et quant l'ourx vient, et veoyt que le maillet l'empesche, il le pousse contremont; puis le maillet retourne, qui le frappe par la teste, qui eschauffe l'ourx à courroux. Adonc en son ire le reboute encores plus fort; et plus fort revient sur sa teste frapper (18). Et tant contynue l'ourx ceste bataille que au long aller (19) le maillet l'estonne et l'estourdist, parce qu'il ha la teste foible. Alors par cest estour-

---

[a] En haut. — [b]Bouchant.

dissement il chiet à terre sur la pointe de ses espieulz, et s'enferre et tue. Et ainsi est la façon de
prandre les ourx (20).

Quant les ourx veulent boire, ilz ne prennent pas
l'eau en lecheant. Aussi ne la tirent ilz pas à eulx,
comme les beufz ou chevaulx; mais en mordant (21).

NOTES.

(1) Aristote n'a pas dit que l'ourse formait ses petits en
les léchant. Nous citerons tout à l'heure ses seules assertions
au sujet de la naissance de l'ours. Elles se trouvent dans le VIe
livre de son histoire des animaux, et non dans le VIIIe. Ce
chiffre provient peut-être d'une confusion d'Aristote avec Pline,
lequel dit en effet dans le VIIIe livre de son histoire naturelle,
chap. LIV (ou XXXVI), en parlant des oursons nouveau-nés :
« Hi sunt candida informisque caro, paulo muribus major,
sine oculis, sine pilo : ungues tantum prominent : hanc lambendo paulatim figurant. »

(2) « Ursus fertur dictus quod ore suo formet fœtus, quasi
orsus. Nam aiunt cos informes generare partus, et carnem
quamdam nasci, quam mater lambendo in membra componit.
Unde est illud :

Sic format lingua fœtum, cum protulit, ursa. »
Origin. l. XII, c. II.

(3) De là l'expression si habituelle, *un ours mal léché*. La
Fontaine a même dit : *à demi léché.*

Certain ours montagnard, ours à demi léché.
L. VIII, fable x, v. 1.

(4) Pline (cité ci-dessus) peut réclamer la priorité pour cette
prétendue remarque d'Avicenne, qui n'est que le développement ou plutôt l'exagération de cette expression d'Aristote :
Σχέδον ἀδιάρθρωτα τὰ σκέλη καὶ τὰ πλεῖστα τῶν μορίων. De Animal., l. VI, c. xxx.

Cette erreur a été la source de plusieurs autres, notamment
de cette singulière déclamation d'Oppien contre la lubricité de
l'ourse, qui, dit-il, pour rester moins longtemps privée des
approches du mâle, raccourcit le temps de sa gestation en se
procurant violemment une délivrance prématurée ; et de là
ses petits naissent informes :

Ἄρκτος δ' ἱμείρουσα γάμου, στυγέουσά τε λέκτρον
Χῆρον ἔχειν, τόσα παισὶ ταλάσσατο μητίσασθαι·
Πρὶν τοκετοῖο μολεῖν ὥρην, πρὶν κύριον ἦμαρ,
Νηδὺν ἐξέθλιψε, βιάσσατο δ' Εἰλειθυίας.
Γόσση μαχλοσύνη, τόσσος δρόμος εἰς Ἀφροδίτην !
Τίκτει δ' ἡμιτέλεστα, καὶ οὐ μεμελισμένα τέκνα·
Σάρκα δ' ἄσημον, ἄναρθρον, ἀείδελον ὠπήσασθαι.
Ἀμφότερον δὲ γάμῳ παιδοτροφίῃ τε μέμηλεν·
Ἀρτιτόκος δ' ἔτ' ἐοῦσα μετ' ἄρσενος εὐθὺς ἰαύει,
Λιχμᾶται γλώσσῃ τε φίλον γόνον.....

Cyneget., l. III, v. 154, sqq.

Cette fiction a-t-elle été la cause ou l'effet de l'opinion qui
faisait de l'ours en quelque sorte le type de la luxure ? Bochart
cite une comparaison proverbiale des Arabes : *Il est plus luxu-
rieux qu'un ours.* — *Hierozoïc.* l. III, c. ix, pag. 817. Bochart
a rassemblé là avec un grand luxe d'érudition l'indication de
tous les passages des auteurs anciens sur ces traditions extra-

ordinaires au sujet de l'ours, animal dont il est question très-fréquemment dans l'Écriture.

(5) Le mot *forme* a ici le sens qu'aurait *fingit* dans la bonne latinité.

(6) Cette erreur sur la durée de la gestation de l'ourse remonte à Aristote. Κύει δ' ἄρκτος τριάκονθ' ἡμέραις. Lieu cité. L'autorité d'Aristote avait mis cette fausse opinion en circulation, au point que Buffon, dans son premier texte, crut devoir la reproduire, tout en la combattant par le raisonnement d'analogie. Plus tard des observations précises faites sur les ours de Berne lui apprirent que la gestation chez ces animaux est de sept mois.

(7) Ἐλάχιστον δὲ τίκτει τὸ ἔμβρυον τῷ μεγέθει, ὡς κατὰ τὸ σῶμα τὸ αὐτῆς. Ἔλαττον μὲν γὰρ γαλῆς τίκτει, μεῖζον δὲ μυός. Aristot., *De Animal.*, l. VI, c. xxx.

(8) Cette citation est fausse. Elle provient d'une confusion comme nous en avons déjà remarqué (voyez p. 498). Notre auteur a appliqué l'endroit de Pline allégué par Barthélemy à ce qui précédait, au lieu de l'appliquer à ce qui suivait. Ce genre d'erreur devait être fréquent avant l'usage de la ponctuation.

C'est aux deux assertions suivantes, relatives à la saison et au mode de l'accouplement, qu'il faut consulter cet endroit de Pline, mais en corrigeant xxvii en xxxvi, car c'est au chapitre portant ce dernier numéro dans le VIIIe livre que se trouvent ces détails.

(9) C'est notre auteur qui a ainsi arrangé cette circonstance, car Pline, suivi par Barthélemy, dit : « ambobus *cubantibus* complexisque. » Pline suivait lui-même Aristote qui dit : Αἱ δὲ ἄρκτοι τὴν ὀχείαν ποιοῦνται, ὥσπερ εἴρηται πρότερον, οὐκ ἀναβαδὸν, ἀλλὰ κατακεκλιμέναι ἐπὶ τῆς γῆς. Lieu cité. —Toutes les observations modernes, depuis Buffon, ont contredit cette assertion d'Aristote. Camus a eu la singulière idée de vouloir

faire concorder le texte d'Aristote avec ces observations incontestables des modernes, et pour cela il a supposé que κατα-κεκλιμέναι signifiait *couchées à plat ventre*. Voici sa traduction : « Les ourses ne reçoivent point le mâle en le laissant monter sur elles; elles l'attendent couchées à terre. » Pour ne pas laisser de doute sur l'intention de sa traduction, il dit dans sa note sur cet endroit ; « Dans ce qu'Aristote a dit sur l'accouplement et la reproduction des ours, il y a quelques faits vrais, mais il y en a plusieurs qui sont faux. Il est vrai, par exemple, que l'ourse reçoit le mâle de la même manière que les autres femelles, à l'exception qu'elle fléchit les jambes et se couche à terre, et non sur le dos, comme on l'a mal à propos prétendu. » Tom. II, p. 598.

(10) C'est là un de ces préjugés que nous avons déjà signalés comme étant le contre-pied de la vérité. « Les petits en venant au monde, dit M. de Musly, cité par Buffon, sont d'une assez jolie figure, couleur fauve, avec du blanc autour du cou, et n'ont point l'air d'un ours. » *Hist. nat. de l'ours.*

(11) Théophraste a été cité à ce sujet par Pline, mais d'une manière inexacte, puisque celui-ci a attribué à la chair de l'ours ce que le philosophe grec disait seulement de sa graisse. Muret en a fait le premier la remarque : « Videtur Plinius non semper inspexisse veterum libros, cum quæ ab eis scripta erant referre vellet, sed interdum, nimis fidens memoriæ suæ, quædam non satis fideliter tradidisse. Quale est quod scribit, libro octavo, Theophrastum credere, certo quodam tempore anni, quo latere ursi et supra modum pinguescere, altissimo somno oppressi, solent, coctas quoque eorum carnes, si asserventur, increscere. Neque enim id Theophrastus de coctis carnibus, quod prorsus incredibile est, sed περὶ στέατος, id est de adipe dixerat. » *Var. Loctt.* l. XIII, c. XIII. Voici le passage de Théophraste, *De Odoribus*, p. 453. Θαυμασιώτατον δὲ τῶν τοιούτων τὸ ἐπὶ τοῦ στέατος τῆς ἄρκτου συμβαῖνον· ὅπερ ἅμα ταῖς φωλίαις

ἐπαίρεται καὶ ἐκπληροῖ τὰ ἀγγεῖα. Cette assertion se trouve aussi dans le livre *De mirabilibus Auscultationibus*, c. LXVIII, où l'on peut voir la note de Beckman, d'après lequel nous citons ce passage de Théophraste. Voyez aussi la note du P. Hardouin sur Pline, l. VIII, c. XXXVI.

(12) *Au printemps.* L'ancien mot français *renouveau*, qui semble venir de *vere novo*, avec retranchement de la première syllabe, est encore usité dans plusieurs de nos provinçes, parmi les gens de campagne.

(13) « Ils ont quelquefois de dix doigts d'épaisseur de graisse aux côtés et aux cuisses. » Buffon. *Hist. nat. de l'ours.*

(14) Aristote donne le nom de cette herbe, que Pline paraît n'avoir connue que par ce témoignage, car il dit : « Exeuntes herbam *quamdam* aron nomine laxandis intestinis alioqui concretis devorant. » Lieu cité. — Ἐν δὲ τῷ χρόνῳ τούτῳ φανερόν ἐστιν ὅτι οὐδὲν ἐσθίουσιν· οὔτε γὰρ ἐξέρχονται· ὅταν δὲ ληφθῶσι, κενὰ φαίνεται ἥ τε κοιλία καὶ τὰ ἔντερα. Λέγεται δὲ, διὰ τὸ μηδὲν προσφέρεσθαι, τὸ ἔντερον ὀλίγου συμφύεσθαι αὐτῇ· καὶ διὰ τοῦτο πρῶτον ἐξιοῦσαν γεύεσθαι τοῦ ἄρου, πρὸς τὸ ἀφεστάναι τὸ ἔντερον καὶ διευρύνειν. Aristot. *De Animal.*, l. VIII, c. XXII (ou XVII).

(15) Cette phrase est mal construite, les mots *aux dents* se rapportent à l'ours, et *aux cornes* s'appliquent au taureau. Il faudrait pour la régularité de la phrase : *et le prant aux narynnes de ses dans; et aux cornes de ses pattes.*

(16) Toute la fin de cet alinéa est en effet une traduction assez exacte d'Aristote : Ἡ δὲ ἄρκτος παμφάγον ἐστί. Καὶ γὰρ καρπὸν ἐσθίει (καὶ ἀναβαίνει ἐπὶ τὰ δένδρα, διὰ τὴν ὑγρότητα τοῦ σώματος) καὶ τοὺς καρποὺς τοὺς χέδροπας. Ἐσθίει δὲ καὶ μέλι, τὰ σμήνη καταγνύουσα, καὶ καρκίνους καὶ μύρμηκας· καὶ σαρκοφαγεῖ. Διὰ γὰρ τὴν ἰσχύν, ἐπιτίθεται οὐ μόνον τοῖς ἐλάφοις, ἀλλὰ καὶ τοῖς ἀγρίοις ὑσίν, ἐὰν δύνηται λαθεῖν ἐμπεσοῦσα, καὶ τοῖς ταύροις ὅμως. Χωρήσασα γὰρ τῷ ταύρῳ κατὰ πρόσωπον, ὑπτία καταπίπτει, καὶ τοῦ ταύρου τύπτειν ἐπιχειροῦντος, τοῖς μὲν βραχίοσι τὰ κέρατα πε-

ριλαμβάνει, τῷ δὲ σλόμαλι τὴν ἀκρωμίαν δάκνουσα καλαβάλλει τὸν ταῦρον. De Animal., l. VIII, c. ix (ou v).

(17) Buffon dit du dessous des pieds de l'ours : « Cette partie paraît composée de petites glandes qui sont comme des mamelons ; et c'est ce qui fait que pendant l'hiver, dans leurs retraites, ils sucent continuellement leurs pattes. » *Hist. nat. de l'ours.*

(18) Arrangement de mots très-élégant.

(19) On dit maintenant *à la longue.*

(20) Ces détails curieux sont dus à Barthélemy de Glanvil, que notre auteur suit pas à pas dans cette propriété. Cette manière de chasser l'ours est très-ingénieuse, comme reposant sur une double observation, son penchant à la colère et son goût pour le miel. Les chasseurs ont appliqué diversement la seconde remarque. « La manière, dit-on, la moins dangereuse de prendre les ours est de les enivrer en jetant de l'eau-de-vie sur le miel qu'ils aiment beaucoup, et qu'ils cherchent dans les troncs d'arbres. » Buffon, lieu cité.

Barthélemy de Glanvil a fait passer dans cette propriété presque tout le xxxvi° (ou liv°) chapitre du VIII° livre de Pline et les diverses observations d'Aristote sur l'ours. Albert le Grand a fait à peu près le même travail, *De Animal.* l. XXII, c. i. Parmi les détails qu'il ajoute à ceux de ces auteurs, sont les deux observations suivantes : l'une, que l'ours a l'haleine très-fétide, caractère qu'Albert le Grand avait cru reconnaître dans tous les animaux hibernants ; la seconde, que, lorsqu'il est apprivoisé, on le dresse à certains services domestiques, comme à tirer de l'eau, à tourner des roues, à élever des pierres sur de hautes constructions au moyen de poulies. Cela, ajoute-t-il, se pratique assez fréquemment.

(21) C'est une vue d'Aristote : Ἡ δὲ ἄρκλος οὔλε σπᾷ, οὔλε λάπλει, ἀλλὰ κάψει πίνει. *De Animal.*, l. VIII, c. vi (ou ix).

LA PROPRIETE DU TIGRE.

(Folio 3ı0 recto, 2ᵉ col.)

Le tigre en sa propriete est de merveilleuze nature, et beste tres eveillee à la fuitte, car il queurt ᵃ
aussi tost que ung archier sauroit traire (1). Sainct
Ysidore dit qu'il est tache de petites taches diverses (2). C'est une beste qui de son grant ᵇ est moult
forte. Elle est appellee tigre par sa course; car elle
court si souldain et si abillement qu'elle est dicte semblable et comparee à un fleuve nomme le Tigre (3),
le plus impetueux des quatre grans fleuves (4) qui
descendent de Paradis terrestre.

Les veneurs qui prennent les faons du tigre s'en
fuyent à cheval tant comme ils puient estradder (5),
sur chevaulx legiers, de paeur d'estre trouve du tigre,
quant il scet avoir perdu ses petiz. Car au sentement
il suyt les veneurs si impetueuzement que tantost les
a conceuz ᶜ. Mais ilz ont une astusse et abilite en
eulx, qu'ilz jettent à terre ung des petiz faons quant
ilz voyent venir la mere; puis la mere le prant et
l'emporte à sa caverne. Puis quant elle ne treuve les
autres, elle requeurt encore apres le veneur plus
abillement que devant. Mais le veneur qui à ce est

ᵃ *Il court.* — ᵇ *Pour sa grandeur.* —ᶜ *Les a joints, atteints.*

abille, ha des miroyrs grans et larges qu'il sème en
la voye; et quant la mere les veoit, et veoit sa figure
dedans, cuidde que ce soient ses petiz. Si tourne et
vire le miroir, puys le casse; et en soy admuzant, le
veneur chevauche habilement avec les petiz tigres,
et en sa fuitte se sauve, et les emporte par le moyen
de cette subtilite (6). Et demeure la mere abusee qui
quiert ses petiz çà et là.

NOTES.

(1) « Cette vitesse terrible dont parle Pline, et que le nom
même du tigre paraît indiquer, ne doit pas s'entendre des
mouvements ordinaires de la démarche, ni même de la célérité
des pas dans une course suivie; il est évident qu'ayant les
jambes courtes, il ne peut marcher ni courir aussi vîte
que ceux qui les ont proportionnellement plus longues : mais
cette vitesse terrible s'applique très-bien aux bonds prodigieux
qu'il doit faire sans effort, car en lui supposant, proportion
gardée, autant de force et de souplesse qu'au chat, qui lui
ressemble beaucoup par la conformation, et qui dans l'instant
d'un clin d'œil fait un saut de plusieurs pieds d'étendue, on
sentira que le tigre, dont le corps est dix fois plus long, peut
dans un instant presque aussi court faire un bond de plusieurs
toises. » *Hist. nat du tigre.*

(2) « Est enim bestia variis distincta maculis. » *Origin.* l. XII,
c. II. Cette description de saint Isidore s'applique au léopard
ou à la panthère, et non pas au tigre, dont le caractère distinctif
est la peau rayée de bandes transversales; mais cette confusion

existe toujours dans le langage ordinaire, où *tigré* est synonyme de *lacheté*. Et Buffon remarque que nos fourreurs appellent *tigre* la peau de léopard.

(3) Voyez *De belluis*, c. IV, p. 229.

(4) Les noms de ces quatre fleuves sont le *Tigre*, l'*Euphrate*, le *Phison* et le *Géhon*. Voyez sur cette question fort obscure la savante dissertation de Huet intitulée *De Situ Paradisi terrestris*, insérée dans le t. II, IIᵉ partie du Pline de la collection Lemaire, p. 764 et suivantes.

(5) Ce mot n'est pas dans Roquefort, mais il vient évidemment de *estrade*, *route*, *chemin*, et signifie *cheminer, faire route*, du latin *strata viarum*.

(6) Barthélemy de Glanvil ne dit pas où il a pris le récit de cette seconde manière de chasser le tigre avec des miroirs. Quant à la précédente, elle est donnée par Pline, *Hist. nat.* l. VIII, c. XXV (ou XVIII).

Albert le Grand décrit la première à peu près comme Barthélemy; seulement au lieu de miroirs, ce sont des globes de verre, que le tigre tourne et retourne : « Aliqui etiam venatores, sphæras vitreas secum habentes, matri objiciunt, in quibus natorum similitudines apparent sicut in speculo, cum mater ad sphæram aspicit; et sic sphæram post sphæram objicientes, deludunt matrem, quæ sphæræ motu filium movere putat. » *De Animal.* l. XXVI, p. 607.

(Folio recto 211, 2ᵉ col.)

Sainct Ysidore dit (1) que le serpent cocodrille est une beste à quatre piez qui va et vient en terre et en eau, et y vit. Elle ha bien xx couldees de long, depuis le muzeau jusques au bout de la queuhe, quant elle est vieille. Ce serpent est nomme coco- drille, parce qu'il est de couleur jaune (2) sous la gorge et par le ventre entre les jambes. Sa peau est comme coquilles de mer, et dure comme assier; et n'est aucune espee, bastons ne ferrement, qui de- dans puisse entrer ne endommagier la beste. Leur peau est entre perce (3) et jaune sus, ver gay entre couleur morte intrincee (4), et clavellee (5) de au- cunes taches blanches entre les coquilles (6). Le co- codrille ha les ongles grans et moult transcheans, les pattes grosses et courtes, dont il perce tout ce qu'il ataint, jusques aux os. Par le ventre et par la gorge il n'est pas armé d'escailles comme es autres parties de son corps. Par ce, est il par illec aussi facil à occire et enferrer que une autre beste.

Il couve (7) ses œufz en terre, qui sont gros comme boulles (8) ou comme œufz d'austrusse. Quant il men- genhe, il esmeut plus la maschoere de dessus que celle de dessoubz (9), et plus souvant que une autre beste. Le docteur Plynyus dit ou xvii° chappitre de son VIII° livre où il tracte des bestes, qu'il y a grant quantite de serpens cocodrilles en la grant riviere du Nil. Le serpent cocodrille n'a point usaige de la langue en son mors, qui est venymeux. Il ne esmeult seullement que la maschoere de dessuz. Il ha les dans merveilleuzes, grans, agguhes et horribles. Et si n'est beste nulle sur terre qui croist tant pour si petite naiscence comme fait le cocodrille (10).

C'est une beste gloute, qui mengenhe trop. Et quant il est bien saoul, il gist sur le rivage d'un terrier de quelque fleuve, et ne fait que router, tant est plain. Adonc vient ung petit aizeau nomme roytellet ou roybertault (11), qui luy volle par devant la gueulle pour luy faire ouvrir. Ce que le cocodrille ne vieult faire, parce qu'il est trop plain. Mais le petit aizeau contynue tant son vol qu'il luy fait ouvrir, par bas-gler ⁰ ou autrement. Et entre dedans, puis gratte tant des ongles qu'il le fait endormir. Puis, quant il congnoist qu'il dort, il entre dedans son ventre (12), et le perce de ses petiz ongles et de son bec, parce qu'il ʰ n'est riens plus tendre ne plus mol que son ventre et ses entrailles; car seullement les petis poissons qu'il mengenhe es rivieres luy percent le ventre et en-

---

⁰ Peut-être faudrait-il lire *baailler*. — ʰ Ms. Qui.

trailles de leurs petites araistes et des petiz eslerons qu'ilz ont sur le dos.

Le serpent cocodrille chasse ceulx qui fuyent devant luy, mais il fuyt devant ceulx qui le chassent, et par espicial fuyt les autres serpens. Le cocodrille ha mauvaise veuhe en l'eau, mais sur terre tres clere et aguhe. Il se musse par quatre moys durant l'yver; car parce qu'il est tendre de buyaux, il craint moult le froit, et ne yst de son reffuge jusques au temps nouveau. Tant comme il vit, il croist tousjours, et fust-il fort vieulz. S'il treuve ung homme près du fleuve ou riviere où il se tient, il le tue, quant il puist advenir sur luy, puis pleure sur luy et le mengenhe (13).

On dit que d'un serpent cocodrille on fait ung onguement de son couste (14), duquel les femmes se fardent tellement qu'elles en apparoissent estre jeunes non obstant que elles soient sur l'eâge.

Le cocodrille mengenhe voulentiers bonnes herbes, entre lesquelles en a une qui croist à feuilletz ployans où aucunes petites serpens se mussent et se tiennent pour la bonte de l'herbe, qui la pluspart du temps les nourrist. Et quant il advyent que le cocodrille qui mengenhe l'herbe englotist la serpent, la petite serpent le tue, et quant il est mort, elle ist dehors toute sayne. Le docteur Plynyus dit en son XII⁰ livre des bestes, que ceste petite serpent qui tue le cocodrille ha nom pellenydros (15), qui souventtefoix e pie de trouver le cocodrille endormy. Quant il dort elle se soueille, et se rend toute fangueuze* de boe, puis entre en son ventre et le tue.

* Ms. Faigneuse.

NOTES.

(1) «Crocodilus, a croceo colore dictus, gignitur in Nilo, animal quadrupes, in terra et in aquis valens, longitudine plerumque viginti cubitorum.» *Origin. l. XII, c. vi.*

(2) Le mot *crocodile* a en effet cette étymologie, de κρόκος *safran*. Par cette tendance à rapprocher toujours les mots étrangers de mots plus familiers, nos vieux Français en avaient fait *coco-drille*, comme qui dirait *Jacques le Soldat.*

(3) Rien n'est plus changeant que les mots désignant les nuances de couleur, parce que la mode a beaucoup d'action sur ces dénominations. Voici une phrase qui en contient plusieurs. La couleur *perse* était une espèce de vert peu éclatant, Nicot traduit l'adjectif *pers* par *cærulus*, et Ménage le dérive ou de πέρκος *subniger*, ou de πράσον *porreau. Vert gay* signifie encore aujourd'hui vert clair. Il y a ensuite la *couleur morte*, nom peu gracieux, mais qui désignait sans doute quelque gris sombre.

(4) En dedans, de *intrinsecus*. Le mot *intrincee* n'est pas dans les lexiques.

(5) *Tacheté.* L'adjectif *clavellé* est très-bien formé; il rappelle le *latus clavus* et le *clavus angustus* des Romains. Le mot *cla-*

velée n'est plus usité que comme substantif pour désigner une
maladie des moutons.

(6) Toute cette phrase peut se traduire ainsi ; « Leur peau
sur le dos est d'une couleur entre perse et jaune, sous le
ventre d'une nuance entre vert gay et couleur morte [*sic*]; elle
est tachetée par-ci par-là de blanc entre les écailles. »

(7) C'est une erreur. La femelle, ainsi que le dit Camus,
dépose ses œufs dans le sable, où la chaleur du soleil les fait
éclore. Il y a une célèbre remarque de Pline, sur la limite de
chaque inondation du Nil, annoncée toujours par l'endroit où
le crocodile dépose ses œufs. « Eaque extra eum locum incubat,
prædivinatione quadam, ad quem summo auctu eo anno acces-
surus est Nilus. » *Hist. nat.* l. VIII, c. xxv (ou xxxvii).

(8) C'est-à-dire une boule pour le jeu de boules, ce qui est,
en effet, à peu près la grosseur d'un œuf d'autruche. Hérodote,
qui donne une description très-détaillée du crocodile, est bien
plus exact, en représentant ses œufs un peu plus gros que
ceux d'une oie ; Τὰ μὲν γὰρ ὠὰ, χηνέων οὐ πολλῷ μέζονα τίκτει.
Euterpe, c. LXVIII.

(9) Le plus ancien auteur où se trouve cette observation est
Hérodote : Οὐδὲ τὴν κάτω κινέει γνάθον, ἀλλὰ καὶ τοῦτο μοῦνον θηρίων τὴν ἄνω γνάθον προσάγει τῇ κάτω. Ibid. Aristote l'a repro-
duite, *De Animal.*, l. III, c. vii. Cela paraît être en effet; mais
pourtant la mâchoire inférieure est la seule mobile, la supérieure étant, comme dans les autres animaux, jointe aux os de
la tête, sans aucune articulation. Camus a fort bien exposé
l'historique de cette opinion erronée qui fut incontestée jusqu'au temps de Gesner, et il conclut légitimement des observations subséquentes, « qu'on s'est laissé tromper en prenant
pour le mouvement de la mâchoire seule, un mouvement qui
n'appartient pas moins au crâne qu'à la mâchoire, comme à
un tout unique. » Tom. II, p. 264.

(10) « Crocodilus quadrupes qui fit ex minimo maximus.

Ex ovo enim ad 22 cubitos excrescit. » Lycosth. *Prodigior.* chro-
nic. p. 27. Cette observation appartient à Hérodote. *Euterpe,*
c. LXVIII.

(11) Peut-être faudrait-il écrire *roy-Bertault.* Le mot racine
bert (illustre), d'origine teutonique, était passé. dans l'ono-
matologie française avec le sens de *benin, courtois,* ainsi que
le remarque Adrien de Valois, cité par Ménage au mot *Berthe.*
Le mot *roy-Bertault* signifiait donc un bon petit roi ; *Bertault,*
mot toujours conservé comme nom propre, offrant un diminutif de *bert.* Le *roy-Bertault* a pu être le nom dramatique du
roitelet dans les moralités, comme *Sansonnet* celui de l'étour-
neau, *Pierrot* celui du moineau, *Margot* celui de la pie, *Martin* celui de l'âne, *Guionne* ou *Janne* celui de la chèvre,
Fouquet celui de l'écureuil, *Bertrand* celui du singe, *Renard*
celui du goupil, nom depuis longtemps suranné et remplacé
par le surnom, comme *Perroquet* a remplacé papegay, nom
primitif de cet oiseau, etc.

(12) Il y a ici la tradition très-altérée d'un fait vrai, raconté
avec beaucoup d'exactitude, dans sa source, à laquelle nous allons graduellement remonter. Si de Barthélemy de Glanvil, qui
nous offre ce conte de l'oiseau entrant dans le corps du crocodile, nous passons à Albert le Grand, nous y voyons, comme
presque toujours chez ce grand personnage, une tradition
qui n'a rien d'invraisemblable; mais ici elle n'est pas confirmée par l'observation. Il prétend que le crocodile ouvre
sa gueule pour attirer les oiseaux qui y viennent chercher
leur pâture, et dont il fait la sienne en refermant sa gueule et
les engloutissant. Suivant Pline, l'oiseau en question (trochilus)
est comme l'auxiliaire de l'ichneumon, qui profite du moment
où cet oiseau becquete les dents du crocodile pour s'introduire
dans sa gueule béante, pénétrer dans son corps et le tuer.
Aristote se rapproche beaucoup plus de la vérité en disant
simplement que le trochile trouve sa nourriture entre les dents

du crocodile, et; les becquetant, lui rend ainsi un service que
le crocodile reconnaît en ne lui faisant pas de mal. Mais Hérodote a le premier raconté ce genre de relation qui existe
entre ces deux animaux si différents. « Comme il passe sa vie
dans l'eau, il se remplit toute la bouche de sangsues. Or, pendant que les autres bêtes et oiseaux le fuient, il est en paix
avec le seul trochile, parce que celui-ci lui rend service. Lorsque
le crocodile est sorti de l'eau et qu'il a ouvert la gueule, ce
qu'il fait presque toujours au souffle du zéphir, alors le trochile entre dans sa bouche et mange les sangsues. Le crocodile, content de ce service, ne fait aucun mal au trochile. » Ἄτε δὴ
ὦν ἐν ὕδατι δίαιταν ποιεύμενον, τὸ στόμα φορέει ἔνδοθεν πᾶν μεστὸν
βδελλέων. Τὰ μὲν δὴ ἄλλα ὄρνεα καὶ θηρία φεύγει μιν· ὁ δὲ τροχῖλος εἰρηναῖόν οἱ ἐστι, ἅτε ὠφελευμένῳ πρὸς αὐτοῦ. Ἐπεὰν γὰρ ἐς
τὴν γῆν ἐκβῇ ἐκ τοῦ ὕδατος ὁ κροκόδειλος, καὶ ἔπειτα χάνῃ (ἔωθεε
γὰρ τοῦτο ὡς ἐπίπαν ποιέειν πρὸς τὸν ζέφυρον) ἐνθαῦτα ὁ τροχῖλος
ἐσδύνων ἐς τὸ στόμα αὐτοῦ, καταπίνει τὰς βδέλλας· ὁ δὲ ὠφελευ-
μενος ἥδεται, καὶ οὐδὲν σίνεται τὸν τροχῖλον. *Euterpe*, c. LXVIII.
Cela est d'une parfaite exactitude ; car M. Geoffroy Saint-Hilaire étant en Égypte a été plusieurs fois témoin de cette scène,
ainsi que le rapporte M. Cuvier dans sa note sur le passage de
Pline, l. VIII, c. XXV ou XXXVIII.

Maintenant quel oiseau faut-il voir dans le τροχῖλος? Il
paraît que les Grecs ont donné ce nom à plusieurs oiseaux
assez différents ; car il est certain qu'il signifie souvent un roitelet. Mais Jules Scaliger avait déjà établi avec de grands détails
que le τροχῖλος de cet endroit d'Hérodote est un oiseau de
rivage, de la taille d'une grive et d'un plumage blanc. *De Subtilit. ad Cardan.* Exercit. CXCVI. Le témoignage de M. Geoffroy
Saint-Hilaire a confirmé cette assertion. Scaliger ajoute que
cet oiseau a une crête flexible qu'il relève quand le crocodile
ferme la bouche, pour l'avertir de la rouvrir. Aldrovande (allégué par le P. Hardouin sur le passage de Pline en question)

s'est donné beaucoup de soin pour prouver que cet oiseau est
celui que les Italiens appellent *corrira*, le coureur. *Ornithol.*
l. **XIX**, c. LXIV.

(13) C'est pour cela que le crocodile est le symbole de
l'hypocrisie.

(14) *Côté*, c'est-à-dire *flanc*. Mais d'après les auteurs anciens,
c'était avec la fiente du crocodile que se fabriquait ce fard.
Horace dit de la vieille débauchée :

Nec illi
Jam manet humida creta, colorque
Stercore fucatus crocodili.
Epod. lib. *Od.* XII, v. 9, sqq.

(15) Il faut lire *enhydros* au lieu de *pellenhydros*, et auparavant
Monseigneur sainct Isidore au lieu de *le docteur Plynyus*. Voici
le passage du XIIe livre des *Origines* dont notre auteur veut
parler : « Enhydros bestiola ex eo nuncupata, quod in aquis
versetur et maxime in Nilo. Quæ si invenerit dormientem
crocodilum, volutat se in lutum primum, et intrat per os ejus
in ventrem, et carpens omnia interiora ejus, exit viva de vis-
ceribus crocodili, ipso mortuo. » c. II. — Voyez la note 12.

(Folio 311 verso, 2ᵉ col.)

L'escropion est comme une lizarde qui ha ung es-
guillon en la queuhe, recroquillée par divers neudz,
dont il poinct et espend son venyn. Et jamais ne
poinct en la paulme de la main. Sainct Ysidore dit
en son XIIᵉ livre (1) que l'escroppion lesche de la
langue et poinct de la queuhe. Les escroppions dit
le docteur Plynyus, ou xxvᵉ * chappitre de son
XIᵉ livre (2), que leur venyn nuyst moult, et blece
troys jours apres la poincture, puis tue d'une mort
lente celuy qui en est poinct, qui n'y remedye. L'escroppion blece plus au matin quant il yst de son pertuys, que à autre heure du jour; car parce qu'il est
à jeung, son venyn est plus mortel. Il ha tousjours
appareillee sa queuhe à picquer et poincdre, et nuyst
en tout temps quant on luy en donne occasion. Et
poinct de travers, puis jette son venyn qui est
blanc.

Ung autre grand docteur nomme Epodeus (3) dit
qu'il est ix manieres de escroppions, et tous par
temps chault ont double esguyllon (4). Et sont les
masles plus perilleux, et par especial quant ilz sont

* Ms. XXVIᵉ

en amours. Les masles sont plus longs et plus gresles
et plus ronds (5) que les femelles. De tous escropions le venyn nuyst plus au mydi, quant ilz sont à
jeun, et quant ilz ont soif; car ilz ont alors cinq ou
six (6) neuds en la queuhe; et de tant qu'il y en
ha plus, tant plus est leur venyn mauvais et mortel (7).

Il y a en Affricque aucuns escropions vollans (8).
On en apporte aucuneffoiz en Ytalie, mays ilz n'y
peuvent vivre (9). Les escroppions poincquent aucun-
neffoix les pourceaux tant qu'ilz en meurent, s'ilz se
bouttent en l'eau apres le coup. La cendre de l'escropion est bon remedde contre la poincture mesmes
de l'escropion, quant on la boyt en vin. Aussi est
l'uylle où les escroppions ont este noyez (10). L'escropion ne blece nulle beste, s'elle n'a sang.

Aucuns escroppions femelles ont viii ou dix faons
à la foiz; les plus n'en ont que xi ou xii (11). Mais
la mere les mengenhe tous, excepte ung, qui luy
monte sur la teste et la tué en vengeance de ses
freres : ainsi le permet Dieu le createur, à ce que
leur mauvaise nature ne multiplie trop.

Aristote le Grand dit en son VII° livre des bestes
que l'escropion qui mengenhe chose envenymce est
plus dangereux que autres et plus mortel (12). Et les
dragons qui mengenhent les escropions sont moult
dangereux, et leur venyn plus mortel que autres. Il
fault moult de remeddes contre la poincture de l'es-

cropion; et qui n'a prestement aucun remedde pour
remedier au venyn, on est en grant dangier de mort.
Ceulx de ces estranges pays où les escropions naiscent
ont des remeddes pour les dangiers qui en peuent
advenir.

NOTES.

(1) Notre auteur commet là une de ces confusions dans lesquelles il tombe si fréquemment. Il attribue à saint Isidore une
observation de Barthélemy d'Angleterre : « Dicitur scorpio a
σκόρπη [sic], quod est dulce, et ποιέω, ῶ, id est fingere, quia in
anteriori parte blanditias fingit, in posteriori pungit. » Ce qui
appartient à Isidore, c'est plutôt ce qui précède, et c'est aussi là
qu'il est cité par Barthélemy. Voici ce passage des *Origines* :
« Scorpio vermis terrenus qui potius vermibus adscribitur quam
serpentibus : animal armatum aculeo; et ex eo græce vocatum
quod cauda figat, atque arcuato vulnere diffundat venena.
Proprium autem est scorpionis quod manus palmam non fe-
riat. » Lib. XII, c. v. On ne se rend pas bien compte des étymologies auxquelles Isidore fait allusion. Henri Estienne en
indique deux : παρὰ τὸ σκαιῶς ἕρπειν, de ce qu'il rampe maladroitement, ou παρὰ τὸ σκορπίζειν τὸν ἰόν, de ce qu'il lance son
venin.

(2) C'est en effet à ce chapitre de Pline que Barthélemy
d'Angleterre a emprunté presque toute la *propriété* du scorpion.

(3) Il serait difficile de reconnaître dans *Epodeus* Apollodore,
si l'on ne remontait évidemment à ce nom, cité deux fois par

Pline, notamment au sujet de cette remarque et de la précédente : « Venenum ab iis candidum fundi Apollodorus auctor est, in novem genera descriptis per colores maxime. » Lieu cité.

(4) Il y a ici un rapprochement à faire. Selon notre auteur, tous les scorpions ont deux aiguillons par un temps chaud. Barthélemy, d'après Pline, donne le double aiguillon à quelques-uns seulement. Mais il est à remarquer qu'il est immédiatement question des scorpions mâles. Voici la phrase de Pline : « Geminos quibusdam aculeos esse; maresque sævissimos; nam coitum iis tribuit [Apollodorus]. » Or M. Cuvier a mis la note suivante sur cette dernière assertion : « Coeunt enim. Mari duplex penis. Vulva duplex sub thorace ac pectine sita. » Il est donc possible que dans ce qu'Apollodore avait rapporté du double aiguillon, il y ait eu confusion de cette partie avec l'organe générateur du mâle par une observation réelle, mais dépourvue de précision.

(5) Cette dernière épithète semble annuler les deux autres, qui rendent l'expression de Pline « gracilitate et longitudine, » que M. Cuvier confirme par ces mots : « Mas plerumque exilior. »

(6) Pline et Barthélemy donnent à la queue du scorpion six ou sept nœuds. Mais M. Cuvier remarque que ce nombre est constamment de six; et que, s'il y en a sept, c'est par une exception très-rare.

(7) C'est Barthélemy de Glanvil qui a établi cette espèce de règle, mais peu légitimement d'après les paroles de Pline que voici : « Constat et septena caudæ internodia sæviora esse; pluribus enim sena sunt. » M. Cuvier a ajouté que ces nœuds n'ont aucun rapport à la force du venin.

(8) Pline cite encore Appollodore au sujet des scorpions volants. Élien fait mention du même animal d'après Pamménès : Παμμένης ἐν τῷ περὶ θηρίων σκορπίους λέγει γίνεσθαι πτερωτούς

καὶ διχέντρους ἐν Αἰγύπτω. De Animal., l. XVI, c. XLII. M. Cuvier, après Schneider, a pensé que ces auteurs ont désigné ainsi la *panorpa* ou *mouche scorpion*.

(9) Notre auteur a l'air de parler ici de quelque animal utile qu'on se serait vainement efforcé d'acclimater. Ce n'est pas une telle naïveté qui est dans Pline. Il attribue les essais d'importation des scorpions volants en Italie à la dangereuse industrie des psylles : « *Sæpe psylli, qui reliquarum venena terrarum invehentes, quæstus sui causa, peregrinis malis implevere Italiam, hos quoque importare conati sunt : sed vivere intra Siculi cœli regionem non potuere.* »

(10) Albert le Grand, en préparant lui-même de cette huile, fit de curieuses observations : « *Et hoc quod vidi de hoc animali est : quod cum mersissem in oleo olivæ, XXI diebus vixit in vitro, ambulans in fundo olei, et XXII die mortuus fuit et elevabantur ampullæ de juncturis anulorum ejus in omni parte in oleum.* » *De Animal.*, l. XXVI, p. 682.

(11) Cette prétendue observation, qui se trouve déjà dans Aristote, l. V, c. XXVI, est le sujet de cette note de Camus : « La fécondité du scorpion est beaucoup plus grande que ne le suppose le texte d'Aristote; il ne parle que de onze petits, tandis que Rédi assure n'en avoir jamais trouvé moins de vingt-six dans les femelles qu'il a disséquées, et en avoir trouvé quelquefois quarante. Swammerdam fait mention de trente-huit; M. de Maupertuis parle de soixante-cinq. Ce qui est vrai dans le texte d'Aristote, c'est la mésintelligence qui règne entre les père et mère et les petits. M. de Maupertuis assure avoir vu une mère dévorer tous ses petits à mesure qu'ils naissoient. » *Notes sur l'Hist. des anim. d'Arist.*, p. 755.

(12) Cette allégation d'Aristote est une erreur de Barthélemy de Glanvil, qui aura mal entendu un passage que nous avons cité, p. 451.

A l'occasion de la martichore, animal fantastique à queue

de scorpion qui paraît n'avoir eu qu'une existence symbolique
dans les plus antiques monuments figurés, comme l'ont expliqué MM. Creuzer, Héeren, Niebuhr, de Hammer, il y a une
savante note de M. Baehr qui, en reproduisant ces opinions,
ajoute sur le scorpion plusieurs indications, p. 283 de son édition de Ctésias.

M. Achille Allier, dans son grand ouvrage intitulé l'*Ancien
Bourbonnais*, a donné, parmi les planches qui ornent cette magnifique publication, le développement d'une colonne de l'ancienne église de Souvigny, où se trouvent représentés, avec
plusieurs mois et plusieurs signes du zodiaque, divers êtres
mixtes et animaux monstrueux qui rentrent tout à fait dans
nos traditions tératologiques. Au-dessus d'une de ces figures
est écrit le mot MANICORA. Mais il est très-probable que c'est
une corruption de *martichora*. La tête humaine de ce monstre,
sa queue nouée et hérissée se rapportent bien à la description
de Ctésias, *Indic.*, c. VIII. Les autres figures sont le griffon,
l'unicorne, l'éléphant, la sirène, le satyre, l'éthiopien, dont
les noms se lisent distinctement, et dont la représentation est
bien d'accord avec nos descriptions. On voit en outre un homme
à pieds de cheval, au-dessus duquel est écrit PODES, mot évidemment tronqué pour *hippopodes*. Un homme avec une seule
jambe, rappelant les *monocoli* de Pline, porte pour suscription
CIDIPES [*sic*], où l'on pourrait trouver une corruption de *sciapodes* (voyez p. 90). Au-dessus d'une figure d'adolescent avec
une jambe de bois et s'appuyant sur une sorte de béquille, sont
les lettres SONI..., d'après la gravure. Faut-il voir dans cette
figure un farfadet, chez qui la jambe de bois rappellerait l'*Em-
pusa* des Grecs? Enfin de deux figures anonymes, l'une semble
un dragon sans ailes, l'autre, ayant les jambes de derrière terminées par des pieds humains, pourrait indiquer la métamorphose de Nabuchodonosor.

(Fol. 322, recto, 2ᵉ col.)

Le serpent bazillic est un nom grec, qui est à dire regulus en latin, parce qu'il est roy des serpens. Le docteur Avicene dit que les autres serpens doubtent le bazillic et le fuyent, parce qu'il les occist, comme autres bestes, de son regard envenyme, qui est si penetratif, que sur toutes bestes venymeuses et autres il est pestillencielx et mortel. Et de son alayne sont toutes chouses infectees, et en meurent, quant il la vieult desgorger. Et si est si puant que toutes autres bestes le fuyent et le laissent seul. Les petiz aizeaux vollans sur luy par l'aer tombent aval (1) tous mors, ou meurent tantost apres.

L'enemy du bazilic c'est la mutoille (2), qui le tue, non obstant qu'elle soit petite beste comme ung rat. Le bazillic la craint plus que beste qui soit au monde, et fuyt devant elle, non obstant qu'elle soit petite. Ainsi Dieu n'a riens fait sans cause ne sans remedde.

Le souvrain Aristote dit én son proprietaire (3), ou VIᵉ livre des bestes, que le serpent bazillic ha quatre piez de long en la longueur de son coul, et ha le corps long de VIII piez quant il est vieulz, et la queuhe de six piez de long, gros comme le trono

d'un arbre moyen, tousjours agreslissant (4) vers le
bout : qui sont xviii piez qu'il ha en longueur depuis le muzeau jusques au bout de la queuhe. Il
est tache de blanc; et sy ayme lieu sec ainsi que
l'escropion. Quant il vient à l'eau pour boire, il
est de si mauvaise nature qu'il envenyme l'eau (5)
pour tuer et occire ceulx qui apres luy boiront. Il
cifle et en cifflant il tue tout ce qu'il veoyt par son
regard.

Monseigneur sainct Ysidore et le docteur Plinius
dient en leurs livres où ilz tractent de la propriete
des bestes, que en Ethyoppe ha de grans rochiers
creux, par lesqueulx le grant fleuve du Nyl passe à
grans habondance d'eaux, que les gens du pays dient
et vueillent affermer que c'est ie commancement et
la source de sa naiscence; ce qui n'est pas. Car combien qu'il passe par leurs rochiers, et qu'ilz cuid-
dent affirmer qu'il y naist, pour avoir honneur en
leurs pays de sa naiscence, si vient il de Paradis
terrestre (6), et est l'un des quatre nobles fleuves
qui procedent de la fontaine de Paradis, sur laquelle
est l'arbre sec qu'on nomme l'arbre de vie, qui depuis assechea par le peche d'Adam. A l'entree de ses
haulx rochiers d'Ethyoppe, à travers desquelx passe
le Nil, ha une beste nommee cacotephas [sic] (7), qui
ha le corps petit et de pezans membres; et ha tousjours la teste pres de terre, qui est si envenymee que
tous ceulx qui la regardent, et voyent ses yeulx,

meurent sur heure. Telle est la vertuz du bazillic duquel nous venons de parler.

Le bazillic ha une creste sur la teste, en maniere d'une coronne (8), pour laquelle on le nomme regulus. Tous serpens le fuyent quant ilz l'oyent ciffler. Car on oyt son cifflement de loing. Il ne se tient pas ployant comme autres couleuvres qui sont sans piez, car il ha VIII piez (9), quatre de chacun couste de son corps, qui sont gros, courves et trappes, garnyz de grans ongles poinctus et transcheans à merveilles. Quant il se lieve debout pour aller sur les piez, il ha tousjours la teste droite et enlevee de six piez de hault au dessus de sa poytrine, et va lentement. Cependant qu'il va, il regarde partout pour tuer tout ce qu'il veoyt.

Quant il dort il se ploye, la teste bessee et appuyee sur terre. Quant il va, il ha tousjours le chef leve. Il secche les herbes tout autour de luy, par son alayne infecte, aussi ardente que feu; et si dort la pluspart du temps.

NOTES.

(1) Le mot *aval*, qui ne s'emploie plus que pour désigner le sens du courant d'un fleuve, signifie dans cette phrase *de haut en bas*, le mouvement d'une chute.

(2) Pline, saint Isidore et Barthélemy de Glanvil, donnent sur la belette ou mutoille ces détails qu'il faut faire remonter à Aristote; mais nous remarquons que le mot βασιλίσκος ne se

trouve pas dans ce grand philosophe. L'animal auquel il donne la belette pour ennemie est le serpent en général, ὄφις. *De animal. Histor.*, l. IX, c. 1 et v. Le mot βασιλίσκος se trouve déjà dans Nicandre.

(3) L'auteur paraît avoir cru que l'ouvrage de Barthélemy d'Angleterre *de Proprietatibus rerum* était fait sur le modèle d'un ouvrage semblable d'Aristote, qu'il cite ici avec aussi peu de fondement que dans d'autres endroits. Les détails qu'il donne sur les dimensions du basilic ne peuvent se trouver dans Aristote qui ne cite pas d'animal de ce nom, et il ne peut donner ces dimensions à l'ὄφις, *serpent* en général, mot qui s'applique par conséquent à des reptiles de dimensions très-variées. Quant à Pline, *Hist. nat.*, l. VIII, c, xxiii (ou xxi), il donne au basilic un pied de long, et Barthélemy, d'après saint Isidore, ne lui donne qu'un demi-pied; Albert le Grand lui donne deux palmes. Une partie de cette *propriété* est puisée à d'autres sources, et peut être considérée comme reproduisant particulièrement les traditions du moyen âge au sujet du basilic.

(4) Ce mot *agreslissant*, qui signifie *allant en diminuant*, est un mot fort bien composé, et qui n'est pas dans les lexiques.

(5) Saint Jérôme rapporte la même chose de la couleuvre, mais il donne pour motif que, si elle ne répandait pas son venin avant de boire, ce venin, durci par l'eau, la tuerait. « Coluber ad bibendum veniens, in aqua venenum deponit, ne eum venenum aqua concretum occidat. » Ad Præsid. *de Cereo Paschali*, t. IV, p. 119, A.

(6) Notre auteur, ayant cité saint Isidore au commencement de cet alinéa, paraît développer ici cet endroit des *Origines* : « Geon fluvius de Paradiso exiens atque universam Æthiopiam cingens, vocatus hoc nomine, quod incremento suæ inundationis terram Ægypti irriget; γῆ enim græce, latine terram significat. Hic apud Ægyptios Nilus vocatur. etc. » Lib. XIII, c. xxi. ——

Voyez la savante dissertation de Huet *De Situ Paradisi ter-restris*.

(7) Quant à Pline, que l'auteur nomme encore là à côté d'Isidore, le passage auquel il fait allusion est la description du *catoblepas*; car c'est ainsi qu'il faut lire, au lieu de la leçon corrompue du manuscrit *cacotephas*. « Apud Hesperios Æthiopas fons est Nigris, ut plerique existimavere, Nili caput.... Juxta hanc fera appellatur catoblepas, modica alioquin, cæterisque membris iners, caput tantum prægrave ægre ferens; id dejectum semper in terram : alias internecio humani generis, omnibus qui oculos ejus videre confestim exspirantibus. » *Hist. nat.*, l. VIII, c. xxxii (ou xxi). — Élien, *De Animal.*, l. VII, c. v, a décrit le même animal avec des détails d'après lesquels M. Cuvier, dans sa note sur le passage de Pline, a reconnu le gnou (*Antilope gnu*). « Nullum enim animal, dit-il, tot superstitiosis nugis ansam præbere debuit; nulli facies a consueta remotior, nulli illætabilior oculus; præcipue ob longos pilos superciliorum et jubam in fronte et naso, quæ in nulla animantium gente præter hanc aspiciuntur. » M. Cuvier établit ailleurs que du gnou ont dû encore provenir les notions fabuleuses sur le crocotas de Ctésias, *Indic.*, c. xxii, et d'Élien, *De Animal.*, l. VII, c. xxii, que Pline rapporte aussi en nommant l'animal *leucrocota*, l. VIII, c. xxx (ou xxi). Voyez la note de M. Cuvier sur ce passage de Pline.

(8) Albert le Grand réfute une partie des assertions de Pline d'après Avicenne et Sémérion qui, selon lui, *experta loquuntur*. Quant à la prétendue couronne du basilic qui, d'après M. Cuvier, n'est qu'une tache blanche qui se trouve sur la tête de quelques serpents, Albert la décrit ainsi : « Habet enim additamentum super caput; guttatum albo et hyacinthino colore, velut quibusdam interlucentibus gemmis sit diademate regali coronatus. » *De Animal.*, l. XXIV, c. i. Albert est entré dans d'assez grands détails sur le basilic, qu'il représente comme abon-

dant au pays d'Achobor et dans la Nubie; et, avec cet esprit de doute philosophique qui le distingue si éminemment, ce grand philosophe a rapproché des assertions de Pline celles des philosophes arabes et jusqu'à des traditions populaires, comme celle qui fait naître le basilic d'un œuf de poule, préjugé dont il reste encore des traces aujourd'hui, et qu'Albert le Grand réfutait, il y a plus de cinq cents ans. Il a aussi très-nettement séparé le serpent basilic, du même mot employé par Hermès Trismégiste dans le langage de l'alchimie. — M. Savigny, dans son *Hitoire naturelle et mythologique de l'Ibis*, p. 121 et suivantes, en rapportant la tradition qui fait naître le basilic d'un œuf, formé dans le corps de l'ibis par le venin de tous les serpents que dévore cet oiseau, a réuni l'indication complète des auteurs anciens où il est question du basilic.

(9) *Ces huit pieds* que notre auteur donne au basilic sont un des embellissements qu'il a puisés sans doute dans les traditions vulgaires de son temps; car cette circonstance ne se trouve dans aucune de ses sources habituelles, où le basilic est au contraire représenté comme un reptile sans pieds.

(Folio 353 verso, 1re col.)

Le lyon est le roy des bestes; aussi lyon en grec (1) est à dire roy en latin. C'est le plus cault* et le plus subtil de toutes les bestes.

Aristote dit qu'il est aucuns lyons qui sont petiz et cours et ont les cryns crespes et couraige fier (2). Le fronc et leur queuhe monstrent leur vertuz. Aussi fait leur poitraine. Ces petiz lyons ont le chief moult ferme. Quant ilz sont environnez des veneurs, ils regardent contre terre pour estre maintz esbahiz.

Le lyon doubte moult le son des charrettes quant les roes crient. Emcores doubte il plus le feu. Quant il va, il couvre ses pas de sa queuhe, affin que les veneurs ne les congnoissent. Quant ilz ont leurs petis leonceaux, ils yssent hors, tous endormys, troys jours et troys nuyts; puis au brayment du pere ilz se eveillent. Le lyon ne se courrouce pas voulentiers à l'homme, s'il n'est blece. Mais quant il veoit son sang, il est moult furieux. Touteffoyz il monstre sa debonnairete par maintes exemples. Car il pardonne à ceulx qui se jettent à terre devant luy et laisse [en^b] leur chemin ceulx qu'il rencontre. Il ne men-

---

* *Rusé, cauteleux.* —^b Ce mot manque dans le manuscrit.

genhe point les gens, si grant famᵃ ne le presse de
les mengier.

Sainct Ysidore (3) et le docteur Plinius (4) dient
que le lyon est souvrainement noble quant il ha le
coul bien vestu de cryns et les espaulles aussi. Ceulx
qui sont engendres de leoppards n'ont point de ce
signe. Le lyon par son odeur et sentement congnoist
quant la lyonne s'estᵇ forfaite en la compaignie du
leoppard, et l'en pugnist tres grievement. Mais si
elle se puist avant lever et se aller baigner en une
riviere, son masle ne s'en apperçoyt point, parce
que l'eau emporte tout et la met hors de challeur.

Les lyons depessent le ventre de leur mere quant
ilz en yssent; par ce ne faonne pas souvent. Le souvrain Aristote (5) dit que la lyonne en sa première
porteure (6) porte v lyons, quatre à la seconde, troys
à la tierce, à la quarte deux, à la vᵐᵉ ung; et plus
n'en porte.

La lyonne met hors ses petiz lyons avant qu'ilz
soient formez (7) et les ha petiz comme ratz ou mu-
toilles; et yssent peu souvent devant six moys; mais
ilz se meuvent ou ventre apres deux moys. Le lyon
lieve la cuisse en jettant son uryne, ainsi que fait le
chien. Son uryne put moult. Quant il est bien saoul,
il est deux ou troys jours sans mangier. S'il convient
qu'il fuye, quant il est bien saoul, il tire hors sa viande

ᵃ Ou *fain;* car on peut lire l'un et l'autre. — ᵇ Ms. C'est.

35.

avec ses ongles pour fuyr plus legierement. Le lyon
vit moult longuement; et congr. ist on leur viellesse
à leurs·dans, quant elles sont bien usees. Et quant il
est bien vieil, il assault les gens, parce qu'il ne puist
plus chasser les bestes. Adont il se tient pres des
villes. Mais quant on le prant, on le pend pour ex-
pouvanter les·autres.

Le lyon n'assault·pas les jeunes enffans, si fain ne
le contraint. On congnoist le cueur et couraige du
lyon à sa queuhe, de laquelle il bat la terre, quant
il est courrouce; et si son ire lui croist, il en bat son
dos. De toute playe que le lyon fait, en yst grant
sang, parce que la où il ataint, il fait forte et profonde playe de ses grifz ou de ses dans. On congnoist
la noblesse du lyon quand on le chasse et qu'il se
veoit en peril. Car en chasse perilleuze il ne se musse
pas; mais s'en va en plain champ, où il se siet; et le
veoit on (8) qui veult; et là il se met en deffence.
Il a honte de soy musser. S'il se musse aucuneffoix,
ce n'est pas pour paeur qu'il aye, mais à ce qu'on
ait paeur de luy (9). Le lyon scent quant il chasse,
mais quant il est chasse, il ne scent point. Quant
il est navre, il regarde bien celuy qui l'a blece,
et le note bien, et l'assault premier, devant les autres (10). Se aucun luy jette ung dart et ne le blece,
le lyon le regarde; mais parce qu'il ne luy a point
fait de mal, aussi ne lui en fait il point.

Quant le lyon meurt, il mord la terre et pleure;

et quant il est malade, il se medicine avec le sang d'un cynge. Le lyon est une beste gracieuze, qui congnoist et ayme ceulx qui bien luy font.

Le souvrain Aristote (11) et Avicenne dient au second livre des bestes que le lyon ha le coul dur et roidde, et a les buyaux et entrailles ainsi comme ung chien, et ha les os si durs qu'on en fait saillir le feu comme d'un cailleu. Et dit encore le grant Aristote que le lyon se chastie de son orgueil quant il veoit le chien batre devant luy (12). Et si ainsi n'estoit, il occiroit celuy qui luy porte à mangier.

Le lyon se musse voulentiers entre haultes montagnes, de dessus lesquelles il regarde sa proye. Et quant il la veoit, il brayt moult fort, tellement que les bestes qui oyent sa voix ont grand paeur et se arrestent pour savoir où il puist estre, pour fouyr autre part. Mais le lyon cault et subtil sitost qu'il veoit sa proye et qu'il a crie, et que par son cry les bestes sont admuzee, il ne muze pas, car il en va prestement assaillir et prandre. Et si est de telle nature, qu'il ha honte de mengier sa proye tout seul. Il la depart liberalement aux autres bestes qui le suivent (13).

La chair du lyon n'est pas bonne à mengier, parce qu'il a challeur trop grant et trop motyve, mais bien est bonne à diverses medicines. La graisse de lyon est contraire à venyn; qui en est oingt, il n'a garde d'estre mords des bestes ou serpens venymeuzes.

Ceste gresse meslee avec huille rosat garde le cuir du visaige et le blanchist. Elle garist d'arseure* et oste l'enfleure des yeulx.

Ceulx qui veullent prendre le lyon ilz le prennent par subtilite, et non point par force, parce que plusieurs y perdent la vie à l'assaillir de force. Celuy qui le tasche à prandre fait deux fousses, l'une pres de l'autre. En la seconde fousse il met une grande meth (14), qui se ferme de legier d'elle mesme par engin. En l'autre fousse qui est juxte on met une brebiz. Quant le lyon l'oyt, il va celle part qu'il la oyt braire, et quant il la veoit, il se lance en la fousse pour la mangier. Mais il ne puist yssir hors et entrer en la seconde fousse, et alors se boute en la meth, qui se clouhe[b] sur luy et l'enfferme. Adonc on tra[c] la meth hors avec le lyon, et le tient on dedans jusques à ce qu'il soit appryvoize. Ainsi le dit pareillement sainct Jeroisme, sur le ix[e][d] chappitre de Ezechiel le prophete (15).

Le lyon ha telle propriete qu'il se courrouce de legier, et ha souvent soif. Quant il est courrouce, il se bat par indignation de sa queuhe et estraint les dans par ire, et par espicial quant il a fain. Il se musse pour espier les bestes en passant, pour les prendre à desprouveu, et en boyt le sang, puis en mengenhe la chair. Et s'il advyent que quelque per-

---

* Brûlure. — [b] Se ferme. — [c] Tire. — [d] Ms. xx[e].

sonne luy veuille recouvre et tollir sa proye, par ire
fiert la terre de sa queuhe et lui queurt sus, puis retourne à sa proye et la mengenhe.

NOTES.

(1) L'endroit de saint Isidore auquel est empruntée cette assertion, ou bien n'est pas très-clair, ou bien exprime une signification que ne confirme aucun exemple : « Leo autem græce,
latine rex interpretatur, eo quod sit princeps omnium bestiarum. » *Origin.*, l. XII, c. II.

(2) Aristote dit précisément le contraire, à savoir que ces
petits lions-là à crinière crépue sont plus timides. Τούτων δ᾽
ἐστὶ τὸ μὲν στρογγυλώτερον, καὶ οὐλοτριχώτερον, δειλότερον. *Animal. Histor.*, l. IX, c. XLIV (ou LXIX). Buffon révoque en doute
cette distinction de deux espèces de lion établie par Aristote,
parce qu'elle n'a jamais été confirmée par les modernes, qui
ne connaissent que la grande espèce à crinière lisse. Mais on
pourrait objecter à cela que, le lion ayant entièrement disparu
de plusieurs contrées qu'il habitait autrefois, cette espèce ou
plutôt cette variété a pu se détruire. C'est ce que M. Cuvier
lui-même a avancé parmi d'autres conjectures : « Num e stirpe
leonum Acheloum inter et Nestum vigente ? » Not. ad *Hist. nat.*
Plin., l. VIII, c. XVIII.

(3) « Longi et coma simplici, acres. » *Origin.* lieu cité.

(4) « Leonum duo genera : compactile et breve, crispioribus
jubis. Hos pavidiores esse quam longos simplicique villo : eos
contemptores vulnerum. » *Hist. nat.*, l. VIII, c. XVIII (ou XVI).

(5) *De animal. Histor.*, l. VI, c. XXXI, et *De Generat. animal.*,
l. III, c. I et X. Buffon a réfuté par le raisonnement cette as-

sertion d'Aristote, et l'on ne voit pas trop comment elle aurait pu être fondée sur l'observation, à moins que ce ne fût au sujet de lionnes captives. Mais il ne s'ensuivrait pas que la marche de la nature fût entièrement la même dans l'état de liberté. Ce que l'observation des lions captifs a fait confirmer par M. Cuvier, c'est une autre remarque également rapportée par Aristote au même lieu, à savoir que les lionnes portent ordinairement deux petits, quelquefois un, mais jamais plus de six.

(6) M. Roquefort donne ce mot *porteure* dans le sens de *grossesse* d'une femme. Ici il signifie *portée*.

(7) Cette prétendue observation au sujet des lionceaux naissant sans être bien formés n'a pas plus de fondement réel que pour les oursons. Voyez ci-dessus, p. 518 et 520.

(8) *Et le veoit on qui veult.* Aujourd'hui nous supprimerions le mot *on* et nous écririons : *le voit qui veut.*

(9) Cette phrase est obscure par son trop de concision, défaut rare chez nos vieux auteurs français. C'est au style admirable de Buffon que nous allons en emprunter la paraphrase nécessaire : « Le lion, lorsqu'il a faim, attaque de face tous les animaux qui se présentent : mais comme il est très-redouté et que tous cherchent à éviter sa rencontre, il est souvent obligé de se cacher et de les attendre au passage. » *Hist. nat. du lion.*

(10) Cette observation est confirmée par tous les récits de chasses au lion.

(11) *De Animal.*, l. II, c. 1, et *De Partib. Animal.*, l. IV, c. x.

(12) Cette observation n'est point d'Aristote.

(13) Il y a là une allusion au caracal, dont Buffon dit : « Il suit le lion, qui, dès qu'il est repu, ne fait de mal à personne. Le caracal profite des débris de sa table; quelquefois même il l'accompagne d'assez près, parce que, grimpant légèrement sur les arbres, il ne craint pas la colère du lion, qui ne pourrait l'y suivre comme fait la panthère. C'est par toutes ces circons-

tances que l'on a dit du caracal qu'il étoît le guide ou le pour-
voyeur du lion ; que celui-ci, dont l'odorat n'est pas si fin,
s'en servoit pour éventer de loin les autres animaux, dont il
partageoit ensuite avec lui les dépouilles. » *Hist. nat. du ca-*
racal.

(14) M. Roquefort explique ce mot *meth* par *le plancher du*
pressoir. Ici il signifie un grand coffre en bois, fermant avec
une porte bascule. Cela se rapprocherait plutôt du mot que
M. Roquefort écrit *mais*, et qui est encore usité dans plusieurs
provinces pour un coffre où l'on met le pain ou la farine.

(15) Ce chapitre d'Ézéchiel contient une parabole du lion,
et saint Jérôme, rapprochant de tous les autres détails méta-
phoriques le commencement du 9ᵉ verset ainsi conçu : « Et
miserunt eum in caveam, in catenis adduxerunt eum ad regem Babylonis, » termine sa paraphrase par ces mots : « Ipse
enim se tradidit regi Babylonio et in Chaldeam asportatus est ;
sed ut leonis servetur translatio, qui capitur in foveis, catenis-
que constringitur. » T. V, p. 443, B.-Basil. 1553.

(Folio 354 verso, 1re col.)

Le leopard est une cruelle et fiere beste, qui est
engendree du pard en la lyonne ou du lyon en la
parde, ainsi comme le mullet est engendre de l'asne
en la jument ou du cheval et de l'anesse. Le léopard est moult souldain et desire sang. La parde femelle est plus grant que le masle et plus cruelle.

Aristote (1) dit que le leoppard masle est tache de
diverses couleurs, et prant sa proye en saillant et
non pas en courant comme autres bestes. S'il fault,
au tiers sault ou au quart, à la prandre, il la laisse
par despit et s'en retourne comme vaincu.

Le leoppard est semblable au lyon, de corps, de
piez et de queuhe, mais plus gresle, plus long et plus
delye, et plus fendu de gueulle. Il est fendu jusques
aux oreilles; et a la teste de pard plus camus en
face, plus ronde que celle du lyon. Mais le lyon est
plus gros et plus fort, et occit le leoppard, quant il
est courrouce, s'il le puist empoigner (2). Par ainsi le
leoppard craint le lyon; et pour doubte de luy, il fait
une fosse en terre, en laquelle il ha deux entrees, qui
sont plus larges à l'entree que ou millieu de la fousse.
Quant le lyon le chasse, il se boutte en celle fousse
par l'un des pertuys, et le lyon apres, qui s'y fourre

de grant force. Et ne peut pas entrer dedans parce
qu'il est plus gros que le leoppard. Et ainsi qu'il se
efforce d'y entrer, le leoppard, qui est subtil (3) et
abille, yst dehors par l'autre seconde entree, et saille
sur le dos du lyon qui l'a poursuyt, et le dilassere
et depesse avec dans et ongles. Et par sa subtilite
est il victorieux sur le lyon son adversaire. Ainsi ap-
pert que subtilite aucuneffoiz vault mieulx que force,
mais non pas tousjours : sinon en temps et en lieu.

<hr />

NOTES.

(1) Cette citation est nécessairement fausse. Car, ainsi que
le remarque Bochart, *Hièrozoïc.*, part. I, 1. III, c. VIII, p. 8o4,
un mot composé du double élément *lion* et *pard* ne se trouve
pas dans les deux langues classiques avant le temps de Constantin. Aussi Bochart donne-t-il, entre autres preuves de
la date qu'on doit assigner à une épître de saint Ignace, que
l'on voulait faire remonter aux premiers temps du christianisme, la présence du mot λεοπάρδις, mot qui n'est pas
grec, mais latin ; l'expression grecque correspondante devant
être λεοντοπάνθηρ ou λεοντοπάρδαλις, quoique l'on ne trouve
pas non plus ces mots. Ensuite Bochart remarque que le mot
leopardus, une fois admis, s'applique tout de suite par extension
à l'animal appelé *pardus*, dont il a fini par devenir le nom dans
plusieurs langues modernes. Aujourd'hui on emploie le mot
léopard, sans même penser aux racines *leo* et *pardus*, qui dé-

notent évidemment l'être mixte (réel ou imaginaire) auquel ce nom fut d'abord donné par erreur ou par observation.

(2) Le mot *empoigner* appliqué au lion est une véritable catachrèse.

(3) Il oublie qu'il a donné au lion l'éloge d'être *le plus cault et le plus subtil de toutes les bestes.*

LA PROPRIETE DU TRAGELAPHE.

(Folio 354 verso, 2ᵉ col.)

Les tragelaphes sont bestes monstrueuzes et contrefaites, qui sont moytie bougc et moytie cerf. Aristote le souvrain philozophe dit que proprement le
tragelaphe est nomme hircocervus (1). C'est une beste
qui a grans oreilles velues, et longue barbe comme
ung bougc soubz le menton. Ilz ont les cornes tortues, les piez entiers comme ung cheval; hault et
grant comme ung cerf, et plus puissant de membres,
et plus gros os que le cerf; et paissent l'herbe comme
beufz.

NOTES.

(1) Notre auteur a cru que le mot latin fait pour rendre
τραγέλαφος était le nom grec; et il semble regarder le mot tragélaphe comme la dénomination française ou latine. Non-seulement Aristote n'a pu parler de l'hircocervus, mais il ne parle
pas même du τραγέλαφος. L'animal auquel peut se rapporter
dans son Histoire des animaux la description de ce chapitre est
l'hippélaphe ou cheval-cerf. Ἔχει δὲ καὶ ὁ ἱππέλαφος ἐπὶ τῇ
ἀκρωμίᾳ χαίτην, καὶ τὸ θηρίον τὸ ἱππαρδίον ὀνομαζόμενον· ἀπὸ δὲ τῆς
κεφαλῆς ἐπὶ τὴν ἀκρωμίαν, λεπτὴν ἑκάτερον· ἰδίᾳ δ᾽ ὁ ἱππέλαφος
πώγωνα ἔχει κατὰ τὸν λάρυγγα. Ἔστι δ᾽ ἀμφότερα κερατοφόρα καὶ

διχηλά· ἡ δὲ θήλεια ἱππέλαφος οὐκ ἔχει κέρατα. Τὸ δὲ μέγεθός ἐστι τούτου τοῦ ζώου, ἐλάφῳ προσεμφερές. Γίνονται δ᾽ οἱ ἱππέλαφοι ἐν Ἀραχώτοις. Lib. II, c. ɪ (ou v).

Quant au mot *τραγέλαφος*, les anciens Grecs s'en servaient proverbialement, comme on dit familièrement chez nous *un merle blanc*, pour exprimer une chose qui n'existe pas. Bochart rapporte différents·passages à l'appui de cette idée des anciens sur la non-existence des tragélaphes, considérés ainsi non comme des animaux, mais comme des êtres de raison. *Hierozoïc.*, part. II, l. VI, c. ɪ, p. 809, sqq. Pourtant Pline avait donné une description du tragélaphe, qui peut se rapporter à plusieurs animaux très-réels. Car, après avoir parlé du cerf, il·ajoute·: « Eadem est specie, barba tantum et armorum villo distans, quem *τραγέλαφον* vocant, non alibi quam juxta Phasin amnem nascens. » *Hist. nat.*, l. VIII, c. ʟ (ou xxxɪɪɪ). Buffon a regardé l'hippélaphe d'Aristote comme le même animal que le tragélaphe de Pline, et les a vus tous deux dans le cerf des Ardennes ou l'*axis*. Mais Camus avait remarqué avec raison la grande différence de latitude qui se trouve entre l'Arachosie et les Ardennes, différence qui n'est pas moindre que de quinze degrés. Buffon avait aussi avec Pallas émis l'opinion que les anciens donnaient ces noms d'hippélaphe et de tragélaphe à de vieux cerfs, dont le cou se garnit de longs crins. Enfin M. Alf. Duvaucel a trouvé dans le nord de l'Inde un animal où M. Cuvier, son beau-père, a reconnu les caractères de ces deux animaux des anciens. Des lieux·où M. Duvaucel l'a trouvé, à l'Arachosie,·au Caucase et aux rives du Phase, la communication est facile. M. Cuvier a donné la description de cet animal dans ses *Recherches sur les ossements fossiles,* t. IV, p. 503, sous le nom de·*cervus Aristotelis.*

LA PROPRIETE DE LA LICORNE (1).

(Folio 363 recto, 2ᵉ col.)

La licorne, seigneurs, est une beste tres cruelle qui ha le corps grant et gros, en fasson d'un cheval (2). Sa deffence est d'une corne grant et longue de demye toise (3), si pointue et si dure qu'il n'est riens qui par elle n'en soit perce, quant la licorne les ataint à-toute sa vertuz. Sa vertu est si grant qu'elle tue le elephant quant elle le rencontre de sa corne, laquelle elle luy boute ou ventre. Ceste beste est si forte qu'elle ne puist estre prinze par la vertu des veneurs, sinon par subtilite. Quant on la vieult prandre, on fait venir une pucelle au lieu où on scet que la beste repaist et fait son repaire. Si la licorne la veoyt, et soit pucelle, elle se va coucher en son giron (4) sans aucun mal lui faire, et illec s'endort. Alors viennent les veneurs qui la tuent ou giron de la pucelle. Aussi si elle n'est pucelle, la licorne n'a garde d'y coucher, mais tue la fille corrompue et non pucelle (5).

Sainct Gregoire dit sur le livre de Job (6) que la licorne est une beste si tres fiere que quant elle est prinze on ne la puist dampder ᵃ, tenir, ne garder; mais se laisse morir de dueul.

ᵃ *Dompter.*

Le docteur Plinius dit aussi en son VIIIe livre (7) que quant elle se vieult combattre contre le elephant, lequel elle hayst mortellement, elle lyme et aguze sa corne contre les pierres, ainsi que feroit ung bouchier son cousteau pour occire quelque beste. Et en la bataille que les deux bestes ont l'une contre l'autre, la licorne lui fourre ou ventre, parce que c'est la plus molle partie de l'elephant.

La licorne est grant et grosse comme ung cheval, mais plus courtes jambes. Elle est de coulleur tanee. Il est troys manieres de ces bestes cy nommees licornes. Aucunes ont corps de cheval et teste de cerf et queuhe de sanglier, et si ont cornes noires, plus brunes que les autres. Ceulx-ci ont la corne de deux couldees de long. Aucuns ne nomment pas ces licornes dont nous venons de parler licornes, mais monoteros ou monoceron (8). L'autre maniere de licornes est appellee eglisseron (9), qui est à dire chievre cornue. Ceste-cy est grant et haulte comme ung grant cheval, et semblable à ung chevreul, et ha sa grant corne tres aguhe. L'autre maniere de licorne est semblable à un beuf et tachee de taches blanches. Ceste-cy a sa corne entre noire et brune comme la premiere maniere de licornes dont nous avons parle (10). Ceste-cy est furieuze comme ung thoreau, quant elle veoit son ennemy.

NOTES.

(1) L'auteur a puisé la plus grande partie de cette *propriété* dans le chapitre de Barthélemy d'Angleterre, intitulé *Rhinoceros.*

(2) Nous parlerons, à la fin de ces notes, des différents animaux auxquels d'innombrables interprètes ont cherché à ramener la *licorne* des féeries du moyen âge. Cette tradition merveilleuse remonte à une haute antiquité, puisque Ctésias, *Indic.,* c. xxv, nous donne déjà la description détaillée d'un animal unicorne dans son âne sauvage de l'Inde, qu'il représente avec la taille d'un cheval, ou même plus grand, tout le corps blanc, la tête couleur de pourpre, les yeux bleus, une corne au front longue d'une coudée, rouge à sa partie supérieure, blanche à sa partie inférieure et d'un beau noir au milieu. C'est, dit-il, le seul solipède qui ait l'osselet et la vésicule du fiel. Aristote qui reproduit ces derniers détails, *De animal. Histor.,* l. II, c. 1, et *De Part. animal.,* l. III, c. 11, les a probablement empruntés, ainsi que le remarque Camus, à Ctésias, dont Élien, selon sa coutume, amplifie le récit, l. IV, c. LII. Manuel Philé a reproduit Élien dans son poème, au chapitre intitulé : Περὶ ὀνάγρου καὶ αὐτοῦ κέρατος. Pline se contente de dire : « Unicorne [animal] asinus tantum indicus. » *Hist. nat.,* l. XI, c. CVI (ou XLIV). Nous parlerons ci-après des autres animaux unicornes nommés par les anciens.

(3) *Longue de demye toise.* C'est la dimension que Pline donne à la corne du *monocéros,* « cubitorum duum; » car la coudée répond à un pied et demi, d'après l'évaluation de Vitruve, *De Architect.,* l. III, c. 1. Cette corne paraît avoir passé, de tout temps, dans l'Inde, pour avoir des vertus merveilleuses. Selon Ctésias, « on en fait des vases à boire. Ceux qui s'en

servent ne sont sujets ni aux convulsions, ni à l'épilepsie, ni à être empoisonnés, pourvu qu'avant de prendre du poison, ou qu'après en avoir pris, ils boivent dans ces vases de l'eau, du vin ou d'une autre liqueur quelconque. »—Bochart, *Hiero-zoïc.*, part. I, l. III, c. xvi, p. 937, rapporte encore, d'après des textes arabes, qu'en Orient les princes en ont des manches de couteau, dont la propriété est de se couvrir de sueur, quand le mets coupé par la lame est empoisonné. Il cite aussi Alkazuin, qui rapporte que la corne du monocéros est garnie de canne-lures convexes, creusées en dedans. Un autre auteur assure que, si l'on coupe cette corne par le milieu en long, on y trouve la figure d'un homme, d'un oiseau ou de quelque autre objet, dessiné en blanc avec beaucoup de délicatesse et occupant toute la surface interne de cette corne, depuis la base jusqu'au sommet. Suivant Algiahid, on y voit plusieurs figures singu-lières. Ce sont, d'après Damir, comme des paons, des chèvres, des oiseaux, des arbres et même des hommes, toujours admi-rablement représentés. Bochart cite encore plusieurs textes arabes qui font mention du haut prix que les Chinois mettent à cette corne, dont ils font des ceintures, des baudriers et des colliers.

(4) *Elle va se coucher en son giron.* Cette tradition est peut-être venue de l'Orient, où elle était en grande vogue, à en ju-ger par les textes arabes que Bochart cite à ce sujet. En Occi-dent, le plus ancien auteur qui en fasse mention est Isidore de Séville. « Tantæ autem est fortitudinis, ut nulla venantium vir-tute capiatur, sed, sicut asserunt qui naturas animalium scrip-serunt, virgo puella præponitur, quæ venienti sinum aperit : in quo ille, omni ferocitate deposita, caput ponit, sicque sopora-tus velut inermis capitur. » *Origin.,* l. XII, c. ii. Nous ne ferons qu'indiquer les auteurs suivants où cette tradition a été repro-duite : Eustathe, *Hexaemer,.* p. 40; Pierre Damien, l. II, epist. xviii; Albert le Grand, *De Animal.,* l. XXII, tract. II,

c. 1; Jean Tzetzes, *Chiliad.* V, c. vii, et Barthélemy de Glanvil, à qui notre auteur a emprunté ce qu'il en dit.

Alkazuin parle aussi de l'amitié qui existe entre le monocéros et le pigeon. Les arbres où cet oiseau fait son nid sont ceux sous lesquels le monocéros aime à se reposer. Il semble prendre plaisir au roucoulement du pigeon, qui, de son côté, vient se percher sur sa corne. Pendant ce temps-là le monocéros reste immobile pour ne pas le faire envoler.

(5) D'après l'écrivain arabe Damir, cette fille ne doit pas être une vierge, puisque le monocéros vient auprès d'elle pour la téter.

(6) « Gregorius super *Job* in *moralibus :* Rhinoceros, inquit, fera est naturæ omnino indomitæ, et si quo modo capta fuerit, teneri nullatenus possit impatiens, quia, ut dicitur, ilico mo-ritur. » Bartholom. Angl., *De Proʃr. rerum,* l. XVIII, c. lxxxviii, de rhinocerote.

(7) « Cornu ad saxa limato, præparat se pugnæ, in dimica-tione alvum maxime petens, quam scit esse molliorem. » Cap. xxix (ou xx). Nous avons parlé plus haut, p. 489, de ce combat de l'éléphant et du rhinocéros, dont Bochart fait aussi mention d'après un texte arabe.

(8) « Asperrimam autem feram monocerotem, reliquo cor-pore equo similem, capite cervo, pedibus elephanto, cauda apro, mugitu gravi, uno cornu nigro media fronte cubitorum duum eminente. Hanc feram vivam negant capi. » Plin., *Hist. nat.,* l. VIII, c. xxxi (ou xxi).

(9) Ce mot *églisseron* vient par corruption de αἰγόκερως le ca-pricorne. Est-ce à cette espèce qu'il faut rapporter l'unicorne décrit par Philostorge (l. III, c. xi), et dont la représentation se trouvait de son temps à Constantinople? Il avait une tête de serpent, surmontée d'une corne recourbée, de moyenne lon-gueur. Son menton était garni d'une barbe touffue, son cou fort long se dressait en l'air par ondulations comme un ser-

pent. Le reste de son corps ressemblait beaucoup à un cerf,
et ses pieds à ceux d'un lion.

(10) L'imagination semble d'autant plus féconde que ses
créations ont moins de fondement dans la réalité. C'est encore
une question aujourd'hui, et où il y a beaucoup plus de raisons pour la négative, de savoir s'il existe un animal unicorne,
c'est-à-dire n'ayant qu'une seule corne au milieu du front, et
non au bout du nez comme le rhinocéros. Or, d'après tous les
récits des anciens, on croirait que c'est un genre nombreux, où la
classification est surtout difficile. Ces différentes espèces indiquées par notre auteur ajoutent encore quelques combinaisons
nouvelles. Bochart remarque au sujet de leur interprétation
la grande dissidence des auteurs, qui diffèrent plus entre
eux, dit-il, que les poëtes dans leurs descriptions des Sphinx,
des Chimères, de Cerbère, de Lamia, des Gorgones, des Sirènes.

Connaissons-nous aujourd'hui cet animal? dit Camus. Existe-
t-il? *Notes sur l'hist. des animaux d'Aristote,* p. 82. M. Cuvier a
discuté avec attention cette question dans un *excursus* sur le
xxxi°chapitre du VIII°livre de Pline. Il trouve dans les récits des
anciens cinq animaux unicornes : 1° l'âne indien; 2° le cheval
unicorne; 3° le bœuf unicorne; 4° le monocéros proprement dit;
5° l'oryx d'Afrique. Il démontre que la plupart des caractères
attribués à ces différents unicornes peuvent se rapporter au
rhinocéros, dont la corne, à laquelle on attribue encore aujourd'hui dans l'Inde des vertus singulières, fut connue des
Grecs avant l'animal qui la porte, comme l'ivoire fut connu
avant l'éléphant. M. Baehr, dans sa note sur le xxv° chapitre
de Ctésias, page 330 et suivantes de son édition, a établi beaucoup de savants et ingénieux rapprochements entre l'âne indien de cet historien et le rhinocéros.

Les autres caractères de cet âne indien, ou sont évidemment merveilleux, ou ne peuvent s'appliquer au rhinocéros,

mais en les réunissant à ceux des autres unicornes, on peut
y trouver l'indication plus ou moins exacte d'autres animaux
réels.

Avant M. Cuvier, Bochart avait pensé à l'oryx. Il prouve que
l'animal appelé en hébreu *reem* est l'oryx. Il apporte en preuve
la comparaison de tous les passages de l'antiquité au sujet du
reem, et en les faisant concorder, il rejette la traduction de l'hébreu *reem* par le mot grec μονόχερως, qui est dans la Septante.
Il substitue donc à ce mot celui d'ὄρυξ, et il donne encore à
l'appui de cette interprétation la gravure d'un ancien tableau
trouvé en Italie et qui lui avait été communiqué par l'illustre Huet.
Cette gravure représente cinq oryx dans différentes positions;
ils ont assez de ressemblance avec la peinture de l'onagre qui
est exécutée sur le beau manuscrit de Philé par la fille de Vergèce, et par conséquent avec l'âne indien décrit par Élien. —
Nous ne pourrions, sans nous écarter de notre sujet, suivre
Bochart dans cette discussion très-étendue, qui n'a pas moins
de vingt-quatre pages in-folio. Mais nous remarquerons qu'il a
été induit en erreur, en croyant que l'oryx n'a réellement
qu'une corne.

. M. Cuvier explique d'une manière très-vraisemblable comment s'est répandue cette fausse opinion, par la disposition in-
variablement consacrée des peintures hiéroglyphiques, où, les
figures étant vues complétement de profil, un quadrupède à
deux cornes paraît n'avoir qu'une corne et deux pieds. Cette
remarque pourrait s'opposer au raisonnement de Malte-Brun
qui, pour corroborer l'assertion d'un écrivain du xviᵉ siècle,
Garcias, suivant lequel les premiers navigateurs portugais auraient vu de véritables licornes au midi de l'Afrique, ajoute :
« C'est précisément dans cette même région que deux bons observateurs modernes (Sparrmann, *Voyage au Cap;* Barrow,
Voyage à la Cochinchine) ont remarqué un grand nombre de
dessins d'un animal unicorne; tous les rochers de Candébo et

de Bambo en sont couverts. » *Précis de la géographie univ.*,
l. XCII, t. V, p. 71.—On peut supposer en effet que ces dessins n'étaient pas des chefs-d'œuvre d'imitation. M. Cuvier remarque, de plus, que les cornes de l'oryx n'ayant aucune
flexion, ne paraissent pas faire partie d'une paire, quand on
les voit séparées de l'animal. Enfin il établit que des oryx, par
cas de monstruorité, ont pu avoir une ou trois cornes, comme
Pallas l'avait remarqué sur d'autres animaux ayant aussi régulièrement deux cornes. Oppien, *Cyneget.*, l. II, v. 450, en a
attribué ce nombre à l'oryx, dont M. Cuvier dit : « Hunc hie-
roglyphice exhibet. Forma a cervo non abest; statura fere eadem cum bove; pili in tergo versus caput euntes; cornuum
armatura terribilis, acuta ut jaculum, dura ut ferrum; villi
cinerei albidive; facies lineis et quasi fasciis nigris exarata.
Operæ pretium est meminisse Oppiano, cui veriora quam
Aristoteli, certe et recentiora documenta abunde suppetebant,
non unicornem esse orygem; oryx apud illum cornua habet,
unus plura. » M. Cuvier n'admet le mot *licorne* que dans les
féeries ou dans le vocabulaire du blason.

Toutefois il ne décide pas absolument la question; mais il
affirme que jusqu'à présent on ne peut citer en faveur de
l'existence de l'unicorne aucun témoin de quelque autorité.
César, en effet, ne dit pas avoir vu lui-même l'unicorne dont il
parle comme existant dans la forêt Hercynie. Voici ce passage
entier des Commentaires : « Est bos cervi figura, cujus a media fronte inter aures unum cornu exsistit excelsius, magisque
directum his, quæ nobis nota sunt, cornibus. Ab ejus summo,
sicut palmæ, rami quam late diffunduntur. Eadem est feminæ
marisque natura, eadem forma, magnitudoque cornuum. *De
Bello Gallico*, l. VI, c. xxvi.

Guettard et Malte-Brun ont soutenu la possibilité de l'existence de la licorne par un raisonnement diversement appliqué.
« Il n'y a peut-être pas un grand pas à faire, dit Guettard, de

l'animal que les Indiens du Maduré appellent renard armé, jusqu'à cet animal que nous supposons. Le renard armé, que M. Duhamel nous a fait connaître d'après M. de Mannevillette, porte sur le derrière de la tête une corne qui n'est, à la vérité, longue que de cinq lignes, mais qui l'est assez pour prouver que la licorne n'est pas un animal impossible. » Note sur la traduction de Pline, par Poinsinet de Sivry, l. VIII, c. xxi, p. 376. — « Il existe, dit Malte-Brun, des antilopes chez qui les deux cornes sortent d'une base commune, élevée de deux pouces au-dessus de la tête. Or qui peut donc empêcher la nature de prolonger cette unité depuis les deux bases jusqu'à la pointe? » Lieu cité.

———————

Cette description de la licorne termine les notions de zoologie insérées dans le roman d'Alexandre, tel que nous l'offre l'ancien manuscrit de Saint-Germain-des-Prés, n° 138. Comme de pareils extraits ne se prêtent pas à une disposition méthodique, nous avons laissé ces *Proprietez des bestes* dans l'ordre où elles se trouvent. Nos lecteurs y auront pu prendre une idée de la manière dont les *lizeurs et audicteurs des gestes Alixandre* recevaient, au milieu du récit merveilleux de ses *grandes prouësses et nobles enprises,* quelques faits de science et d'observation, *sous ce* vaste réseau tératologique, dont toute instruction devait alors s'envelopper pour pénétrer dans les nobles manoirs de nos provinces. La science, déjà si remarquable en France, au commencement du xvi° siècle, chez quelques hommes d'élite, était encore bien peu répandue. Et nous sommes convaincu que ces espèces d'encyclopédies bâtardes, si l'on peut s'exprimer ainsi, ont puissamment contribué à en répandre au moins le goût et le désir.

Sous ce rapport, les deux dernières publications de ce recueil ont un intérêt qui leur est particulier. Les *Merveilles d'Inde*, morceau plus ancien que les *Proprietez des bestes*, sont de la tératologie toute pure ; elles se rapportent ainsi à la première partie du traité *De Monstris et Belluis* et à la *Lettre d'Alexandre*. Les *Proprietez des bestes* sont le pendant de la seconde partie du traité latin ; et dans ces deux ouvrages-là les faits naturels sont encore entremêlés de trop de merveilles pour ne pas figurer de plein droit dans les *Traditions tératologiques*.

En suivant, dans notre commentaire, la filiation de ces traditions, en recherchant leurs différentes sources, en les disséquant, pour ainsi dire, de manière à faire (autant que nos connaissances très-bornées ont pu nous le permettre) la part d'une crédulité ignorante, superstitieuse et avide de contes, celle d'une imagination fantasque et déréglée, celle enfin des altérations successives d'une première vérité, d'une première observation exacte, à la suite de laquelle est venu se grouper tout un cortége d'erreurs et d'illusions, nous aurons peut-être disposé quelques faits précis pour l'histoire des aberrations de l'esprit humain, qui tiendra toujours une si grande place dans l'histoire universelle.

FIN.

TABLE

GÉNÉRALE ET ALPHABÉTIQUE

DES MATIÈRES.

A

B

C

D

E

F

G

H

ALIXANDRE, ancien roman, cité 54, 126, 251, 297, 348, 394, sq., 403. — Le titre en entier, XLIV.

I

IABLONSKI, cité 108.

IACOBS (M.). Son édition de l'anthologie, citée 169. — Ses notes sur Élien, citées XXVIII, LX, 263.

IAMBULE, nommé XXVII.

ICHTHYOPHAGES, 62-66. — A quels peuples s'étend cette dénomination, 64, sqq.

Illeuc. Sens de ce mot, 405.

INCUBES, 156, 159. — Durée de cette superstition, 479. — Tradition relative aux origines de l'Angleterre, *ibid.*

INONDATION du Tibre au VIᵉ siècle, 16, sq.

Intrincée. Sens de ce mot, 529.

INUI. Étymologie, 473. — Sur cette superstition, 473, 475.

INVERSIONS ÉLÉGANTES dans l'ancien français, 383, 409, 516, 522.

IORACH. Ce philosophe réfuté par Albert le Grand, 461.

ISAÏE, cité XXIV, 50, 453, 481, sq.

ISIDORE DE SÉVILLE (Saint). Combien ses *origines* sont utiles à l'auteur, LIX. — Son chapitre *de portentis*, en entier, 207. — Pourquoi d'après un ms. LXVI. — Cité 21, 26, 46, 67, 97, 103, 110, 116, 124, 127, 136, 159, sq., 189, 227, 229, 236, 328, sq., 441, 446, 457, 464, 466, sq., 473, sq., 481, 486, 502, 504, 506, 513, 517, 525, 529, sq., 533, sq., 536, 541, sqq., 547, 551, 562.

ISIGONE DE NICÉE, nommé, XVI.

ISSÉDONS, peuples des extrémités orientales, 47, sq.

ISSUS. Quelle ville fut fondée en mémoire de la bataille de ce nom, 371.

Iôta. Confusion de l'*iôta adscriptum* avec le *yū* dans les manuscrits, 373.

J

Ja. Sens de ce mot, 406.

Ja soit ce que. Sur cette conjonction composée, 424.

JACULUS. Nom d'un serpent, 465.

JEAN DE BOURGOGNE, comte d'Étampes. Quel était ce prince, XLIII.

JÉRÉMIE, cité XXIV, 477.

K

L

N

O

Q

R

S

T

09 . elles se taperent tapirent . Mau Taper e/ ãñeir
taper= oja tapar, cacher couvrir mella... ...... en
bouchon e/ Top ......

Original en couleur

NF Z 43-120-8

www.ingramcontent.com/pod-product-compliance
Lightning Source LLC
Chambersburg PA
CBHW031443210326
41599CB00016B/2098